北大版高职高专"十三五"规划教材

高 等 数 学

主 编　陈諟敏　马晓燕

内 容 简 介

本书是专门为高职高专学生精心编写的"高等数学"课程教材,内容包括:函数、极限与连续,导数与微分,导数的应用,不定积分,定积分,微分方程,多元函数微积分学,无穷级数,线性代数.

本书具有以下特色:

(1) 在保持传统高等数学的知识点的基础上,补充了高等数学在经济学中的应用和线性代数的知识,以便于高职高专院校中不同的专业(如经济管理类,电子、光电、工程类)选用;

(2) 增加了 Mathematica 软件操作内容,并在章末附加一节数学实验内容(不定积分与定积分两章的数学实验合为一节),以提高学生的学习兴趣,培养学生运用 Mathematica 软件解决实际问题的能力;

(3) 习题几乎都分两个部分:(A)基础题和(B)提高题,以适应不同层次学生的需要.

本书可作为高等职业技术学院、高等专科学校"高等数学"课程的教材,同时也可作为学习 Mathematica 软件的入门教材.

前　　言

本书是以教育部制定的"高职高专教育高等数学课程教学基本要求"及"高职高专教育专业人才培养目标及规格"为依据,充分考虑高职高专"高等数学"课程教学的特点,由一批长期从事高职高专"高等数学"课程教学的教师,结合多年在教学实践中积累的经验编写而成的.

本书的内容包括:函数、极限与连续,导数与微分,导数的应用,不定积分,定积分,微分方程,多元函数微积分学,无穷级数,线性代数.

针对高职高专学生的特点,本书选择适当的教学定位,借助数表和图形,将抽象的数学知识生动、直观地表现出来,对高等数学基本内容的讲解做到了既准确严谨,又通俗易懂.本书的特色在于:

(1) 在保持传统高等数学的知识点的基础上,补充了高等数学在经济学中的应用和线性代数的知识,以便于高职高专院校中不同的专业(如经济管理类,电子、光电、工程类)选用.

(2) 增加了 Mathematica 软件操作内容,并在章末附加一节数学实验内容(不定积分与定积分两章的数学实验合为一节),以提高学生的学习兴趣,培养学生运用 Mathematica 软件解决实际问题的能力.

(3) 习题几乎都分两个部分:(A)基础题和(B)提高题,以适应不同层次学生的需要.

本书内容充实、体系新颖.特别是"数学实验"部分,强调理论与实际相结合.书内选择的基础实验十分有利于高职高专学生对基础知识的学习和理解,以培养他们借助现代技术手段解决经典数学中的问题和实际问题的能力.

本书由陈誌敏(武汉软件工程职业学院)、马晓燕(华中农业大学)主编,参与编写的老师还有武汉商学院的李昭敏、高艳、李志辉、胡耀胜.具体章节编写分工如下:第三、四、六章由陈誌敏编写;第一、九章由马晓燕编写;第二章由李昭敏编写;第五章由高艳编写;第七章由李志辉编写;第八章由胡耀胜编写.

本书可作为高等职业技术学院、高等专科学校"高等数学"课程的教材,同时也可作为学习 Mathematica 软件的入门教材.

由于编者水平有限,加上时间仓促,书中不妥之处在所难免,恳请读者指正.

编　者

2019 年 12 月

目　　录

第一章　函数、极限与连续 ·· 1
　第一节　函数的概念与性质 ·· 1
　第二节　初等函数 ·· 9
　第三节　常用经济函数 ··· 12
　第四节　数列的极限 ·· 14
　第五节　函数的极限 ·· 20
　第六节　无穷小量与无穷大量 ··· 26
　第七节　函数极限的运算法则 ··· 31
　第八节　函数的连续性与间断点 ·· 36
　第九节　初等函数的连续性与闭区间上连续函数的性质 ························· 41
　*第十节　数学实验——求极限 ·· 45

第二章　导数与微分 ··· 53
　第一节　导数的概念 ·· 53
　第二节　用导数的定义求函数的导数与函数四则运算的求导法则 ············· 57
　第三节　函数的求导法则·隐函数及由参数方程确定的函数的求导法 ········ 62
　第四节　高阶导数 ·· 70
　第五节　微分 ·· 72
　*第六节　数学实验——求导数 ·· 78

第三章　导数的应用 ··· 81
　第一节　微分中值定理 ··· 81
　第二节　利用导数研究函数的性态 ··· 83
　第三节　洛必达法则 ·· 91
　第四节　导数的应用 ·· 94
　第五节　导数在经济学中的应用 ·· 98
　*第六节　数学实验——导数的应用 ··· 102

第四章　不定积分 ··· 105
　第一节　不定积分的概念 ·· 105

  第二节 基本积分公式与直接积分法 ………………………………… 108
  第三节 不定积分的换元积分法 …………………………………………… 110
  第四节 不定积分的分部积分法 …………………………………………… 117
 *第五节 有理函数的不定积分 ……………………………………………… 120

第五章 定积分 …………………………………………………………………… 124
  第一节 定积分的概念与性质 ……………………………………………… 124
  第二节 微积分基本公式 …………………………………………………… 130
  第三节 定积分的换元积分法与分部积分法 …………………………… 134
  第四节 微元法 ……………………………………………………………… 138
  第五节 定积分在几何学中的应用 ……………………………………… 140
  第六节 定积分在物理学中的应用 ……………………………………… 148
  第七节 定积分在经济学中的应用 ……………………………………… 152
  第八节 反常积分 …………………………………………………………… 154
 *第九节 数学实验——求积分 ……………………………………………… 158

第六章 微分方程 ………………………………………………………………… 161
  第一节 微分方程的基本概念与分离变量法 …………………………… 161
  第二节 一阶线性微分方程 ……………………………………………… 165
  第三节 二阶常系数线性微分方程 ……………………………………… 168
  第四节 微分方程的应用 …………………………………………………… 173
 *第五节 数学实验——解微分方程 ……………………………………… 177

第七章 多元函数微积分学 …………………………………………………… 179
  第一节 二元函数的极限与连续性 ……………………………………… 179
  第二节 偏导数与全微分 …………………………………………………… 182
  第三节 多元复合函数与隐函数的求导法 …………………………… 187
  第四节 二元函数的极值 …………………………………………………… 191
  第五节 二重积分的概念与性质 ………………………………………… 194
  第六节 直角坐标系下二重积分的计算方法 …………………………… 199
 *第七节 数学实验——多元函数微分学 ………………………………… 203

第八章 无穷级数 ………………………………………………………………… 206
  第一节 数项级数的基本概念与性质 …………………………………… 206
  第二节 正项级数及其敛散性的判别法 …………………………………… 209
  第三节 任意项级数及其收敛性的判别法 ………………………………… 213
  第四节 幂级数 ……………………………………………………………… 214
  第五节 函数展开成幂级数 ……………………………………………… 220

*第六节　傅里叶级数 ·················· 225
*第七节　数学实验——无穷级数 ·········· 232

第九章　线性代数 ····················· 235
第一节　矩阵的概念与运算 ·············· 235
第二节　行列式 ······················· 241
第三节　矩阵的初等变换与矩阵的秩 ······ 248
第四节　逆矩阵 ······················· 252
第五节　解线性方程组 ················· 254
*第六节　数学实验——线性代数 ·········· 259

附录　积分表 ························ 266

习题参考答案 ························ 273

第一章 函数、极限与连续

在自然科学、工程技术和经济管理等领域的研究中,经常会遇到函数关系.而所谓函数关系就是变量之间的依赖关系.函数作为各种变量之间依赖关系的一种抽象化结果,是高等数学研究的主要对象.极限是高等数学中微积分学的基础,其思想和分析方法将贯穿微积分学的始终.

在本章中,我们主要介绍函数、极限和函数的连续性等概念,以及相关的性质与应用,并且在最后数学实验一节中简单介绍数学软件 Mathematica 的入门知识.

第一节 函数的概念与性质

一、常量与变量,区间与邻域

1. 常量与变量

在自然科学或工程技术中,常常会遇到各种不同的量,其中有一种量,它们在考察过程中保持固定的数值,不发生变化,这种量叫作**常量**;还有一种量,它们在考察过程中不断发生变化,可以取不同的数值,这种量叫作**变量**.

例如,加热一个密闭容器内的气体时,气体的体积和分子数保持不变,它们是常量;而气体的温度和压力会不断变化,它们是变量.

一个量是常量还是变量,因所讨论问题的不同,可能会有所变化.例如,重力加速度一般情况下可看作常量.实际上,在不同的地方,重力加速度是不同的.是否将重力加速度看作常量,这与所讨论问题的精确度要求有关.如果精确度要求不高,则把它看作常量;如果精确度要求比较高,则不能把它看作常量.

2. 区间与邻域

任何一个变量,都有其确定的变化范围.如果一个变量的变化范围是连续的,常常用一种特殊的数集——**区间**来表示该变量的变化范围.下面引入各种区间的名称和记号.

设 a,b 是两个实数,$a<b$.

(1) 数集 $\{x \mid a \leqslant x \leqslant b\}$ 叫作**闭区间**,记为 $[a,b]$,如图 1-1-1(a) 所示;

(2) 数集 $\{x \mid a < x < b\}$ 叫作**开区间**,记为 (a,b),如图 1-1-1(b) 所示;

(3) 数集 $\{x \mid a < x \leqslant b\}$ 和 $\{x \mid a \leqslant x < b\}$ 叫作**半开半闭区间**,分别记为 $(a,b]$ 和 $[a,b)$,如图 1-1-1(c),(d) 所示.

以上这些区间都叫作**有限区间**,其中 a 和 b 叫作区间的**端点**,数 $b-a$ 叫作区间的**长度**.

除了上述有限区间外,还有一类区间叫作**无限区间**,这类区间有如下表示形式:

(1) $[a,+\infty) = \{x \mid x \geqslant a\}$,如图 1-1-2(a) 所示;

(2) $(-\infty, b) = \{x \mid x < b\}$，如图 1-1-2(b) 所示；

(3) $(-\infty, +\infty)$，它表示全体实数的集合 **R**.

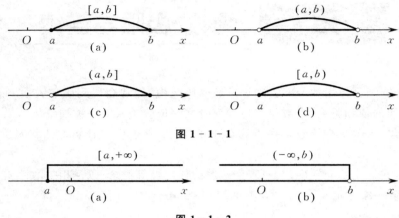

图 1-1-1

图 1-1-2

注意 $+\infty$ 和 $-\infty$ 分别读作"正无穷大"和"负无穷大"，它们不是数，仅仅是记号.

邻域是高等数学中经常要用到的一个概念. 设 a 与 δ 是两个实数，且 $\delta > 0$，则数集
$$\{x \mid a - \delta < x < a + \delta\}$$
叫作点 a 的 δ **邻域**，简称**邻域**，记为 $U(a, \delta)$，其中点 a 叫作邻域 $U(a, \delta)$ 的**中心**，δ 叫作邻域 $U(a, \delta)$ 的**半径**. 因为 $|x - a| < \delta$ 相当于 $-\delta < x - a < \delta$，即 $a - \delta < x < a + \delta$，所以邻域 $U(a, \delta)$ 也就是开区间 $(a - \delta, a + \delta)$. 这个开区间的长度为 2δ，并以点 a 为中心，如图 1-1-3(a) 所示.

有时用到的邻域需要把邻域的中心去掉. 点 a 的 δ 邻域去掉中心 a 后形成的数集，称为点 a 的**去心 δ 邻域**，简称**去心邻域**，记为 $\mathring{U}(a, \delta)$，即
$$\mathring{U}(a, \delta) = \{x \mid 0 < |x - a| < \delta\},$$
其中 $0 < |x - a|$ 表明 $x \neq a$，如图 1-1-3(b) 所示.

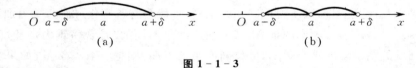

图 1-1-3

如果不需要强调邻域的半径，那么用 $U(a)$ 表示点 a 的某一邻域，用 $\mathring{U}(a)$ 表示点 a 的某一去心邻域.

二、函数的概念

在介绍函数的概念之前，我们先来看两个例子.

引例 1 在自由落体运动中，物体下落的距离 s 随下落时间 t 的变化而变化，它们之间的依赖关系可以用公式表示为 $s = \frac{1}{2} g t^2$，其中 g 为重力加速度.

引例 2 关系式 $y = x^2$ 表示抛物线 $y = x^2$ 上点 (x, y) 的两个坐标之间的依赖关系.

从以上两个例子可以看出，在研究客观事物内部各因素之间的关系时，我们常常通过对客观事物的分析，建立各因素之间的关系式. 为此，引入函数的定义.

定义 1.1 设 x 和 y 是两个变量，数集 D 是变量 x 的变化范围. 如果对于属于 D 中的每

个数 x,变量 y 按照一定的对应法则总有确定的数值和它对应,则称 y 是 x 的**函数**,记为 $y = f(x)$,其中 x 叫作**自变量**,y 叫作**因变量**. 这里数集 D 叫作这个函数的**定义域**,记作 $D(f)$. 当自变量 x 取数值 $x_0 \in D$ 时,与 x_0 对应的因变量 y 的数值称为这个函数在点 x_0 处的**函数值**,记为 $f(x)\big|_{x=x_0}$ 或 $f(x_0)$. 当 x 取遍 D 中的各数值时,对应的函数值全体组成的数集 M 叫作这个函数的**值域**,记作 $R(f)$.

在函数的定义中,并没有要求自变量变化时函数值一定要变化,只要求对于自变量 $x \in D$,都有确定的函数值 $y \in M$ 和它对应. 因此,$y = C$(C 为常数)也符合函数的定义,此时对于任意的 $x \in \mathbf{R}$,所对应的 y 值都是确定的常数 C.

如果自变量在定义域内任意取一个数值时所对应的函数值都只有一个,那么称这种函数为**单值函数**;否则,称为**多值函数**. 高等数学中主要讨论单值函数.

如果当 $x = x_0$ 时,有函数值 $f(x_0)$,则称函数 $f(x)$ 在点 x_0 处**有定义**. 因此,函数的定义域也就是使得函数有定义的实数的全体. 这样,函数的定义又可简单地表示为

$$\text{对于任意的 } x \in D \xrightarrow{f} \text{有确定的函数值 } y = f(x) \in M.$$

很明显,只要函数的定义域及对应法则确定了,那么这个函数的值域也就确定了.

例 1 求函数 $f(x) = 2x^2 - 5$ 在点 $x = 1$,$x = 2$ 处的函数值.

解 $f(1) = 2 \times 1^2 - 5 = -3$,$f(2) = 2 \times 2^2 - 5 = 3$.

在实际问题中,函数的定义域是根据问题的实际意义确定的. 在数学中,有时不考虑函数的实际意义,而是抽象地研究用解析式表达的函数. 这时,约定函数的定义域就是自变量能取得的使函数表达式有意义的所有实数值.

例 2 求下列函数的定义域:

(1) $y = \dfrac{1}{4-x^2} + \sqrt{x+2}$; (2) $y = \lg \dfrac{x}{x-1}$; (3) $y = \arcsin \dfrac{x+1}{3}$.

解 (1) 要使该函数表达式有意义,必须满足

$$\begin{cases} 4 - x^2 \neq 0, \\ x + 2 \geqslant 0, \end{cases} \quad \text{即} \quad \begin{cases} x \neq \pm 2, \\ x \geqslant -2, \end{cases}$$

故该函数的定义域为 $(-2, 2) \cup (2, +\infty)$.

(2) 要使该函数表达式有意义,必须满足

$$\dfrac{x}{x-1} > 0, \quad \text{即} \quad x > 1 \text{ 或 } x < 0,$$

故该函数的定义域为 $(-\infty, 0) \cup (1, +\infty)$.

(3) 要使该函数表达式有意义,必须满足

$$-1 \leqslant \dfrac{x+1}{3} \leqslant 1, \quad \text{即} \quad -4 \leqslant x \leqslant 2,$$

故该函数的定义域为 $[-4, 2]$.

从几何上看,在平面直角坐标系中,点集

$$\{(x, y) \mid y = f(x), x \in D(f)\}$$

称为函数 $f(x)$ 的**图形**(见图 1-1-4). 函数 $f(x)$ 的图形通常是一条曲线,$y = f(x)$ 也称为这条曲线的方程. 这样,函数的一些特性常常

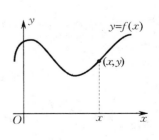

图 1-1-4

可借助几何直观来发现.反过来,一些几何问题有时也可借助函数来做理论探讨.

三、分段函数

对于自变量的不同取值范围,有着不同对应法则的函数叫作**分段函数**.简单地说,由几个解析式联立表示的函数就是分段函数.

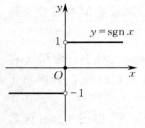

图 1-1-5

例 3 作出函数

$$\mathrm{sgn}\,x = \begin{cases} 1, & x > 0, \\ 0, & x = 0, \\ -1, & x < 0 \end{cases}$$

的图形.

解 这个函数叫作**符号函数**,其中 sgn 是符号函数的记号,它的图形如图 1-1-5 所示.

四、函数的几种特性

1. 函数的有界性

设函数 $f(x)$ 在区间 I 上有定义.如果存在一个正数 M,使得任一 $x \in I$ 所对应的函数值 $f(x)$ 都满足不等式 $|f(x)| \leqslant M$,则称函数 $f(x)$ 在 I 上**有界**;如果这样的正数 M 不存在,则称函数 $f(x)$ 在 I 上无界.

例如,函数 $f(x) = \sin x$ 在 $(-\infty, +\infty)$ 上是有界的,因为 x 取任何值时,$|\sin x| \leqslant 1$ 都成立.又如,函数 $f(x) = \dfrac{1}{x}$ 在开区间 $(0, 1)$ 上是无界的,而 $f(x) = \dfrac{1}{x}$ 在开区间 $(1, 2)$ 上是有界的.由此可见,笼统地说某个函数有界或无界是不确切的,必须指明所讨论的区间.

2. 函数的单调性

设函数 $f(x)$ 在区间 I 上有定义.对于区间 I 内任意两点 x_1 及 x_2,当 $x_1 < x_2$ 时,

(1) 如果均有 $f(x_1) < f(x_2)$,则称 $f(x)$ 在区间 I 上是**单调增加**的(见图 1-1-6);

(2) 如果均有 $f(x_1) > f(x_2)$,则称 $f(x)$ 在区间 I 上是**单调减少**的(见图 1-1-7).

单调增加函数和单调减少函数统称为**单调函数**.

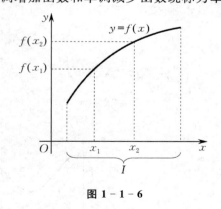
图 1-1-6

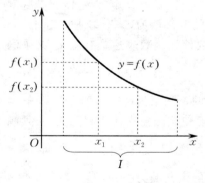
图 1-1-7

例如,函数 $f(x) = x^2$ 在区间 $[0, +\infty)$ 上是单调增加的,在区间 $(-\infty, 0]$ 上是单调减少的,在 $(-\infty, +\infty)$ 上不是单调的.又如,函数 $f(x) = x^3$ 在 $(-\infty, +\infty)$ 上是单调增加的.

3. 函数的奇偶性

设函数 $f(x)$ 的定义域 D 是关于原点对称的,即若 $x \in D$,则必有 $-x \in D$.

(1) 如果对于 D 中任意的 x,都有 $f(-x) = f(x)$,则称 $f(x)$ 为**偶函数**;

(2) 如果对于 D 中任意的 x,都有 $f(-x) = -f(x)$,则称 $f(x)$ 为**奇函数**.

在平面直角坐标系中,偶函数的图形关于 y 轴对称,如图 1-1-8 所示;奇函数的图形关于原点对称,如图 1-1-9 所示.

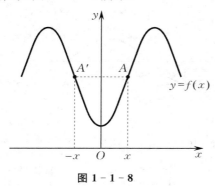
图 1-1-8

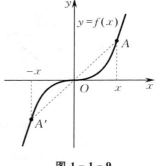
图 1-1-9

例 4 判断函数 $f(x) = x\sin\dfrac{1}{x}$ 的奇偶性.

解 函数 $f(x)$ 的定义域为 $(-\infty, 0) \cup (0, +\infty)$,它关于原点对称.因为
$$f(-x) = (-x)\sin\left(-\dfrac{1}{x}\right) = x\sin\dfrac{1}{x} = f(x),$$
所以 $f(x) = x\sin\dfrac{1}{x}$ 是偶函数.

例 5 判断函数 $f(x) = \sin x + e^x - e^{-x}$ 的奇偶性.

解 函数 $f(x)$ 的定义域为 $(-\infty, +\infty)$,它关于原点对称.因为
$$f(-x) = \sin(-x) + e^{-x} - e^{-(-x)} = -\sin x + e^{-x} - e^x$$
$$= -(\sin x + e^x - e^{-x}) = -f(x),$$
所以 $f(x) = \sin x + e^x - e^{-x}$ 是奇函数.

4. 函数的周期性

对于函数 $f(x)$,如果存在一个不为 0 的常数 L,使得对于定义域内的任何 x,$x \pm L$ 也在定义域内,且关系式
$$f(x \pm L) = f(x)$$
恒成立,则称 $f(x)$ 为**周期函数**,并称 L 为 $f(x)$ 的**周期**.通常,我们所说的周期函数的周期是指**其最小正周期**.

例如,$y = \sin x$,$y = \cos x$ 都是周期为 2π 的周期函数(见图 1-1-10),$y = \tan x$,$y = \cot x$ 都是周期为 π 的周期函数(见图 1-1-11).

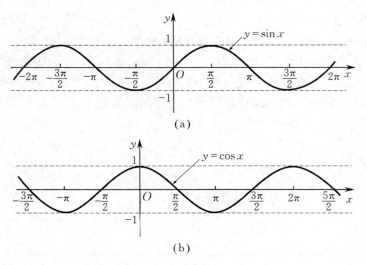

图 1-1-10

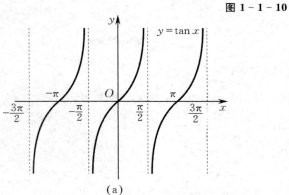
(a)

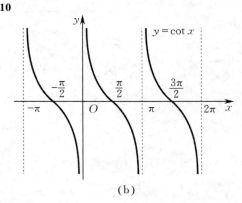
(b)

图 1-1-11

例6 已知 $f(x)$ 是周期为 2π 的周期函数,它在一个周期 $[-\pi,\pi)$ 上的表达式为

$$f(x)=\begin{cases} x, & -\pi \leqslant x<0, \\ 1, & 0 \leqslant x<\pi, \end{cases}$$

试在 $(-\infty,+\infty)$ 上作出函数 $y=f(x)$ 的图形.

解 先作出函数 $y=f(x)$ 在 $[-\pi,\pi)$ 上的图形(见图 1-1-12),然后根据周期函数的特点,以 2π 为周期重复作图,就得到函数 $y=f(x)$ 在 $(-\infty,+\infty)$ 上的图形(见图 1-1-13).

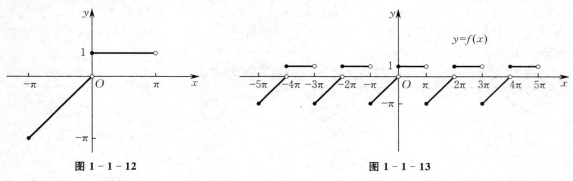

图 1-1-12   图 1-1-13

五、反函数

在函数 $y = f(x)$ 中,x 是自变量,y 是因变量,x 与 y 这两个变量有着主与从的区别. 但这种区别不是绝对的,会根据研究问题的具体要求而变化.

例如,在自由落体运动中,物体下落的距离 s 和时间 t 这两个变量之间存在着联系,究竟哪个是自变量,哪个是因变量,会随研究问题的具体要求而变化.

(1) 如果研究的问题是经过时间 t,物体下落的距离 s 是多少,那么时间 t 是自变量,距离 s 是因变量,它们的函数关系为 $s = f(t) = \frac{1}{2}gt^2$;

(2) 如果研究的问题是物体下落的距离为 s,经过的时间 t 是多少,那么此时的自变量与因变量就变了,s 是自变量,而 t 是因变量,它们的函数关系为 $t = \varphi(s) = \sqrt{\frac{2s}{g}}$.

1. 反函数的概念

定义 1.2　设函数 $y = f(x)$ 是定义域 D 上的单值函数,其值域为 M. 如果对于 M 中的每个 y 值,都可由关系式 $y = f(x)$ 找到唯一确定的 x 值($x \in D$) 与它对应,那么由此所确定的以 y 为自变量,以 x 为因变量的新函数叫作函数 $y = f(x)$ 的**反函数**,记为 $x = f^{-1}(y)$.

显然,函数 $y = f(x)$ 的反函数 $x = f^{-1}(y)$ 的定义域为 M,值域为 D.

相对于反函数 $x = f^{-1}(y)$,习惯上称 $y = f(x)$ 为**直接函数**. 如果以 $x = f^{-1}(y)$ 为直接函数,根据定义 1.2,它的反函数为 $y = f(x)$. 因此,$y = f(x)$ 与 $x = f^{-1}(y)$ 互为反函数.

由反函数的定义可知,函数 $s = \frac{1}{2}gt^2 (t \geq 0)$ 的反函数是 $t = \sqrt{\frac{2s}{g}}$;函数 $y = x^3$ 的反函数是 $x = \sqrt[3]{y}$;函数 $y = x^2 (x \geq 0)$ 的反函数是 $x = \sqrt{y}$.

由于人们习惯以 x 表示函数的自变量,所以 $y = f(x)$ 的反函数一般表示为 $y = f^{-1}(x)$. 例如,$y = x^3$ 的反函数可表示为 $y = \sqrt[3]{x}$;$y = x^2 (x \geq 0)$ 的反函数可表示为 $y = \sqrt{x}$.

例 7　求函数 $y = 2x - 1$ 的反函数,并在同一平面直角坐标系中作出它们的图形.

解　由 $y = 2x - 1$ 解出 x,得 $x = \frac{1}{2}(y + 1)$. 按习惯写作 $y = \frac{1}{2}(x + 1)$,因此 $y = 2x - 1$ 的反函数是 $y = \frac{1}{2}(x + 1)$.

直接函数 $y = 2x - 1$ 的图形是过 $\left(\frac{1}{2}, 0\right)$ 与 $(0, -1)$ 两点的直线,而反函数 $y = \frac{1}{2}(x + 1)$ 的图形是过 $\left(0, \frac{1}{2}\right)$ 与 $(-1, 0)$ 两点的直线(见图 1-1-14).

注意　如果直接函数中的字母有实际意义,则反函数中的字母就不能改变. 例如,直接函数 $c = 2\pi r$(c 表示圆周长,r 表示圆半径) 的反函数为 $r = \frac{c}{2\pi}$,将其改为 $c = \frac{r}{2\pi}$ 是不允许的.

2. 反函数的图形

由例 7 可知,直接函数 $y = 2x - 1$ 与其反函数 $y = \frac{1}{2}(x + 1)$ 的图形是关于直线 $y = x$ 对称的.

定理 1.1　直接函数 $y = f(x)$ 与其反函数 $y = f^{-1}(x)$ 的图形关于直线 $y = x$ 对称(见图 1-1-15).

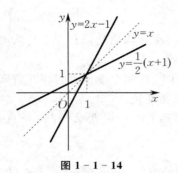

图 1-1-14

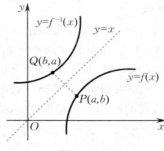

图 1-1-15

【思考题】

1. 多值函数与单值函数的区别是什么？$y^2 = x$ 是单值函数吗？
2. 邻域和去心邻域这两个概念有什么不同？
3. 是否任何一个函数都有对应的反函数？
4. 函数的四种特性在几何上有何特点？

习 题 1-1

（A）

1. 求下列函数的定义域：

(1) $y = \dfrac{1}{x} - \sqrt{1-x^2}$；

(2) $y = \sqrt{\dfrac{1}{x+1}}$；

(3) $y = \sqrt{x-2} + \dfrac{1}{x-3} + \ln(5-x)$；

(4) $y = \ln\dfrac{1+x}{1-x}$；

(5) $y = \sqrt{\ln(x-2)}$；

(6) $y = \arcsin(x-3)$.

2. 已知函数 $f(x) = \dfrac{1-x}{1+x}$，求 $f(-x), f(0), f(2), f(x)+1$.

3. 确定下列函数的奇偶性：

(1) $f(x) = \dfrac{|x|}{x}$；

(2) $f(x) = \dfrac{a^x + a^{-x}}{2}$ $(a > 0, a \neq 1)$；

(3) $f(x) = \ln(x + \sqrt{1+x^2})$；

(4) $f(x) = \cos^2 x + \sin x + x$.

4. 求下列周期函数的周期：

(1) $y = |\sin x|$；

(2) $y = \sin^2 x$；

(3) $y = \sin\dfrac{x}{3}$；

(4) $y = \tan 2x$.

（B）

5. 下列各组函数是否相同？为什么？

(1) $f(x) = \dfrac{x^2-1}{x-1}, g(x) = x+1$；

(2) $f(x) = 1, g(x) = \sin^2 x + \cos^2 x$；

(3) $f(x) = x, g(x) = \sqrt{x^2}$；

(4) $f(x) = \sqrt[3]{x^4-x^3}, g(x) = x\sqrt[3]{x-1}$.

6. 求下列函数的反函数：

(1) $y = \sqrt[3]{x+1}$；

(2) $y = 3^{2x+5}$；

(3) $y = x^2 - 2x$ $(x > 1)$；

(4) $y = e^{x+1}$.

7. 已知球的半径为 R，则球的体积为 $V = \dfrac{4}{3}\pi R^3$. 求这个体积函数的反函数.

8. 验证：函数 $y = \dfrac{1-x}{1+x}$ 的反函数是它本身.

第二节 初等函数

一、基本初等函数

基本初等函数是指下面六种最常见的函数.

(1) **常数函数** $y = C$ (C 为常数).

常数函数是最简单的函数. 对于任意的 x 值, 常数函数 $y = C$ 均取同一个值 C, 它的定义域为 $(-\infty, +\infty)$, 图形为一条平行于 x 轴的直线.

(2) **幂函数** $y = x^\mu$ (μ 为常数).

幂函数 $y = x^\mu$ 的定义域由 μ 而定. 常见的幂函数 $y = x^2$, $y = x^{\frac{2}{3}}$, $y = x^3$, $y = x^{\frac{1}{3}}$ 的图形分别如图 1-2-1(a), (b) 所示.

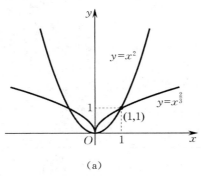

图 1-2-1

(3) **指数函数** $y = a^x$ ($a > 0, a \neq 1$).

指数函数 $y = a^x$ 的定义域为 $(-\infty, +\infty)$. 对于任意的 x, 均有 $y = a^x > 0$. 对于任意的实数 a ($a > 0, a \neq 1$), 指数函数 $y = a^x$ 的图形都过点 $(0,1)$, 如图 1-2-2 所示.

(4) **对数函数** $y = \log_a x$ ($a > 0, a \neq 1$).

对数函数 $y = \log_a x$ 的定义域为 $(0, +\infty)$, 值域为 $(-\infty, +\infty)$, 图形如图 1-2-3 所示. 特别地, 当 $a = e$ 时, 记为 $y = \ln x$. 这里 e 是一个无理数, 它的意义见本章第七节.

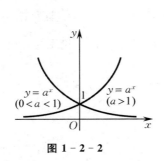

图 1-2-2

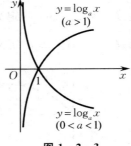

图 1-2-3

(5) **三角函数**.

最常见的三角函数是

$$y = \sin x, \quad y = \cos x, \quad y = \tan x, \quad y = \cot x.$$

正弦函数 $y = \sin x$ 的定义域为 $(-\infty, +\infty)$,值域为 $[-1,1]$ [见图 1-1-10(a)];

余弦函数 $y = \cos x$ 的定义域和值域与正弦函数 $y = \sin x$ 的定义域和值域相同 [见图 1-1-10(b)].

正切函数 $y = \tan x$ 的定义域为 $\left\{x \mid x \in \mathbf{R} \text{且} x \neq k\pi + \frac{\pi}{2}, k \in \mathbf{Z}\right\}$,值域为 $(-\infty, +\infty)$ [见图 1-1-11(a)];

余切函数 $y = \cot x$ 的定义域为 $\left\{x \mid x \in \mathbf{R} \text{且} x \neq k\pi, k \in \mathbf{Z}\right\}$,值域为 $(-\infty, +\infty)$ [见图 1-1-11(b)].

另外,常见的三角函数还有正割函数 $y = \sec x$ 和余割函数 $y = \csc x$. 它们都是以 2π 为周期的周期函数,且

$$\sec x = \frac{1}{\cos x}, \quad \csc x = \frac{1}{\sin x}.$$

(6) **反三角函数**.

常见的反三角函数有

$$y = \arcsin x, \quad y = \arccos x, \quad y = \arctan x, \quad y = \text{arccot}\, x.$$

反三角函数都是多值函数,下面取这些函数的一个单值分支,称之为**主值**:

反正弦函数 $y = \arcsin x$ 的定义域为 $[-1,1]$,值域为 $\left[-\frac{\pi}{2}, \frac{\pi}{2}\right]$ [见图 1-2-4(a)].

反余弦函数 $y = \arccos x$ 的定义域为 $[-1,1]$,值域为 $[0, \pi]$ [见图 1-2-4(b)].

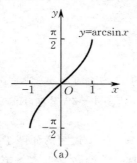
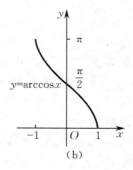

图 1-2-4

反正切函数 $y = \arctan x$ 的定义域为 $(-\infty, +\infty)$,值域为 $\left(-\frac{\pi}{2}, \frac{\pi}{2}\right)$ (见图 1-2-5);

反余切函数 $y = \text{arccot}\, x$ 的定义域为 $(-\infty, +\infty)$,值域为 $(0, \pi)$ (见图 1-2-6).

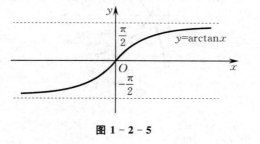
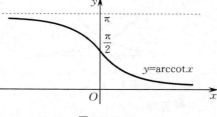

图 1-2-5   图 1-2-6

二、复合函数

我们先看一个例子.

设函数 $y=u^3$,而 $u=1-2x$. 将 $u=1-2x$ 代入 $y=u^3$,可得到新的函数 $y=(1-2x)^3$. 这种将一个函数代入另一个函数的运算叫作复合运算.

一般地,假设有两个函数 $y=f(u),u=\varphi(x)$,若能将 $u=\varphi(x)$ 代入 $y=f(u)$,得到函数 $y=f(\varphi(x))$,则称这种运算为**复合运算**,并称所得到的函数 $y=f(\varphi(x))$ 为**复合函数**,也记为 $f\circ\varphi(x)$,即 $f\circ\varphi(x)=f(\varphi(x))$,其中变量 u 称为**中间变量**. 这时也称 $\varphi(x)$ 为**内层函数**,而称 $f(u)$ 为**外层函数**. 但要注意,并不是任意两个函数都能进行复合运算. 函数 $y=f(u)$ 和 $u=\varphi(x)$ 需要满足 $u=\varphi(x)$ 的值域与 $y=f(u)$ 的定义域的交集非空,才能进行复合运算,得到复合函数 $y=f\circ\varphi(x)$,且该复合函数的定义域为

$$D=\{x\mid u=\varphi(x)\in D(f)\}.$$

例 1 指出下列复合函数的复合过程和定义域:

(1) $y=\sqrt{1+x^2}$; (2) $y=\arcsin(\ln x)$.

解 (1) $y=\sqrt{1+x^2}$ 是由 $y=\sqrt{u}$ 与 $u=1+x^2$ 复合而成的复合函数,其定义域为 $D=(-\infty,+\infty)$.

(2) $y=\arcsin(\ln x)$ 是由 $y=\arcsin u$ 与 $u=\ln x$ 复合而成的复合函数,其定义域应满足 $-1\leqslant\ln x\leqslant 1$,即 $\dfrac{1}{e}\leqslant x\leqslant e$,故其定义域为 $D=\left[\dfrac{1}{e},e\right]$.

上述复合函数的概念可推广到多重复合的情形. 例如,在一定条件下,由函数 $y=f(u),u=\varphi(x),x=\psi(t)$,可得到复合函数 $y=f(\varphi(\psi(t)))$.

三、初等函数

定义1.3 由基本初等函数经过有限次四则运算和复合运算所构成,并且可以由一个式子表示的函数,叫作**初等函数**.

例如,$y=\sqrt{1+x^2}$,$y=\arcsin(\ln x)$,$y=\sin(\ln x)$ 都是初等函数. 高等数学中所讨论的函数大部分都是初等函数.

例 2 设函数 $f(x)=x^2,g(x)=2^x$,求:

(1) $f(g(x))$; (2) $g(f(x))$; (3) $f(f(x))$.

解 (1) $f(g(x))=(g(x))^2=(2^x)^2=2^{2x}=4^x$.

(2) $g(f(x))=2^{f(x)}=2^{x^2}$.

(3) $f(f(x))=(f(x))^2=(x^2)^2=x^4$.

【思考题】

1. 函数 $f(x)=\sin 3x$ 是否为基本初等函数?

2. 函数 $f(x)=|x|$ 是否为初等函数?

习 题 1-2

1. 求由下列各组函数构成的复合函数:

(1) $y=\ln u,u=\sqrt{x}$; (2) $y=u^{\frac{2}{3}},u=1+x$;

(3) $y=u^2,u=\sqrt[3]{v},v=x+1$; (4) $y=\arcsin u,u=\ln v,v=1-x$.

2. 写出下列函数的复合过程:

(1) $y = \sin \dfrac{3x}{2}$;

(2) $y = \cos^2(3x+1)$;

(3) $y = \ln\sqrt{1+x}$;

(4) $y = \arccos(1-x^2)$.

第三节　常用经济函数

一、需求函数与供给函数

一种商品的市场需求量 Q_d 与该商品的价格 P 密切相关:降价使得需求量增加,涨价使得需求量减少. 需求量 Q_d 可看成价格 P 的函数,称为**需求函数**,记为

$$Q_d = Q(P).$$

显然,需求函数 Q_d 为价格 P 的单调减少函数.

一种商品的市场供给量 Q_s 也与该商品的价格 P 密切相关:价格上涨,将刺激生产者向市场提供更多的商品,即供给量增加;价格下跌,供给量减少. 类似地,供给量 Q_s 也可看成价格 P 的函数,称为**供给函数**,记为

$$Q_s = S(P).$$

显然,供给函数 Q_s 为价格 P 的单调增加函数.

对同一种商品来说,如果需求量等于供给量,即

$$Q_d = Q_s,$$

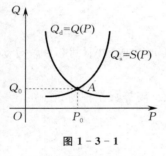

图 1-3-1

则这种商品就达到了市场均衡. 上述等式称为**市场均衡条件**. 如图 1-3-1 所示,需求函数 $Q_d = Q(P)$ 与供给函数 $Q_s = S(P)$ 的图形的交点 $A(P_0, Q_0)$ 称为**市场均衡点**,其横坐标 P_0 称为**市场均衡价格**,纵坐标 Q_0 称为**市场均衡数量**.

当市场价格高于市场均衡价格时,供给量将增加,而需求量则相应减少;当市场价格低于市场均衡价格时,供给量将减少,而需求量将增加. 市场价格的调节就是这样按照需求规律和供给规律实现的.

例 1　某批发站批发某种品牌的手表给零售商,当手表售价为 70 元/只时,销售量为 10 000 只. 已知这种手表单价每提高 3 元,需求量将减少 3 000 只,试求需求函数(假设这种手表的售价不得低于 70 元/只).

解　设需求量为 Q_d(单位:只),手表单价为 P(单位:元). 按照手表单价每提高 3 元,需求量就减少 3 000 只的题设条件,现手表单价提高了 $P-70$ 元,所以需求量就相应减少了 $3\,000 \times \dfrac{P-70}{3}$ 只,于是需求函数为

$$Q_d = 10\,000 - 3\,000 \times \dfrac{P-70}{3}, \quad 即 \quad Q_d = 1\,000(80-P).$$

从这个关系式可以看出,手表单价不能超过 80 元,否则没有销路.

例 2　某种商品的需求函数与供给函数分别为

$$Q_d = 285 - 6P, \quad Q_s = 24P - 15,$$

求这种商品的市场均衡价格和市场均衡数量.

解 由市场均衡条件 $Q_d = Q_s$，得

$$285 - 6P = 24P - 15,$$

解得

$$P_0 = 10, \quad Q_0 = 225.$$

故这种商品的市场均衡价格为 10 单位，市场均衡数量为 225 单位.

二、总成本函数、总收入函数和总利润函数

人们在从事生产和经营产品的活动中，总希望尽可能降低产品的生产和经营成本，提高收入与利润. 而总成本 C、总收入 R 和总利润 L 这些经济变量都与产品的产量或销售量（这里一般将产量与销售量视为等同的）Q 密切相关. 经过抽象简化，它们都可看成 Q 的函数，分别称为**总成本函数**、**总收入函数**、**总利润函数**，并分别记为 $C(Q), R(Q), L(Q)$.

总成本是指生产者生产全部产品的总费用，它由**固定成本**和**可变成本**两部分组成：

$$总成本 = 固定成本 + 可变成本.$$

固定成本与产量无关，如设备维修费、企业管理费等；可变成本随着产量的增加而增加，如原材料费、动力费等. 设总成本为 C，固定成本为 C_0，可变成本为 C_1，则

$$C = C(Q) = C_0 + C_1.$$

平均成本就是生产单位产品的成本，通常记为 $\overline{C}$. 它也是 Q 的函数，称为**平均成本函数**. 显然，平均成本函数为

$$\overline{C} = \frac{C(Q)}{Q}.$$

总收入是指商品售出后的全部收入. 显然，总收入 $=$ 销售量 $\times$ 价格，即总收入函数为

$$R = R(Q) = Q \cdot P(Q).$$

总利润就是总收入与总成本之差. 于是，总利润函数为

$$L = L(Q) = R(Q) - C(Q).$$

满足 $L(Q) = 0$ 的点称为**盈亏平衡点**（又称**保本点**）.

例 3 已知某种商品的需求函数为 $Q = 200 - 4P$，其中 Q（单位：件）是商品的需求量，P（单位：元/件）是价格，求总收入函数以及销售 10 件这种商品时的总收入.

解 由题意，需求函数为 $Q = 200 - 4P$，则

$$P = 50 - \frac{1}{4}Q.$$

于是，总收入函数为

$$R(Q) = Q\left(50 - \frac{1}{4}Q\right).$$

故销售 10 件这种商品时的总收入为

$$R(10) = 10 \times \left(50 - \frac{1}{4} \times 10\right) 元 = 475 元.$$

例 4 已知生产某种商品的总成本函数（单位：万元）和总收入函数（单位：万元）分别为

$$C(Q) = 18 - 7Q + Q^2, \quad R(Q) = 4Q.$$

（1）求这种商品的总利润函数以及销售量为 5 单位时的总利润；

（2）求这种商品的盈亏平衡点；

（3）试问：这种商品的销售量为 10 单位时是否盈利？

解 （1）这种商品的总利润函数为
$$L(Q) = R(Q) - C(Q) = -Q^2 + 11Q - 18,$$
销售量为 5 单位时的总利润为
$$L(5) = (-5^2 + 11 \times 5 - 18) \text{万元} = 12 \text{万元}.$$

（2）令 $L(Q) = 0$，即 $-Q^2 + 11Q - 18 = 0$，解得两个盈亏平衡点分别为
$$Q_1 = 2, \quad Q_2 = 9.$$

（3）当销售量为 10 单位时，总利润为
$$L(10) = (-10^2 + 11 \times 10 - 18) \text{万元} = -8 \text{万元} < 0 \text{万元},$$
故此时没有盈利.

习　题　1-3

(A)

1. 某机床厂的年生产量为 m 台，固定成本为 b 元，每生产一台机床总成本将增加 a 元，试求年产量为 Q 台时的总成本和平均成本. 若每台机床的售价为 P 元，试求总利润函数和盈亏平衡点.

2. 设销售某种产品的总收入 R 是销售量 Q 的二次函数. 经统计得知，当 Q 分别为 0，2，4 单位时，R 相应地分别为 0，6，8 货币单位. 试确定总收入 R 与销售量 Q 的函数关系.

(B)

3. 某商场出售某种品牌的电视机，零售价为每台 2 400 元，若一次购买超过 10 台，则减价 5%；若一次购买超过 15 台，则可再减价 5%. 试写出总收入 R 与售出台数 Q 的函数关系.

4. 某车间设计的最大生产能力为月产 100 台机床，每月生产量不得低于 40 台. 当生产量为 Q（单位：台）时，总成本函数（单位：万元）为 $C = Q^2 + 10Q$. 按照市场规律，售价（单位：万元/台）为 $P = 250 - 5Q$ 时可以销售完. 试写出该车间一个月的总利润函数 $L(Q)$.

5. 已知生产某种商品每日的固定成本为 5 000 元，可变成本为每件 3.5 元. 如果每件商品的售价为 6 元，求日产量为 Q（单位：件）时的总成本、平均成本、总利润和盈亏平衡点.

第四节　数列的极限

一、数列极限的定义

极限的思想方法自古有之，它是从静认识动，从近似认识精确，从有限认识无限的一种思想方法. 我国古代数学家刘徽（公元 3 世纪）所提出的利用圆内接正多边形来推算圆面积的方法——割圆术，就是极限思想方法在几何学上的应用.

下面介绍用上述割圆术求圆面积的做法. 设有一个圆，先作圆的内接正三角形，其面积记为 A_1；再作圆的内接正六边形，其面积记为 A_2；接着作圆的内接正十二边形，其面积记为 A_3……作圆的内接正 $3 \times 2^{n-1}$ 边形，其面积记为 A_n……如此得到该圆的一系列内接正多边形的面积 $A_1, A_2, A_3, \cdots, A_n, \cdots$，它们构成一个无穷数列.

不难想到，随着圆的内接正多边形边数的不断增加，圆的内接正多边形的面积与圆的面积越来越接近，即圆的内接正多边形的面积与圆的面积之差越来越接近于 0. 也就是说，当边数 n 无限增大（记为 $n \to \infty$，读作 n 趋近于无穷大）时，圆的内接正 $3 \times 2^{n-1}$ 边形的面积 A_n 也无限接近于某个确定的数值. 这个确定的数值即为该圆的面积. 该数值在数学上称为数列 $\{A_n\}$ 当 $n \to \infty$ 时的**极限**. 由上述做法可以看到，正是这个数列的极限（确定的数值）精确地表达了该圆的面积.

这种通过研究数列 $\{A_n\}$ 的变化趋势解决问题的方法叫作**极限方法**.

观察下面三个数列 $x_n = f(n)(n \in \mathbf{N}_+)$ 当项数 n 无限增大时的变化趋势：

(1) $1, \dfrac{1}{2}, \dfrac{1}{3}, \dfrac{1}{4}, \cdots, \dfrac{1}{n}, \cdots$；　　(2) $\dfrac{1}{2}, \dfrac{-1}{2^2}, \dfrac{1}{2^3}, \dfrac{-1}{2^4}, \cdots, \dfrac{(-1)^{n-1}}{2^n}, \cdots$；

(3) $2, \dfrac{1}{2}, \dfrac{4}{3}, \dfrac{3}{4}, \cdots, \dfrac{n+(-1)^{n-1}}{n}, \cdots$.

将这三个数列的前 n 项分别在数轴上表示出来，它们分别如图 1-4-1、图 1-4-2 和图 1-4-3 所示.

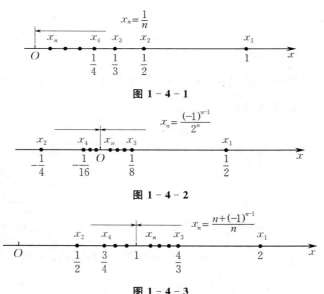

由图 1-4-1 可以看出，当项数 n 无限增大时，点 $x_n = \dfrac{1}{n}$ 从 $x = 0$ 的右侧逐渐逼近于点 $x = 0$，即 $x_n = \dfrac{1}{n}$ 无限接近于这个确定的常数 0.

由图 1-4-2 可以看出，当项数 n 无限增大时，点 $x_n = \dfrac{(-1)^{n-1}}{2^n}$ 从 $x = 0$ 的左、右两侧逐渐逼近于点 $x = 0$，即 $x_n = \dfrac{(-1)^{n-1}}{2^n}$ 无限接近于这个确定的常数 0.

由图 1-4-3 可以看出，当项数 n 无限增大时，点 $x_n = \dfrac{n+(-1)^{n-1}}{n}$ 从 $x = 1$ 的左、右两侧逐渐逼近于点 $x = 1$，即 $x_n = \dfrac{n+(-1)^{n-1}}{n}$ 无限接近于这个确定的常数 1.

由上述三个数列的变化趋势可见,当 n 无限增大时,x_n 都无限接近于一个确定的常数. 下面引入数列极限的概念.

1. 数列极限的描述性定义

定义 1.4 对于数列 $\{x_n\}$,若存在一个确定的常数 A,使得当 $n(n\in \mathbf{N}_+)$ 无限增大时,数列的通项 x_n 无限接近于 A,则称 A 是**数列** $\{x_n\}$ **的极限**,或称数列 $\{x_n\}$ **收敛**于 A,记作 $\lim\limits_{n\to\infty} x_n = A$ 或 $x_n \to A(n\to\infty)$. 若不存在这样的常数 A,则称**数列** $\{x_n\}$ **的极限不存在**,或称数列 $\{x_n\}$ 是**发散**的.

在定义 1.4 中,极限符号 $\lim\limits_{n\to\infty}$ 中的"lim"表示极限(limit),"$n\to\infty$"表示项数 n 无限增大.

根据上面对数列极限的初步描述,割圆术中圆的面积 A 可以表示为 $A = \lim\limits_{n\to\infty} A_n$,即圆的面积等于圆的内接正 $3\times 2^{n-1}(n=1,2,\cdots)$ 边形的面积所构成的数列 $\{A_n\}$ 的极限. 对于前面提到的三个数列,有:

数列(1)的极限是 0,可记为 $\lim\limits_{n\to\infty} \dfrac{1}{n} = 0$;

数列(2)的极限是 0,可记为 $\lim\limits_{n\to\infty} \dfrac{(-1)^{n-1}}{2^n} = 0$;

数列(3)的极限是 1,可记为 $\lim\limits_{n\to\infty} \dfrac{n+(-1)^{n-1}}{n} = 1$.

为了更深入地理解数列 $\{x_n\}$ 当 $n\to\infty$ 时无限接近于 A 这一极限过程,可以从表 1-4-1 中观察数列 $\left\{\dfrac{1}{n}\right\}$ 当 n 无限增大时的变化趋势.

表 1-4-1

n	10	100	1 000	10^4	10^5	$\cdots$	10^n	$\cdots$
$\dfrac{1}{n}$	0.1	0.01	0.001	0.000 1	0.000 01	$\cdots$	$\underbrace{0.0\cdots 01}_{n\text{个}0}$	$\cdots$

从表 1-4-1 可以看出,正整数 n 越大,$\dfrac{1}{n}$ 就越小;n 充分大,$\dfrac{1}{n}$ 就可以充分小,并逐渐接近于常数 0,即数列 $\left\{\dfrac{1}{n}\right\}$ 随着 n 的无限增大,其值无限接近于常数 0. 因此 $\lim\limits_{n\to\infty} \dfrac{1}{n} = 0$.

以上我们只对数列极限做了定性和直观的描述. 由于没有数量的分析和严格的定义,因此我们无法在理论上进行推理和论证. 为此,需要用定量的数学语言来刻画极限的概念. 下面将给出数列极限的严格定义,它是微积分学严格化的关键,奠定了微积分学的基础.

*2. 数列极限的严格定义

在数列极限的描述性定义中,"x_n 无限接近于 A"如何量化呢?

例如,"数列 $1, \dfrac{1}{2}, \dfrac{1}{3}, \dfrac{1}{4}, \cdots, \dfrac{1}{n}, \cdots$ 无限接近于 0"究竟是什么意思?我们来考察这个数列的各项与 0 的距离,即

$$|1-0| = 1,\quad \left|\dfrac{1}{2}-0\right| = \dfrac{1}{2},\quad \left|\dfrac{1}{3}-0\right| = \dfrac{1}{3},\quad \cdots,\quad \left|\dfrac{1}{n}-0\right| = \dfrac{1}{n},\quad \cdots.$$

它们在无限地变小.

又如,数列 $2, \dfrac{3}{2}, \dfrac{4}{3}, \dfrac{5}{4}, \cdots, \dfrac{n+1}{n}, \cdots$ 中的各项与 1 的距离为

$|2-1|=1, \left|\frac{3}{2}-1\right|=\frac{1}{2}, \left|\frac{4}{3}-1\right|=\frac{1}{3}, \left|\frac{5}{4}-1\right|=\frac{1}{4}, \cdots, \left|\frac{n+1}{n}-1\right|=\frac{1}{n}, \cdots,$
它们也在无限地变小.

从上面两个例子可以看出,"x_n 无限接近于 A"的意思是"x_n 与 A 之间的距离无限地变小". 而"距离无限地变小"意味着无论你取定一个多么小的正数,这个"距离"总可以变得比你取定的正数更小. 这就揭示了极限的本质.

仍以数列 $\left\{\frac{1}{n}\right\}$ 为例,当 $n \to \infty$ 时,其极限是 0. 事实上,当我们任意取一个非常小的正数 ε 时,总能在 $\left\{\frac{1}{n}\right\}$ 中找到第 N 项,使得后面所有项与 0 的差的绝对值都小于 ε. 不妨取 $\varepsilon = \frac{1}{10\,000}$,从表 1-4-1 中可以看到,当项数 $n > 10\,000 = N$ 时,即从第 10 001 项开始,$\frac{1}{n}$ 与 0 的差的绝对值都满足

$$\left|\frac{1}{n}-0\right| < \frac{1}{10\,000} = 0.000\,1.$$

例如,当 $n = 10\,001$ 时,有

$$\left|\frac{1}{10\,001}-0\right| = \frac{1}{10\,001} < \frac{1}{10\,000}.$$

由此,我们可以把数列极限的定性描述改进为定量表示,即可以给出数列极限的严格定义.

定义 1.5 对于数列 $\{x_n\}$,如果存在一个确定的常数 A,对于任意给定的正数 ε(无论它多么小),总存在一个正整数 N,使得当项数 $n > N$ 时,都有 $|x_n - A| < \varepsilon$ 成立,则称 A 是数列 $\{x_n\}$ 的**极限**,记为 $\lim\limits_{n \to \infty} x_n = A$ 或 $x_n \to A(n \to \infty)$.

定义 1.5 称为数列极限的 **ε-N 定义**,它可简述为

$$\lim_{n \to \infty} x_n = A \Leftrightarrow \forall \varepsilon > 0, \exists \text{正整数 } N, \text{使得当 } n > N \text{ 时,有 } |x_n - A| < \varepsilon.$$

这里为了表达方便,引入了记号"∀"和"∃",它们分别表示"对于任意给定的"(或"对于每个")和"存在".

二、数列极限的计算

例 1 观察下列数列的变化趋势,指出它们的极限:

(1) $1, \frac{5}{4}, \frac{4}{3}, \cdots, \frac{3n-1}{2n}, \cdots$;   (2) $2, \frac{1}{2}, \frac{4}{3}, \cdots, \frac{n+(-1)^{n-1}}{n}, \cdots$;

(3) $-1, 1, -1, \cdots, (-1)^n, \cdots$.

解 下面用列表法给出数列在项数很大时的取值情况.

(1) 列表,如表 1-4-2 所示.

表 1-4-2

n	10	100	1 000	1 000 000	⋯	10^n	⋯
$\frac{3n-1}{2n}$	1.45	1.495	1.499 5	1.499 999 5	⋯	1.49$\underbrace{\cdots}_{n-1 \text{个} 9}$95	⋯

从表 1-4-2 可以看出,$\lim\limits_{n \to \infty} \frac{3n-1}{2n} = \frac{3}{2}$,即数列 $\left\{\frac{3n-1}{2n}\right\}$ 的极限为 $\frac{3}{2}$.

(2) 数列 $\left\{\dfrac{n+(-1)^{n-1}}{n}\right\}$ 可化为 $\left\{1+\dfrac{(-1)^{n-1}}{n}\right\}$. 列表, 如表 1-4-3 所示.

表 1-4-3

n	99	100	999	1 000	...	$\underbrace{9\cdots9}_{n\text{个}9}$	10^n	...
$\dfrac{n+(-1)^{n-1}}{n}$	$1.\overset{..}{0}1$	0.99	$1.\overset{..}{0}01$	0.999	...	$1.\underbrace{0\cdots0}_{n-1\text{个}0}1$	$0.\underbrace{9\cdots9}_{n\text{个}9}$	...

从表 1-4-3 可以看出, $\lim\limits_{n\to\infty}\dfrac{n+(-1)^{n-1}}{n}=1$, 即数列 $\left\{\dfrac{n+(-1)^{n-1}}{n}\right\}$ 的极限为 1.

(3) 列表, 如表 1-4-4 所示.

表 1-4-4

n	1	2	3	4	...	1 000	1 001	...
$(-1)^n$	-1	1	-1	1	...	1	-1	...

从表 1-4-4 可以看出, 当 n 无限增大时, 数列 $\{(-1)^n\}$ 不接近于同一个确定的常数, 所以 $\lim\limits_{n\to\infty}(-1)^n$ 不存在.

由例 1(3) 注意到, 并不是任何数列都有极限. 例如, 对于数列 $x_n=3^n(n=1,2,\cdots)$, 当 n 无限增大时, x_n 也无限增大, 不能无限接近于一个确定的常数, 所以这个数列的极限不存在.

例 2 求常数列 $x_n=-5(n=1,2,\cdots)$ 的极限.

解 这个数列的各项都是 -5, 故 $\lim\limits_{n\to\infty}x_n=\lim\limits_{n\to\infty}(-5)=-5$.

一般地, 任何一个常数列的极限就是这个常数本身, 即 $\lim\limits_{n\to\infty}C=C$ (C 为常数).

用列表法可以观察得到下面两个常用的数列极限:

$$\lim_{n\to\infty}q^n=0\ (|q|<1),\quad \lim_{n\to\infty}a^{\frac{1}{n}}=1\ (a>0).$$

三、数列极限的四则运算法则

前面我们介绍了数列极限的定义, 并用列表法求出了一些简单数列的极限. 但较复杂的数列的极限就很难用列表法求得, 因此需要研究数列极限的运算法则. 下面我们给出数列极限的四则运算法则.

定理 1.2 (数列极限的四则运算法则) 设 $\lim\limits_{n\to\infty}x_n=A$, $\lim\limits_{n\to\infty}y_n=B$, 则

(1) **加、减法法则**: $\lim\limits_{n\to\infty}(x_n\pm y_n)=\lim\limits_{n\to\infty}x_n\pm\lim\limits_{n\to\infty}y_n=A\pm B$;

(2) **乘法法则**: $\lim\limits_{n\to\infty}x_n y_n=\lim\limits_{n\to\infty}x_n\cdot\lim\limits_{n\to\infty}y_n=AB$;

(3) **除法法则**: $\lim\limits_{n\to\infty}\dfrac{x_n}{y_n}=\dfrac{\lim\limits_{n\to\infty}x_n}{\lim\limits_{n\to\infty}y_n}=\dfrac{A}{B}$ ($B\neq 0$).

特别地, 若 $\lim\limits_{n\to\infty}x_n=A$, 则有

$$\lim_{n\to\infty}Cx_n=\lim_{n\to\infty}C\cdot\lim_{n\to\infty}x_n=CA\quad (C\text{是常数}).$$

上述定理表明, 当参与运算的数列 $\{x_n\}$, $\{y_n\}$ 的极限存在时, 它们的和、差、积、商(分母的极限不为 0) 的极限等于它们的极限的和、差、积、商. 此外, 法则(1), (2) 可以推广到有限个数列的情形.

由定理 1.2 我们知道, 若数列 $\{x_n\}$, $\{y_n\}$ 收敛, 则数列 $\{x_n+y_n\}$ 也收敛. 但反过来, 若数列

$\{x_n+y_n\}$ 收敛,不能断言数列 $\{x_n\}$, $\{y_n\}$ 也都收敛. 例如,设数列 $x_n=n(n=1,2,\cdots)$, $y_n=-n(n=1,2,\cdots)$,则

$$\lim_{n\to\infty}(x_n+y_n)=\lim_{n\to\infty}[n+(-n)]=\lim_{n\to\infty}0=0,$$

但 $\lim_{n\to\infty}x_n$, $\lim_{n\to\infty}y_n$ 都不存在.

同样,由定理 1.2 我们知道,若数列 $\{x_n\}$, $\{y_n\}$ 收敛,则数列 $\{x_ny_n\}$ 也收敛. 但反过来,若数列 $\{x_ny_n\}$ 收敛,不能断言数列 $\{x_n\}$, $\{y_n\}$ 也都收敛. 例如,设数列 $x_n=(-1)^n(n=1,2,\cdots)$, $y_n=(-1)^{n+1}(n=1,2,\cdots)$,则

$$\lim_{n\to\infty}x_ny_n=\lim_{n\to\infty}[(-1)^n\cdot(-1)^{n+1}]=\lim_{n\to\infty}(-1)^{2n+1}=-1,$$

但 $\lim_{n\to\infty}x_n$, $\lim_{n\to\infty}y_n$ 都不存在.

因此,由上面两个例子可知,定理 1.2 中数列 $\{x_n\}$, $\{y_n\}$ 收敛是数列 $\{x_n\pm y_n\}$, $\{x_ny_n\}$ 收敛的充分但非必要条件.

例 3 已知 $\lim_{n\to\infty}x_n=-3$, $\lim_{n\to\infty}y_n=2$,求:

(1) $\lim_{n\to\infty}4x_n$; (2) $\lim_{n\to\infty}\dfrac{y_n}{7}$; (3) $\lim_{n\to\infty}\left(4x_n-\dfrac{y_n}{7}\right)$.

解 (1) $\lim_{n\to\infty}4x_n=4\lim_{n\to\infty}x_n=4\times(-3)=-12$.

(2) $\lim_{n\to\infty}\dfrac{y_n}{7}=\dfrac{1}{7}\lim_{n\to\infty}y_n=\dfrac{1}{7}\times 2=\dfrac{2}{7}$.

(3) $\lim_{n\to\infty}\left(4x_n-\dfrac{y_n}{7}\right)=\lim_{n\to\infty}4x_n-\lim_{n\to\infty}\dfrac{y_n}{7}=-12-\dfrac{2}{7}=-12\dfrac{2}{7}$.

例 4 求下列极限:

(1) $\lim_{n\to\infty}\left(3-\dfrac{2}{n}-\dfrac{4}{n^2}\right)$; (2) $\lim_{n\to\infty}\dfrac{2n^2+n-1}{n^2-1}$.

解 (1) $\lim_{n\to\infty}\left(3-\dfrac{2}{n}-\dfrac{4}{n^2}\right)=\lim_{n\to\infty}3-2\lim_{n\to\infty}\dfrac{1}{n}-4\lim_{n\to\infty}\dfrac{1}{n^2}=3-2\times 0-4\times 0=3$.

(2) $\lim_{n\to\infty}\dfrac{2n^2+n-1}{n^2-1}=\lim_{n\to\infty}\dfrac{2+\dfrac{1}{n}-\dfrac{1}{n^2}}{1-\dfrac{1}{n^2}}=\dfrac{\lim_{n\to\infty}2+\lim_{n\to\infty}\dfrac{1}{n}-\lim_{n\to\infty}\dfrac{1}{n^2}}{\lim_{n\to\infty}1-\lim_{n\to\infty}\dfrac{1}{n^2}}=\dfrac{2+0-0}{1-0}=2$.

例 5 求 $\lim_{n\to\infty}\dfrac{2n^2-1}{3n^3+n^2+1}$.

解 $\lim_{n\to\infty}\dfrac{2n^2-1}{3n^3+n^2+1}=\lim_{n\to\infty}\dfrac{\dfrac{2}{n}-\dfrac{1}{n^3}}{3+\dfrac{1}{n}+\dfrac{1}{n^3}}=\dfrac{2\lim_{n\to\infty}\dfrac{1}{n}-\lim_{n\to\infty}\dfrac{1}{n^3}}{\lim_{n\to\infty}3+\lim_{n\to\infty}\dfrac{1}{n}+\lim_{n\to\infty}\dfrac{1}{n^3}}=\dfrac{2\times 0-0}{3+0+0}=0$.

习 题 1-4

(A)

1. 观察下列数列当 $n\to\infty$ 时的变化趋势,判断极限是否存在,若存在,试写出它们的极限:

(1) $x_n=\dfrac{(-1)^n}{n}$ $(n=1,2,\cdots)$; (2) $x_n=\dfrac{n+1}{n}$ $(n=1,2,\cdots)$;

(3) $x_n=\dfrac{n+1}{n-1}$ $(n=1,2,\cdots)$; (4) $x_n=n(-1)^{n-1}$ $(n=1,2,\cdots)$;

(5) $x_n = 2^{\frac{1}{n}}$ $(n = 1, 2, \cdots)$; (6) $x_n = \left(\frac{1}{2}\right)^n$ $(n = 1, 2, \cdots)$.

2. 已知 $\lim\limits_{n\to\infty} x_n = \frac{1}{2}$，$\lim\limits_{n\to\infty} y_n = -\frac{1}{2}$，求下列极限：

(1) $\lim\limits_{n\to\infty} 2x_n$; (2) $\lim\limits_{n\to\infty}(2x_n + 3y_n)$;

(3) $\lim\limits_{n\to\infty} \frac{y_n}{x_n}$; (4) $\lim\limits_{n\to\infty} \frac{x_n - y_n}{x_n}$.

3. 求下列极限：

(1) $\lim\limits_{n\to\infty}\left(5 - \frac{1}{n}\right)$; (2) $\lim\limits_{n\to\infty} \frac{5n-1}{n}$;

(3) $\lim\limits_{n\to\infty} \frac{n}{n+1}$; (4) $\lim\limits_{n\to\infty} \frac{n^2 - n - 1}{n^2}$;

(5) $\lim\limits_{n\to\infty} n(-1)^n$; (6) $\lim\limits_{n\to\infty}\left(3 + \frac{1}{3^n}\right)$.

(B)

4. 观察下列数列极限是否存在，若存在，试写出它们的极限：

(1) $\left\{\frac{1 + 6(n-1)}{3 + 7(n-1)}\right\}$; (2) $\left\{(-1)^n \frac{n+2}{n+3}\right\}$.

5. 如果数列 $\{x_n\}$ 的极限是 A，那么这个数列中位于 A 的 ε 邻域内的项有_____项，位于这个 ε 邻域外的项至多有_____项（提示：用 ε-N 定义去思考）．

6. 考察数列 $x_n = \begin{cases} \frac{1}{n}, & n = 1, 3, \cdots, \\ 2, & n = 2, 4, \cdots. \end{cases}$ 请回答下列问题：

(1) 0 是否为 $\{x_n\}$ 的极限？

(2) 0 的 ε 邻域内是包含 $\{x_n\}$ 中的有限项还是无限多项？

7. 求下列极限：

(1) $\lim\limits_{n\to\infty} \frac{1 + 2^n}{3^n}$; (2) $\lim\limits_{n\to\infty} \frac{(3n+1)^2}{(3n-1)^2}$;

(3) $\lim\limits_{n\to\infty} \frac{1 + 2 + \cdots + n}{n^2}$; (4) $\lim\limits_{n\to\infty}(\sqrt{n+1} - \sqrt{n})$.

第五节　函数的极限

上一节讨论了数列的极限．数列 $\{x_n\}$ 可以看作定义在正整数集 $\mathbf{Z}_+$ 上的整数函数 $f(n) = x_n$，那么数列 $\{x_n\}$ 的极限为 A 就是：当自变量 n 取正整数且无限增大（即 $n \to \infty$）时，对应的函数值 $f(n)$ 无限接近于确定的常数 A. 本节在理解了"无限接近"的思想基础上，将沿着研究数列极限的思维方式，继续研究函数 $y = f(x)$ 的极限问题．

如果一个函数 $y = f(x)$ 在自变量 x 的某个变化过程中，对应的函数值无限接近于某个确定的常数 A，那么这个确定的常数 A 就叫作函数 $y = f(x)$ 在 x 的这个变化过程中的极限．这个极限是与自变量的某个变化过程密切相关的，而自变量的变化过程有以下两种情形：

(1) 自变量 x 的绝对值 $|x|$ 无限增大，即 x 趋近于无穷大（记作 $x \to \infty$）；

(2) 自变量 x 趋近于某个有限值 x_0，或者说趋近于某个确定值 x_0（记作 $x \to x_0$）．

下面就自变量的这两种变化过程分别进行讨论．

一、函数 $f(x)$ 当 $x \to \infty$ 时的极限

例 1 考察函数 $f(x) = \dfrac{1}{x}$ 当 $|x|$ 取值越来越大时的变化趋势(见表 1-5-1 和图 1-5-1).

表 1-5-1

x	1	10	100	1 000	10 000	100 000	1 000 000	…
$\dfrac{1}{x}$	1	0.1	0.01	0.001	0.000 1	0.000 01	0.000 001	…
x	-1	-10	-100	$-1 000$	$-10 000$	$-100 000$	$-1 000 000$	…
$\dfrac{1}{x}$	-1	-0.1	-0.01	-0.001	$-0.000 1$	$-0.000 01$	$-0.000 001$	…

由表 1-5-1 和图 1-5-1 可以看出,当 x 的绝对值 $|x|$ 无限增大时,$f(x)$ 的值无限接近于 0,即当 $x \to \infty$ 时,有

$$f(x) = \frac{1}{x} \to 0.$$

对于函数 $f(x)$ 的这种当 $x \to \infty$ 时的变化趋势,我们有下面的定义.

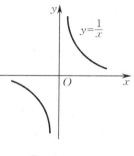

图 1-5-1

定义 1.6 如果当 x 的绝对值 $|x|$ 无限增大,即 $x \to \infty$ 时,函数 $f(x)$ 无限接近于一个确定的常数 A,那么 A 就叫作**函数 $f(x)$ 当 $x \to \infty$ 时的极限**,记为

$$\lim_{x \to \infty} f(x) = A \quad \text{或} \quad f(x) \to A \; (x \to \infty).$$

这里,我们假定 $f(x)$ 当 $x \to \infty$ 时是有定义的.根据定义 1.6 可知,当 $x \to \infty$ 时,$f(x) = \dfrac{1}{x}$ 的极限是 0,可记为

$$\lim_{x \to \infty} f(x) = \lim_{x \to \infty} \frac{1}{x} = 0.$$

一般地,如果 $\lim\limits_{x \to \infty} f(x) = C$,则称直线 $y = C$ 为函数 $y = f(x)$ 的图形的**水平渐近线**.所以,直线 $y = 0$ 是函数 $f(x) = \dfrac{1}{x}$ 的图形的水平渐近线.

在定义 1.6 中,自变量 x 的绝对值 $|x|$ 无限增大指的是:x 既取正值且无限增大(记为 $x \to +\infty$),也取负值且绝对值无限增大(记为 $x \to -\infty$).但有时 x 的变化过程只能或只需取这两种变化中的一种情形,所以下面给出函数 $f(x)$ 当 $x \to +\infty$ 或 $x \to -\infty$ 时的极限定义.

定义 1.7 如果当 $x \to +\infty$(或 $x \to -\infty$)时,函数 $f(x)$ 无限接近于一个确定的常数 A,那么 A 就叫作**函数 $f(x)$ 当 $x \to +\infty$(或 $x \to -\infty$)时的极限**,记为

$$\lim_{\substack{x \to +\infty \\ (\text{或}\, x \to -\infty)}} f(x) = A \quad \text{或} \quad f(x) \to A \; [x \to +\infty(\text{或}\, x \to -\infty)].$$

不难发现,只有当 $\lim\limits_{x \to +\infty} f(x)$ 和 $\lim\limits_{x \to -\infty} f(x)$ 都存在并且相等时,$\lim\limits_{x \to \infty} f(x)$ 才存在,且与它们相等.也就是说,如果 $\lim\limits_{x \to +\infty} f(x)$ 和 $\lim\limits_{x \to -\infty} f(x)$ 中有一个不存在,或者都存在但不相等,那么 $\lim\limits_{x \to \infty} f(x)$ 就不存在.

例如,从图 1-5-1 可知 $\lim\limits_{x \to +\infty} \dfrac{1}{x} = 0$,$\lim\limits_{x \to -\infty} \dfrac{1}{x} = 0$,这两个极限值相等,都为 0,所以

$$\lim_{x\to\infty}\frac{1}{x}=0.$$

又如,从图 1-5-2 可知

$$\lim_{x\to+\infty}\arctan x=\frac{\pi}{2},\quad \lim_{x\to-\infty}\arctan x=-\frac{\pi}{2}.$$

因为当 $x\to+\infty$ 和 $x\to-\infty$ 时,函数 $f(x)=\arctan x$ 没有无限接近于同一个确定的常数,所以 $\lim\limits_{x\to\infty}\arctan x$ 不存在.

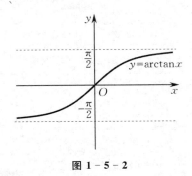

图 1-5-2

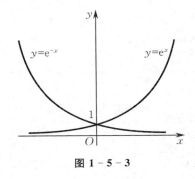

图 1-5-3

例 2 求 $\lim\limits_{x\to-\infty}e^x$ 和 $\lim\limits_{x\to+\infty}e^{-x}$.

解 如图 1-5-3 所示,易知 $\lim\limits_{x\to-\infty}e^x=0$,$\lim\limits_{x\to+\infty}e^{-x}=0$.

二、函数 $f(x)$ 当 $x\to x_0$ 时的极限

1. 函数 $f(x)$ 当 $x\to x_0$ 时的极限的描述性定义

先看下面的例子.

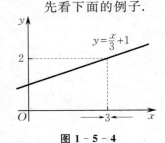

图 1-5-4

考察当 $x\to 3$ 时,函数 $f(x)=\dfrac{x}{3}+1$ 的变化趋势(见图 1-5-4).

可以从表 1-5-2 中观察函数 $f(x)=\dfrac{x}{3}+1$ 当 x 从 3 的左侧趋近于 3 的变化趋势;从表 1-5-3 中观察函数 $f(x)=\dfrac{x}{3}+1$ 当 x 从 3 的右侧趋近于 3 的变化趋势.由此可见,当 $x\to 3$ 时,$f(x)=\dfrac{x}{3}+1$ 的值无限接近于 2.

表 1-5-2

x	2.9	2.99	2.999	...
$f(x)$	1.96	1.996	1.999 6	...

表 1-5-3

x	3.1	3.01	3.001	...
$f(x)$	2.03	2.003	2.000 3	...

对于函数 $f(x)$ 的这种当 $x\to x_0$(定值)时的变化趋势,我们有下面的定义.

定义 1.8 如果当 x 无限趋近于定值 x_0,即 $x\to x_0$(x 可以不等于 x_0)时,函数 $f(x)$ 无限接近于一个确定的常数 A,那么 A 就叫作**函数 $f(x)$ 当 $x\to x_0$ 时的极限**,记为

$$\lim_{x\to x_0}f(x)=A \quad \text{或} \quad f(x)\to A\ (x\to x_0).$$

需要说明的是,在上面的定义中,我们假定函数 $f(x)$ 在点 x_0 的左、右两侧是有定义的.我们考虑的是函数 $f(x)$ 当 $x\to x_0$ 时的变化趋势,不在于 $f(x)$ 在点 x_0 处是否有定义.也就是说,

$f(x)$ 在点 x_0 处是否有定义,并不影响它当 $x \to x_0$ 时的变化趋势.

因此,根据定义 1.8,当 $x \to 3$ 时,函数 $f(x) = \dfrac{x}{3} + 1$ 的极限是 2,可记为
$$\lim_{x \to 3} f(x) = \lim_{x \to 3}\left(\dfrac{x}{3} + 1\right) = 2.$$

例 3 考察极限 $\lim\limits_{x \to x_0} C$($C$ 为常数).

解 设 $f(x) = C$(C 为常数). 因为当 $x \to x_0$ 时,$f(x)$ 的值恒等于 C(见图 1-5-5),所以
$$\lim_{x \to x_0} f(x) = \lim_{x \to x_0} C = C.$$

一般地,常数 C 的极限就是其本身.

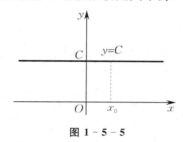

图 1-5-5 　　　　　　图 1-5-6

例 4 考察极限 $\lim\limits_{x \to x_0} x$.

解 设 $f(x) = x$. 因为当 $x \to x_0$ 时,$f(x)$ 的值无限接近于 x_0(见图 1-5-6),所以
$$\lim_{x \to x_0} f(x) = \lim_{x \to x_0} x = x_0.$$

*2. 函数 $f(x)$ 当 $x \to x_0$ 时的极限的严格定义

定义 1.9 设函数 $f(x)$ 在点 x_0 的某一去心邻域内有定义. 如果存在一个确定的常数 A,对于任意给定的正数 ε(不论它多么小),总存在正数 δ,使得当 x 满足不等式 $0 < |x - x_0| < \delta$ 时,对应的函数值 $f(x)$ 都满足不等式
$$|f(x) - A| < \varepsilon,$$
那么 A 就叫作函数 $f(x)$ 当 $x \to x_0$ 时的极限,记作
$$\lim_{x \to x_0} f(x) = A \quad 或 \quad f(x) \to A \ (x \to x_0).$$

应该指出,定义 1.9 中的 $0 < |x - x_0|$ 表明 $x \ne x_0$. 可见,当 $x \to x_0$ 时,函数 $f(x)$ 的极限是否存在与 $f(x)$ 在点 x_0 处是否有定义并无关系.

定义 1.9 可以简述为
$$\lim_{x \to x_0} f(x) = A \Leftrightarrow \forall \varepsilon > 0, \exists \delta > 0, 当 0 < |x - x_0| < \delta 时, 有 |f(x) - A| < \varepsilon.$$

三、函数 $f(x)$ 当 $x \to x_0$ 时的单侧极限

在前面讨论的函数 $f(x)$ 当 $x \to x_0$ 时的极限概念中,自变量 x 既可从点 x_0 的左侧,也可从点 x_0 的右侧趋近于 x_0. 但有时只能或只需考虑 x 仅从点 x_0 的左侧趋近于 x_0(记为 $x \to x_0^-$)的情形,或 x 仅从点 x_0 的右侧趋近于 x_0(记为 $x \to x_0^+$)的情形. 下面给出函数 $f(x)$ 当 $x \to x_0^-$ 或 $x \to x_0^+$ 时的极限定义.

定义 1.10 如果当 $x \to x_0^-$ 时,函数 $f(x)$ 无限接近于一个确定的常数 A,那么 A 就叫作

函数 $f(x)$ 当 $x \to x_0$ 时的**左极限**,记为
$$\lim_{x \to x_0^-} f(x) = A \quad \text{或} \quad f(x_0^-) = A.$$

如果当 $x \to x_0^+$ 时,函数 $f(x)$ 无限接近于一个确定的常数 A,那么 A 就叫作函数 $f(x)$ 当 $x \to x_0$ 时的**右极限**,记为
$$\lim_{x \to x_0^+} f(x) = A \quad \text{或} \quad f(x_0^+) = A.$$

左极限与右极限统称为**单侧极限**.

根据定义 1.8 和定义 1.10 容易证明,函数 $f(x)$ 当 $x \to x_0$ 时的极限存在的充要条件是左、右极限都存在并且相等,即
$$\lim_{x \to x_0} f(x) = A \Leftrightarrow f(x_0^-) = f(x_0^+) = A.$$

因此,即使 $f(x_0^-)$ 和 $f(x_0^+)$ 都存在,但如果不相等,那么 $\lim\limits_{x \to x_0} f(x)$ 也不存在.

例如,从图 1-5-4、表 1-5-2 和表 1-5-3 不难看出,函数 $f(x) = \dfrac{x}{3} + 1$ 当 $x \to 3$ 时的左、右极限分别为
$$f(3^-) = \lim_{x \to 3^-} f(x) = \lim_{x \to 3^-} \left(\frac{x}{3} + 1 \right) = 2,$$
$$f(3^+) = \lim_{x \to 3^+} f(x) = \lim_{x \to 3^+} \left(\frac{x}{3} + 1 \right) = 2.$$

因为左极限 $f(3^-)$ 和右极限 $f(3^+)$ 都存在并且相等,即 $f(3^-) = f(3^+) = 2$,所以
$$\lim_{x \to 3} f(x) = \lim_{x \to 3} \left(\frac{x}{3} + 1 \right) = 2.$$

又如,从图 1-5-5 可以看到,函数 $f(x) = C$(C 为常数)当 $x \to x_0$ 时的左、右极限分别为
$$f(x_0^-) = \lim_{x \to x_0^-} f(x) = \lim_{x \to x_0^-} C = C,$$
$$f(x_0^+) = \lim_{x \to x_0^+} f(x) = \lim_{x \to x_0^+} C = C.$$

因为左极限 $f(x_0^-)$ 和右极限 $f(x_0^+)$ 都存在并且相等,即 $f(x_0^-) = f(x_0^+) = C$,所以
$$\lim_{x \to x_0} f(x) = \lim_{x \to x_0} C = C.$$

例 5 讨论函数 $f(x) = \begin{cases} x - 1, & x < 0, \\ 0, & x = 0, \\ x + 1, & x > 0 \end{cases}$ 当 $x \to 0$ 时的极限是否存在.

解 作出这个分段函数的图形,如图 1-5-7 所示.可见,函数 $f(x)$ 当 $x \to 0$ 时的左极限为
$$f(0^-) = \lim_{x \to 0^-} f(x) = \lim_{x \to 0^-} (x - 1) = -1,$$

而右极限为
$$f(0^+) = \lim_{x \to 0^+} f(x) = \lim_{x \to 0^+} (x + 1) = 1.$$

因为当 $x \to 0$ 时,函数 $f(x)$ 的左、右极限虽然都存在,但不相等,所以 $\lim\limits_{x \to 0} f(x)$ 不存在.

例 6 讨论函数 $y = \dfrac{x^2 - 1}{x + 1}$ 当 $x \to -1$ 时的极限是否存在.

解 该函数的定义域为 $(-\infty, -1) \cup (-1, +\infty)$.因为 $x \neq -1$,所以

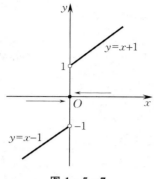

图 1-5-7

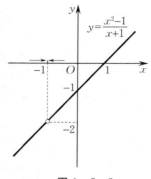

图 1-5-8

$$y = \frac{x^2-1}{x+1} = x-1 \quad (x \neq -1).$$

作出这个函数的图形,如图 1-5-8 所示,可知

$$f(-1^-) = \lim_{x \to -1^-} \frac{x^2-1}{x+1} = \lim_{x \to -1^-} (x-1) = -2,$$

$$f(-1^+) = \lim_{x \to -1^+} \frac{x^2-1}{x+1} = \lim_{x \to -1^+} (x-1) = -2.$$

因为 $f(-1^-) = f(-1^+) = -2$,所以

$$\lim_{x \to -1} \frac{x^2-1}{x+1} = -2.$$

例 7 已知函数 $f(x) = |x| = \begin{cases} -x, & x < 0, \\ x, & x \geqslant 0, \end{cases}$

求 $\lim\limits_{x \to 0} f(x)$.

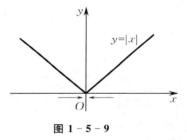

图 1-5-9

解 如图 1-5-9 所示,因为

$$\lim_{x \to 0^-} f(x) = \lim_{x \to 0^-} (-x) = 0, \quad \lim_{x \to 0^+} f(x) = \lim_{x \to 0^+} x = 0,$$

所以 $\lim\limits_{x \to 0} f(x) = 0$.

【思考题】

设函数 $f(x) = \begin{cases} 2(x+1), & x \neq 1, \\ 1\,000, & x = 1. \end{cases}$

(1) 当 $x \to 1$ 时, $f(x)$ 的极限是否为 4?

(2) 当 $x = 1$ 时, $f(x)$ 有意义吗?

(3) 不等式 $|f(x) - 4| < \varepsilon \, (\forall \varepsilon > 0)$ 是否成立?

习　题　1-5

(A)

1. 利用函数的图形,判断下列极限是否存在,若存在,求出它们的极限:

(1) $\lim\limits_{x \to \infty} \dfrac{1}{x^2}$;　　　　　　　　(2) $\lim\limits_{x \to -\infty} 2^x$;

(3) $\lim\limits_{x \to +\infty} 2^x$;　　　　　　　　(4) $\lim\limits_{x \to +\infty} \left(\dfrac{1}{10}\right)^x$;

(5) $\lim\limits_{x \to \infty} \left(2 + \dfrac{1}{x}\right)$;　　　　　　(6) $\lim\limits_{x \to -\infty} \operatorname{arccot} x$;

(7) $\lim\limits_{x\to 1}\ln x$;

(8) $\lim\limits_{x\to\frac{\pi}{4}}\tan x$;

(9) $\lim\limits_{x\to -2}(x^2-1)$;

(10) $\lim\limits_{x\to 0}(x^3+1)$.

2. 设函数 $f(x)$ 的图形如图 1-5-10 所示,求下列函数值或极限:

(1) $f(-3)$;

(2) $\lim\limits_{x\to -3}f(x)$;

(3) $f(-1)$;

(4) $\lim\limits_{x\to -1}f(x)$;

(5) $f(1)$;

(6) $\lim\limits_{x\to 1^-}f(x)$;

(7) $\lim\limits_{x\to 1^+}f(x)$;

(8) $\lim\limits_{x\to 1}f(x)$.

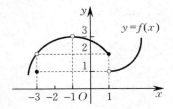

图 1-5-10

3. 若 $\lim\limits_{x\to x_0^-}f(x)=A$, $\lim\limits_{x\to x_0^+}f(x)=A$, 则 $\lim\limits_{x\to x_0}f(x)=$ _____.

4. 若 $\lim\limits_{x\to x_0}f(x)=A$, 则 $\lim\limits_{x\to x_0^-}f(x)=$ _____.

5. 若 $\lim\limits_{x\to x_0^-}f(x)=1$, $\lim\limits_{x\to x_0^+}f(x)=0$, 则 $\lim\limits_{x\to x_0}f(x)$ _____.

6. 设函数 $f(x)=\begin{cases}x, & x<2,\\ 2x-1, & x\geq 2,\end{cases}$ 求:

(1) $\lim\limits_{x\to 2^-}f(x)$;

(2) $\lim\limits_{x\to 2^+}f(x)$;

(3) $\lim\limits_{x\to 2}f(x)$.

7. 设函数 $f(x)=\dfrac{x}{x}$, 画出它的图形, 并求 $f(x)$ 当 $x\to 0$ 时的左、右极限, 从而说明 $f(x)$ 当 $x\to 0$ 时的极限是否存在.

(B)

8. 根据函数的图形,求下列极限:

(1) $\lim\limits_{x\to\infty}\dfrac{1}{x-1}$;

(2) $\lim\limits_{x\to 0}\sin x$;

(3) $\lim\limits_{x\to 0}\cos x$;

(4) $\lim\limits_{x\to 0}\tan x$;

(5) $\lim\limits_{x\to -\infty}\arctan x$;

(6) $\lim\limits_{x\to +\infty}\arctan x$;

(7) $\lim\limits_{x\to\frac{\pi}{2}^+}\tan x$;

(8) $\lim\limits_{x\to 0^+}\ln x$.

9. 求函数 $f(x)=\dfrac{|x|}{x}$ 当 $x\to 0$ 时的左、右极限,并说明 $f(x)$ 当 $x\to 0$ 时的极限是否存在.

10. 求函数 $f(x)=\begin{cases}\sin x, & x<0,\\ -1, & x=0,\\ x^2, & x>0\end{cases}$ 当 $x\to 0$ 时的极限.

11. 证明:函数 $f(x)=\begin{cases}x^2+1, & x<1,\\ 1, & x=1,\\ -1, & x>1\end{cases}$ 当 $x\to 1$ 时的极限不存在.

第六节 无穷小量与无穷大量

无穷小量和无穷大量是反映函数在其自变量的某一变化过程中的两种特殊的变化趋势,即绝对值无限变小和绝对值无限增大.下面用极限来定义无穷小量和无穷大量这两个概念.

一、无穷小量

1. 无穷小量的概念

在实际问题中,我们经常遇到极限为 0 的变量. 例如,单摆离开平衡位置而摆动,由于空气阻力和机械摩擦力的作用,它的振幅会随着时间的增加而逐渐减小并无限接近于 0. 又如,电容器放电时,其电压同样会随着时间的增加而逐渐减小并无限接近于 0.

对于这样的变量,我们给出下面的定义.

定义 1.11 如果当 $x \to x_0$(或 $x \to \infty$)时,函数 $f(x)$ 的极限为 0,那么函数 $f(x)$ 就叫作当 $x \to x_0$(或 $x \to \infty$)时的**无穷小量**,简称**无穷小**.

特别地,以 0 为极限的数列 $\{x_n\}$ 称为当 $n \to \infty$ 时的**无穷小**.

例如:

(1) 因为 $\lim\limits_{x \to 1} \ln x = 0$,所以当 $x \to 1$ 时,函数 $\ln x$ 为无穷小;

(2) 因为 $\lim\limits_{n \to \infty} \dfrac{1}{2^n} = 0$,所以当 $n \to \infty$ 时,数列 $x_n = \dfrac{1}{2^n}$ 为无穷小.

注意 (1) 我们称一个函数 $f(x)$ 是无穷小时,必须指明自变量 x 的变化过程. 例如,对于函数 $y = \ln x$,当 $x \to 1$ 时,它是无穷小;当 x 趋近于其他数值时,它就不是无穷小.

(2) 不要把一个绝对值很小的常数(如 0.000 01 或 $-0.000\,01$)称为无穷小. 因为常数当 $x \to x_0$(或 $x \to \infty$)时的极限为这个常数本身,所以常数中唯有"0"是无穷小. 因此,在无穷小中,除去常数 0 外都是变量.

下面是两个关于无穷小的实际例子:

(1) 在洗衣服的过程中,当洗涤次数无限增多时,衣服中污质的量就是一个无穷小;

(2) 在用割圆术求圆的面积的过程中,当圆的内接正多边形的边数无限增多时,圆的面积与圆的内接正多边形的面积之差就是一个无穷小.

2. 函数极限与无穷小的关系

设 $\lim\limits_{\substack{x \to x_0 \\ (\text{或}\, x \to \infty)}} f(x) = A$,即当 $x \to x_0$(或 $x \to \infty$)时,函数 $f(x)$ 无限接近于常数 A. 显然,$f(x) - A$ 无限接近于 0,亦即当 $x \to x_0$(或 $x \to \infty$)时,$f(x) - A$ 是一个无穷小. 若记 $f(x) - A = \alpha(x)$,则有如下结论:

定理 1.3(函数极限与无穷小的关系) $\lim\limits_{\substack{x \to x_0 \\ (\text{或}\, x \to \infty)}} f(x) = A$ 的充要条件是:$f(x) - A = \alpha(x)$,其中 $\alpha(x)$ 为当 $x \to x_0$(或 $x \to \infty$)时的**无穷小**.

上述定理说明了函数极限与无穷小之间的重要关系,即具有极限的函数等于其极限与一个无穷小的和.

3. 无穷小的性质

对于同一个自变量变化过程中的无穷小,在运算时除了可以运用函数极限的运算法则(下一节内容)外,还可以运用以下性质:

性质 1 有限个无穷小的代数和仍是无穷小.

性质 2 有限个无穷小的乘积仍是无穷小.

性质 3 有界函数与无穷小的乘积仍是无穷小.

例 1 求 $\lim\limits_{x \to 0} x \sin \dfrac{1}{x}$.

解 因为当 $x \to 0$ 时, x 为无穷小, 而 $\left| \sin \dfrac{1}{x} \right| \leqslant 1$, 即 $y = \sin \dfrac{1}{x}$ 是有界函数, 所以由性质 3 可知

$$\lim_{x \to 0} x \sin \frac{1}{x} = 0.$$

例 2 求 $\lim\limits_{x \to \infty} \dfrac{\sin x}{x}$.

解 显然, 当 $x \to \infty$ 时, 分母 x 和分子 $\sin x$ 的极限都不存在. 但 $\dfrac{\sin x}{x}$ 可以看作 $\dfrac{1}{x}$ 和 $\sin x$ 的乘积, 而当 $x \to \infty$ 时, $\dfrac{1}{x}$ 是无穷小, $y = \sin x$ 是有界函数, 所以由性质 3 可知

$$\lim_{x \to \infty} \frac{\sin x}{x} = 0.$$

二、无穷大量

1. 无穷大量的概念

定义 1.12 如果当 $x \to x_0$ (或 $x \to \infty$) 时, 函数 $f(x)$ 的绝对值 $|f(x)|$ 无限增大, 那么函数 $f(x)$ 就叫作当 $x \to x_0$ (或 $x \to \infty$) 时的**无穷大量**, 简称无穷大, 记作

$$\lim_{\substack{x \to x_0 \\ (\text{或} x \to \infty)}} f(x) = \infty.$$

注意 引入记号 $\lim\limits_{\substack{x \to x_0 \\ (\text{或} x \to \infty)}} f(x) = \infty$ 仅仅是为了表达方便, 并不表示当 $x \to x_0$ (或 $x \to \infty$) 时, 函数 $f(x)$ 的极限存在. 恰恰相反, 此时其极限是不存在的.

2. 无穷小与无穷大的关系

由定义 1.11 和定义 1.12 知道, 当 $x \to 0$ 时, 函数 $y = x$ 是无穷小, 函数 $y = \dfrac{1}{x}$ 是无穷大. 不难发现, 这两者互为倒数. 一般地, 无穷小与无穷大之间有以下关系:

定理 1.4 (无穷小与无穷大的关系) 在自变量的同一个变化过程中, 如果函数 $f(x)$ 为无穷大, 则 $\dfrac{1}{f(x)}$ 为无穷小; 反之, 如果 $f(x)$ 为无穷小, 且 $f(x) \neq 0$, 则 $\dfrac{1}{f(x)}$ 为无穷大.

下面我们利用无穷小与无穷大的关系来求一些函数的极限.

例 3 求 $\lim\limits_{x \to 2} \dfrac{x+1}{x-2}$.

解 易知

$$\lim_{x \to 2} \frac{x-2}{x+1} = 0,$$

即当 $x \to 2$ 时, $\dfrac{x-2}{x+1}$ 是无穷小. 根据无穷小与无穷大的关系可知, 它的倒数 $\dfrac{x+1}{x-2}$ 是当 $x \to 2$ 时的无穷大, 即

$$\lim_{x \to 2} \frac{x+1}{x-2} = \infty.$$

例 4 求 $\lim\limits_{x\to 1}\dfrac{1}{x^2-1}$.

解 易知
$$\lim_{x\to 1}(x^2-1)=0,$$
即当 $x\to 1$ 时，x^2-1 是无穷小. 根据无穷小与无穷大的关系可知，它的倒数 $\dfrac{1}{x^2-1}$ 是当 $x\to 1$ 时($x^2-1\neq 0$)的无穷大，即
$$\lim_{x\to 1}\dfrac{1}{x^2-1}=\infty.$$

*三、无穷小的比较

我们已经知道，两个无穷小的代数和及乘积仍然是无穷小. 但是，两个无穷小的商却会出现不同的情况. 例如，当 $x\to 0$ 时，$x,3x,x^2$ 都是无穷小，而
$$\lim_{x\to 0}\dfrac{x^2}{3x}=0,\quad \lim_{x\to 0}\dfrac{3x}{x^2}=\infty,\quad \lim_{x\to 0}\dfrac{3x}{x}=3.$$

两个无穷小的商出现不同的情况，反映了不同的无穷小接近于 0 的"速度"的快慢程度. 例如，从表 1-6-1 中可以看出，当 $x\to 0$ 时，x^2 比 $3x$ 更快地接近于 0. 也可以说，$3x$ 比 x^2 较慢地接近于 0. 我们还可以看到 $3x$ 与 x 接近于 0 的速度相仿.

表 1-6-1

x	1	0.5	0.1	0.01	⋯	0.1×10^{-n}	⋯
$3x$	3	1.5	0.3	0.03	⋯	0.3×10^{-n}	⋯
x^2	1	0.25	0.01	0.0001	⋯	$0.1\times 10^{-2n-1}$	⋯

为了描述这些不同的情况，我们给出以下定义：

定义 1.13 设函数 $\alpha(x)$ 和 $\beta(x)$ 都是在自变量的同一个变化过程中的无穷小(以下符号"lim"均表示在自变量的同一个变化过程中的极限).

(1) 如果 $\lim\dfrac{\beta}{\alpha}=0$，则称 β 是**比 α 高阶的无穷小**；

(2) 如果 $\lim\dfrac{\beta}{\alpha}=\infty$，则称 β 是**比 α 低阶的无穷小**；

(3) 如果 $\lim\dfrac{\beta}{\alpha}=C$(常数 $C\neq 0$)，则称 β 与 α 是**同阶无穷小**；

(4) 如果 $\lim\dfrac{\beta}{\alpha}=1$，则称 β 与 α 是**等价无穷小**，记作 $\alpha\sim\beta$.

显然，等价无穷小是同阶无穷小的特例，即 $C=1$ 时的情形. 以上定义对于数列的极限也同样适用.

根据定义 1.13 可知，当 $x\to 0$ 时，x^2 是比 $3x$ 高阶的无穷小；$3x$ 是比 x^2 低阶的无穷小；$3x$ 与 x 是同阶无穷小.

例 5 当 $x\to 0$ 时，比较无穷小 $\dfrac{1}{1-x}-1-x$ 与 x^2.

解 因为

$$\lim_{x\to 0}\frac{\frac{1}{1-x}-1-x}{x^2}=\lim_{x\to 0}\frac{1-(1+x)(1-x)}{x^2(1-x)}=\lim_{x\to 0}\frac{x^2}{x^2(1-x)}=\lim_{x\to 0}\frac{1}{1-x}=1,$$

所以当 $x\to 0$ 时,

$$\frac{1}{1-x}-1-x\sim x^2,$$

即当 $x\to 0$ 时,$\frac{1}{1-x}-1-x$ 与 x^2 是等价无穷小.

定理 1.5（等价无穷小替换定理） 设 $\alpha\sim\alpha',\beta\sim\beta'$,且 $\lim\frac{\beta'}{\alpha'}$ 存在,则 $\lim\frac{\beta}{\alpha}=\lim\frac{\beta'}{\alpha'}$.

【思考题】

1. 下列关于无穷小的说法正确吗？
(1) 0 是无穷小；　　　　　　　　　(2) 无穷小就是 0；
(3) 无穷小是很小的正数；　　　　　(4) 比任何正数都小的数是无穷小.

2. 我们知道,无穷大是极限不存在的变量.反过来,能否说极限不存在的变量必定是无穷大？

3. 两个无穷大之和是否为无穷大？两个无穷大之差是否为无穷小？两个无穷大之商是否为无穷大？请举例说明.

习　题　1-6

（A）

1. 在以下数列中,当 $n\to\infty$ 时,哪些是无穷小？哪些是无穷大？

(1) $1,\frac{1}{3},\frac{1}{5},\cdots,\frac{1}{2n-1},\cdots$;

(2) $1,\frac{1}{3},\frac{1}{7},\cdots,\frac{1}{2^n-1},\cdots$;

(3) $-1,-3,-5,\cdots,1-2n$;

(4) $-\frac{1}{2},\frac{1}{4},-\frac{1}{8},\cdots,(-1)^n\frac{1}{2^n},\cdots$;

(5) $\frac{1}{1\times 2},\frac{1}{2\times 3},\frac{1}{3\times 4},\cdots,\frac{1}{n(n+1)},\cdots$;

(6) $1,4,9,\cdots,n^2,\cdots$.

2. 下列函数在自变量怎样变化时是无穷小或无穷大？

(1) $y=\frac{1}{x^2}$;　　　　　　　　　(2) $y=\frac{1}{x-1}$;

(3) $y=\tan x$;　　　　　　　　　(4) $y=\ln x$.

3. 求下列极限：

(1) $\lim\limits_{x\to -1}\frac{x}{x+1}$;　　　　　　　　(2) $\lim\limits_{x\to 1}\frac{2}{\ln x}$;

(3) $\lim\limits_{x\to\infty}\frac{1}{x+1}$;　　　　　　　　(4) $\lim\limits_{x\to 0}x^2\sin\frac{1}{x}$;

(5) $\lim\limits_{x\to\infty}\frac{\sin 2x}{x^2}$;　　　　　　　(6) $\lim\limits_{x\to\frac{\pi}{2}}\left[\left(\frac{\pi}{2}-x\right)\cos\left(\frac{\pi}{2}-x\right)\right]$.

4. 当 $x\to 0$ 时,函数 $y=2x-x^2$ 与函数 $y=x^2-x^3$ 相比,哪一个是较高阶的无穷小？

5. 证明：当 $x\to -3$ 时,函数 $y=x^2+6x+9$ 是比函数 $y=x+3$ 高阶的无穷小.

（B）

6. 若当 $x\to a$ 时,函数 $f(x)$ 为无穷小,则 $\lim\limits_{x\to a}f(x)=$ ＿＿＿＿.

7. 若当 $x\to a$ 时,函数 $f(x)$ 为无穷大,则 $\lim\limits_{x\to a}f(x)=$ ＿＿＿＿.

8. 若当 $x\to a$ 时,函数 $f(x)$ 为无穷大,则 $\lim\limits_{x\to a}\frac{1}{f(x)}=$ ＿＿＿＿.

9. 求下列极限：

(1) $\lim\limits_{x\to 2}\dfrac{x^2}{(x-2)(x^2+1)}$；

(2) $\lim\limits_{x\to +\infty} a^x\ (a>1)$；

(3) $\lim\limits_{x\to -\infty} a^x\ (0<a<1)$；

(4) $\lim\limits_{x\to 0} \ln x$；

(5) $\lim\limits_{x\to \infty}\dfrac{\arctan x}{x}$；

(6) $\lim\limits_{x\to +\infty}\dfrac{\mathrm{e}^{-x}}{\arctan x}$.

10. 当 $x\to 1$ 时，无穷小 $1-x$ 与 $\dfrac{1}{2}(1-x^2)$ 是否同阶？是否等价？

11. 当 $x\to 1$ 时，无穷小 $1-x$ 与 $1-\sqrt[3]{x}$ 是否同阶？是否等价？

第七节　　函数极限的运算法则

在这一节中，我们将把数列极限的四则运算法则推广到函数极限的情形，并介绍两个重要极限. 请记住这些结论，并学会利用它们去求一些复杂函数的极限.

一、函数极限的四则运算法则

由函数极限的定义，显然有以下极限结论：

(1) $\lim\limits_{\substack{x\to x_0\\(\text{或}x\to\infty)}} C = C$（$C$ 为常数）；

(2) $\lim\limits_{x\to x_0} x = x_0$.

下面给出函数极限的四则运算法则.

定理 1.6　设 $\lim\limits_{x\to x_0} f(x) = A, \lim\limits_{x\to x_0} g(x) = B$，则

(1) $\lim\limits_{x\to x_0}(f(x)\pm g(x)) = \lim\limits_{x\to x_0} f(x) \pm \lim\limits_{x\to x_0} g(x) = A\pm B$；

(2) $\lim\limits_{x\to x_0} f(x)g(x) = \lim\limits_{x\to x_0} f(x) \cdot \lim\limits_{x\to x_0} g(x) = AB$；

(3) $\lim\limits_{x\to x_0}\dfrac{f(x)}{g(x)} = \dfrac{\lim\limits_{x\to x_0} f(x)}{\lim\limits_{x\to x_0} g(x)} = \dfrac{A}{B}\ (B\neq 0)$.

上述极限的运算法则表明，函数的和、差、积、商（分母的极限不为 0）的极限等于它们的极限的和、差、积、商. 另外，极限运算法则(1),(2)可以推广到有限个具有极限的函数的情形.

由极限运算法则(2)可以得到以下结论：

推论 1　设 $\lim\limits_{x\to x_0} f(x) = A$，则 $\lim\limits_{x\to x_0}(Cf(x)) = C\lim\limits_{x\to x_0} f(x) = CA$（$C$ 为常数）.

推论 2　设 $\lim\limits_{x\to x_0} f(x) = A$，则 $\lim\limits_{x\to x_0}(f(x))^n = (\lim\limits_{x\to x_0} f(x))^n = A^n$.

上述关于 $x\to x_0$ 的极限运算法则及推论对于 $x\to\infty$ 的情形也是成立的.

例 1　求 $\lim\limits_{x\to 4}\left(\dfrac{1}{4}x+2\right)$.

解　$\lim\limits_{x\to 4}\left(\dfrac{1}{4}x+2\right) = \lim\limits_{x\to 4}\dfrac{1}{4}x + \lim\limits_{x\to 4} 2 = \dfrac{1}{4}\lim\limits_{x\to 4} x + 2 = \dfrac{1}{4}\times 4 + 2 = 3$.

例 2　求 $\lim\limits_{x\to 1}\dfrac{x^2-2x+5}{x^2+7}$.

解　当 $x\to 1$ 时，分母 x^2+7 的极限不为 0，因此由极限运算法则(3)得

$$\lim_{x\to 1}\frac{x^2-2x+5}{x^2+7}=\frac{\lim\limits_{x\to 1}(x^2-2x+5)}{\lim\limits_{x\to 1}(x^2+7)}=\frac{\lim\limits_{x\to 1}x^2-\lim\limits_{x\to 1}2x+\lim\limits_{x\to 1}5}{\lim\limits_{x\to 1}x^2+\lim\limits_{x\to 1}7}$$

$$=\frac{(\lim\limits_{x\to 1}x)^2-2\lim\limits_{x\to 1}x+5}{(\lim\limits_{x\to 1}x)^2+7}=\frac{1-2+5}{1+7}=\frac{1}{2}.$$

例 3 求 $\lim\limits_{x\to 3}\dfrac{x-3}{x^2-9}$.

解 当 $x\to 3$ 时，分母 x^2-9 的极限为 0，故不能直接应用极限运算法则(3). 但在 $x\to 3$ 的过程中，由于 $x\neq 3$，即 $x-3\neq 0$，而分子及分母有公因式 $x-3$，故在分式中可约去这个极限为 0 的公因式，即得

$$\lim_{x\to 3}\frac{x-3}{x^2-9}=\lim_{x\to 3}\frac{x-3}{(x+3)(x-3)}=\lim_{x\to 3}\frac{1}{x+3}=\frac{\lim\limits_{x\to 3}1}{\lim\limits_{x\to 3}x+\lim\limits_{x\to 3}3}=\frac{1}{3+3}=\frac{1}{6}.$$

例 4 求 $\lim\limits_{x\to 1}\dfrac{x^2-3x+2}{x^2-6x+5}$.

解 $$\lim_{x\to 1}\frac{x^2-3x+2}{x^2-6x+5}=\lim_{x\to 1}\frac{(x-2)(x-1)}{(x-5)(x-1)}=\lim_{x\to 1}\frac{x-2}{x-5}$$

$$=\frac{\lim\limits_{x\to 1}(x-2)}{\lim\limits_{x\to 1}(x-5)}=\frac{1-2}{1-5}=\frac{1}{4}.$$

在求极限 $\lim\limits_{x\to x_0}\dfrac{f(x)}{g(x)}$ 时，如果 $\lim\limits_{x\to x_0}f(x)=A\neq 0$，$\lim\limits_{x\to x_0}g(x)=0$，则由无穷小与无穷大的关系有 $\lim\limits_{x\to x_0}\dfrac{f(x)}{g(x)}=\infty$；如果 $\lim\limits_{x\to x_0}f(x)=0$，$\lim\limits_{x\to x_0}g(x)=0$，即分子、分母的极限都为 0，则它为两个无穷小之商. 我们把这种极限形式称为 $\dfrac{0}{0}$ **型未定式**. 用例 3 和例 4 中介绍的方法可以解决部分这种形式的极限，第三章将介绍更实用的方法——洛必达法则.

例 5 求 $\lim\limits_{x\to\infty}\dfrac{3x^3+2x+1}{5x^3+7x^2-3}$.

解 当 $x\to\infty$ 时，分子、分母的极限均为 ∞（我们把这种极限形式称为 $\dfrac{\infty}{\infty}$ **型未定式**）. 我们先用 x^3 同除分子、分母，然后取极限，得

$$\lim_{x\to\infty}\frac{3x^3+2x+1}{5x^3+7x^2-3}=\lim_{x\to\infty}\frac{3+\dfrac{2}{x^2}+\dfrac{1}{x^3}}{5+\dfrac{7}{x}-\dfrac{3}{x^3}}=\frac{\lim\limits_{x\to\infty}3+2\lim\limits_{x\to\infty}\dfrac{1}{x^2}+\lim\limits_{x\to\infty}\dfrac{1}{x^3}}{\lim\limits_{x\to\infty}5+7\lim\limits_{x\to\infty}\dfrac{1}{x}-3\lim\limits_{x\to\infty}\dfrac{1}{x^3}}$$

$$=\frac{3+2\times 0+0}{5+7\times 0-3\times 0}=\frac{3}{5}.$$

例 5 中介绍的方法是解决此类问题（注意 $x\to\infty$）的常用方法，也可使用第三章介绍的洛必达法则来求解.

例 6 求 $\lim\limits_{x\to\infty}\dfrac{3x^2-2x+100}{2x^3+x^2-10}$.

解 先用 x^3 同除分子、分母，然后取极限，得

$$\lim_{x\to\infty}\frac{3x^2-2x+100}{2x^3+x^2-10} = \lim_{x\to\infty}\frac{\dfrac{3}{x}-\dfrac{2}{x^2}+\dfrac{100}{x^3}}{2+\dfrac{1}{x}-\dfrac{10}{x^3}} = \frac{3\lim\limits_{x\to\infty}\dfrac{1}{x}-2\lim\limits_{x\to\infty}\dfrac{1}{x^2}+100\lim\limits_{x\to\infty}\dfrac{1}{x^3}}{\lim\limits_{x\to\infty}2+\lim\limits_{x\to\infty}\dfrac{1}{x}-10\lim\limits_{x\to\infty}\dfrac{1}{x^3}}$$

$$= \frac{3\times 0-2\times 0+100\times 0}{2+0-10\times 0} = 0.$$

例 7 求 $\lim\limits_{x\to\infty}\dfrac{2x^3+x^2-10}{3x^2-2x+100}$.

解 应用例 6 的结果,并根据无穷小与无穷大的关系,得

$$\lim_{x\to\infty}\frac{2x^3+x^2-10}{3x^2-2x+100} = \infty.$$

例 5、例 6 和例 7 是如下一般情形的特例,即当 $a_0 \neq 0, b_0 \neq 0, m$ 和 n 为非负整数时,有

$$\lim_{x\to\infty}\frac{a_0 x^m + a_1 x^{m-1} + \cdots + a_m}{b_0 x^n + b_1 x^{n-1} + \cdots + b_n} = \begin{cases} 0, & n>m, \\ \dfrac{a_0}{b_0}, & n=m, \\ \infty, & n<m. \end{cases}$$

二、两个重要极限

1. 第一个重要极限

第一个重要极限是

$$\lim_{x\to 0}\frac{\sin x}{x} = 1.$$

考察函数 $y=\dfrac{\sin x}{x}$ 当 $|x|\to 0$ 时的变化趋势(见表 $1-7-1$).

表 $1-7-1$

x	± 1	± 0.5	± 0.1	± 0.01	$\cdots$
$\dfrac{\sin x}{x}$	0.841 47	0.958 85	0.998 33	0.999 98	$\cdots$

由表 $1-7-1$ 可见,当 $|x|\to 0$ 时,$\dfrac{\sin x}{x}$ 无限接近于 1.其实,可以证明

$$\lim_{x\to 0}\frac{\sin x}{x} = 1.$$

例 8 求 $\lim\limits_{x\to 0}\dfrac{\sin 2x}{x}$.

解 $\lim\limits_{x\to 0}\dfrac{\sin 2x}{x} = \lim\limits_{x\to 0}\left(\dfrac{\sin 2x}{2x}\cdot 2\right) = 2\lim\limits_{x\to 0}\dfrac{\sin 2x}{2x}.$

设 $t=2x$,则当 $x\to 0$ 时,$t\to 0$,所以

$$2\lim_{x\to 0}\frac{\sin 2x}{2x} = 2\lim_{t\to 0}\frac{\sin t}{t} = 2\times 1 = 2.$$

例 9 求 $\lim\limits_{x\to 0}\dfrac{\tan x}{x}$.

解 $\lim\limits_{x\to 0}\dfrac{\tan x}{x} = \lim\limits_{x\to 0}\left(\dfrac{\sin x}{x}\cdot\dfrac{1}{\cos x}\right) = \lim\limits_{x\to 0}\dfrac{\sin x}{x}\cdot\lim\limits_{x\to 0}\dfrac{1}{\cos x} = 1\times 1 = 1.$

例 10 求 $\lim\limits_{x\to 0}\dfrac{1-\cos x}{x^2}$.

解 $\lim\limits_{x\to 0}\dfrac{1-\cos x}{x^2}=\lim\limits_{x\to 0}\dfrac{2\sin^2\dfrac{x}{2}}{x^2}=\dfrac{1}{2}\lim\limits_{x\to 0}\dfrac{\sin^2\dfrac{x}{2}}{\left(\dfrac{x}{2}\right)^2}=\dfrac{1}{2}\lim\limits_{\frac{x}{2}\to 0}\left(\dfrac{\sin\dfrac{x}{2}}{\dfrac{x}{2}}\right)^2=\dfrac{1}{2}\times 1^2=\dfrac{1}{2}$.

2. 第二个重要极限

第二个重要极限是

$$\lim_{x\to\infty}\left(1+\frac{1}{x}\right)^x=\mathrm{e} \quad \text{或} \quad \lim_{z\to 0}(1+z)^{\frac{1}{z}}=\mathrm{e}.$$

考察函数 $y=\left(1+\dfrac{1}{x}\right)^x$ 当 $x\to +\infty$ 及 $x\to -\infty$ 时的变化趋势（见表 1-7-2）.

表 1-7-2

x	10	100	1 000	10 000	100 000	1000 000	⋯
$\left(1+\dfrac{1}{x}\right)^x$	2.593 74	2.704 81	2.716 92	2.718 15	2.718 27	2.718 28	⋯
x	−10	−100	−1 000	−10 000	−100 000	−1000 000	⋯
$\left(1+\dfrac{1}{x}\right)^x$	2.867 97	2.731 00	2.719 64	2.718 42	2.718 30	2.718 28	⋯

从表 1-7-2 中可以看出，当 $x\to +\infty$ 或 $x\to -\infty$ 时，函数 $y=\left(1+\dfrac{1}{x}\right)^x$ 的值会无限接近于一个确定的无限不循环小数. 可以证明，当 $x\to +\infty$ 及 $x\to -\infty$ 时，函数 $y=\left(1+\dfrac{1}{x}\right)^x$ 的极限都存在且相等，我们用 e 表示这个极限值，即

$$\lim_{x\to\infty}\left(1+\frac{1}{x}\right)^x=\mathrm{e}. \tag{1-7-1}$$

人们已经知道这个数 e 实际上是一个无理数，$e=2.718\,281\,828\,459\,045\cdots$. 在式（1-7-1）中，设 $z=\dfrac{1}{x}$，则当 $x\to\infty$ 时，$z\to 0$，于是式（1-7-1）又可写成

$$\lim_{z\to 0}(1+z)^{\frac{1}{z}}=\mathrm{e}.$$

例 11 求 $\lim\limits_{x\to\infty}\left(1+\dfrac{2}{x}\right)^x$.

解 先将 $1+\dfrac{2}{x}$ 写成

$$1+\frac{2}{x}=1+\frac{1}{\dfrac{x}{2}},$$

然后令 $t=\dfrac{x}{2}$，则 $x=2t$，且当 $x\to\infty$ 时，$t\to\infty$，从而

$$\lim_{x\to\infty}\left(1+\frac{2}{x}\right)^x=\lim_{t\to\infty}\left(1+\frac{1}{t}\right)^{2t}=\lim_{t\to\infty}\left[\left(1+\frac{1}{t}\right)^t\right]^2=\left[\lim_{t\to\infty}\left(1+\frac{1}{t}\right)^t\right]^2=\mathrm{e}^2.$$

例 12 求 $\lim\limits_{x\to\infty}\left(1-\dfrac{1}{x}\right)^x$.

解 令 $t=-x$，则 $x=-t$，且当 $x\to\infty$ 时，$t\to\infty$，从而

$$\lim_{x\to\infty}\left(1-\frac{1}{x}\right)^x = \lim_{t\to\infty}\left(1+\frac{1}{t}\right)^{-t} = \lim_{t\to\infty}\left[\left(1+\frac{1}{t}\right)^t\right]^{-1} = \frac{1}{\lim\limits_{t\to\infty}\left(1+\frac{1}{t}\right)^t} = \frac{1}{\mathrm{e}}.$$

例 13 求 $\lim\limits_{x\to 0}(1+2x)^{\frac{1}{x}}$.

解 $\lim\limits_{x\to 0}(1+2x)^{\frac{1}{x}} = \lim\limits_{x\to 0}\left[(1+2x)^{\frac{1}{2x}}\right]^2 = \mathrm{e}^2.$

例 14 求 $\lim\limits_{x\to 0}(1+\tan x)^{\cot x}$.

解 设 $t=\tan x$，则当 $x\to 0$ 时，$t\to 0$. 所以

$$\lim_{x\to 0}(1+\tan x)^{\cot x} = \lim_{t\to 0}(1+t)^{\frac{1}{t}} = \mathrm{e}.$$

例 15 求 $\lim\limits_{x\to\infty}\left(\dfrac{2x-1}{2x+1}\right)^{x+\frac{3}{2}}$.

解 将原极限式改写为

$$\lim_{x\to\infty}\left(\frac{2x-1}{2x+1}\right)^{x+\frac{3}{2}} = \lim_{x\to\infty}\left(\frac{2x+1-2}{2x+1}\right)^{x+\frac{3}{2}} = \lim_{x\to\infty}\left(1+\frac{-2}{2x+1}\right)^{x+\frac{3}{2}}.$$

设 $t=\dfrac{-2}{2x+1}$，则 $x=-\dfrac{1}{2}-\dfrac{1}{t}$，且当 $x\to\infty$ 时，$t\to 0$. 所以

$$\lim_{x\to\infty}\left(\frac{2x-1}{2x+1}\right)^{x+\frac{3}{2}} = \lim_{t\to 0}(1+t)^{1-\frac{1}{t}} = \lim_{t\to 0}\left[(1+t)(1+t)^{-\frac{1}{t}}\right]$$

$$= \lim_{t\to 0}(1+t) \cdot \lim_{t\to 0}\left[(1+t)^{\frac{1}{t}}\right]^{-1} = 1 \cdot \mathrm{e}^{-1} = \frac{1}{\mathrm{e}}.$$

【思考题】

1. 是否可以直接利用极限运算法则(3)求 $\lim\limits_{x\to 3}\dfrac{x-3}{x^2-9}$？

2. 关于第一个重要极限 $\lim\limits_{x\to 0}\dfrac{\sin x}{x}=1$，条件 $x\to 0$ 很重要. 请思考：当 $x\to\infty$ 时，函数 $y=\dfrac{\sin x}{x}$ 的极限是什么？

3. 第二个重要极限 $\lim\limits_{x\to\infty}\left(1+\dfrac{1}{x}\right)^x$ 和 $\lim\limits_{z\to 0}(1+z)^{\frac{1}{z}}$ 在形式上有如下特征，请填写：

(1) 指数趋近于_____；

(2) 底数趋近于1，它由两项组成，第一项都是1，第二项是指数的_____，两项用加号"+"连接.

习 题 1-7

（A）

1. 求下列极限：

(1) $\lim\limits_{x\to 1}(x^2-4x+5)$；

(2) $\lim\limits_{x\to 2}\dfrac{x+2}{x-1}$；

(3) $\lim\limits_{x\to -2}\dfrac{x-2}{x^2-1}$；

(4) $\lim\limits_{x\to -1}\dfrac{x^2+2x+5}{x^2+1}$；

(5) $\lim\limits_{x\to -2}\dfrac{x^2-4}{x+2}$；

(6) $\lim\limits_{x\to 5}\dfrac{x^2-6x+5}{x-5}$；

(7) $\lim\limits_{x\to 4}\dfrac{x^2-6x+8}{x^2-5x+4}$;

(8) $\lim\limits_{x\to 1}\dfrac{x^2-2x+1}{x^3-x}$;

(9) $\lim\limits_{x\to 2}\dfrac{x-2}{\sqrt{x}-\sqrt{2}}$;

(10) $\lim\limits_{h\to 0}\dfrac{(x+h)^3-x^3}{h}$;

(11) $\lim\limits_{x\to\infty}\dfrac{x^2-1}{2x^2-x-1}$;

(12) $\lim\limits_{x\to\infty}\dfrac{3x^2-4x+8}{x^3+2x^2-1}$.

2. 求下列极限：

(1) $\lim\limits_{x\to 0}\dfrac{\sin 5x}{x}$;

(2) $\lim\limits_{x\to 0}\dfrac{\sin 3x}{\sin 2x}$;

(3) $\lim\limits_{x\to 0}\dfrac{\tan 3x}{x}$;

(4) $\lim\limits_{x\to 0}x\cot x$;

(5) $\lim\limits_{x\to 0}(1-x)^{\frac{1}{x}}$;

(6) $\lim\limits_{x\to\infty}\left(1+\dfrac{5}{x}\right)^{-x}$.

(B)

3. 求下列极限：

(1) $\lim\limits_{x\to +\infty}2^{\frac{1}{x}}$;

(2) $\lim\limits_{x\to\infty}\left(2+\dfrac{1}{x}-\dfrac{1}{x^2}\right)$;

(3) $\lim\limits_{x\to 2}\left(\dfrac{1}{x-2}-\dfrac{12}{x^3-8}\right)$;

(4) $\lim\limits_{h\to 0}\left[\dfrac{1}{h(x+h)}-\dfrac{1}{hx}\right]$;

(5) $\lim\limits_{x\to\infty}\dfrac{x}{2x^2+1}$;

(6) $\lim\limits_{n\to\infty}\dfrac{n(n+1)}{(n+2)(n+3)}$.

4. 求下列极限：

(1) $\lim\limits_{x\to 0}\dfrac{x^2}{\sin^2\dfrac{x}{3}}$;

(2) $\lim\limits_{x\to 0}\dfrac{1-\cos 2x}{x\sin x}$;

(3) $\lim\limits_{x\to a}\dfrac{\sin(x-a)}{x^2-a^2}$;

(4) $\lim\limits_{x\to\infty}\left(\dfrac{2x+3}{2x+1}\right)^{x+1}$;

(5) $\lim\limits_{x\to 0}\sqrt[x]{1+5x}$;

(6) $\lim\limits_{x\to 0}(1+3\tan^2 x)^{\cot^2 x}$;

(7) $\lim\limits_{f(x)\to 0}\dfrac{\sin f(x)}{f(x)}$;

(8) $\lim\limits_{f(x)\to 0}(1+f(x))^{\frac{2}{f(x)}}$.

第八节　函数的连续性与间断点

在现实生活中，有着大量具有连续性的现象．例如，人身高的增长、树木的生长、气温的变化、河水的流动等，通过量的变化过程去看待它们，发现它们都是连续变化的．18 世纪，人们对函数连续性的研究仍停留在几何直观上，只是认为连续函数的图形可以一笔画成．直到 19 世纪，建立起严格的极限理论之后，才对函数连续性的概念做出了数学上的严格表达．

一、函数连续性的概念

1. 变量的增量

定义 1.14　如果变量 u 从初值 u_1 变到终值 u_2，那么终值与初值的差 u_2-u_1 叫作变量 u 的**增量**（或**改变量**），记为 Δu，即

$$\Delta u = u_2 - u_1.$$

增量 Δu 可以是正的，也可以是负的．当 Δu 为正值时，变量 u 是增加的；当 Δu 为负值时，变

量 u 是减少的.

注意 记号 Δu 并不表示某个量 Δ 与变量 u 的乘积,而是一个不可分割的整体记号.

现假定函数 $y = f(x)$ 在点 x_0 附近有定义(包括 $x = x_0$),当自变量 x 从 x_0 变到 $x_0 + \Delta x$,有增量 Δx 时,函数 $y = f(x)$ 相应地从 $f(x_0)$ 变到 $f(x_0 + \Delta x)$,因此函数 y 的相应增量为
$$\Delta y = f(x_0 + \Delta x) - f(x_0).$$
这个关系式的几何解释如图 1-8-1 所示.

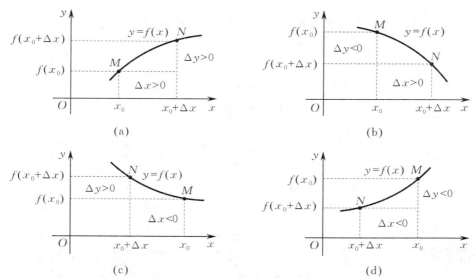

图 1-8-1

例 1 设函数 $y = f(x) = 3x^2 - 1$,求下列变化过程中自变量的增量 Δx 和函数相应的增量 Δy:

(1) x 从 1 变到 1.5;

(2) x 从 1 变到 0.5;

(3) x 从 1 变到 $1 + \Delta x$.

解 (1) $\Delta x = 1.5 - 1 = 0.5, \Delta y = f(1.5) - f(1) = 5.75 - 2 = 3.75.$

(2) $\Delta x = 0.5 - 1 = -0.5, \Delta y = f(0.5) - f(1) = -0.25 - 2 = -2.25.$

(3) $\Delta x = (1 + \Delta x) - 1 = \Delta x,$
$$\Delta y = f(1 + \Delta x) - f(1) = [3(1 + \Delta x)^2 - 1] - 2 = 6\Delta x + 3(\Delta x)^2.$$

2. 函数 $y = f(x)$ 在点 x_0 处的连续性

由图 1-8-1 可以看出,如果函数 $y = f(x)$ 的图形在点 x_0 处及其附近是没有断开的曲线,那么当 x_0 保持不变而让 Δx 趋近于 0 时,曲线上的点 N 就沿着曲线无限接近于点 M,这时 Δy 也趋近于 0.

下面给出函数 $y = f(x)$ 在点 x_0 处连续的定义.

定义 1.15 设函数 $y = f(x)$ 在点 x_0 处及其附近有定义.如果当自变量 x 在点 x_0 处的增量 Δx 趋近于 0 时,函数 $y = f(x)$ 相应的增量 $\Delta y = f(x_0 + \Delta x) - f(x_0)$ 也趋近于 0,即
$$\lim_{\Delta x \to 0} \Delta y = 0 \tag{1-8-1}$$

或
$$\lim_{\Delta x \to 0}(f(x_0+\Delta x)-f(x_0))=0, \tag{1-8-2}$$

那么称函数 $y=f(x)$ **在点 x_0 处连续**.

例 2 证明:函数 $y=3x^2-1$ 在点 $x=1$ 处连续.

证 因为函数 $y=3x^2-1$ 的定义域为 $(-\infty,+\infty)$,所以该函数在点 $x=1$ 处及其附近均有定义.

设自变量 x 在点 $x=1$ 处有增量 Δx,则由例 1(3) 可知,函数 $y=3x^2-1$ 相应的增量为
$$\Delta y=6\Delta x+3(\Delta x)^2.$$

因为
$$\lim_{\Delta x \to 0}\Delta y=\lim_{\Delta x \to 0}[6\Delta x+3(\Delta x)^2]=0,$$

所以根据定义 1.15 可知,函数 $y=3x^2-1$ 在点 $x=1$ 处连续.

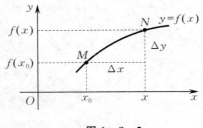

图 1-8-2

上述函数 $y=f(x)$ 在点 x_0 处连续的定义还可改用另一种方式叙述. 如图 1-8-2 所示,设 $x=x_0+\Delta x$,则 $\Delta x \to 0$ 等价于 $x \to x_0$;$\Delta y \to 0$ 等价于 $f(x) \to f(x_0)$;$\lim_{\Delta x \to 0}\Delta y=0$ 等价于 $\lim_{x \to x_0}f(x)=f(x_0)$. 因此,函数 $y=f(x)$ 在点 x_0 处连续的定义还可叙述如下:

定义 1.16 设函数 $y=f(x)$ 在点 x_0 处及其附近有定义. 如果函数 $y=f(x)$ 当 $x \to x_0$ 时的极限存在,且等于它在点 x_0 处的函数值 $f(x_0)$,即
$$\lim_{x \to x_0}f(x)=f(x_0),$$

那么称函数 $y=f(x)$ **在点 x_0 处连续**.

定义 1.16 告诉我们,函数 $y=f(x)$ 在点 x_0 处连续必须同时满足以下三个条件:

(1) $f(x)$ 在点 x_0 处及其附近有定义;

(2) $\lim_{x \to x_0}f(x)$ 存在;

(3) $f(x)$ 当 $x \to x_0$ 时的极限等于其在点 $x=x_0$ 处的函数值,即 $\lim_{x \to x_0}f(x)=f(x_0)$.

由极限与连续的定义易知这两者之间有以下关系:

若函数 $f(x)$ 在点 x_0 处连续,则函数 $f(x)$ 在点 x_0 处必有极限(函数 $f(x)$ 在点 x_0 处连续是函数 $f(x)$ 在点 x_0 处极限存在的充分条件);但反之不一定成立,即极限 $\lim_{x \to x_0}f(x)$ 存在时,函数 $f(x)$ 在点 x_0 处未必连续.

如果 $\lim_{x \to x_0^+}f(x)=f(x_0)$,则称函数 $f(x)$ 在点 x_0 处**右连续**;如果 $\lim_{x \to x_0^-}f(x)=f(x_0)$,则称函数 $f(x)$ 在点 x_0 处**左连续**.

显然,函数 $f(x)$ 在点 x_0 处连续的充要条件是:函数 $f(x)$ 在点 x_0 处左连续且右连续.

例 3 利用定义 1.16,证明:函数 $f(x)=3x^2-1$ 在点 $x=1$ 处连续.

证 函数 $f(x)=3x^2-1$ 的定义域为 $(-\infty,+\infty)$,故该函数在点 $x=1$ 处及其附近有定义,且 $f(1)=2$.

因为

$$\lim_{x \to 1} f(x) = \lim_{x \to 1}(3x^2 - 1) = 2,$$

所以

$$\lim_{x \to 1} f(x) = 2 = f(1).$$

因此,根据定义 1.16 可知,函数 $f(x) = 3x^2 - 1$ 在点 $x = 1$ 处连续.

3. 函数 $y = f(x)$ 在区间上的连续性

如果函数 $f(x)$ 在开区间 (a,b) 内每一点都连续,则称函数 $f(x)$ **在开区间 (a,b) 内连续**.

如果函数 $f(x)$ 在闭区间 $[a,b]$ 上有定义,在开区间 (a,b) 内连续,且在右端点 b 处左连续,在左端点 a 处右连续,即

$$\lim_{x \to b^-} f(x) = f(b), \quad \lim_{x \to a^+} f(x) = f(a),$$

则称**函数 $f(x)$ 在闭区间 $[a,b]$ 上连续**.

连续函数的图形是一条连续不间断的曲线.

二、函数的间断点及其分类

设函数 $f(x)$ 在点 x_0 的左、右两侧附近均有定义(点 x_0 可以除外). 如果在点 x_0 处出现下列三种情形之一:

(1) $f(x)$ 在点 x_0 处无定义;

(2) $\lim\limits_{x \to x_0} f(x)$ 不存在;

(3) 虽然 $f(x_0)$ 及 $\lim\limits_{x \to x_0} f(x)$ 都存在,但 $\lim\limits_{x \to x_0} f(x) \neq f(x_0)$,

则称函数 $f(x)$ 在点 x_0 处**间断**或**不连续**,并称点 x_0 为函数 $f(x)$ 的**间断点**或**不连续点**.

通常把间断点分为两类.

设点 x_0 是函数 $y = f(x)$ 的间断点. 如果左极限 $\lim\limits_{x \to x_0^-} f(x)$ 与右极限 $\lim\limits_{x \to x_0^+} f(x)$ 都存在,则称点 x_0 为**第一类间断点**;否则,称点 x_0 为**第二类间断点**.

对于第一类间断点 x_0,如果 $\lim\limits_{x \to x_0^-} f(x) = \lim\limits_{x \to x_0^+} f(x)$,但 $\lim\limits_{x \to x_0} f(x) \neq f(x_0)$ 或 $f(x)$ 在点 x_0 处无定义,则称点 x_0 为**可去间断点**;如果 $\lim\limits_{x \to x_0^-} f(x) = A, \lim\limits_{x \to x_0^+} f(x) = B$,但 $A \neq B$,则称点 x_0 为**跳跃间断点**.

例 4 讨论函数 $y = \dfrac{1}{x^2}$ 在点 $x = 0$ 处的连续性.

解 如图 1-8-3 所示,函数 $y = \dfrac{1}{x^2}$ 在点 $x = 0$ 处无定义,且

$$\lim_{x \to 0} \frac{1}{x^2} = +\infty,$$

因此函数 $y = \dfrac{1}{x^2}$ 在点 $x = 0$ 处间断,且点 $x = 0$ 是第二类间断点.

因为 $\lim\limits_{x \to 0} \dfrac{1}{x^2} = +\infty$,所以也称点 $x = 0$ 为函数 $y = \dfrac{1}{x^2}$ 的**无穷间断点**.

例 5 讨论函数 $f(x) = \dfrac{\sin x}{x}$ 在点 $x = 0$ 处的连续性.

解 如图 1-8-4 所示,因为函数 $f(x) = \dfrac{\sin x}{x}$ 在点 $x = 0$ 处无定义,又 $\lim\limits_{x \to 0} \dfrac{\sin x}{x} = 1$,所

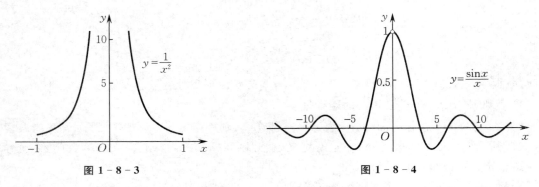

图 1-8-3　　　　　　　　　　　　图 1-8-4

以函数 $f(x)=\dfrac{\sin x}{x}$ 在点 $x=0$ 处间断，且点 $x=0$ 是第一类间断点中的可去间断点．

如果补充定义 $f(0)=1$，即

$$f(x)=\begin{cases}\dfrac{\sin x}{x}, & x\neq 0,\\ 1, & x=0,\end{cases}$$

那么补充定义后的新函数 $f(x)$ 在点 $x=0$ 处连续．

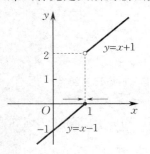

例6 讨论函数 $f(x)=\begin{cases}x+1, & x>1,\\ 0, & x=1,\\ x-1, & x<1\end{cases}$，在点 $x=1$ 处的连续性（见图 1-8-5）．

解 当 $x\to 1$ 时，有
$$\lim_{x\to 1^-}f(x)=\lim_{x\to 1^-}(x-1)=0,$$
$$\lim_{x\to 1^+}f(x)=\lim_{x\to 1^+}(x+1)=2,$$

图 1-8-5　　即 $\lim\limits_{x\to 1}f(x)$ 不存在，所以函数 $f(x)$ 在点 $x=1$ 处间断，且点 $x=1$ 是第一类间断点中的跳跃间断点．

【思考题】

如果点 x_0 是函数 $f(x)$ 的间断点，且 $\lim\limits_{x\to x_0}f(x)$ 存在，那么点 x_0 是 $f(x)$ 的 _____ 间断点．在这种情形下，只要补充或修改函数 $f(x)$ 在点 x_0 处的值，使得它等于 $f(x)$ 在该点的 _____ 值，所得新函数就在点 $x=x_0$ 处连续．

习　题　1-8

（A）

1. 设函数 $y=x^3-2x+5$，求下列变化过程中自变量的增量和函数相应的增量：

   (1) x 从 2 变到 3；　　　　　　　　(2) x 从 2 变到 1；

   (3) x 从 2 变到 $2+\Delta x$；　　　　　(4) x 从 x_0 变到 x．

2. 若函数 $f(x)$ 在点 $x=a$ 处连续，则 $\lim\limits_{x\to a}f(x)=$ _____．

3. 讨论函数 $y=3x-2$ 在点 $x=0$ 处的连续性．

4. 讨论函数 $f(x)=\begin{cases}x+1, & x<0,\\ 2-x, & x\geq 0\end{cases}$ 在点 $x=0$ 处的连续性，并画出它的图形．

5. 讨论函数 $f(x)=\begin{cases} x^2-1, & x\leqslant 1, \\ x-1, & x>1 \end{cases}$ 在点 $x=1$ 处的连续性,并画出它的图形.

6. 求下列极限:

(1) $\lim\limits_{x\to 0}\sqrt{x^2-2x+5}$;

(2) $\lim\limits_{x\to -2}\dfrac{2x^2+1}{x+1}$;

(3) $\lim\limits_{t\to -2}\dfrac{e^t+1}{t}$;

(4) $\lim\limits_{x\to \frac{\pi}{4}}\dfrac{\sin 2x}{2\cos(\pi-x)}$;

(5) $\lim\limits_{x\to \frac{\pi}{4}}\dfrac{\sin x-\cos x}{\cos 2x}$;

(6) $\lim\limits_{x\to 0}\dfrac{\sqrt{1+x}-1}{x}$;

(7) $\lim\limits_{n\to \infty} e^{\frac{1}{n}}$;

(8) $\lim\limits_{x\to 0}\dfrac{\sqrt{x+4}-2}{\sin 5x}$.

(B)

7. 求函数 $y=\ln x$ 当自变量 x 在定义域上任意点 x 处取增量 Δx 时的增量.

8. 指出下列函数在点 $x=3$ 处是否连续:

(1) $f(x)=\dfrac{3}{x-3}$;

(2) $f(x)=\dfrac{x^2-9}{x-3}$;

(3) $f(x)=\begin{cases} \dfrac{x^3-27}{x-3}, & x\neq 3, \\ 27, & x=3; \end{cases}$

(4) $f(x)=\begin{cases} -3x+7, & x\leqslant 3, \\ -3, & x>3. \end{cases}$

9. 求下列函数的间断点,并判断其类型:

(1) $y=\dfrac{x^2-1}{x^2-3x+2}$;

(2) $y=\begin{cases} x-1, & x\leqslant 1, \\ 3-x, & x>1; \end{cases}$

(3) $y=\cos^2\dfrac{1}{x}$;

(4) $y=\dfrac{x}{\tan x}$.

10. 若函数 $f(x)=\begin{cases} x+1, & x<1, \\ ax+b, & 1\leqslant x<2, \\ 3x, & x\geqslant 2 \end{cases}$ 连续,求 a,b 的值.

11. 设函数 $f(x)=\begin{cases} \dfrac{1}{x}\sin 2x, & x<0, \\ a, & x=0, \\ x\sin\dfrac{1}{x}+b, & x>0, \end{cases}$ 试确定常数 a,b 的值,使得 $f(x)$ 在点 $x=0$ 处连续.

12. 求下列极限:

(1) $\lim\limits_{x\to +\infty} x(\ln(1+x)-\ln x)$;

(2) $\lim\limits_{x\to +\infty}(\sqrt{x+1}-\sqrt{x})$;

(3) $\lim\limits_{x\to +\infty}[\sqrt{(x+a)(x+b)}-x]$;

(4) $\lim\limits_{\Delta x\to 0}\dfrac{\sqrt{x+\Delta x}-\sqrt{x}}{\Delta x}$.

第九节 初等函数的连续性与闭区间上连续函数的性质

一、初等函数的连续性

1. 基本初等函数的连续性

前面已经介绍,基本初等函数是指常数函数、幂函数、指数函数、对数函数、三角函数和反三角函数.可以证明,**一切基本初等函数在其定义域内都是连续的**.

2. 连续函数的和、差、积、商的连续性

如果函数 $f(x)$ 和 $g(x)$ 都在点 x_0 处连续,那么它们的和、差、积、商(分母不等于0)也都在点 x_0 处连续. 这是因为

$$\lim_{x \to x_0}(f(x) \pm g(x)) = f(x_0) \pm g(x_0);$$

$$\lim_{x \to x_0} f(x)g(x) = f(x_0) \cdot g(x_0);$$

$$\lim_{x \to x_0} \frac{f(x)}{g(x)} = \frac{f(x_0)}{g(x_0)} \quad (g(x_0) \neq 0).$$

例如,函数 $y = \sin x$ 和 $y = \cos x$ 在点 $x = \frac{\pi}{4}$ 处是连续的,且 $\cos \frac{\pi}{4} = \frac{\sqrt{2}}{2} \neq 0$,所以它们的和、差、积、商,即 $\sin x \pm \cos x$, $\sin x \cos x$, $\frac{\sin x}{\cos x}$ 在点 $x = \frac{\pi}{4}$ 处也是连续的.

3. 复合函数的连续性

可以证明,如果函数 $u = \varphi(x)$ 在点 x_0 处连续,且 $\varphi(x_0) = u_0$,而函数 $y = f(u)$ 在点 u_0 处连续,那么复合函数 $y = f(\varphi(x))$ 在点 x_0 处也是连续的.

例如,函数 $u = 2x$ 在点 $x = \frac{\pi}{4}$ 处连续,当 $x = \frac{\pi}{4}$ 时,$u = \frac{\pi}{2}$,而函数 $y = \sin u$ 在点 $u = \frac{\pi}{2}$ 处连续,所以复合函数 $y = \sin 2x$ 在点 $x = \frac{\pi}{4}$ 处也是连续的.

4. 初等函数的连续性

我们已经知道,初等函数是由基本初等函数经过有限次四则运算和复合运算所构成的,并且可以由一个式子表示. 又根据基本初等函数的连续性,连续函数的和、差、积、商的连续性,以及复合函数的连续性可知,**一切初等函数在其定义区间内都是连续的**. 这里所谓的定义区间,是指包含在定义域内的区间.

根据函数 $f(x)$ 在点 x_0 处连续的定义,如果已知 $f(x)$ 在点 x_0 处连续,那么要求 $f(x)$ 当 $x \to x_0$ 时的极限,只需求 $f(x)$ 在点 x_0 处的函数值即可. 因此,上述关于初等函数连续性的结论提供了求初等函数的极限的具体方法:如果 $f(x)$ 是初等函数,且点 x_0 是它的定义区间内的一点,则函数 $f(x)$ 当 $x \to x_0$ 时的极限就是其在点 $x = x_0$ 处的函数值,即 $\lim_{x \to x_0} f(x) = f(x_0)$.

例 1 求 $\lim_{x \to 0} \sqrt{1 - x^2}$.

解 设函数 $f(x) = \sqrt{1-x^2}$. 这是一个初等函数,其定义域是 $[-1, 1]$,而点 $x = 0$ 在这个区间内,所以

$$\lim_{x \to 0} \sqrt{1 - x^2} = f(0) = 1.$$

例 2 求 $\lim_{x \to \frac{\pi}{2}} \ln \sin x$.

解 设函数 $f(x) = \ln \sin x$. 这是一个初等函数,而点 $x = \frac{\pi}{2} \in (0, \pi)$,$(0, \pi)$ 是 $f(x)$ 的一个定义区间,所以

$$\lim_{x \to \frac{\pi}{2}} \ln \sin x = f\left(\frac{\pi}{2}\right) = \ln \sin \frac{\pi}{2} = 0.$$

二、闭区间上连续函数的性质

闭区间上的连续函数有几个重要的性质，这些性质有助于我们对函数做进一步的分析和研究.

定理 1.7（有界性定理） 闭区间上的连续函数在该区间上一定有界，即若函数 $f(x)$ 在闭区间 $[a,b]$ 上连续，则存在一个正数 M，使得对于所有 $x \in [a,b]$，有
$$|f(x)| \leqslant M.$$

例如，函数 $y = x^2$ 在闭区间 $[-2,2]$ 上连续，显然 $y = x^2$ 在 $[-2,2]$ 上满足 $|y| = |x^2| \leqslant 4$，即 $y = x^2$ 在闭区间 $[-2,2]$ 上有界.

推论 1（最值定理） 在闭区间上连续的函数在该区间上一定有最大值和最小值.

注意 如果函数 $f(x)$ 在开区间内连续或在闭区间上有间断点，那么函数 $f(x)$ 在该区间上就不一定有最大值和最小值. 例如，函数 $y = x^2$ 在开区间 $(-2,2)$ 内连续，它在 $(-2,2)$ 内就只有最小值 0，而没有最大值，如图 $1-9-1$ 所示. 又如，函数
$$f(x) = \begin{cases} -x-1, & -1 \leqslant x < 0, \\ 0, & x = 0, \\ -x+1, & 0 < x \leqslant 1 \end{cases}$$
在闭区间 $[-1,1]$ 上有间断点 $x = 0$，它在 $[-1,1]$ 上没有最大值和最小值（见图 $1-9-2$）.

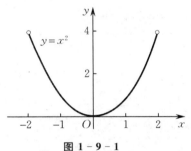

图 $1-9-1$

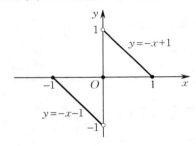

图 $1-9-2$

定理 1.8（介值定理） 设函数 $f(x)$ 在闭区间 $[a,b]$ 上连续，记 $f(x)$ 在 $[a,b]$ 上的最大值为 M，最小值为 m，那么对于 M 与 m 之间的任意一个常数 C，在开区间 (a,b) 内至少存在一点 x_0，使得 $f(x_0) = C$.

定理 1.8 的几何意义是：连续曲线 $y = f(x)$ 与水平直线 $y = C(m \leqslant C \leqslant M)$ 至少有一个交点 P，如图 $1-9-3$ 所示. 这说明，连续函数在变化过程中必定取得其最大值与最小值之间的一切中间值，从而反映了变化的连续性.

定理 1.9（零点定理） 设函数 $f(x)$ 在闭区间 $[a,b]$ 上连续，且 $f(a) \cdot f(b) < 0$，则至少存在一点 $x_0 \in (a,b)$，使得 $f(x_0) = 0$.

从几何上看，零点定理表示：如果连续曲线 $y = f(x)$ 的两个端点位于 x 轴的不同侧，那么这条曲线与 x 轴至少有一个交点，如图 $1-9-4$ 所示.

例 3 证明：方程 $x^3 - 4x^2 + 1 = 0$ 在开区间 $(0,1)$ 内至少有一个实根.

证 设函数 $f(x) = x^3 - 4x^2 + 1$. 因为 $f(x)$ 在闭区间 $[0,1]$ 上连续，又
$$f(0) = 1 > 0, \quad f(1) = -2 < 0,$$
所以由零点定理可知，至少存在一点 $x_0 \in (0,1)$，使得 $f(x_0) = 0$. 这表明，方程 $x^3 - 4x^2 + 1 = 0$

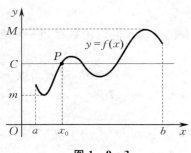

图 1-9-3

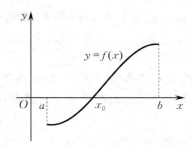

图 1-9-4

在开区间 $(0,1)$ 内至少有一个实根 x_0.

【思考题】

1. 若函数 $f(x)$ 在点 x_0 处连续,那么函数 $(f(x))^2$ 在点 x_0 处是否连续? 为什么?

2. 如果把定理 1.7 中的"闭区间"改为"开区间",那么定理 1.7 的结论是否还成立? 试考察函数 $f(x) = \dfrac{1}{x}$ 在开区间 $(0,1)$ 内是否连续,是否有界.

习 题 1-9

(A)

1. 求函数 $f(x) = \dfrac{x^3 + 3x^2 - x - 3}{x^2 + x - 6}$ 的连续区间,并求 $\lim\limits_{x \to 0} f(x), \lim\limits_{x \to 2} f(x), \lim\limits_{x \to -3} f(x)$.

2. 求下列极限:

(1) $\lim\limits_{x \to 0} \sqrt{x^2 - 2x + 9}$;

(2) $\lim\limits_{x \to \frac{\pi}{9}} \ln(2\cos 3x)$;

(3) $\lim\limits_{x \to 0} \dfrac{x}{\sqrt{1 + x} - 1}$;

(4) $\lim\limits_{x \to 1} \dfrac{x^4 - 1}{x^3 - 1}$;

(5) $\lim\limits_{x \to 5} \dfrac{x^2 - 7x + 10}{x^2 - 25}$;

(6) $\lim\limits_{x \to -1} \dfrac{\sin(x+1)}{2(x+1)}$;

(7) $\lim\limits_{x \to 1} \dfrac{\sqrt{3-x} - \sqrt{1+x}}{x^2 - 1}$;

(8) $\lim\limits_{x \to 0} \dfrac{\sqrt{1+x} - \sqrt{1-x}}{x}$.

3. 证明:方程 $x^5 - 3x - 1 = 0$ 在开区间 $(1,2)$ 内至少有一个实根.

(B)

4. 求下列极限:

(1) $\lim\limits_{x \to +\infty} \sqrt{x}(\sqrt{x+a} - \sqrt{x})$;

(2) $\lim\limits_{x \to \infty} \dfrac{(x+1)(x+2)(x+3)}{(1-4x)^3}$;

(3) $\lim\limits_{x \to \infty} \left(1 - \dfrac{1}{x}\right)^{kx}$;

(4) $\lim\limits_{x \to \infty} \left(\dfrac{2x-1}{2x+1}\right)^x$;

(5) $\lim\limits_{x \to 1} \dfrac{\sqrt{x} - 1}{\sqrt[4]{x} - 1}$;

(6) $\lim\limits_{x \to 0} x^2 \cos \dfrac{1}{x}$;

(7) $\lim\limits_{x \to 0} \dfrac{\arcsin 3x}{x}$;

(8) $\lim\limits_{x \to 0} \dfrac{e^x - 1}{x}$.

5. 证明:方程 $x \cdot 2^x = 1$ 至少有一个小于 1 的正根.

*第十节　数学实验——求极限

本节首先介绍关于 Mathematica 的基本知识、基本命令及操作,然后运用 Mathematica 实现高等数学中的求极限运算.

一、Mathematica 的启动和运行

Mathematica 是由美国 Wolfram 研究公司研制开发的一个数学软件,它能够完成符号运算、数学图形绘制、动画制作等操作,而其软件本身非常小巧,主要部分用 C 语言开发,易于移植.

1. 安装

放入 Mathematica 软件光盘后,运行"setup.exe"进入安装界面,然后按照系统提示安装即可.

2. 启动和退出

安装完毕后,就可以使用 Mathematica 软件了. 以 Mathematica 5.0 为例,可以通过"开始"菜单栏的"程序"项启动. 若建立了快捷方式,则也可以通过双击该快捷方式启动. 启动该软件后,在屏幕上显示如图 1-10-1 所示的 Notebook 窗口(系统暂时取名为 Untitled-1,直到用户保存时重新命名为止),这时就可以输入命令运行了.

图 1-10-1

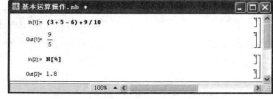

图 1-10-2

3. 从 Mathematica 中获取帮助信息

Mathematica 提供了多种获取帮助信息的方法. 用户可以在工作区窗口中通过使用"?"来得到帮助. 例如,使用"? Plot",系统将给出调用 Plot 命令的格式及 Plot 命令的功能等内容.

二、基本命令及操作

1. 数值计算与赋值

例 1　计算 $(3+5-6)\times 9\div 10$,并将计算结果用小数表示.

解　输入命令如图 1-10-2 所示.

输出结果:$(3+5-6)\times 9\div 10 = 1.8$.

这里,命令 N[x] 表示将 x 转换成实数,"%"表示上一次运算的输出结果.

例 2　计算 3^{100},并用科学记数法表示.

解　输入命令如图 1-10-3 所示.

输出结果:$3^{100} = 5.15378\times 10^{47}$.

这里,计算 3^{100} 可用图 1-10-5 所示的符号面板 Basic Input 输入(由工具栏 File → Palettes → Basic Input 进入),或者由键盘按键"Ctrl +^"输入,其中符号"%//N"等价于命令

N[%].

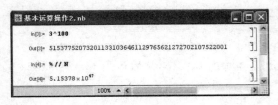
图 1-10-3

图 1-10-4

例 3 求数学常数 π（保留 100 位有效数字）和 e（保留 30 位有效数字）.

解 输入命令如图 1-10-4 所示.

输出结果：图 1-10-4 中 Out[4] 为 π 的 100 位数值，Out[5] 为 e 的 30 位数值.

这里，命令 N[x,n] 表示将 x 转换成近似实数，且保留 n 位有效数字. 输入数学常数 e 时，要以大写字母"E"或符号面板 Basic Input 上的"e"输入.

Mathematica 提供了多种输入数学表达式的方法. 除了用键盘输入外，还可以使用工具栏、快捷方式输入运算符、矩阵或数学表达式.

2. 数学表达式二维格式的输入

一般地，称形如 $x/(2+3x)+y/(x-w)$ 的数学表达式是**一维格式**的；称形如 $\dfrac{x}{2+3x}+\dfrac{y}{x-w}$ 的数学表达式是**二维格式**的. Mathematic 提供了这两种格式数学表达式的输入.

可使用快捷方式输入二维格式，也可用基本输入工具栏输入二维格式. 下面列出了用快捷方式输入二维格式的方法，如表 1-10-1 所示. 如果要取消二维格式输入，可按键"Ctrl + Space(空格)".

表 1-10-1

数学运算	数学表达式	按键	数学运算	数学表达式	按键
分式	$\dfrac{x}{2}$	x Ctrl + / 2	n 次方	x^n	x Ctrl + ^ n
开平方	$\sqrt{x}$	Ctrl + 2 x	下标	x_2	x Ctrl + _ 2

例如，输入数学表达式

$$(x+1)^4 + \frac{a_1}{\sqrt{2x+1}}$$

时，可依如下顺序按键输入：

(, x, +, 1,), Ctrl + ^4, →, +, a, Ctrl + _1, →, Ctrl + /, Ctrl + 2, 2, x, +, 1, →,

其中符号"→"表示用鼠标将屏幕上光标移至输入行的末端.

另外，也可从 File 菜单中激活 Palettes → Basic Input 工具栏输入，并且使用工具栏可输入更复杂的数学表达式，如图 1-10-5 所示.

3. 多项式运算

Mathematica 提供了一组按不同形式表示代数式的命令，见表 1-10-2，它们可依命令的形式按键输入. 另外，也可从 File 菜单中激活 Palettes → Basic Calculations 工具栏输入，并且使用工具栏可输入更复杂的数学表达式，如图 1-10-6 所示.

第一章　函数、极限与连续

图 1-10-5

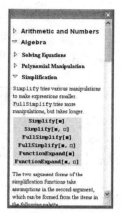

图 1-10-6

表 1-10-2

命　令	功　能
Expand[poly]	按幂次展开多项式 poly
Factor[poly]	对多项式 poly 进行因式分解
Factor Terms[poly{x,y,…}]	把多项式 poly 按变量 $x,y,\cdots$ 进行分解
Simplify[poly]	把多项式 poly 化为最简形式
Full Simplify[poly]	把多项式 poly 展开并化简
Collect[poly,x]	把多项式 poly 按 x 的幂次展开
Collect[poly,{x,y,…}]	把多项式 poly 按 $x,y,\cdots$ 的幂次展开

例 4　按幂次展开多项式 $(x+1)^8$.

解　输入命令如图 1-10-7 所示.

输出结果：$(x+1)^8 = 1 + 8x + 28x^2 + 56x^3 + 70x^4 + 56x^5 + 28x^6 + 8x^7 + x^8$.

图 1-10-7

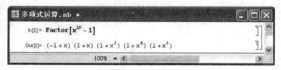

图 1-10-8

例 5　对多项式 $x^{16} - 1$ 进行因式分解.

解　输入命令如图 1-10-8 所示.

输出结果：$x^{16} - 1 = (-1+x)(1+x)(1+x^2)(1+x^4)(1+x^8)$.

例 6　化简多项式 $1 + 3x + 3x^2 + x^3 + 6y + 12xy + 6x^2y + 12y^2 + 12xy^2 + 8y^3$.

解　输入命令如图 1-10-9 所示.

输出结果：$1 + 3x + 3x^2 + x^3 + 6y + 12xy + 6x^2y + 12y^2 + 12xy^2 + 8y^3 = (1+x+2y)^3$.

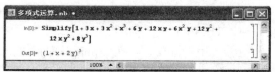

图 1-10-9

4. 系统函数

在 Mathematica 中,定义了大量可以直接调用的数学函数(首字母必须大写,变量要用[]括起来). 表 1-10-3 给出了几个常用函数.

表 1-10-3

函 数	含 义
Sign[x]	符号函数
Round[x]	接近 x 的整数
Abs[x]	x 的绝对值
Random[]	$0 \sim 1$ 之间的随机函数
Exp[x]	指数函数 e^x
Log[x]	自然对数函数 $\ln x$
Log[b,x]	以 b 为底的对数函数
Sin[x],Cos[x],Tan[x],Cot[x]	三角函数
Sinh[x],Cosh[x],Tanhx[x],Coth[x]	双曲函数

5. 函数作图

Mathematica 中作一元函数图形的基本命令如表 1-10-4 所示.

表 1-10-4

命 令	功 能
Plot[f[x],{x,a,b},选项定义值]	在闭区间$[a,b]$上按选项定义值画出 $f(x)$ 在直角坐标系中的图形
Plot[{$f_1,f_2,f_3,\cdots$},{x,a,b},选项定义值]	在闭区间$[a,b]$上按选项定义值画出多个函数在直角坐标系中的图形

利用 Mathematica 绘图时,允许用户设置选项对绘制图形的细节提出各种要求. 例如,设置图形的长宽比,给图形加标题,等等. 每个选项都有一个确定的名字,以"选项名 → 选项值"的形式放在 Plot 中的最右边位置. 一次可设置多个选项,选项依次排列,用逗号隔开,也可不设置选项,采用系统的默认值,如表 1-10-5 所示.

表 1-10-5

选 项	说 明	默认值
AspectRatio	图形的长宽比	1/0.618
AxesLabel	给坐标轴加上名字	不加
PlotLabel	给图形加上标题	不加
PlotRange	指定函数因变量的区间	计算的结果
PlotStyle	设置所绘图形的颜色、粗细等显示样式	与样式命令的取值对应
PlotPoint	画图时计算的点数	25

例 7 定义函数 $f(x) = x\sin 3x$,并绘制其在区间$[0,6.5]$上的图形.

解 输入命令如图 1-10-10 所示.

输出结果:见图 1-10-10,其中 Out[2] = -Graphics-即指输出结果为所要绘制的图形.

注意 所有输入的函数名称第一个字母必须大写,函数用符号 f[x_] 命名.

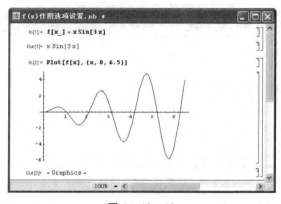

图 1-10-10

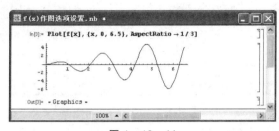

图 1-10-11

例 8 绘制函数 $f(x)=x\sin3x$ 在区间$[0,6.5]$上的图形,使其长宽比为 $1:3$.

解 输入命令如图 1-10-11 所示.

输出结果:见图 1-10-11,其中 Out[3]＝-Graphics-即指输出结果为所要绘制的图形.

例 9 绘制函数 $f(x)=x\sin3x$ 在区间$[0,6.5]$上的图形,并取消坐标轴上的刻度.

解 输入命令如图 1-10-12 所示.

输出结果:见图 1-10-12,其中 Out[4]＝-Graphics-即指输出结果为所要绘制的图形.

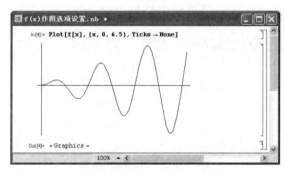

图 1-10-12

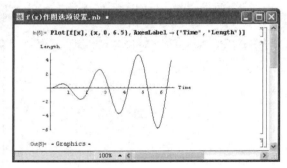

图 1-10-13

例 10 绘制函数 $f(x)=x\sin3x$ 在区间$[0,6.5]$上的图形,并标注坐标名称 x 轴为 "Time", y 轴为"Length".

解 输入命令如图 1-10-13 所示.

输出结果:见图 1-10-13,其中 Out[5]＝-Graphics-即指输出结果为所要绘制的图形.

例 11 绘制函数 $f(x)=x\sin3x$ 在区间$[0,6.5]$上的图形,并将原点移至$(3,0)$,标注图形名称为"震动波".

解 输入命令如图 1-10-14 所示.

输出结果:见图 1-10-14,其中 Out[6]＝-Graphics-即指输出结果为所要绘制的图形.

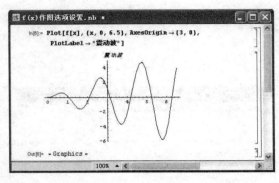

图 1-10-14

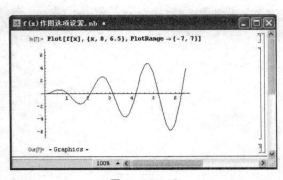

图 1-10-15

例 12 绘制函数 $f(x)=x\sin 3x$ 在区间 $[0,6.5]$ 上的图形,并定义 y 轴的绘图范围为 $[-7,7]$.

解 输入命令如图 1-10-15 所示.

输出结果:见图 1-10-15,其中 Out[7]= -Graphics- 即指输出结果为所要绘制的图形.

例 13 绘制函数 $f(x)=x\sin 3x$ 在区间 $[0,6.5]$ 上的图形,并修改 x 轴方向的刻度为 $\dfrac{\pi}{2},\pi,\dfrac{3}{2}\pi,2\pi$,$y$ 轴方向的刻度则用默认值.

解 输入命令如图 1-10-16 所示.

输出结果:见图 1-10-16,其中 Out[8]= -Graphics- 即指输出结果为所要绘制的图形.

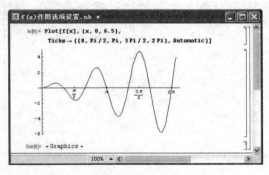

图 1-10-16

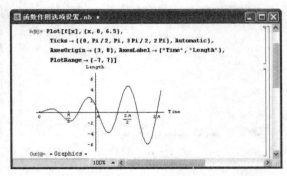

图 1-10-17

例 14 绘制函数 $f(x)=x\sin 3x$ 在区间 $[0,6.5]$ 上的图形,并修改 x 轴方向的刻度为 $\dfrac{\pi}{2},\pi,\dfrac{3}{2}\pi,2\pi$,$y$ 轴方向的刻度则用默认值,将原点移至 $(3,0)$,标注 x 轴为"Time",y 轴为"Length",定义 y 轴的绘图范围为 $[-7,7]$.

解 输入命令如图 1-10-17 所示.

输出结果:见图 1-10-17,其中 Out[9]= -Graphics- 即指输出结果为所要绘制的图形.

三、学习 Mathematica 命令

Mathematica 中求极限的命令是 Limit,它的命令格式如表 1-10-6 所示.

第一章　函数、极限与连续

表 1-10-6

命　　令	功　　能
Limit[f[x],x→x_0]	当 x 趋近于 x_0 时,求函数 $f(x)$ 的极限
Limit[f[x],x→x_0,Direction→1]	当 x 趋近于 x_0 时,求函数 $f(x)$ 的左极限
Limit[f[x],x→x_0,Direction→-1]	当 x 趋近于 x_0 时,求函数 $f(x)$ 的右极限

四、实验内容

例 15 求 $\lim\limits_{x\to 0}\dfrac{\sin^2 2x}{x^2}$.

解　输入命令如图 1-10-18 所示.

输出结果: $\lim\limits_{x\to 0}\dfrac{\sin^2 2x}{x^2}=4$.

图 1-10-18

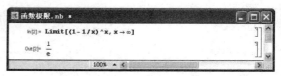

图 1-10-19

例 16 求 $\lim\limits_{x\to\infty}\left(1-\dfrac{1}{x}\right)^x$.

解　输入命令如图 1-10-19 所示.

输出结果: $\lim\limits_{x\to\infty}\left(1-\dfrac{1}{x}\right)^x=\dfrac{1}{e}$.

例 17 求 $\lim\limits_{x\to\infty}\dfrac{\sqrt{x^2+2}}{3x-6}$.

解　输入命令如图 1-10-20 所示.

输出结果: $\lim\limits_{x\to\infty}\dfrac{\sqrt{x^2+2}}{3x-6}=\dfrac{1}{3}$.

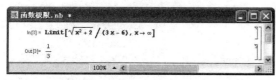

图 1-10-20

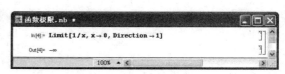

图 1-10-21

例 18 求 $\lim\limits_{x\to 0^-}\dfrac{1}{x}$.

解　输入命令如图 1-10-21 所示.

输出结果: $\lim\limits_{x\to 0^-}\dfrac{1}{x}=-\infty$.

例 19 求 $\lim\limits_{x\to 0^+}\dfrac{1}{x}$.

解　输入命令如图 1-10-22 所示.

输出结果: $\lim\limits_{x\to 0^+}\dfrac{1}{x}=+\infty$.

图 1-10-22

图 1-10-23

命令 Limit 还可用来判断函数极限的存在性. 下面是用命令 Limit 判断某函数极限不存在的一个例子.

例 20 求 $\lim\limits_{x\to 0}\sin\dfrac{1}{x}$.

解 输入命令如图 1-10-23 所示.

输出结果：表示此极限在区间 $[-1,1]$ 上取值，但由极限的唯一性可知 $\lim\limits_{x\to 0}\sin\dfrac{1}{x}$ 不存在.

Mathematica 也能处理符号极限，即结果可带有参数，参见下面的例子.

例 21 求 $\lim\limits_{x\to 0}\dfrac{(1+x)^a-1}{x}$ 和 $\lim\limits_{x\to 0}\dfrac{a^x-1}{x}$ $(a>0, a\neq 1)$.

解 输入命令如图 1-10-24 所示.

输出结果：$\lim\limits_{x\to 0}\dfrac{(1+x)^a-1}{x}=a$, $\lim\limits_{x\to 0}\dfrac{a^x-1}{x}=\ln a$.

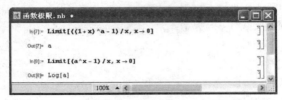
图 1-10-24

习题 1-10

1. 画出下列函数的图形：

   (1) $y=\cos 3x$；

   (2) $y=x^5+3e^x+\log_3(3-x), x\in[-2,2]$；

   (3) $y=\dfrac{\sin x^2}{x^2}, x\in[-5,5]$；

   (4) $\begin{cases} x=\sin t, \\ y=\sin 2t, \end{cases} t\in[0,2\pi]$.

2. 把正切函数 $\tan x$ 和反正切函数 $\arctan x$ 的图形及其水平渐近线 $y=-\dfrac{\pi}{2}, y=\dfrac{\pi}{2}$ 和直线 $y=x$ 用不同的线形画在同一直角坐标系中.

3. 求下列极限：

   (1) $\lim\limits_{n\to\infty} n\sin\dfrac{1}{n}$；

   (2) $\lim\limits_{n\to\infty}\dfrac{n^2}{n+1}\sin\dfrac{n+1}{n^2}$；

   (3) $\lim\limits_{x\to\frac{\pi}{2}}\dfrac{\ln(\sin x)}{(\pi-2x)^2}$；

   (4) $\lim\limits_{x\to a}\dfrac{\sin x-\sin a}{x-a}$；

   (5) $\lim\limits_{x\to 0} x^2 e^{\frac{1}{x}}$；

   (6) $\lim\limits_{x\to\frac{\pi}{2}}\tan x$；

   (7) $\lim\limits_{x\to\frac{1}{2}}\dfrac{8x^2-1}{6x^2-5x+1}$；

   (8) $\lim\limits_{x\to\infty}\left(x\sin\dfrac{1}{x}-\dfrac{1}{x}\sin x\right)$.

第二章 导数与微分

　　导数与微分是微分学的两个基本概念.导数反映了函数相对于自变量的变化率,而微分反映了自变量有微小变化时函数的变化量.本章将介绍导数与微分的基本概念以及它们的计算方法.

第一节 导数的概念

一、变化率问题的引例

1. 变速直线运动的速度

　　设一物体做匀速直线运动,则其在任何时刻的速度公式是

$$v = \frac{s}{t},$$

其中 s 为物体经过的路程,t 为经过路程 s 所用的时间.在实际问题中,物体的运动速度通常是变化的,因此上述公式通常只能反映物体在一段时间 t 内经过路程 s 的平均速度,不能反映物体在某一时刻的速度.现以物体做自由落体运动为例,讨论如何精确地描述物体做变速直线运动时在某一时刻的速度.

　　设一物体在真空中做自由落体运动,则该物体下落的路程 s 与下落时间 t 的函数关系为

$$s = \frac{1}{2}gt^2,$$

其中 g 为重力加速度.现在讨论如何描述该物体下落过程中在 t_0 时刻的速度 $v(t_0)$.

　　如图 2-1-1 所示,设该物体从点 O 开始下落,经过时间 t_0 后落到点 A,这时该物体下落的路程为

$$s_1 = \frac{1}{2}gt_0^2. \qquad (2-1-1)$$

在 t_0 处取时间增量 Δt,即下落时间从 t_0 变到 $t_0 + \Delta t$,并设这时该物体下落到点 B.该物体在时间段 $t_0 + \Delta t$ 内下落的路程为

$$s_2 = \frac{1}{2}g(t_0 + \Delta t)^2, \qquad (2-1-2)$$

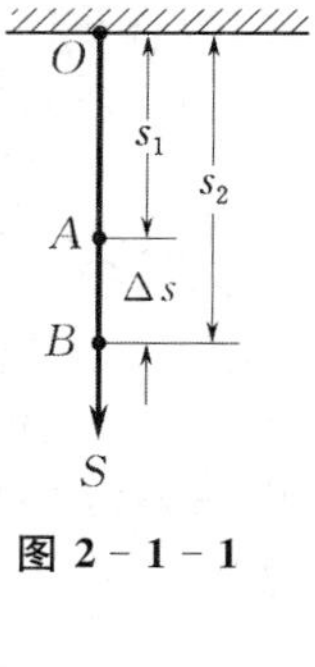

图 2-1-1

故它在时间段 Δt 内下落的路程为

$$\Delta s = s_2 - s_1 = gt_0 \Delta t + \frac{1}{2}g(\Delta t)^2. \qquad (2-1-3)$$

将上式两端同除以 Δt,得到该物体在时间段 Δt 内下落的平均速度为

$$\bar{v} = \frac{\Delta s}{\Delta t} = gt_0 + \frac{1}{2}g\Delta t. \qquad (2-1-4)$$

上式表示,平均速度与时间段 Δt 有关,Δt 越小,速度变化越小,在时间段 Δt 内的平均速度

与该物体在 t_0 时刻的速度越接近,用时间段 Δt 内的平均速度来近似表示 t_0 时刻的速度的精确度就越高. 由极限知识可知, 当 $\Delta t \to 0$ 时, 如果平均速度的极限存在, 则此极限值就是该物体在 t_0 时刻的速度(称为**即时速度**或**瞬时速度**), 记为 $v(t_0)$, 即

$$v(t_0) = \lim_{\Delta t \to 0} \overline{v} = \lim_{\Delta t \to 0} \frac{\Delta s}{\Delta t}.$$

根据上述分析, 对式(2-1-4)取极限, 得

$$v(t_0) = \lim_{\Delta t \to 0} \left(gt_0 + \frac{1}{2} g \Delta t \right) = gt_0.$$

这就是该物体下落过程中在 t_0 时刻的速度.

做变速直线运动的物体在 t_0 时刻的速度都可用上述同样的方法得到. 设一物体做变速直线运动, 其运动方程为 $s = s(t)$ (路程 s 是时间 t 的函数). 当运动时间从 t_0 变到 $t_0 + \Delta t$ 时, 该物体在时间段 Δt 内经过的路程为 $\Delta s = s(t_0 + \Delta t) - s(t_0)$. 将此式两端同除以 Δt, 得到该物体在时间段 Δt 内的平均速度

$$\overline{v} = \frac{\Delta s}{\Delta t} = \frac{s(t_0 + \Delta t) - s(t_0)}{\Delta t}.$$

当 $\Delta t \to 0$ 时, $\overline{v}$ 的极限值就是该物体在 t_0 时刻的速度, 即

$$v(t_0) = \lim_{\Delta t \to 0} \overline{v} = \lim_{\Delta t \to 0} \frac{\Delta s}{\Delta t} = \lim_{\Delta t \to 0} \frac{s(t_0 + \Delta t) - s(t_0)}{\Delta t}.$$

2. 曲线的切线斜率

首先定义曲线的切线. 如图 2-1-2 所示, 设点 M 是曲线 $C: y = f(x)$ 上的一个定点. 在该曲线上另取一动点 N, 作曲线 C 的割线 MN. 当动点 N 沿曲线 C 向定点 M 移动, 即弧 $\overgroup{MN}$ 的长度趋近于 0 时, 设割线 MN 的极限位置为 MT, 则称直线 MT 为曲线 C 在点 M 处的**切线**.

下面讨论曲线 C 在点 M 处的切线如何确定. 设点 M 的坐标为 $(x_0, f(x_0))$, 要确定曲线 C 在点 M 处的切线, 只要求出它的斜率就行了.

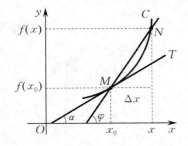

图 2-1-2

如图 2-1-2 所示, 可设曲线 C 上动点 N 的坐标为 $(x, f(x))$, 则割线 MN 的斜率为

$$\tan \varphi = \frac{f(x) - f(x_0)}{x - x_0},$$

其中 φ 为割线的倾角. 当动点 N 沿曲线 C 趋于定点 M, 即 $x \to x_0$ 时, 如果 $\tan \varphi$ 的极限存在, 设为 k, 则

$$k = \lim_{x \to x_0} \frac{f(x) - f(x_0)}{x - x_0}.$$

由于割线 MN 的极限位置 MT 就是曲线 C 在点 M 处的切线, 因此极限值 k 就是切线 MT 的斜率, 即 $k = \tan \alpha$ (α 为切线 MT 的倾角). 于是, 过点 $M(x_0, f(x_0))$, 且以 k 为斜率的直线就是曲线 C 在点 M 处的切线 MT.

二、导数的定义

上面讨论的两个问题, 虽然实际意义不同, 但解决问题的思路和方法是一样的. 它们所求的量在数量关系上有着完全相同的数学表达形式, 都归结为求函数增量与自变量增量之比当自变量增量趋近于 0 时的极限. 这种形式的极限就是我们所要讨论的函数的导数.

定义 2.1 设函数 $y = f(x)$ 在点 x_0 的某一邻域内有定义, 当自变量 x 在点 x_0 处取得增量 Δx (点 $x_0 + \Delta x$ 仍在该邻域内) 时, 函数取得相应的增量

$$\Delta y = f(x_0 + \Delta x) - f(x_0).$$

如果当 $\Delta x \to 0$ 时，Δy 与 Δx 之比的极限存在，则称**函数** $y = f(x)$ **在点** x_0 **处可导**，并称这个极限值为函数 $y = f(x)$ 在点 x_0 处的**导数**，记为 $f'(x_0)$，即

$$f'(x_0) = \lim_{\Delta x \to 0} \frac{f(x_0 + \Delta x) - f(x_0)}{\Delta x}, \qquad (2-1-5)$$

也可记为

$$y' \Big|_{x=x_0}, \quad \frac{\mathrm{d}y}{\mathrm{d}x}\Big|_{x=x_0} \quad \text{或} \quad \frac{\mathrm{d}f(x)}{\mathrm{d}x}\Big|_{x=x_0}.$$

函数增量与自变量增量之比 $\frac{\Delta y}{\Delta x}$ 是函数 $y = f(x)$ 在以 x_0 与 $x_0 + \Delta x$ 为端点的区间 $[x_0, x_0 + \Delta x]$（或 $[x_0 + \Delta x, x_0]$）上的平均变化率，而导数 $f'(x_0)$ 是函数 $y = f(x)$ 在点 x_0 处的变化率，它反映的是函数 $y = f(x)$ 随自变量 x 变化而变化的快慢程度. 如果式（2-1-5）中的极限不存在，则称**函数** $y = f(x)$ **在点** x_0 **处不可导**. 如果不可导的原因是当 $\Delta x \to 0$ 时，比值 $\frac{\Delta y}{\Delta x} \to \infty$，那么为了方便起见，也说函数 $y = f(x)$ 在点 x_0 处的**导数为无穷大**.

定义 2.1 给出了函数 $y = f(x)$ 在某一点处的导数的定义. 如果函数 $y = f(x)$ 在开区间 (a,b) 内每一点都可导，则称**函数** $y = f(x)$ **在区间** (a,b) **内可导**. 这时，任一 $x \in (a,b)$ 都对应着函数 $y = f(x)$ 的一个确定的导数值，这就构成一个新函数. 我们把这个函数叫作函数 $y = f(x)$ 的**导函数**，记为

$$y', \quad f'(x), \quad \frac{\mathrm{d}y}{\mathrm{d}x} \quad \text{或} \quad \frac{\mathrm{d}}{\mathrm{d}x}f(x).$$

在式（2-1-5）中，把 x_0 换成 x，就得到函数 $y = f(x)$ 的导函数公式

$$f'(x) = \lim_{\Delta x \to 0} \frac{f(x + \Delta x) - f(x)}{\Delta x}. \qquad (2-1-6)$$

在式（2-1-6）中，x 可以取开区间 (a,b) 内的任意值，但在求极限过程中，x 是常量，Δx 是变量.

很显然，函数 $f(x)$ 在点 x_0 处的导数就是导函数 $f'(x)$ 在点 x_0 处的函数值，即

$$f'(x_0) = f'(x) \Big|_{x=x_0}.$$

在不发生混淆的情况下，导函数一般简称为导数.

三、导数的几何意义

应用导数的定义，前面两个例子的结果可分别表述为：做变速直线运动的物体在 t_0 时刻的速度 $v(t_0)$ 是路程函数 $s(t)$ 在点 $t = t_0$ 处的导数，即 $v(t_0) = s'(t_0)$；曲线 $C: y = f(x)$ 在点 $M(x_0, f(x_0))$ 处的切线斜率 k 是函数 $f(x)$ 在点 $x = x_0$ 处的导数，即 $k = f'(x_0)$.

因此，函数 $f(x)$ 在点 x 处的导数 $f'(x)$ 的几何意义是曲线 $y = f(x)$ 在点 (x, y) 处的切线斜率，即

$$f'(x) = \tan\alpha \quad (\alpha \text{ 是切线的倾角}).$$

如果函数 $f(x)$ 在点 x 处的导数为无穷大，则曲线 $y = f(x)$ 的割线以垂直于 x 轴的直线为极限位置，即曲线 $y = f(x)$ 在点 x 处具有垂直于 x 轴的切线.

根据导数的几何意义并利用直线的点斜式方程，可得曲线 $y = f(x)$ 在给定点 $M(x_0, y_0)$ 处的切线方程为

$$y - y_0 = f'(x_0)(x - x_0),$$

法线方程为

$$y - y_0 = -\frac{1}{f'(x_0)}(x - x_0) \quad (f'(x_0) \neq 0).$$

四、函数可导性与连续性的关系

设函数 $y = f(x)$ 在点 x 处可导,即极限 $\lim\limits_{\Delta x \to 0} \frac{\Delta y}{\Delta x} = f'(x)$ 存在,则根据具有极限的函数与无穷小的关系,$\frac{\Delta y}{\Delta x}$ 等于它的极限值 $f'(x)$ 与一个无穷小 α 之和,即

$$\frac{\Delta y}{\Delta x} = f'(x) + \alpha \quad (\alpha \text{ 是当 } \Delta x \to 0 \text{ 时的无穷小}).$$

将上式两端同乘以 Δx,得 $\Delta y = f'(x)\Delta x + \alpha \Delta x$. 由此可见,当 $\Delta x \to 0$ 时,$\Delta y \to 0$. 这表明,函数 $y = f(x)$ 在点 x 处是连续的. 所以,如果函数 $y = f(x)$ 在点 x 处可导,则这个函数在该点处一定连续.

注意 函数在某一点处连续,却不一定在该点处可导.

例 1 讨论函数 $y = |x|$ 在点 $x = 0$ 处的可导性.

解 函数 $y = |x|$ 在区间 $(-\infty, +\infty)$ 上连续,但它在点 $x = 0$ 处不可导. 事实上,当自变量在点 $x = 0$ 处取得增量 Δx 时,函数相应的增量为 $|\Delta x|$,则 $\frac{\Delta y}{\Delta x} = \frac{|\Delta x|}{\Delta x}$,因此

$$\lim_{\Delta x \to 0^-} \frac{|\Delta x|}{\Delta x} = \lim_{\Delta x \to 0^-} \frac{-\Delta x}{\Delta x} = -1, \quad \lim_{\Delta x \to 0^+} \frac{|\Delta x|}{\Delta x} = \lim_{\Delta x \to 0^+} \frac{\Delta x}{\Delta x} = 1.$$

上述两个极限说明,虽然 $\frac{\Delta y}{\Delta x}$ 在点 $x = 0$ 处的左、右极限都存在,但左、右极限不相等,因此它的极限 $\lim\limits_{\Delta x \to 0} \frac{\Delta y}{\Delta x}$ 不存在,即函数 $y = |x|$ 在点 $x = 0$ 处不可导. 这种情况表示,曲线 $y = |x|$ 在点 $x = 0$ 处没有切线.

例 2 讨论函数 $y = f(x) = \sqrt[3]{x}$ 在点 $x = 0$ 处的可导性.

解 函数 $y = f(x) = \sqrt[3]{x}$ 在区间 $(-\infty, +\infty)$ 上连续,但在点 $x = 0$ 处不可导. 这是因为,在点 $x = 0$ 处,有

$$\frac{\Delta y}{\Delta x} = \frac{f(0 + \Delta x) - f(0)}{\Delta x} = \frac{\sqrt[3]{\Delta x}}{\Delta x} = \frac{1}{\sqrt[3]{(\Delta x)^2}},$$

因此 $\lim\limits_{\Delta x \to 0} \frac{\Delta y}{\Delta x} = \lim\limits_{\Delta x \to 0} \frac{1}{\sqrt[3]{(\Delta x)^2}} = +\infty$,即函数 $y = f(x) = \sqrt[3]{x}$ 在点 $x = 0$ 处的导数为无穷大. 这种情况表示,曲线 $y = f(x) = \sqrt[3]{x}$ 在点 $x = 0$ 处有垂直于 x 轴的切线.

由上述两个例子可知,函数连续是函数可导的必要条件,但不是充分条件. 所以,若函数在某一点处不连续,则这个函数在该点处一定不可导.

【思考题】

1. 试叙述函数可导和连续的关系.

2. 如果函数 $f(x)$ 在点 x 处的导数 $f'(x)$ 不存在,那么曲线 $y = f(x)$ 是否在该点处无切线?

习　题　2-1

(A)

1. 什么叫作函数 $y = f(x)$ 在点 x_0 处的导数？函数 $y = f(x)$ 在点 x_0 处的 $\frac{\Delta y}{\Delta x}$ 与 $\lim\limits_{\Delta x \to 0} \frac{\Delta y}{\Delta x}$ 有何差别？

2. 已知一动点的直线运动方程是 $s = 5t^2 + 6$.
(1) 求该动点在时间段 $2 \leqslant t \leqslant 2 + \Delta t$ 内的平均速度，设 Δt 分别为 $1, 0.1, 0.01, 0.001$；
(2) 观察(1)中所求得的各平均速度的变化趋势，估计该动点在 $t = 2$ 这一时刻的速度；
(3) 由导数的定义计算该动点在 $t = 2$ 这一时刻的速度.

3. 设 M 为密度不均匀的细棒 OB 上的任意一点，而 OM 的质量与 OM 的长度的平方成正比. 已知 OB 的长度为 20 单位，当 OM 的长度为 4 单位时，OM 的质量为 8 单位. 试解答下列问题：
(1) 该细棒的平均线密度是多少？
(2) 由导数的定义求该细棒在距点 O 为 15 单位的点 A 处的线密度.

4. 利用导数的定义，求下列函数的导数：
(1) $y = ax + b$；　　　　　　　　(2) $y = \cos x$.

5. 求曲线 $y = x^3$ 的与直线 $x - y + 2 = 0$ 平行的切线方程.

6. 试讨论函数 $y = |\sin x|$ 在点 $x = 0$ 处的连续性与可导性.

7. 设函数 $f(x) = \begin{cases} x^2, & x \leqslant 1, \\ ax + b, & x > 1, \end{cases}$ 求 a, b 的值，使得该函数在点 $x = 1$ 处连续且可导.

(B)

8. 根据导数的定义，指出下列极限 A 表示什么（设 $f'(x_0)$ 存在，a, b 为常数）：
(1) $A = \lim\limits_{\Delta x \to 0} \frac{f(x_0 - \Delta x) - f(x_0)}{\Delta x}$；　　(2) $A = \lim\limits_{h \to 0} \frac{f(x_0 + h) - f(x_0 - h)}{h}$；
(3) $A = \lim\limits_{h \to 0} \frac{f(x_0 + ah) - f(x_0 - bh)}{h}$.

9. 设 $f(x)$ 为偶函数，且 $f'(0)$ 存在，证明：$f'(0) = 0$.

10. 证明：
(1) 可导偶函数的导数是奇函数；
(2) 可导奇函数的导数是偶函数.

第二节　用导数的定义求函数的导数与函数四则运算的求导法则

一、用导数的定义求函数的导数

利用导数的定义求函数 $y = f(x)$ 的导数，可分为以下三个步骤：

(1) 求函数的增量：$\Delta y = f(x + \Delta x) - f(x)$；

(2) 计算比值：$\dfrac{\Delta y}{\Delta x} = \dfrac{f(x + \Delta x) - f(x)}{\Delta x}$；

(3) 取极限：$y' = f'(x) = \lim\limits_{\Delta x \to 0} \dfrac{f(x + \Delta x) - f(x)}{\Delta x}$.

根据这三个步骤，下面求一些简单函数的导数.

例 1　求函数 $y = f(x) = C$（C 为常数）的导数.

解　(1) 求函数的增量：$\Delta y = f(x + \Delta x) - f(x) = C - C = 0$；

(2) 计算比值：$\dfrac{\Delta y}{\Delta x} = \dfrac{0}{\Delta x} = 0$；

(3) 取极限：$y' = \lim\limits_{\Delta x \to 0} \dfrac{\Delta y}{\Delta x} = 0$，即

$$(C)' = 0.$$

由此得结论：常数函数的导数为 0.

例 2 求函数 $y = x^2$ 的导数.

解 (1) 求函数的增量：$\Delta y = (x + \Delta x)^2 - x^2 = 2x\Delta x + (\Delta x)^2$；

(2) 计算比值：$\dfrac{\Delta y}{\Delta x} = \dfrac{2x\Delta x + (\Delta x)^2}{\Delta x} = 2x + \Delta x$；

(3) 取极限：$y' = \lim\limits_{\Delta x \to 0} \dfrac{\Delta y}{\Delta x} = \lim\limits_{\Delta x \to 0}(2x + \Delta x) = 2x$，即

$$(x^2)' = 2x.$$

在对求函数导数的三个步骤比较熟悉后，可以把这三个步骤合并起来.

例 3 求函数 $y = \dfrac{1}{x}$ 的导数.

解
$$y' = \lim_{\Delta x \to 0} \dfrac{\dfrac{1}{x+\Delta x} - \dfrac{1}{x}}{\Delta x} = \lim_{\Delta x \to 0} \dfrac{-1}{x^2 + x\Delta x} = -\dfrac{1}{x^2},$$

即

$$\left(\dfrac{1}{x}\right)' = -\dfrac{1}{x^2}.$$

例 4 求函数 $y = \sqrt{x}$ 的导数.

解
$$y' = \lim_{\Delta x \to 0} \dfrac{\sqrt{x+\Delta x} - \sqrt{x}}{\Delta x} = \lim_{\Delta x \to 0} \dfrac{1}{\sqrt{x+\Delta x} + \sqrt{x}} = \dfrac{1}{2\sqrt{x}},$$

即

$$(\sqrt{x})' = \dfrac{1}{2\sqrt{x}}.$$

以上函数都属于幂函数. 以后可以证明，幂函数的导数公式为

$$(x^\mu)' = \mu x^{\mu-1}.$$

例 5 求下列函数的导数：

(1) $y = \sqrt[3]{x^2}$； (2) $y = \dfrac{\sqrt{x}}{\sqrt[3]{x}}$.

解 (1) 因为 $y = \sqrt[3]{x^2} = x^{\frac{2}{3}}$，所以 $y' = \dfrac{2}{3} x^{\frac{2}{3}-1} = \dfrac{2}{3} x^{-\frac{1}{3}}$.

(2) 因为 $y = \dfrac{\sqrt{x}}{\sqrt[3]{x}} = x^{\frac{1}{6}}$，所以 $y' = \dfrac{1}{6} x^{\frac{1}{6}-1} = \dfrac{1}{6} x^{-\frac{5}{6}}$.

例 6 求函数 $y = \sin x$ 的导数.

解
$$y' = \lim_{\Delta x \to 0} \dfrac{\sin(x+\Delta x) - \sin x}{\Delta x} = \lim_{\Delta x \to 0} \dfrac{2\sin\dfrac{\Delta x}{2}\cos\left(x + \dfrac{\Delta x}{2}\right)}{\Delta x}$$

$$= \lim_{\Delta x \to 0} \frac{\sin \frac{\Delta x}{2}}{\frac{\Delta x}{2}} \cdot \lim_{\Delta x \to 0} \cos\left(x + \frac{\Delta x}{2}\right) = \cos x,$$

即
$$(\sin x)' = \cos x.$$

利用类似的方法,可得
$$(\cos x)' = -\sin x.$$

例 7 求函数 $y = a^x (a > 0, a \neq 1)$ 的导数.

解 $y' = \lim\limits_{\Delta x \to 0} \dfrac{a^{x+\Delta x} - a^x}{\Delta x} = \lim\limits_{\Delta x \to 0} \dfrac{a^x(a^{\Delta x} - 1)}{\Delta x} = a^x \lim\limits_{\Delta x \to 0} \dfrac{a^{\Delta x} - 1}{\Delta x} = a^x \ln a$①,

即
$$(a^x)' = a^x \ln a.$$

特别地,当 $a = \mathrm{e}$ 时,$(\mathrm{e}^x)' = \mathrm{e}^x \ln \mathrm{e} = \mathrm{e}^x$,即以 e 为底的指数函数的导数是它本身.

例 8 求函数 $y = \log_a x (a > 0, a \neq 1)$ 的导数.

解 $y' = \lim\limits_{\Delta x \to 0} \dfrac{\log_a (x + \Delta x) - \log_a x}{\Delta x} = \lim\limits_{\Delta x \to 0} \dfrac{\log_a \dfrac{x + \Delta x}{x}}{\Delta x} = \lim\limits_{\Delta x \to 0} \dfrac{1}{\Delta x} \log_a \left(1 + \dfrac{\Delta x}{x}\right)$

$= \lim\limits_{\Delta x \to 0} \log_a \left[\left(1 + \dfrac{\Delta x}{x}\right)^{\frac{x}{\Delta x}}\right]^{\frac{1}{x}} = \dfrac{1}{x} \log_a \mathrm{e} = \dfrac{1}{x} \cdot \dfrac{\ln \mathrm{e}}{\ln a} = \dfrac{1}{x \ln a}$,

即
$$(\log_a x)' = \frac{1}{x \ln a}.$$

特别地,当 $a = \mathrm{e}$ 时,$(\ln x)' = \dfrac{1}{x}$.

在上述例题中,我们使用导数的定义推出了常数函数、幂函数、正弦函数、余弦函数、指数函数、对数函数的导数公式,它们都是计算函数导数的基本公式,应予熟记. 因为函数在某一点处的导数就是导函数在该点处的函数值,所以要计算给定函数在某一点处的导数,一般先求该函数的导函数,然后求导函数在该点处的函数值即可.

例如,求函数 $y = \sin x$ 在点 $x = \dfrac{\pi}{6}$ 处的导数时,因为 $(\sin x)' = \cos x$,所以

$$y' \Big|_{x=\frac{\pi}{6}} = \cos x \Big|_{x=\frac{\pi}{6}} = \cos \frac{\pi}{6} = \frac{\sqrt{3}}{2}.$$

二、函数四则运算的求导法则

定理 2.1 如果函数 $u = u(x)$ 及 $v = v(x)$ 在点 x 处都具有导数,则它们的和、差、积、商(分母为 0 的点除外)在点 x 处也都具有导数,且有下述求导法则:

(1) $(u(x) \pm v(x))' = u'(x) \pm v'(x)$;

(2) $(u(x)v(x))' = u'(x)v(x) + u(x)v'(x)$;

---

① 极限 $\lim\limits_{\Delta x \to 0} \dfrac{a^{\Delta x} - 1}{\Delta x} = \ln a$ 可利用等价无穷小替换定理求得.

(3) $\left(\dfrac{u(x)}{v(x)}\right)' = \dfrac{u'(x)v(x) - u(x)v'(x)}{v^2(x)}$ $(v(x) \neq 0)$.

证 我们只给出(2),(3) 的证明.

(2) $(u(x)v(x))' = \lim\limits_{\Delta x \to 0} \dfrac{u(x+\Delta x)v(x+\Delta x) - u(x)v(x)}{\Delta x}$

$= \lim\limits_{\Delta x \to 0} \dfrac{(u(x)+\Delta u)(v(x)+\Delta v) - u(x)v(x)}{\Delta x}$

$= \lim\limits_{\Delta x \to 0} \dfrac{\Delta u v(x) + u(x)\Delta v + \Delta u \Delta v}{\Delta x}$

$= \lim\limits_{\Delta x \to 0} \dfrac{\Delta u}{\Delta x} v(x) + \lim\limits_{\Delta x \to 0} u(x)\dfrac{\Delta v}{\Delta x} + \lim\limits_{\Delta x \to 0} \dfrac{\Delta u}{\Delta x}\Delta v$

$= u'(x)v(x) + u(x)v'(x) + u'(x) \cdot 0$ [①]

$= u'(x)v(x) + u(x)v'(x).$

(3) $\left(\dfrac{u(x)}{v(x)}\right)' = \lim\limits_{\Delta x \to 0} \dfrac{\dfrac{u(x)+\Delta u}{v(x)+\Delta v} - \dfrac{u(x)}{v(x)}}{\Delta x} = \lim\limits_{\Delta x \to 0} \dfrac{(u(x)+\Delta u)v(x) - u(x)(v(x)+\Delta v)}{\Delta x(v(x)+\Delta v)v(x)}$

$= \lim\limits_{\Delta x \to 0} \dfrac{v(x)\Delta u - u(x)\Delta v}{\Delta x(v^2(x)+v(x)\Delta v)} = \lim\limits_{\Delta x \to 0}\left(\dfrac{\Delta u}{\Delta x}v(x) - u(x)\dfrac{\Delta v}{\Delta x}\right)\dfrac{1}{v^2(x)+v(x)\Delta v}$

$= \left(\lim\limits_{\Delta x \to 0}\dfrac{\Delta u}{\Delta x}v(x) - \lim\limits_{\Delta x \to 0}u(x)\dfrac{\Delta v}{\Delta x}\right)\lim\limits_{\Delta x \to 0}\dfrac{1}{v^2(x)+v(x)\Delta v}$

$= \dfrac{u'(x)v(x) - u(x)v'(x)}{v^2(x)}.$

特别地,当 $v(x) = C$(C 为常数) 时,有
$$(Cu(x))' = Cu'(x).$$

定理 2.1 中,$u(x)$ 可简记为 u,$v(x)$ 可简记为 v,因此法则(2) 和(3) 可分别简记为
$$(uv)' = u'v + uv', \quad \left(\dfrac{u}{v}\right)' = \dfrac{u'v - uv'}{v^2} \ (v \neq 0).$$

例 9 已知函数 $f(x) = x^2 + 2\sin x - \cos\dfrac{\pi}{4}$,求 $f'(x)$,$f'\left(\dfrac{\pi}{2}\right)$.

解 $f'(x) = (x^2)' + (2\sin x)' - \left(\cos\dfrac{\pi}{4}\right)' = 2x + 2\cos x,$

$f'\left(\dfrac{\pi}{2}\right) = (2x + 2\cos x)\Big|_{x=\frac{\pi}{2}} = \pi.$

例 10 已知函数 $y = ax^2\sin x$,求 y'.

解 $y' = (ax^2)'\sin x + ax^2(\sin x)' = 2ax\sin x + ax^2\cos x = ax(2\sin x + x\cos x).$

例 11 已知函数 $y = x^2 e^x + x\sin x$,求 y'.

解 $y' = (x^2 e^x)' + (x\sin x)' = 2x e^x + x^2 e^x + \sin x + x\cos x.$

例 12 已知函数 $y = \tan x$,求 y'.

解 $y' = (\tan x)' = \left(\dfrac{\sin x}{\cos x}\right)' = \dfrac{(\sin x)'\cos x - \sin x(\cos x)'}{\cos^2 x}$

---

① 函数 $v(x)$ 可导,它一定连续,故当 $\Delta x \to 0$ 时,$\Delta v \to 0$.

$$= \frac{\cos^2 x + \sin^2 x}{\cos^2 x} = \frac{1}{\cos^2 x} = \sec^2 x,$$

即

$$(\tan x)' = \sec^2 x.$$

利用类似的方法,可得

$$(\cot x)' = -\csc^2 x.$$

例 13 求函数 $y = \sec x$ 的导数.

解
$$y' = (\sec x)' = \left(\frac{1}{\cos x}\right)' = \frac{0 - (\cos x)'}{\cos^2 x} = \frac{\sin x}{\cos^2 x} = \sec x \tan x,$$

即

$$(\sec x)' = \sec x \tan x.$$

利用类似的方法,可得

$$(\csc x)' = -\csc x \cot x.$$

例 14 求曲线 $y = x^2$ 在点 $(2,4)$ 处的切线方程和法线方程.

解 由导数的几何意义可知,曲线 $y = x^2$ 在点 $(2,4)$ 处的切线斜率为

$$k = y'\Big|_{x=2} = (x^2)'\Big|_{x=2} = 2x\Big|_{x=2} = 4,$$

故所求的切线方程为

$$y - 4 = 4(x - 2), \quad 即 \quad 4x - y - 4 = 0,$$

法线方程为

$$y - 4 = -\frac{1}{4}(x - 2), \quad 即 \quad x + 4y - 18 = 0.$$

例 15 曲线 $y = x^{\frac{3}{2}}$ 在哪一点处的切线与直线 $y = 3x - 1$ 平行?

解 已知直线 $y = 3x - 1$ 的斜率为 $k = 3$. 又由导数的几何意义可知,曲线 $y = x^{\frac{3}{2}}$ 在任一点 $(x, x^{\frac{3}{2}})$ 处的切线斜率为

$$y' = (x^{\frac{3}{2}})' = \frac{3}{2} x^{\frac{1}{2}},$$

于是根据两直线平行的条件,有 $\frac{3}{2} x^{\frac{1}{2}} = 3$,解得 $x = 4$.

将 $x = 4$ 代入曲线方程 $y = x^{\frac{3}{2}}$,得 $y = 8$. 所以,曲线 $y = x^{\frac{3}{2}}$ 在点 $(4, 8)$ 处的切线与直线 $y = 3x - 1$ 平行.

习 题 2-2

(A)

1. 利用函数四则运算的求导法则和幂函数的导数公式,求下列函数的导数:

(1) $y = \sqrt{x}(x^3 - \sqrt{x} + 1)$;

(2) $y = (x + 1)(x - 1)$;

(3) $y = \frac{1}{1 + x^2}$;

(4) $y = (x^2 + 1)(x^2 + 2)(x^2 + 3)$;

(5) $y = x(x - 1)(x + 1)$;

(6) $y = (\sqrt{x} + 1)\left(\frac{1}{\sqrt{x}} - 1\right)$;

(7) $y = \frac{1 + x^2 + x^4}{x}$;

(8) $y = (\sqrt{x} + 1)(\sqrt{x} - 2)$.

2. 利用函数四则运算的求导法则和三角函数的导数公式,求下列函数的导数:

(1) $y = \cos x + \sin x$;

(2) $y = x\sin x$;

(3) $y = \dfrac{x}{1-\cos x}$;

(4) $y = \dfrac{\tan x}{x}$;

(5) $y = 2\tan x + \sec x - 1$;

(6) $y = \dfrac{2}{\tan x}$.

(B)

3. 利用函数四则运算的求导法则和三角函数的导数公式,求下列函数的导数:

(1) $y = \dfrac{\sin x}{x} + \dfrac{x}{\cos x}$;

(2) $y = (2 + \sec x)\sin x$;

(3) $y = \dfrac{x\sin x}{1 + \tan x}$;

(4) $y = \dfrac{\tan x}{1 + \sec x}$.

4. 利用函数四则运算的求导法则和指数函数、对数函数的导数公式,求下列函数的导数:

(1) $y = 2^x + x^2 + e^x + x^e$;

(2) $y = \log_2 x + \log_2 x^2$;

(3) $y = x\ln x - x$;

(4) $y = e^x \ln x$;

(5) $y = a^x + e^x \ (a > 0, a \neq 1)$;

(6) $y = e^x \sin x$;

(7) $y = \dfrac{e^x}{a^x} \ (a > 0, a \neq 1)$;

(8) $y = \dfrac{a^x - 1}{a^x + 1} \ (a > 0, a \neq 1)$.

5. 求曲线 $y = 2\sin x + x^2$ 上横坐标为 0 的点处的切线方程和法线方程.

6. 当 a 为何值时,曲线 $y = ax^2$ 与曲线 $y = \ln x$ 相切?

第三节　函数的求导法则·隐函数及由参数方程确定的函数的求导法

前面介绍了函数四则运算的求导法则,这一节将介绍函数的其他求导法则,以及隐函数及由参数方程确定的函数的求导法.

一、复合函数的求导法则

定理 2.2　对于复合函数 $y = f(\varphi(x))$,如果函数 $u = \varphi(x)$ 在点 x 处可导,而函数 $y = f(u)$ 在点 $u = \varphi(x)$ 处可导,则 $y = f(\varphi(x))$ 在点 x 处可导,且

$$\frac{\mathrm{d}y}{\mathrm{d}x} = f'(u)\varphi'(x), \quad \frac{\mathrm{d}y}{\mathrm{d}x} = \frac{\mathrm{d}y}{\mathrm{d}u} \cdot \frac{\mathrm{d}u}{\mathrm{d}x} \quad \text{或} \quad y' = y'_u u'_x.$$

定理 2.2 的证明从略.

定理 2.2 给出的复合函数的求导法则可叙述为:由两个可导函数构成的复合函数的导数等于外层函数对中间变量(内层函数)的导数乘以中间变量对自变量的导数.

例 1　求函数 $y = e^{\sin x}$ 的导数.

解　函数 $y = e^{\sin x}$ 是由基本初等函数 $y = e^u, u = \sin x$ 构成的复合函数,所以

$$y' = y'_u u'_x = (e^u)'_u (\sin x)'_x = e^u \cos x = e^{\sin x} \cos x.$$

例 2　求函数 $y = (1 + x^2)^5$ 的导数.

解　设 $u = 1 + x^2$,则函数 $y = (1 + x^2)^5$ 是由函数 $y = u^5, u = 1 + x^2$ 复合而成的,所以

$$y' = y'_u u'_x = (u^5)'_u (1 + x^2)'_x = 5u^4 \cdot 2x = 10x(1 + x^2)^4.$$

例 3　求函数 $y = \ln\cos x$ 的导数.

解 函数 $y = \ln\cos x$ 是由函数 $y = \ln u, u = \cos x$ 复合而成的，所以
$$y' = y'_u u'_x = (\ln u)'_u (\cos x)'_x = \frac{1}{u}(-\sin x) = -\frac{\sin x}{\cos x} = -\tan x.$$

对复合函数的分解比较熟悉后，就不必写出中间变量，可直接用公式求导数.

例 4 求函数 $y = \sqrt{1-x^2}$ 的导数.

解 $y' = \dfrac{1}{2\sqrt{1-x^2}}(1-x^2)' = -\dfrac{x}{\sqrt{1-x^2}}.$

例 5 求函数 $y = \ln(x + \sqrt{x^2+1})$ 的导数.

解 $y' = \dfrac{1}{x+\sqrt{x^2+1}}(x+\sqrt{x^2+1})' = \dfrac{1+\dfrac{1}{2\sqrt{x^2+1}}(x^2+1)'}{x+\sqrt{x^2+1}}$

$= \dfrac{1+\dfrac{1}{2\sqrt{x^2+1}} \cdot 2x}{x+\sqrt{x^2+1}} = \dfrac{1}{\sqrt{x^2+1}}.$

对复合函数的分解过程熟练后，也可不写出中间变量表达式的求导符号而直接求导数. 例如，例 5 的解题过程可如下书写：

$$y' = \frac{1+\dfrac{1}{2\sqrt{x^2+1}} \cdot 2x}{x+\sqrt{x^2+1}} = \frac{1}{\sqrt{x^2+1}}.$$

应用复合函数的求导法则时，关键是分析清楚复合函数的复合过程. 分解应从最外层函数逐层往内层函数分解，每层函数都应是基本初等函数或基本初等函数的四则运算.

例 6 求函数 $y = (x^2 + \sin 2x)^3$ 的导数.

解 分析所给函数的复合过程：$y = (x^2 + \sin 2x)^3$ 的最外层函数是幂函数 $y = u^3$，次外层函数 u 是两个函数之和：一个是幂函数 $u_1 = x^2$，它已是基本初等函数，不能再分解；另一个函数 $u_2 = \sin 2x$ 是由函数 $u_2 = \sin v, v = 2x$ 构成的复合函数. 至此，已把每层函数都分解为基本初等函数或基本初等函数的四则运算. 按照上述分解，可直接写出所给函数的导数：

$$y' = 3(x^2 + \sin 2x)^2 (2x + \cos 2x \cdot 2) = 6(x^2 + \sin 2x)^2 (x + \cos 2x).$$

复合函数的求导法则可推广到任意有限个可导函数构成的复合函数的情形. 以两个中间变量为例，设函数 $y = f(u), u = \varphi(v), v = \psi(x)$ 可导，则复合函数 $y = f(\varphi(\psi(x)))$ 可导，且

$$\frac{\mathrm{d}y}{\mathrm{d}x} = \frac{\mathrm{d}y}{\mathrm{d}u} \cdot \frac{\mathrm{d}u}{\mathrm{d}v} \cdot \frac{\mathrm{d}v}{\mathrm{d}x} \quad \text{或} \quad y' = y'_u u'_v v'_x.$$

例 7 求函数 $y = \ln\cos e^x$ 的导数.

解 所给函数由函数 $y = \ln u, u = \cos v, v = e^x$ 复合而成，所以

$$y' = y'_u u'_v v'_x = \frac{1}{u}(-\sin v)e^x = -\frac{\sin e^x}{\cos e^x}e^x = -e^x \tan e^x.$$

例 8 求函数 $y = e^{\sin\frac{1}{x}}$ 的导数.

解 所给函数由函数 $y = e^u, u = \sin v, v = \dfrac{1}{x}$ 复合而成，所以

$$y' = y'_u u'_v v'_x = e^u \cos v \cdot \left(-\frac{1}{x^2}\right) = -\frac{e^{\sin\frac{1}{x}}}{x^2}\cos\frac{1}{x}.$$

例 9　证明幂函数的导数公式：$(x^\mu)' = \mu x^{\mu-1}(x > 0, \mu$ 为常数$)$.

证　因为 $x^\mu = e^{\ln x^\mu} = e^{\mu \ln x}$，所以

$$(x^\mu)' = (e^{\mu \ln x})' = e^{\mu \ln x} \cdot \frac{\mu}{x} = \mu \cdot \frac{x^\mu}{x} = \mu x^{\mu-1}.$$

二、反函数的求导法则

定理 2.3　如果函数 $x = \varphi(y)$ 在区间 I_y 内单调、可导，且 $\varphi'(y) \neq 0$，则它的反函数 $y = f(x)$ 在区间 $I_x = \{x \mid x = \varphi(y), y \in I_y\}$ 内也可导，且

$$f'(x) = \frac{1}{\varphi'(y)}, \quad \frac{dy}{dx} = \frac{1}{\frac{dx}{dy}} \quad \text{或} \quad y' = \frac{1}{x'_y}.$$

定理 2.3 给出的反函数的求导法则可叙述为：反函数的导数等于其直接函数的导数的倒数.

例 10　求函数 $y = \arcsin x$ 的导数.

解　$y = \arcsin x$ 是反正弦函数，它的直接函数是正弦函数 $x = \sin y$. 显然，$x = \sin y$ 在区间 $\left(-\frac{\pi}{2}, \frac{\pi}{2}\right)$ 内单调、可导，且 $x'_y = \cos y \neq 0$. 因此，反正弦函数 $y = \arcsin x$ 在区间 $(-1,1)$ 内有

$$(\arcsin x)' = \frac{1}{(\sin y)'} = \frac{1}{\cos y}.$$

因为

$$\cos y = \pm \sqrt{1 - \sin^2 y} = \pm \sqrt{1 - x^2},$$

而 $y \in \left(-\frac{\pi}{2}, \frac{\pi}{2}\right)$，所以上式等号后面应取正号. 由此得到

$$(\arcsin x)' = \frac{1}{\sqrt{1-x^2}}.$$

利用类似的方法，可得

$$(\arccos x)' = -\frac{1}{\sqrt{1-x^2}}.$$

例 11　求函数 $y = \arctan x$ 的导数.

解　$y = \arctan x$ 是正切函数 $x = \tan y$ 的反函数. 当 $y \in \left(-\frac{\pi}{2}, \frac{\pi}{2}\right)$ 时，$x = \tan y$ 单调、可导，且 $(\tan y)' = \sec^2 y \neq 0$. 所以，反正切函数 $y = \arctan x$ 在区间 $(-\infty, +\infty)$ 上有

$$(\arctan x)' = \frac{1}{(\tan y)'} = \frac{1}{\sec^2 y} = \frac{1}{\tan^2 y + 1} = \frac{1}{1+x^2},$$

即

$$(\arctan x)' = \frac{1}{1+x^2}.$$

利用类似的方法，可得

$$(\text{arccot}\, x)' = -\frac{1}{1+x^2}.$$

例 12　利用反函数的求导法则，求函数 $y = \log_a x (a > 0, a \neq 1)$ 的导数.

解 因为 $y = \log_a x$ 是函数 $x = a^y$ 的反函数,而 $x = a^y$ 在区间 $(-\infty, +\infty)$ 上单调、可导,且 $(a^y)' = a^y \ln a \neq 0$,所以

$$(\log_a x)' = \frac{1}{(a^y)'} = \frac{1}{a^y \ln a} = \frac{1}{x \ln a}.$$

三、基本导数公式与函数的求导法则

求函数的导数,关键是熟练掌握基本初等函数的导数公式(简称**基本导数公式**)与函数的求导法则. 现把基本导数公式与函数的求导法则归纳如下:

1. 基本导数公式

(1) $(C)' = 0$ (C 为常数);

(2) $(x^\mu)' = \mu x^{\mu-1}$ (μ 为常数);

(3) $(a^x)' = a^x \ln a$ ($a > 0, a \neq 1$);

(4) $(e^x)' = e^x$;

(5) $(\log_a x)' = \dfrac{1}{x \ln a}$ ($a > 0, a \neq 1$);

(6) $(\ln x)' = \dfrac{1}{x}$;

(7) $(\sin x)' = \cos x$;

(8) $(\cos x)' = -\sin x$;

(9) $(\tan x)' = \sec^2 x$;

(10) $(\cot x)' = -\csc^2 x$;

(11) $(\sec x)' = \sec x \tan x$;

(12) $(\csc x)' = -\csc x \cot x$;

(13) $(\arcsin x)' = \dfrac{1}{\sqrt{1-x^2}}$;

(14) $(\arccos x)' = -\dfrac{1}{\sqrt{1-x^2}}$;

(15) $(\arctan x)' = \dfrac{1}{1+x^2}$;

(16) $(\text{arccot}\, x)' = -\dfrac{1}{1+x^2}$.

2. 函数四则运算的求导法则

设函数 $u = u(x), v = v(x)$ 都可导,则有

(1) $(u \pm v)' = u' \pm v'$;

(2) $(uv)' = u'v + uv'$;

(3) $(Cu)' = Cu'$ (C 是常数);

(4) $\left(\dfrac{u}{v}\right)' = \dfrac{u'v - uv'}{v^2}$ ($v \neq 0$).

3. 复合函数的求导法则

对于复合函数 $y = f(\varphi(x))$,如果函数 $u = \varphi(x)$ 在点 x 处可导,而函数 $y = f(u)$ 在点 $u = \varphi(x)$ 处可导,则 $y = f(\varphi(x))$ 在点 x 处可导,且

$$\frac{dy}{dx} = f'(u)\varphi'(x), \quad \frac{dy}{dx} = \frac{dy}{du} \cdot \frac{du}{dx} \quad \text{或} \quad y' = y'_u u'_x.$$

4. 反函数的求导法则

如果函数 $x = \varphi(y)$ 在区间 I_y 内单调、可导,且 $\varphi'(y) \neq 0$,则它的反函数 $y = f(x)$ 在区间 $I_x = \{x \mid x = \varphi(y), y \in I_y\}$ 内也可导,且

$$f'(x) = \frac{1}{\varphi'(y)}, \quad \frac{dy}{dx} = \frac{1}{\frac{dx}{dy}} \quad \text{或} \quad y' = \frac{1}{x'_y}.$$

在函数的求导过程中,有时要综合应用求导法则和导数公式.

例 13 求函数 $y = \sin nx \sin^n x$ (n 为常数) 的导数.

解 给定函数是两个因子的乘积,应用函数积的求导法则,得

$$y' = (\sin nx)' \sin^n x + \sin nx (\sin^n x)'.$$

在求函数 $\sin nx$ 和 $\sin^n x$ 的导数时,由于这两个函数都是 x 的复合函数,需要应用复合函数

的求导法则，于是得
$$y' = n\cos nx \cdot \sin^n x + \sin nx \cdot n\sin^{n-1} x \cdot \cos x$$
$$= n\sin^{n-1} x(\cos nx \sin x + \sin nx \cos x)$$
$$= n\sin^{n-1} x \sin(n+1)x.$$

四、隐函数的求导法

前面讨论的函数都是由自变量的解析式给出的，这样的函数叫作**显函数**．而在实际应用中，有些函数关系是由一个二元方程 $F(x,y)=0$ 确定的，这种函数叫作**隐函数**．例如，由方程 $x^2+xy-1=0$ 确定的函数就是隐函数．有的隐函数容易化为显函数（隐函数化为显函数叫作**隐函数的显化**），但有的隐函数不易化为显函数，甚至不可能化为显函数．隐函数的求导法就是要解决直接从方程求出它所确定的隐函数的导数，而不用经过隐函数的显化．

下面用例子来说明隐函数的求导法．

例 14 求由方程 $x^2+y^2-1=0$ 确定的隐函数的导数 y'．

解 分析由所给方程确定的函数关系：如果把 x 看成自变量，则 y 就是因变量（函数）．而 y^2 是 y 的函数（幂函数），y 又是 x 的函数，所以 y^2 是 x 的复合函数．

将所给的方程两边对 x 求导数，有
$$(x^2)'_x + (y^2)'_x - (1)'_x = (0)'_x,$$
其中 $(y^2)'_x$ 这一项需要特别注意，必须应用复合函数的求导法则，得到 $2yy'$，因此得到
$$2x + 2yy' = 0.$$
从中解出 y'，得
$$y' = -\frac{x}{y}.$$

例 15 求由方程 $xy - e^x + e^y = 0$ 确定的隐函数的导数 y'，并求 $y'\Big|_{x=0}$．

解 分析由所给方程确定的函数关系：如果把 x 看成自变量，则 y 是因变量（函数）．而 e^y 是 y 的函数（指数函数），所以 e^y 是 x 的复合函数．

将所给的方程两边对 x 求导数，有
$$(xy)'_x - (e^x)'_x + (e^y)'_x = (0)'_x, \quad 即 \quad y + xy' - e^x + e^y y' = 0.$$
由上式解出 y'，得
$$y' = \frac{e^x - y}{x + e^y}.$$
把 $x=0$ 代入原方程，得 $y=0$，即
$$y'\Big|_{x=0} = \frac{e^0 - 0}{0 + e^0} = 1.$$

例 16 求曲线 $x^2 + y^4 = 17$ 在 $x=4$ 所对应点处的切线方程．

解 把 $x=4$ 代入曲线方程，得 $y=\pm 1$，所以该曲线上有两点与 $x=4$ 对应：点 $A(4,1)$ 与点 $B(4,-1)$．将方程 $x^2+y^4=17$ 两边对 x 求导数，得
$$2x + 4y^3 y' = 0, \quad 则 \quad y' = -\frac{x}{2y^3}.$$
于是，所给曲线在点 A 处的切线斜率为 $y'\Big|_{\substack{x=4\\y=1}} = -2$，切线方程为
$$y - 1 = -2(x-4), \quad 即 \quad 2x + y - 9 = 0;$$

所给曲线在点 B 处的切线斜率为 $y'\Big|_{\substack{x=4\\y=-1}} = 2$，切线方程为
$$y+1 = 2(x-4), \quad 即 \quad 2x-y-9 = 0.$$

有些函数，例如幂指函数以及由多个因式乘积构成的函数，它们以显函数的形式出现，但用显函数的相关求导法则却不易求出它们的导数. 而如果把它们转化成隐函数后用隐函数的求导法，则容易求出它们的导数. 这就是**对数求导法**. 具体做法分两步：第一步，在给定函数表达式两边取自然对数；第二步，利用隐函数的求导法，将等式两边对同一变量求导数，并解出所求的导数.

例 17 求函数 $y = x^{\sin x}(x>0)$ 的导数.

解 这是幂指函数，可用对数求导法.

第一步，对所给的函数表达式两边取自然对数，得
$$\ln y = \sin x \ln x.$$
第二步，将上式两边对 x 求导数，得
$$\frac{1}{y}y' = \cos x \ln x + \sin x \frac{1}{x}.$$
再解出 y'，得
$$y' = x^{\sin x}\left(\cos x \ln x + \frac{\sin x}{x}\right).$$

例 18 求函数 $y = \sqrt{\dfrac{(x-1)(x-2)}{(x-3)(x-4)}}$ 的导数.

解 该函数有四个因式相乘，且定义域为 $(-\infty,1] \cup [2,3) \cup (4,+\infty)$.

当 $x>4$ 时，利用对数求导法，对所给的函数表达式两边取自然对数，得
$$\ln y = \frac{1}{2}(\ln(x-1) + \ln(x-2) - \ln(x-3) - \ln(x-4)).$$
再将上式两边对 x 求导数，得
$$\frac{1}{y}y' = \frac{1}{2}\left(\frac{1}{x-1} + \frac{1}{x-2} - \frac{1}{x-3} - \frac{1}{x-4}\right),$$
于是
$$y' = \frac{y}{2}\left(\frac{1}{x-1} + \frac{1}{x-2} - \frac{1}{x-3} - \frac{1}{x-4}\right).$$

对于 $x<1\left(y = \sqrt{\dfrac{(1-x)(2-x)}{(3-x)(4-x)}}\right)$ 和 $2<x<3\left(y = \sqrt{\dfrac{(x-1)(x-2)}{(3-x)(4-x)}}\right)$ 的情形，可用同样的方法得到相同的结果.

五、由参数方程确定的函数的求导法

设有参数方程
$$\begin{cases} x = \varphi(t), \\ y = \psi(t), \end{cases} \tag{2-3-1}$$

对于 t 的每个值，x 和 y 各有一个值与之对应. 给定 t 的一个值，两个变量 x 和 y 之间就建立起两个数的对应关系. 如果把 x 看成自变量，把 y 看成因变量（函数），则可得到一个关于 x 和 y 的函数关系 $y=f(x)$. 有的参数方程容易消去参数 t，把参数方程转化成 $y=f(x)$ 形式的函数；有的参数方程不易消去参数 t，甚至无法消去参数 t. 因此，需要探讨不用消去参数 t 而直接求

由参数方程确定的函数 $y = f(x)$ 的导数.

设参数方程(2-3-1)中的函数 $x = \varphi(t), y = \psi(t)$ 都具有导数 $x'_t = \varphi'(t), y'_t = \psi'(t)$,且 $\varphi'(t) \neq 0$. 又假设 $x = \varphi(t)$ 具有单调、连续的反函数 $t = \varphi^{-1}(x)$,并且此反函数能与 $y = \psi(t)$ 构成复合函数,则由参数方程(2-3-1)确定的函数 $y = f(x)$ 可以看成由 $y = \psi(t)$ 与 $t = \varphi^{-1}(x)$ 构成的复合函数. 于是,根据复合函数及反函数的求导法则,有

$$y' = y'_t t'_x = \psi'(t)(\varphi^{-1}(x))' = \frac{\psi'(t)}{\varphi'(t)},$$

即

$$\frac{\mathrm{d}y}{\mathrm{d}x} = \frac{\mathrm{d}y}{\mathrm{d}t} \cdot \frac{\mathrm{d}t}{\mathrm{d}x} = \frac{\mathrm{d}y}{\mathrm{d}t} \cdot \frac{1}{\frac{\mathrm{d}x}{\mathrm{d}t}} = \frac{\frac{\mathrm{d}y}{\mathrm{d}t}}{\frac{\mathrm{d}x}{\mathrm{d}t}}. \qquad (2-3-2)$$

式(2-3-2)就是由参数方程(2-3-1)确定的函数 $y = f(x)$ 的导数公式.

例 19 已知椭圆的参数方程为

$$\begin{cases} x = a\cos\theta, \\ y = b\sin\theta \end{cases} \quad (a > 0, b > 0),$$

求椭圆在 $\theta = \frac{\pi}{4}$ 所对应点处的切线方程.

解 因为 $\frac{\mathrm{d}x}{\mathrm{d}\theta} = -a\sin\theta, \frac{\mathrm{d}y}{\mathrm{d}\theta} = b\cos\theta$,所以

$$\frac{\mathrm{d}y}{\mathrm{d}x} = \frac{\frac{\mathrm{d}y}{\mathrm{d}\theta}}{\frac{\mathrm{d}x}{\mathrm{d}\theta}} = -\frac{b\cos\theta}{a\sin\theta} = -\frac{b}{a}\cot\theta.$$

当 $\theta = \frac{\pi}{4}$ 时,椭圆上对应点 (x_0, y_0) 的坐标是

$$x_0 = a\cos\frac{\pi}{4} = \frac{a\sqrt{2}}{2}, \quad y_0 = b\sin\frac{\pi}{4} = \frac{b\sqrt{2}}{2}.$$

又因为椭圆在点 (x_0, y_0) 处的切线斜率是

$$k = \frac{\mathrm{d}y}{\mathrm{d}x}\bigg|_{\theta=\frac{\pi}{4}} = -\frac{b}{a}\cot\theta\bigg|_{\theta=\frac{\pi}{4}} = -\frac{b}{a},$$

所以椭圆在点 (x_0, y_0) 处的切线方程为

$$y - \frac{b\sqrt{2}}{2} = -\frac{b}{a}\left(x - \frac{a\sqrt{2}}{2}\right), \quad 即 \quad bx + ay - \sqrt{2}ab = 0.$$

例 20 以初速度 v_0,发射角 α 发射炮弹.不计空气阻力时,该炮弹在直角坐标系 Oxy 中的运动方程为

$$\begin{cases} x = v_0 t\cos\alpha, \\ y = v_0 t\sin\alpha - \frac{1}{2}gt^2 \end{cases} \quad (g \text{ 为重力加速度}).$$

求该炮弹在 t 时刻的速度的大小和方向.

解 该炮弹在 t 时刻水平方向上的速度为

$$v_x = \frac{\mathrm{d}x}{\mathrm{d}t} = v_0\cos\alpha,$$

垂直方向上的速度为

$$v_y = \frac{dy}{dt} = v_0 \sin\alpha - gt.$$

于是,该炮弹在 t 时刻的速度大小为

$$|v| = \sqrt{v_x^2 + v_y^2} = \sqrt{(v_0\cos\alpha)^2 + (v_0\sin\alpha - gt)^2} = \sqrt{v_0^2 - 2gv_0 t\sin\alpha + (gt)^2},$$

速度方向为其运动轨迹在 t 时刻所对应点处的切线方向,此切线斜率为

$$\tan\varphi = \frac{dy}{dx} = \frac{\dfrac{dy}{dt}}{\dfrac{dx}{dt}} = \frac{v_0\sin\alpha - gt}{v_0\cos\alpha}.$$

【思考题】

1. 设函数 $y = u(x)^{v(x)}$,则 $y' = $ _____.
2. 若 $y = f(x)$ 是由方程 $e^x = xy$ 确定的隐函数,则 $y' = $ _____.

习 题 2-3

（A）

1. 求下列函数的导数:

(1) $y = e^{-x}$； (2) $y = \sin x^2$；

(3) $y = \sqrt{3-x}$； (4) $y = \cos(4-3x)$；

(5) $y = \ln(ax+b)$； (6) $y = \tan(1+x) + \sec x^2$；

(7) $y = (10-x)^{10}$； (8) $y = \cos 3x + \ln(2x)$；

(9) $y = \tan\dfrac{x}{2} - \cot\dfrac{x}{2}$； (10) $y = \arcsin(1-2x)$.

2. 利用复合函数的求导法则,求下列函数的导数:

(1) $y = e^{-x+x^2}$； (2) $y = \sec\sqrt{-x}$；

(3) $y = \ln(1-x)$； (4) $y = \ln|x|$；

(5) $y = \dfrac{1}{(2-x)^2}$； (6) $y = \ln(\ln x + \ln(\ln x))$.

3. 利用函数四则运算的求导法则及复合函数的求导法则,求下列函数的导数:

(1) $y = e^{-\sin x} + \sin x$； (2) $y = x\arcsin x - \dfrac{x}{\sin x}$；

(3) $y = ax^2 + a^{ax^2}$； (4) $y = \tan 2x + \ln|\cos x| + C$；

(5) $y = \tan(1+x^2) - \sec(1-x^2)$； (6) $y = x + \sqrt{1+x^2}$；

(7) $y = x^2 \sin\dfrac{1}{x}$； (8) $y = \dfrac{x}{\sqrt{1-x^2}}$.

4. 利用反三角函数的求导公式及复合函数的求导法则,求下列函数的导数:

(1) $y = \arcsin\sqrt{x}$； (2) $y = \arccos(1-x^2)$；

(3) $y = \arcsin 3x$； (4) $y = \arctan\sqrt{6x-1}$.

5. 利用隐函数的求导法,求由下列方程确定的隐函数的导数 y':

(1) $y = \cos(x+y)$； (2) $x^3 + y^3 - 3a^2 xy = 0$；

(3) $e^x \sin y - e^y \sin x = 0$； (4) $(2x+y)(2x-y) = 1$.

6. 利用对数求导法,求下列函数的导数:

(1) $y = x^{e^x}$； (2) $x^y = y^x$；

(3) $y = (2x)^{1-x}$; (4) $y = (e^x)^{\tan x}$;

(5) $y = x^{x^2}$; (6) $y = (\sin x)^{\ln x}$;

(7) $y = (x+y)^{\frac{1}{x}}$; (8) $y = \dfrac{(x+1)^3(x-2)^{\frac{1}{4}}}{(x-3)^{\frac{2}{5}}}$.

7. 利用下列两种方法，求函数 $y = x^{\sin x}$ 的导数：
(1) 对数求导法；
(2) 将所给函数改写为 $y = e^{\sin x \cdot \ln x}$，再利用复合函数的求导法则.

8. 求由下列参数方程确定的函数的导数 y'：

(1) $\begin{cases} x = \dfrac{1}{1+t^2}, \\ y = \dfrac{t}{1+t^2}; \end{cases}$ (2) $\begin{cases} x = \dfrac{t-1}{1+t}, \\ y = \dfrac{t^2}{1+t}; \end{cases}$

(3) $\begin{cases} x = a\cos t, \\ y = b\sin t \end{cases}$ $(a, b \neq 0)$; (4) $\begin{cases} x = a\cos^3 t, \\ y = b\sin^3 t \end{cases}$ $(a, b \neq 0)$.

(B)

9. 利用复合函数的求导法则，求下列函数的导数：

(1) $y = \arctan(2\tan x)$; (2) $y = \ln(\ln(\ln x))$;

(3) $y = \sec^2 \sqrt{1-x}$; (4) $y = e^{\sqrt{ax^2+bx+c}}$;

(5) $y = e^{e^x}$; (6) $y = \sqrt{x + \sqrt{x + \sqrt{x}}}$;

(7) $y = \ln \dfrac{x}{1+\sqrt{1+x^2}}$; (8) $y = \sqrt{\dfrac{x}{2} - \sin \dfrac{x}{2}}$.

10. 选择适当的求导方法，求下列函数的导数：

(1) $y = \mathrm{arccot}\, e^x + \ln\sqrt{1+e^{2x}}$; (2) $y = \arcsin\sqrt{1-4x}$;

(3) $y = \sqrt{1-x^2} + \arcsin x$; (4) $y = \ln\left(\arccos\dfrac{1}{\sqrt{x}}\right)$;

(5) $e^{xy} + y = \cos xy$; (6) $e^y - e^{-x} + xy = 0$;

(7) $y = \sqrt{x\sin x \sqrt{1-e^x}}$; (8) $y = \sqrt[3]{\dfrac{x(x^2-1)}{(x^2+1)^2}}$;

(9) $\begin{cases} x = \dfrac{3t}{1+t^3}, \\ y = \dfrac{3t^2}{1+t^3}; \end{cases}$ (10) $\begin{cases} x = a(t-\sin t), \\ y = a(1-\cos t) \end{cases}$ $(a \neq 0)$.

第四节　高　阶　导　数

一、高阶导数的概念

函数 $y = f(x)$ 的导数 $f'(x)$ 一般仍然是 x 的函数，有时可以对 x 再求导数. 我们把 $f'(x)$ 的导数叫作函数 $y = f(x)$ 的**二阶导数**，记作 y''，$f''(x)$ 或 $\dfrac{d^2 y}{dx^2}$，即

$$y'' = (y')', \quad f''(x) = (f'(x))', \quad \dfrac{d^2 y}{dx^2} = \dfrac{d}{dx}\left(\dfrac{dy}{dx}\right).$$

相应地，把 $f'(x)$ 叫作函数 $y = f(x)$ 的**一阶导数**.

类似地,函数 $y=f(x)$ 的二阶导数的导数叫作该函数的**三阶导数**,三阶导数的导数叫作**四阶导数** …… $n-1$ 阶导数的导数叫作 n **阶导数**,它们分别记为

$$y''', y^{(4)}, \cdots, y^{(n)} \quad \text{或} \quad f'''(x), f^{(4)}(x), \cdots, f^{(n)}(x) \quad \text{或} \quad \frac{\mathrm{d}^3 y}{\mathrm{d}x^3}, \frac{\mathrm{d}^4 y}{\mathrm{d}x^4}, \cdots, \frac{\mathrm{d}^n y}{\mathrm{d}x^n}.$$

二阶及二阶以上的导数统称为**高阶导数**.

求高阶导数的方法与求一阶导数的方法一样. 求一个函数的 n 阶导数时,只需对该函数按照求一阶导数的方法,接连求 n 次导数,即可得到它的 n 阶导数.

二、高阶导数的计算

例 1 设函数 $y=x^{30}$,求 $y^{(30)}, y^{(31)}$.

解 $y' = 30x^{29}$,

$y'' = 30 \cdot 29 x^{28}$,

$y''' = 30 \cdot 29 \cdot 28 x^{27}$,

……

$y^{(30)} = 30 \cdot 29 \cdot 28 \cdot 27 \cdots 3 \cdot 2 \cdot 1 = 30!$,

$y^{(31)} = (30!)' = 0$.

一般地,$(x^n)^{(n)} = n!$,$(x^n)^{(n+1)} = 0$.

例 2 求函数 $y = \sin x$ 的 n 阶导数.

解 $y' = \cos x = \sin\left(x + \dfrac{\pi}{2}\right)$,

$y'' = \cos\left(x + \dfrac{\pi}{2}\right) = \sin\left(x + \dfrac{\pi}{2} + \dfrac{\pi}{2}\right) = \sin\left(x + 2 \cdot \dfrac{\pi}{2}\right)$,

$y''' = \cos\left(x + 2 \cdot \dfrac{\pi}{2}\right) = \sin\left(x + 3 \cdot \dfrac{\pi}{2}\right)$,

……

$y^{(n)} = \sin\left(x + n \cdot \dfrac{\pi}{2}\right)$,

即

$$(\sin x)^{(n)} = \sin\left(x + n \cdot \dfrac{\pi}{2}\right).$$

利用类似的方法,可得

$$(\cos x)^{(n)} = \cos\left(x + n \cdot \dfrac{\pi}{2}\right).$$

例 3 求指数函数 $y = a^x$ 的 n 阶导数.

解 $y' = a^x \ln a$,

$y'' = a^x \ln a \cdot \ln a = a^x (\ln a)^2$,

$y''' = (y'')' = a^x (\ln a)^2 \cdot \ln a = a^x (\ln a)^3$,

……

$y^{(n)} = a^x (\ln a)^n$.

特别地,当 $a = \mathrm{e}$ 时,有 $(\mathrm{e}^x)^{(n)} = \mathrm{e}^x$.

例 4 求由参数方程 $\begin{cases} x = a\cos t, \\ y = b\sin t \end{cases}$ $(a, b \neq 0)$ 确定的函数的二阶导数 $\dfrac{\mathrm{d}^2 y}{\mathrm{d}x^2}$.

解 根据由参数方程确定的函数的求导法,得

$$\frac{dy}{dx} = \frac{\dfrac{dy}{dt}}{\dfrac{dx}{dt}} = \frac{b\cos t}{-a\sin t} = -\frac{b}{a}\cot t,$$

于是有

$$\frac{d^2 y}{dx^2} = \frac{d}{dx}\left(\frac{dy}{dx}\right) = \frac{\dfrac{d}{dt}\left(-\dfrac{b}{a}\cot t\right)}{\dfrac{dx}{dt}} = \frac{\dfrac{b}{a}\csc^2 t}{-a\sin t} = -\frac{b}{a^2\sin^3 t}.$$

习　题　2-4

(A)

1. 求下列函数的二阶导数:

(1) $y = \arcsin x$;　　　　　　　　(2) $y = \cos^2 x$;

(3) $y = e^{-x^2}$;　　　　　　　　　(4) $y = x^3 \ln x$;

(5) $y = \dfrac{x}{\sqrt{1+x^2}}$;　　　　　　　(6) $y = \ln(x + \sqrt{1+x^2})$.

2. 求由下列方程确定的函数的二阶导数:

(1) $y = 1 + xe^y$;　　　　　　　　(2) $x^2 + y^2 = r^2$ ($r > 0$).

3. 求下列函数的 n 阶导数:

(1) $y = \ln(1+x)$;　　　　　　　　(2) $y = \sin^2 x$.

4. 求由下列参数方程确定的函数的二阶导数:

(1) $\begin{cases} x = a\cos t, \\ y = a\sin t \end{cases}$ $(a \neq 0)$;　　(2) $\begin{cases} x = a\sin^3 t, \\ y = a\cos^3 t \end{cases}$ $(a \neq 0)$;

(3) $\begin{cases} x = \dfrac{1}{1+t}, \\ y = \dfrac{t}{1+t}; \end{cases}$　　　　　(4) $\begin{cases} x = at + b, \\ y = \dfrac{1}{2}at^2 + bt \end{cases}$ $(a, b \neq 0)$.

(B)

5. 求由参数方程 $\begin{cases} x = at\cos t, \\ y = at\sin t \end{cases}$ $(a \neq 0)$ 确定的函数的一阶导数和二阶导数.

6. 求由下列方程确定的函数的二阶导数:

(1) $y = \tan(x + y)$;　　　　　　　(2) $y = (1+x)^m$;

(3) $\begin{cases} x = a(t - \sin t), \\ y = a(1 - \cos t) \end{cases}$ $(a \neq 0)$;　　(4) $\begin{cases} x = \dfrac{t-1}{1+t}, \\ y = \dfrac{t^2}{1+t}. \end{cases}$

第五节　微　分

一、微分的概念

先看一个具体例子.

设一块边长为 x 的正方形金属薄片受热后边长伸长了 Δx,试分析该薄片此时面积的增量 ΔS.

如图 2-5-1 所示,当边长为 x 时,该薄片的面积为 $S_1=x^2$,受热后该薄片的面积为 $S_2=(x+\Delta x)^2$,故其面积的增量为

$$\Delta S = S_2 - S_1 = (x+\Delta x)^2 - x^2 = 2x\Delta x + (\Delta x)^2.$$

由上式可见,面积的增量由两部分组成:第一部分是 $2x\Delta x$,它是图 2-5-1 中两个小矩形区域(浅色阴影区域)的面积,也是面积增量的主要部分,还是 Δx 的线性函数;第二部分是 $(\Delta x)^2$,它是图 2-5-1 中一个小正方形区域(深色阴影区域)的面积,只占面积增量的很小一部分,也是比 Δx 高阶的无穷小.所以,当 Δx 很小时,面积的增量 ΔS 可以用第一部分 $2x\Delta x$ 来近似代替,即

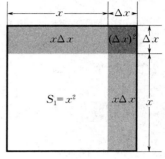

图 2-5-1

$$\Delta S \approx 2x\Delta x.$$

定义 2.2 设函数 $y=f(x)$ 在某区间内有定义,当自变量在点 x 处取得增量 Δx(x 及 $x+\Delta x$ 在这个区间内)时,如果函数的增量可表示为

$$\Delta y = f(x+\Delta x) - f(x) = A\Delta x + o(\Delta x),$$

其中 A 与 Δx 无关,$o(\Delta x)$ 是比 Δx 高阶的无穷小,则称函数 $y=f(x)$ 在点 x 处**可微**,并称 $A\Delta x$ 为函数 $y=f(x)$ 在点 x 处的**微分**,记为 $\mathrm{d}y$,即

$$\mathrm{d}y = A\Delta x.$$

下面讨论函数可微的条件.

设函数 $y=f(x)$ 在点 x 处可微,则按上述定义有 $\Delta y = A\Delta x + o(\Delta x)$ 成立.将此式两边除以 Δx,得

$$\frac{\Delta y}{\Delta x} = A + \frac{o(\Delta x)}{\Delta x}.$$

于是,当 $\Delta x \to 0$ 时,由上式得到 $\lim\limits_{\Delta x \to 0}\dfrac{\Delta y}{\Delta x}=A$,即 $f'(x)=A$.因此,如果 $y=f(x)$ 在点 x 处可微,则它在点 x 处一定可导,且导数 $f'(x)=A$.

反之,若函数 $y=f(x)$ 在点 x 处可导,即 $\lim\limits_{\Delta x \to 0}\dfrac{\Delta y}{\Delta x}=f'(x)$ 存在,则由函数极限与无穷小的关系(定理 1.3)得

$$\frac{\Delta y}{\Delta x} = f'(x) + \alpha,$$

其中当 $\Delta x \to 0$ 时,$\alpha \to 0$.因此有

$$\Delta y = f'(x)\Delta x + \alpha\Delta x = f'(x)\Delta x + o(\Delta x),$$

而 $f'(x)$ 与 Δx 无关,所以 $y=f(x)$ 在点 x 处可微.

由上面的讨论知道,函数 $y=f(x)$ 在点 x 处可微的充要条件是函数 $y=f(x)$ 在点 x 处可导,且当该函数在点 x 处可微时,它的微分一定是 $\mathrm{d}y=f'(x)\Delta x$.

当 $f'(x) \neq 0$ 时,有

$$\lim_{\Delta x \to 0}\frac{\Delta y}{\mathrm{d}y} = \lim_{\Delta x \to 0}\frac{\Delta y}{f'(x)\Delta x} = \frac{1}{f'(x)}\lim_{\Delta x \to 0}\frac{\Delta y}{\Delta x} = 1.$$

由此可见,当 $\Delta x \to 0$ 时,Δy 与 dy 是等价无穷小,有 $\Delta y = dy + o(\Delta x)$,即 dy 是 Δy 的主要部分. 又 $dy = f'(x)\Delta x$ 是 Δx 的线性函数,所以在 $f'(x) \neq 0$ 的条件下,通常称 dy 为 Δy 的**线性主部**.

当 $\Delta x \to 0$ 时,有
$$f'(x)\Delta x = dy \approx \Delta y = f'(x)\Delta x + o(\Delta x).$$
上式表示,当 $|\Delta x|$ 很小时,可用函数增量的线性主部 $dy = f'(x)\Delta x$(函数的微分)来近似代替函数的增量 Δy,即
$$\Delta y \approx dy = f'(x)\Delta x.$$

例 1 求函数 $y = x^2$ 当 $x = 2, \Delta x = 0.01$ 时的微分.

解 先求函数 $y = x^2$ 在任意点 x 处的微分:$dy = (x^2)'\Delta x = 2x\Delta x$. 再将 $x = 2$,$\Delta x = 0.01$ 代入,即得
$$dy\Big|_{\substack{x=2\\ \Delta x=0.01}} = 2x\Delta x\Big|_{\substack{x=2\\ \Delta x=0.01}} = 2 \times 2 \times 0.01 = 0.04.$$

通常,将自变量的增量 Δx 称为**自变量的微分**,记为 dx,即 $dx = \Delta x$. 于是,函数 $y = f(x)$ 的微分记作 $dy = f'(x)dx$,从而有 $\dfrac{dy}{dx} = f'(x)$. 该式表示函数的微分 dy 与自变量的微分 dx 的商等于函数的导数 $f'(x)$,故导数也称为**微商**.

二、微分的几何意义

在直角坐标系 Oxy 中,函数 $y = f(x)$ 的图形一般是一条曲线. 对于此函数定义域内某一固定的值 x_0,该曲线上有对应的点 $M(x_0, y_0)$. 当自变量 x 在点 x_0 处有微小的增量 Δx 时,就得到该曲线上另一点 $N(x_0 + \Delta x, y_0 + \Delta y)$. 如图 2-5-2 所示,有
$$MQ = \Delta x, \quad QN = \Delta y.$$

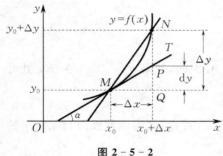

图 2-5-2

过点 M 作该曲线的切线 MT,其倾角为 α,则
$$QP = MQ\tan\alpha = \Delta x f'(x_0),$$
即 $dy = QP$.

由此可见,对可微函数 $y = f(x)$ 而言,当 Δy 是曲线 $y = f(x)$ 上某一点 M 的纵坐标的增量时,dy 就是该曲线的切线上点 M 的纵坐标的相应增量. 这就是微分的几何意义. 当 $|\Delta x|$ 很小时,$|\Delta y - dy|$ 比 $|\Delta x|$ 小得多,因此在点 M 的附近,可以用切线段来代替曲线段.

三、基本初等函数的微分公式与函数的微分法则

函数 $y = f(x)$ 的微分表达式是 $dy = f'(x)dx$. 由此可见,要计算函数的微分,只要计算函数的导数,再乘以自变量的微分即可. 因此,容易得到以下基本初等函数的微分公式和函数的微分法则.

1. 基本初等函数的微分公式

为了和基本初等函数的导数公式相对照,下面将导数公式和对应的微分公式一并列出(见表 2-5-1).

表 2-5-1

导数公式	微分公式
$(C)' = 0$ （C 为常数）	$d(C) = 0$ （C 为常数）
$(x^\mu)' = \mu x^{\mu-1}$ （μ 为常数）	$d(x^\mu) = \mu x^{\mu-1} dx$ （μ 为常数）
$(a^x)' = a^x \ln a$ （$a > 0, a \neq 1$）	$d(a^x) = a^x \ln a dx$ （$a > 0, a \neq 1$）
$(e^x)' = e^x$	$d(e^x) = e^x dx$
$(\log_a x)' = \dfrac{1}{x \ln a}$ （$a > 0, a \neq 1$）	$d(\log_a x) = \dfrac{1}{x \ln a} dx$ （$a > 0, a \neq 1$）
$(\ln x)' = \dfrac{1}{x}$	$d(\ln x) = \dfrac{1}{x} dx$
$(\sin x)' = \cos x$	$d(\sin x) = \cos x dx$
$(\cos x)' = -\sin x$	$d(\cos x) = -\sin x dx$
$(\tan x)' = \sec^2 x$	$d(\tan x) = \sec^2 x dx$
$(\cot x)' = -\csc^2 x$	$d(\cot x) = -\csc^2 x dx$
$(\sec x)' = \sec x \tan x$	$d(\sec x) = \sec x \tan x dx$
$(\csc x)' = -\csc x \cot x$	$d(\csc x) = -\csc x \cot x dx$
$(\arcsin x)' = \dfrac{1}{\sqrt{1-x^2}}$	$d(\arcsin x) = \dfrac{1}{\sqrt{1-x^2}} dx$
$(\arccos x)' = -\dfrac{1}{\sqrt{1-x^2}}$	$d(\arccos x) = -\dfrac{1}{\sqrt{1-x^2}} dx$
$(\arctan x)' = \dfrac{1}{1+x^2}$	$d(\arctan x) = \dfrac{1}{1+x^2} dx$
$(\text{arccot}\, x)' = -\dfrac{1}{1+x^2}$	$d(\text{arccot}\, x) = -\dfrac{1}{1+x^2} dx$

2. 函数四则运算的微分法则

函数的微分法则与求导法则类似，下面将函数四则运算的求导法则和对应的微分法则一并列出（见表 2-5-2）。

表 2-5-2

求导法则	微分法则
$(u \pm v)' = u' \pm v'$	$d(u \pm v) = du \pm dv$
$(uv)' = u'v + uv'$	$d(uv) = v du + u dv$
$(Cu)' = Cu'$ （C 是常数）	$d(Cu) = C du$ （C 是常数）
$\left(\dfrac{u}{v}\right)' = \dfrac{u'v - uv'}{v^2}$ （$v \neq 0$）	$d\left(\dfrac{u}{v}\right) = \dfrac{v du - u dv}{v^2}$ （$v \neq 0$）

3. 复合函数的微分法则

设函数 $y = f(u)$ 及 $u = \varphi(x)$ 都可导，且它们可做复合运算，则复合函数 $y = f(\varphi(x))$ 的微分为

$$dy = y' dx = f'(u) \varphi'(x) dx.$$

又由于 $\varphi'(x) dx = du$，所以复合函数 $y = f(\varphi(x))$ 的微分公式也可写成

$$dy = f'(u) du.$$

由此可见，无论 u 是自变量还是中间变量，微分形式 $dy = f'(u)du$ 均保持不变. 这一性质称为**微分形式不变性**.

例 2 求下列函数的微分：

(1) $y = \sqrt{1-x^2}$；　　(2) $y = \arctan\ln(1+\sqrt{x})$.

解 (1) 把 $1-x^2$ 看成中间变量 u，则

$$dy = d(\sqrt{1-x^2}) = \frac{1}{2\sqrt{1-x^2}}d(1-x^2) = \frac{-2x}{2\sqrt{1-x^2}}dx = \frac{-x}{\sqrt{1-x^2}}dx.$$

(2) 把 $\ln(1+\sqrt{x})$ 看成中间变量 u，再把 $1+\sqrt{x}$ 看成中间变量 v，则

$$dy = \frac{1}{1+\ln^2(1+\sqrt{x})}d(\ln(1+\sqrt{x})) = \frac{1}{1+\ln^2(1+\sqrt{x})} \cdot \frac{1}{1+\sqrt{x}}d(1+\sqrt{x})$$

$$= \frac{dx}{2\sqrt{x}(1+\ln^2(1+\sqrt{x}))(1+\sqrt{x})}.$$

例 3 求函数 $y = e^{-ax}\sin bx$ 的微分 dy.

解 $dy = \sin bx\, d(e^{-ax}) + e^{-ax}d(\sin bx) = \sin bx \cdot e^{-ax}d(-ax) + e^{-ax}\cos bx\, d(bx)$

$$= (b\cos bx - a\sin bx)e^{-ax}dx.$$

例 4 求由方程 $e^{xy} = a^x b^y$ 确定的隐函数的导数 $\dfrac{dy}{dx}$.

解 对所给的方程两边分别求微分，得

$$d(e^{xy}) = d(a^x b^y),$$

即

$$e^{xy}d(xy) = b^y d(a^x) + a^x d(b^y),$$

亦即

$$e^{xy}(ydx + xdy) = (\ln a\, dx + \ln b\, dy)a^x b^y.$$

因为 $e^{xy} = a^x b^y \neq 0$，所以

$$ydx + xdy = \ln a\, dx + \ln b\, dy,$$

即

$$(x - \ln b)dy = (\ln a - y)dx,$$

解得

$$\frac{dy}{dx} = \frac{\ln a - y}{x - \ln b}.$$

从例 4 可知，求函数的导数和求函数的微分在本质上没有什么区别. 因此，通常把它们统称为**微分运算**.

四、微分在近似计算中的应用

对于函数 $y = f(x)$，当自变量在点 $x = x_0$ 处有增量 Δx 时，函数相应地有增量

$$\Delta y = f(x_0 + \Delta x) - f(x_0).$$

当 $|\Delta x|$ 很小时，可以用函数的微分 $dy = f'(x_0)\Delta x$ 来近似代替函数的增量 Δy，即

$$\Delta y = f(x_0 + \Delta x) - f(x_0) \approx dy = f'(x_0)\Delta x. \qquad (2-5-1)$$

由式 (2-5-1) 可得

$$\Delta y \approx \mathrm{d}y = f'(x_0)\Delta x, \qquad (2-5-2)$$
$$f(x_0+\Delta x) \approx f(x_0) + f'(x_0)\Delta x. \qquad (2-5-3)$$

一般来说，$|\Delta x|$ 越小，式(2-5-2)和式(2-5-3)的近似精确度越高. 式(2-5-2)用来计算函数增量 Δy 的近似值，式(2-5-3)用来计算函数 $f(x)$ 在点 $x=x_0+\Delta x$ 处函数值的近似值. 在式(2-5-3)中，令 $x_0=0$，此时 $\Delta x=x$，则式(2-5-3)成为

$$f(x) \approx f(0) + f'(0)x. \qquad (2-5-4)$$

当 $|x|$ 很小时，式(2-5-4)用于求函数 $f(x)$ 在点 $x=0$ 处函数值的近似值.

注意 应用式(2-5-2)和式(2-5-3)做近似计算时，除了要有确定的 $f(x)$，x_0 和 Δx 外，还要求 $|\Delta x|$ 相对比较小.

例 5 设一半径为 10 cm 的圆形金属薄片受热后半径伸长了 0.05 cm，求其面积的增量.

解 设该薄片的面积为 S，半径为 r，则 $S=\pi r^2$. 已知 $r=10$ cm，$\Delta r=0.05$ cm，要求面积的增量 ΔS. 由于 Δr 很小，故可用微分来近似代替面积的增量，即

$$\Delta S \approx \mathrm{d}S = S'(r)\Delta r = 2\pi r \Delta r.$$

代入已知值，得

$$\Delta S \approx \mathrm{d}S = 2 \times \pi \times 10 \times 0.05 \approx 3.14 \ (\text{单位}:\mathrm{cm}^2),$$

即面积增大了约 $3.14\ \mathrm{cm}^2$.

例 6 计算 $\sin 59°30'$ 的近似值.

解 这是求正弦函数值. 选取函数 $f(x)=\sin x$，则 $f'(x)=\cos x$. 而 $59°30'$ 接近 $60°$，故取 $x_0=60°=\dfrac{\pi}{3}$，则 $\Delta x=-30'=-\dfrac{\pi}{360}$. 由式(2-5-3)得

$$\sin 59°30' \approx \sin\frac{\pi}{3} + \cos\frac{\pi}{3} \times \left(-\frac{\pi}{360}\right) = \frac{\sqrt{3}}{2} + \frac{1}{2}\times\left(-\frac{\pi}{360}\right) \approx 0.861\ 7.$$

例 7 计算 $\arctan 0.98$ 的近似值.

解 这是求反正切函数值. 选取函数 $f(x)=\arctan x$，则 $f'(x)=\dfrac{1}{1+x^2}$. 而 0.98 接近 1，故取 $x_0=1$，则 $\Delta x=-0.02$. 由式(2-5-3)得

$$\arctan 0.98 \approx \arctan 1 + \frac{1}{1+1^2}\times(-0.02) = \frac{\pi}{4} - 0.01$$
$$\approx 0.785\ 4 - 0.01 = 0.775\ 4.$$

【思考题】

1. 作出两个图，使得它们分别表示函数的微分大于增量及小于增量这两种不同的情形.
2. 怎样的函数其微分恒等于增量？

习 题 2-5

(A)

1. 立方体的体积计算公式是 $y=x^3$，其中 x 是边长. 设每条边在原边长 x_0 上增加 Δx.
(1) 试求体积的增量 Δy；
(2) 试求 Δy 的线性主部 $\mathrm{d}y$；
(3) 在立方体的图上指出 Δy，$\mathrm{d}y$ 及 $\Delta y - \mathrm{d}y$.

2. 从几何上来看，近似公式 $f(x_0+\Delta x)\approx f(x_0)+f'(x_0)\Delta x$ 表示用一条什么样的曲线在点 $x_0+\Delta x$ 处的纵坐标来代替函数 $f(x)$ 在点 $x_0+\Delta x$ 处的函数值？

3. 在下列等式的括号内填入合适的函数：

(1) $d(\quad)=-2dx$；

(2) $d(\quad)=\sec^2(2x-3)dx$；

(3) $d(\quad)=\dfrac{1}{x-2}dx$；

(4) $d(\quad)=e^{3x+1}dx$；

(5) $d(\quad)=-\dfrac{1}{2}\sin\left(\dfrac{1}{2}x+\varphi\right)dx$；

(6) $d(\quad)=\dfrac{1}{\sqrt{x}}dx$；

(7) $d(\quad)=\csc^2(1-2x)dx$；

(8) $d(\quad)=2x^2dx$；

(9) $d(\quad)=\dfrac{1}{\sqrt{1-4x^2}}dx$；

(10) $d(\quad)=\dfrac{1}{1+4x^2}dx$.

4. 求下列函数的微分：

(1) $y=\sqrt{1+x^2}$；

(2) $y=x\sin x$；

(3) $y=e^{\sin x}$；

(4) $y=\sin(\omega x+\varphi_0)$；

(5) $y=\ln x$；

(6) $y=x\ln x$；

(7) $y=\cos ax$；

(8) $y=e^{-ax}$.

5. 利用微分求下列各数的近似值，结果取到小数点后第四位 $\left(\text{已知}\sqrt{3}\approx 1.7321, \dfrac{\pi}{180}\approx 0.017453, e^2\approx 7.389\right)$：

(1) $\arcsin 0.4983$；

(2) $\sin(-31°)$；

(3) $\sqrt[3]{1000.1}$；

(4) $e^{2.03}$.

6. 当 $|x|$ 很小时，证明下列近似公式：

(1) $(1+x)^n\approx 1+nx$；

(2) $\tan x\approx x$；

(3) $e^x-1\approx x$.

(B)

7. 求下列函数的微分：

(1) $y=2^{\ln\tan x}$；

(2) $y=\arccos\sqrt{x}$；

(3) $y=a^{2x}\ln x$；

(4) $y=\tan^2(1+x^2)$.

8. 利用微分求 $\sqrt{(4.025)^2+9}$ 的近似值.

9. 设 $|x|\ll a^n(a>0)$，证明近似公式：
$$\sqrt[n]{a^n+x}\approx a+\dfrac{x}{na^{n-1}}.$$

10. 利用上题的结论计算 $\sqrt[10]{1000}$ 的近似值，结果取到小数点后第四位.

*第六节　数学实验——求导数

一、学习 Mathematica 命令

在 Mathematica 中，求函数的导数是非常方便的. 例如，可用命令 D[f,x] 来求函数 f 对 x 的导数. 求导数的常用命令如表 2-6-1 所示.

表 2-6-1

命　令	功　能
D[f,x]	求导数 $\dfrac{\mathrm{d}}{\mathrm{d}x}f(x)$
D[{$f_1,f_2,\cdots,f_n$},x]	同时求导数 $\dfrac{\mathrm{d}}{\mathrm{d}x}f_1(x),\dfrac{\mathrm{d}}{\mathrm{d}x}f_2(x),\cdots,\dfrac{\mathrm{d}}{\mathrm{d}x}f_n(x)$
D[f,{x,n}]	求 n 阶导数 $\dfrac{\mathrm{d}^n}{\mathrm{d}x^n}f(x)$

求隐函数导数的命令见第七章的第七节.

二、实验内容

例 1 设函数 $y=x\sin x+\cos x$,求 $y',y'(\pi)$.

解 输入命令如图 2-6-1 所示.

输出结果:$y'=x\cos x, y'(\pi)=-\pi$.

在图 2-6-1 中,符号"%/.x→π"表示对前一次输出结果赋值:$x=\pi$.

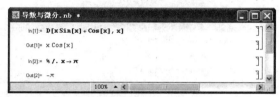
图 2-6-1

图 2-6-2

例 2 求下列函数的一阶导数:
$$y=3x+\frac{2}{x^2},\quad y=2x^2-5\sqrt{x},\quad y=\frac{1-x^2}{x}.$$

解 输入命令如图 2-6-2 所示.

输出结果:
$$y'=\left(3x+\frac{2}{x^2}\right)'=3-\frac{4}{x^3},$$
$$y'=(2x^2-5\sqrt{x})'=-\frac{5}{2\sqrt{x}}+4x,$$
$$y'=\left(\frac{1-x^2}{x}\right)'=-2-\frac{1-x^2}{x^2}.$$

例 3 求函数 $y=\dfrac{1-x}{1+x}$ 的导数 y',y''.

解 输入命令如图 2-6-3 所示.

输出结果:$y'=-\dfrac{2}{(1+x)^2}, y''=\dfrac{4}{(1+x)^3}$.

若仅计算 n 阶导数 $\dfrac{\mathrm{d}^n}{\mathrm{d}x^n}f(x)$,则可直接使用命令 D[f,{x,n}].

例如:输入命令如图 2-6-4 所示.

输出结果:$y''=\dfrac{4}{(1+x)^3}$.

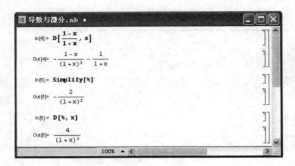

图 2-6-3

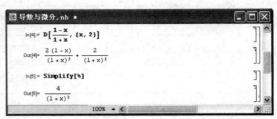

图 2-6-4

例 4 设函数 $y = \ln(1+x)$，求导数 y''，y'''.

解 输入命令如图 2-6-5 所示.

输出结果：$y'' = -\dfrac{1}{(1+x)^2}$，$y''' = \dfrac{2}{(1+x)^3}$.

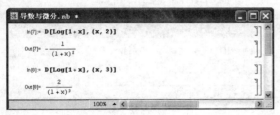

图 2-6-5

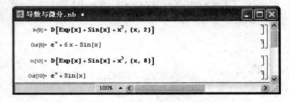

图 2-6-6

例 5 设函数 $y = e^x + \sin x + x^3$，求 y''，$y^{(8)}$.

解 输入命令如图 2-6-6 所示.

输出结果：$y'' = e^x + 6x - \sin x$，$y^{(8)} = e^x + \sin x$.

注意 输入 e^x 时需用系统函数 $\mathrm{Exp}[x]$，或者符号面板（见图 1-10-5）中的"e^x"，或者首字母大写的"E^x"，否则输出结果 Out[…] 中会带有"Loge"因子.

习　题　2-6

1. 求下列函数的导数：

(1) $y = \dfrac{1}{\sqrt{a^2 - x^2}}$;

(2) $y = \dfrac{x^2}{\sqrt{x^2 + a^2}}$;

(3) $y = e^{-3x^2}$;

(4) $y = \ln(\ln(\ln x))$;

(5) $y = \arctan \dfrac{\sqrt{1+x} - \sqrt{1-x}}{\sqrt{1+x} + \sqrt{1-x}}$;

(6) $y = \sqrt{x + \sqrt{x}}$;

(7) $y = \sin^2 x \cdot \sin x^2$;

(8) $y = \arcsin \sqrt{\dfrac{1-x}{1+x}}$.

2. 求下列函数的二阶导数：

(1) $y = (1 + x^2)\arctan x$;

(2) $y = x\tan x - \csc x$;

(3) $y = \sin x \sin 2x \sin 3x$;

(4) $y = e^{\arcsin x} + \arctan e^x$.

第三章 导数的应用

在第二章中,我们介绍了导数和微分的概念以及它们的计算方法. 在本章中,我们将介绍微分学中的几个中值定理,并利用导数来研究函数及其图形的性态,解决一些实际问题.

第一节 微分中值定理

微分中值定理是导数应用的理论基础,它们揭示了函数在某一区间内的整体性质与其在该区间内某一点处的导数之间的关系.

一、罗尔中值定理

定理 3.1[罗尔(Rolle)中值定理] 如果函数 $f(x)$ 满足:

(1) 在闭区间 $[a,b]$ 上连续;

(2) 在开区间 (a,b) 内可导;

(3) $f(a)=f(b)$,

则在 (a,b) 内至少存在一点 ξ,使得 $f'(\xi)=0$.

罗尔中值定理的几何意义是:在两端点纵坐标相同的连续曲线弧上,若除端点外处处有不垂直于 x 轴的切线,则在该曲线弧上至少存在一点,使得该曲线弧在此点处的切线平行于 x 轴,如图 3-1-1 所示.

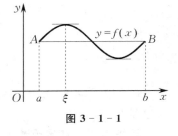

图 3-1-1

例 1 验证罗尔中值定理对函数 $f(x)=x^2-1$ 在闭区间 $[-1,1]$ 上的正确性.

证 函数 $f(x)=x^2-1$ 在 $[-1,1]$ 上满足罗尔中值定理的三个条件. 由罗尔中值定理可知,至少存在一点 $\xi \in (-1,1)$,使得 $f'(\xi)=0$. 实际上,由 $f'(x)=2x$ 知,当 $\xi=0 \in (-1,1)$ 时,有 $f'(\xi)=f'(0)=0$.

二、拉格朗日中值定理

如果函数 $f(x)$ 满足罗尔中值定理的条件(1)和(2),但条件(3)不满足,即 $f(a) \neq f(b)$,那么由图 3-1-2 容易看出,在曲线弧 $y=f(x)(a \leqslant x \leqslant b)$ 上至少可以找到一点 $C(\xi,f(\xi))$(只要把弦 AB 平行移动即可),使得该曲线弧在此点处的切线与弦 AB 平行. 也就是说,函数 $f(x)$ 在点 C 处的切线斜率 $f'(\xi)$ 和弦 AB 的斜率

$$\frac{f(b)-f(a)}{b-a}$$

相等,即

$$f'(\xi)=\frac{f(b)-f(a)}{b-a}.$$

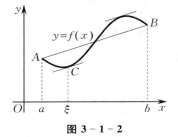

图 3-1-2

这个结果就是拉格朗日(Lagrange)中值定理.

定理 3.2(拉格朗日中值定理) 如果函数 $f(x)$ 满足：

(1) 在闭区间 $[a,b]$ 上连续；

(2) 在开区间 (a,b) 内可导，

则在 (a,b) 内至少存在一点 ξ，使得

$$f'(\xi) = \frac{f(b)-f(a)}{b-a}.$$

比较以上两个定理，显然罗尔中值定理是拉格朗日中值定理的特殊情形.

虽然拉格朗日中值定理并没有给出求点 ξ 的具体方法，但它肯定了点 ξ 的存在，揭示了函数在区间上的改变量与该函数在此区间上某一点 ξ 处的导数之间的关系，从而为用导数研究函数在区间上的性态提供了理论基础，它在微分学中占有重要地位.

例 2 验证拉格朗日中值定理对函数 $f(x) = \ln x$ 在闭区间 $[1,e]$ 上的正确性.

证 函数 $f(x) = \ln x$ 在 $[1,e]$ 上满足拉格朗日中值定理的两个条件. 根据拉格朗日中值定理，至少存在一点 $\xi \in (1,e)$，使得

$$f'(\xi) = \frac{f(e)-f(1)}{e-1}.$$

实际上，由

$$f'(x) = \frac{1}{x}, \quad f'(\xi) = \frac{1}{\xi}, \quad \frac{f(e)-f(1)}{e-1} = \frac{1}{e-1}$$

知，当 $\xi = e-1 \in (1,e)$ 时，有

$$f'(\xi) = \frac{1}{\xi} = \frac{1}{e-1} = \frac{f(e)-f(1)}{e-1}.$$

由第二章可知，常数函数的导数恒为 0. 作为拉格朗日中值定理的应用，下面我们导出它的逆命题.

定理 3.3 如果函数 $f(x)$ 在开区间 (a,b) 内的导数恒为 0，则 $f(x)$ 在 (a,b) 内是一个常数.

证 设 x_1, x_2 是开区间 (a,b) 内的任意两点，且 $x_1 < x_2$，则在闭区间 $[x_1, x_2]$ 上应用拉格朗日中值定理，有

$$f(x_2) - f(x_1) = f'(\xi)(x_2 - x_1) \quad (x_1 < \xi < x_2).$$

于是，由假设知 $f'(\xi) = 0$，从而有

$$f(x_2) - f(x_1) = 0, \quad 即 \quad f(x_2) = f(x_1).$$

因为 x_1, x_2 是 (a,b) 内的任意两点，所以上式表明 $f(x)$ 在 (a,b) 内任意两点的函数值总是相等的. 这就是说，$f(x)$ 在 (a,b) 内是一个常数.

例 3 证明：$\arcsin x + \arccos x = \dfrac{\pi}{2}\,(x \in (-1,1))$.

证 因为

$$(\arcsin x + \arccos x)' = \frac{1}{\sqrt{1-x^2}} - \frac{1}{\sqrt{1-x^2}} = 0,$$

所以

$$\arcsin x + \arccos x = C \quad (C\text{ 为常数}).$$

在上式中令 $x = 0$，则有

$$C = \arcsin 0 + \arccos 0 = \frac{\pi}{2},$$

即有

$$\arcsin x + \arccos x = \frac{\pi}{2} \quad (x \in (-1,1)).$$

三、柯西中值定理

定理 3.4[柯西(Cauchy)中值定理] 若函数 $f(x)$ 和 $g(x)$ 在闭区间 $[a,b]$ 上连续，在开区间 (a,b) 内可导，且 $g'(x) \neq 0$，则至少存在一点 $\xi \in (a,b)$，使得

$$\frac{f(b)-f(a)}{g(b)-g(a)} = \frac{f'(\xi)}{g'(\xi)}.$$

比较拉格朗日中值定理与柯西中值定理，显然拉格朗日中值定理是柯西中值定理的特例．罗尔中值定理、拉格朗日中值定理和柯西中值定理统称为**微分中值定理**．

注意 微分中值定理中的条件是充分但非必要的，即微分中值定理的条件不满足时，它们的结论也有可能成立．

【思考题】
拉格朗日中值定理的几何意义是什么？

习 题 3-1

(A)

1. 若函数 $f(x)$ 在闭区间 $[a,b]$ 上连续，在开区间 (a,b) 内可导，且_____，则至少存在一点 $c \in (a,b)$，使得 $f'(c) = 0$．

2. 在拉格朗日中值定理中，若函数 $y = f(x)$ 满足条件_____，则该定理即为罗尔中值定理．

3. 验证罗尔中值定理对函数 $y = \ln \sin x$ 在闭区间 $\left[\frac{\pi}{6}, \frac{5\pi}{6}\right]$ 上的正确性．

4. 验证拉格朗日中值定理对函数 $y = \arctan x$ 在闭区间 $[0,1]$ 上的正确性．

5. 验证拉格朗日中值定理对函数 $y = \frac{1}{x}$ 在闭区间 $[1,2]$ 上的正确性，并求出适合定理结论的点 ξ．

(B)

6. 不用求出函数 $f(x) = (x-1)(x-2)(x-3)(x-4)$ 的导数，说明 $f'(x) = 0$ 有几个实根，并指出它们所在的区间(提示：利用罗尔中值定理)．

7. 曲线 $y = x^3 - x + 1$ 上哪些点处的切线与连接两点 $P_1(0,1)$，$P_2(2,7)$ 的弦平行？

8. 证明：对于函数 $y = ax^2 + bx + c$ $(a \neq 0)$，在任意区间上应用拉格朗日中值定理，所求得的点 ξ 总是位于该区间的正中间．

第二节 利用导数研究函数的性态

一、函数的单调性

前面我们已经给出函数的单调性的定义：对于在区间 $[a,b]$ 上有定义的函数 $f(x)$，以及任意的 $x_1, x_2 \in [a,b]$，当 $x_1 < x_2$ 时，若均有 $f(x_1) < f(x_2)$，则称函数 $f(x)$ 在区间 $[a,b]$ 上单调增加；若均有 $f(x_1) > f(x_2)$，则称函数 $f(x)$ 在区间 $[a,b]$ 上单调减少．

由图 3-2-1(a)可以看出,若函数 $f(x)$ 在区间 $[a,b]$ 上单调增加,则它的图形在 $[a,b]$ 上是一条沿着 x 轴正向逐渐上升的曲线,其上每一点处切线的斜率均为非负的,即 $f'(x) \geqslant 0$(仅可能在个别点处为 0);由图 3-2-1(b)可以看出,若函数 $f(x)$ 在区间 $[a,b]$ 上单调减少,则它的图形在 $[a,b]$ 上是一条沿着 x 轴正向逐渐下降的曲线,其上每一点处切线的斜率均为非正的,即 $f'(x) \leqslant 0$(仅可能在个别点处为 0).由此看出,函数 $f(x)$ 在区间 $[a,b]$ 上的单调性与其导数 $f'(x)$ 的符号有着必然的联系.

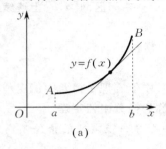 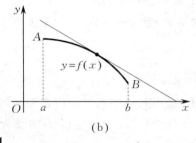

(a)   (b)

图 3-2-1

定理 3.5(单调性判定法) 设函数 $f(x)$ 在闭区间 $[a,b]$ 上连续,在开区间 (a,b) 内可导.

(1) 若在 (a,b) 内 $f'(x) > 0$,则 $f(x)$ 在 $[a,b]$ 上单调增加;

(2) 若在 (a,b) 内 $f'(x) < 0$,则 $f(x)$ 在 $[a,b]$ 上单调减少.

证 (1) 对于任意的 $x_1, x_2 \in [a,b]$,且 $x_1 < x_2$,由拉格朗日中值定理有
$$f(x_2) - f(x_1) = f'(\xi)(x_2 - x_1) \quad (x_1 < \xi < x_2).$$
由假设知 $f'(\xi) > 0$,又 $x_2 - x_1 > 0$,故有 $f(x_2) > f(x_1)$,即 $f(x)$ 在 $[a,b]$ 上单调增加.

同理,可证明(2).

例 1 判断函数 $y = x - \sin x$ 在闭区间 $[0, 2\pi]$ 上的单调性.

解 显然,函数 $y = x - \sin x$ 在闭区间 $[0, 2\pi]$ 上连续.因为在开区间 $(0, 2\pi)$ 内有 $y' = 1 - \cos x > 0$,所以由定理 3.5 可知,$y = x - \sin x$ 在 $[0, 2\pi]$ 上单调增加.

有时,函数在其定义域上并不具有单调性,但在定义域的某些范围内却具有单调性.

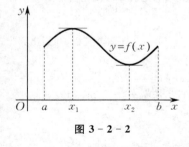

图 3-2-2

如果函数 $f(x)$ 的定义域 $[a,b]$ 可以分为若干部分区间,且 $f(x)$ 在这些部分区间上具有单调性,则称这些区间为函数 $f(x)$ 的**单调区间**.例如,在图 3-2-2 中,函数 $f(x)$ 在 $[a, x_1]$ 和 $[x_2, b]$ 上单调增加,在 $[x_1, x_2]$ 上单调减少,所以 $[a, x_1]$,$[x_2, b]$,$[x_1, x_2]$ 都是函数 $f(x)$ 的单调区间.

对于可导函数来说,显然其在单调区间的分界点处的导数应为 0.例如,在图 3-2-2 中,$f'(x_1) = f'(x_2) = 0$.

但反过来,导数为 0 的点不一定是单调区间的分界点.例如,函数 $f(x) = x^3$ 在区间 $(-\infty, +\infty)$ 上单调增加,但在点 $x = 0$ 处有 $f'(x) = 0$.使 $f'(x) = 0$ 成立的点叫作函数 $f(x)$ 的**驻点**.

例 2 求函数 $f(x) = e^x - x + 1$ 的单调区间.

解 函数 $f(x)$ 的定义域为 $(-\infty, +\infty)$,$f'(x) = e^x - 1$.令 $f'(x) = 0$,得驻点 $x = 0$.当 $x > 0$ 时,$f'(x) > 0$,所以 $f(x)$ 在 $[0, +\infty)$ 上单调增加;当 $x < 0$ 时,$f'(x) < 0$,所以 $f(x)$ 在 $(-\infty, 0]$ 上单调减少.

例3 求函数 $f(x) = x^{\frac{2}{3}}$ 的单调区间.

解 函数 $f(x)$ 的定义域为 $(-\infty, +\infty)$, $f'(x) = \frac{2}{3}x^{-\frac{1}{3}}$, 故此函数无驻点, 但当 $x = 0$ 时, 其导数不存在.

当 $x > 0$ 时, $f'(x) > 0$, 所以 $f(x)$ 在 $[0, +\infty)$ 上单调增加;

当 $x < 0$ 时, $f'(x) < 0$, 所以 $f(x)$ 在 $(-\infty, 0]$ 上单调减少.

由以上两例可以看出, 函数 $f(x)$ 的驻点及不可导点可能是单调区间的分界点. 分界点把函数 $f(x)$ 的定义域分成若干小区间, 分别讨论导数 $f'(x)$ 在这些小区间上的符号, 就可以确定函数 $f(x)$ 的单调区间. 于是, 求函数 $f(x)$ 的单调区间的步骤可归纳如下:

第一步, 确定函数 $f(x)$ 的定义域;

第二步, 求导数 $f'(x)$, 并求出函数 $f(x)$ 在定义域内的驻点及不可导点;

第三步, 用驻点和不可导点将定义域分成若干小区间, 列表讨论;

第四步, 写出函数 $f(x)$ 的单调区间.

例4 求函数 $f(x) = 2x^3 - 9x^2 + 12x - 3$ 的单调区间.

解 (1) 函数 $f(x)$ 的定义域为 $(-\infty, +\infty)$.

(2) $f'(x) = 6x^2 - 18x + 12 = 6(x-2)(x-1)$. 令 $f'(x) = 0$, 得驻点 $x_1 = 1, x_2 = 2$.

(3) 以上述所求得的两个驻点 $x_1 = 1, x_2 = 2$ 把定义域分成三部分, 并列表讨论(见表 3-2-1, 表中记号 "↑" 和 "↓" 分别表示函数 $f(x)$ 单调增加和单调减少).

表 3-2-1

x	$(-\infty, 1)$	1	$(1, 2)$	2	$(2, +\infty)$
$f'(x)$	$+$	0	$-$	0	$+$
$f(x)$	↑	2	↓	1	↑

由表 3-2-1 可知, $f(x)$ 在 $(-\infty, 1]$ 和 $[2, +\infty)$ 上单调增加, 在 $[1, 2]$ 上单调减少.

例5 求证: $x > \ln(1+x) \ (x > 0)$.

证 设函数 $f(x) = x - \ln(1+x)$, 则

$$f'(x) = 1 - \frac{1}{1+x}.$$

因为当 $x > 0$ 时, $f'(x) > 0$, 所以由定理 3.5 可知, $f(x)$ 在 $[0, +\infty)$ 上单调增加. 又 $f(0) = 0$, 故当 $x > 0$ 时, $f(x) > f(0)$, 即 $x - \ln(1+x) > 0$. 因此 $x > \ln(1+x)$.

例6 (人口增长问题) 某国 1993—1995 年的人口总数 p (单位: 10 亿人) 可用公式 $p = 1.185 \times 1.145^t$ 来近似计算, 其中 t 是以 1993 年为起点的年数. 根据这一公式, 说明该国人口总数在这段时间内是增长还是减少的.

解 该国人口总数 1993—1995 年的增长率为

$$\frac{\mathrm{d}p}{\mathrm{d}t} = 1.185 \times 1.145^t \times \ln 1.145 > 0.$$

因此, 该国人口总数在 1993—1995 年是增长的.

二、曲线的凹凸性与拐点

前面已经知道,函数一阶导数的符号可以确定函数的单调区间,它反映了函数曲线在该区间内上升或下降的趋势.但仅知道函数的单调区间是不够的.例如,在图 3-2-3 中有两条曲线弧,虽然它们都是上升的,但图形却明显不同,$\overset{\frown}{ACB}$ 是向上凸的曲线弧,而 $\overset{\frown}{ADB}$ 是向上凹的曲线弧,它们的凹凸性不同.

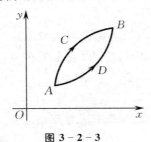

图 3-2-3

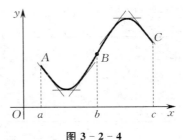

图 3-2-4

如图 3-2-4 所示,如果在曲线弧 $\overset{\frown}{AB}$ 上每一点作切线,那么这些切线都在该曲线弧的下方;而如果在曲线弧 $\overset{\frown}{BC}$ 上每一点作切线,那么这些切线都在该曲线弧的上方.由此,引入以下定义:

定义 3.1 在开区间 (a,b) 内,如果曲线上每一点处的切线都在该曲线的下方,则称该曲线在 (a,b) 内是**凹**的,此时称 (a,b) 为**凹区间**;如果曲线上每一点处的切线都在该曲线的上方,则称该曲线在 (a,b) 内是**凸**的,此时称 (a,b) 为**凸区间**.

如何判定曲线的凹凸性呢? 由图 3-2-4 可以看出,若曲线是凹的,其切线的斜率随着 x 的增大而增大,即 $f'(x)$ 是单调增加的;若曲线是凸的,其切线的斜率随着 x 的增大而减小,即 $f'(x)$ 是单调减少的.而一阶导数 $f'(x)$ 的单调性可用二阶导数 $f''(x)$ 的符号来判别.这样,我们得到如下曲线凹凸性的判定定理:

定理 3.6(曲线凹凸性的判定定理) 设函数 $f(x)$ 在闭区间 $[a,b]$ 上连续,且在开区间 (a,b) 内具有二阶导数.

(1) 若在 (a,b) 内 $f''(x) > 0$,则曲线 $y = f(x)$ 在 $[a,b]$ 上是凹的;

(2) 若在 (a,b) 内 $f''(x) < 0$,则曲线 $y = f(x)$ 在 $[a,b]$ 上是凸的.

曲线的凹凸区间的分界点叫作曲线的**拐点**.例如,图 3-2-4 中点 B 为曲线的拐点.
由定理 3.6 可得到确定曲线 $y = f(x)$ 的凹凸区间及拐点的方法,其步骤如下:

第一步,确定函数 $f(x)$ 的定义域;

第二步,求导数 $f'(x), f''(x)$,并求出 $f''(x) = 0$ 的点和 $f''(x)$ 不存在的点;

第三步,用这些点将定义域分成若干小区间,列表讨论 $f''(x)$ 在这些小区间内的符号;

第四步,写出曲线 $y = f(x)$ 的凹凸区间及拐点.

例 7 确定曲线 $y = x^3 - 6x^2 + 9x - 3$ 的凹凸区间和拐点.

解 函数 $f(x) = x^3 - 6x^2 + 9x - 3$ 的定义域为 $(-\infty, +\infty)$,且有
$$f'(x) = 3x^2 - 12x + 9, \quad f''(x) = 6x - 12 = 6(x - 2).$$

令 $f''(x) = 0$,得 $x = 2$.以 $x = 2$ 为分界点,把函数 $f(x)$ 的定义域 $(-\infty, +\infty)$ 分为两个部分区间,列表 3-2-2 进行讨论,表中记号"$\cup$"和"$\cap$"分别表示曲线 $y = f(x)$ 是凹的和凸的.可见,所给曲线在 $(-\infty, 2]$ 上是凸的,在 $[2, +\infty)$ 上是凹的,它的拐点为 $(2, -1)$.

表 3-2-2

x	$(-\infty, 2)$	2	$(2, +\infty)$
$f''(x)$	$-$	0	$+$
$f(x)$	$\cap$	拐点$(2,-1)$	$\cup$

例 8 确定曲线 $y = 1 + (x-1)^{\frac{1}{3}}$ 的凹凸区间和拐点.

解 函数 $f(x) = 1 + (x-1)^{\frac{1}{3}}$ 的定义域为 $(-\infty, +\infty)$,且有
$$f'(x) = \frac{1}{3}(x-1)^{-\frac{2}{3}}, \quad f''(x) = -\frac{2}{9}(x-1)^{-\frac{5}{3}}.$$

当 $x = 1$ 时,$f''(x)$ 不存在. 以 $x = 1$ 为分界点,把函数的定义域 $(-\infty, +\infty)$ 分为两个部分区间,列表讨论(见表 3-2-3). 可见,所给曲线在 $(-\infty, 1]$ 上是凹的,在 $[1, +\infty)$ 上是凸的,它的拐点为 $(1, 1)$.

表 3-2-3

x	$(-\infty, 1)$	1	$(1, +\infty)$
$f''(x)$	$+$	不存在	$-$
$f(x)$	$\cup$	拐点$(1,1)$	$\cap$

三、函数的极值与最值

1. 函数的极值

函数的极值不仅是函数性态的重要特征,而且在实际问题中有着广泛的应用. 下面我们以导数为工具讨论函数的极值.

定义 3.2 设函数 $f(x)$ 在点 x_0 的某一邻域 $U(x_0)$ 内有定义. 如果对于去心邻域 $\mathring{U}(x_0)$ 内的任一点 x,有 $f(x) < f(x_0)$(或 $f(x) > f(x_0)$),那么称 $f(x_0)$ 为函数 $f(x)$ 的一个**极大值**(或**极小值**).

函数的极大值与极小值统称为函数的**极值**. 使函数取得极值的点称为函数的**极值点**.

注意 (1) 极值是函数值,而极值点是自变量的取值.

(2) 函数在一个区间上的极值与函数在这个区间上的最值不同,前者是局部性的,而后者是整体性的. 因此,对于同一函数来说,其极小值可能大于极大值. 例如,在图 3-2-5 中,极小值 $f(x_6)$ 就大于极大值 $f(x_2)$.

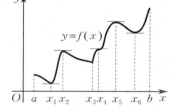

图 3-2-5

下面研究函数极值的判定及求法.

观察图 3-2-5,可以得到如下定理:

定理 3.7 设函数 $f(x)$ 在点 x_0 处可导,且在点 x_0 处取得极值,则必有 $f'(x_0) = 0$.

上述定理表明,可导函数 $f(x)$ 的极值点必定是它的驻点. 但反之,函数 $f(x)$ 的驻点却不一定是它的极值点. 例如,函数 $f(x) = x^3$ 的导数为 $f'(x) = 3x^2$,得 $f'(0) = 0$,所以 $x = 0$ 是此可导函数的驻点,但显然 $x = 0$ 并不是它的极值点.

另外,导数不存在的点也可能是函数的极值点. 例如,函数 $f(x) = |x|$ 在点 $x = 0$ 处不可导,但该函数在点 $x = 0$ 处取得极小值.

归纳以上的讨论可以知道,应该在驻点和导数不存在的点中寻找极值点.那么,如何判定这些点是否为函数的极值点呢?由图 3-2-5 可以看出,如果在驻点 x_0 的两侧,函数 $f(x)$ 具有相异的单调性,那么点 x_0 一定是极值点,且若 $f(x)$ 在点 x_0 的左侧单调增加,在点 x_0 的右侧单调减少,则 $f(x)$ 在点 x_0 处取得极大值;若 $f(x)$ 在点 x_0 的左侧单调减少,在点 x_0 的右侧单调增加,则 $f(x)$ 在点 x_0 处取得极小值.这样,我们得到判定极值的两个充分条件.

定理 3.8(极值判定法则 1) 设函数 $f(x)$ 在点 x_0 处连续,且在点 x_0 的某一去心邻域内可导.

(1) 若当 $x < x_0$ 时,$f'(x) > 0$,当 $x > x_0$ 时,$f'(x) < 0$,那么函数 $f(x)$ 在点 x_0 处取得极大值;

(2) 若当 $x < x_0$ 时,$f'(x) < 0$,当 $x > x_0$ 时,$f'(x) > 0$,那么函数 $f(x)$ 在点 x_0 处取得极小值.

定理 3.9(极值判定法则 2) 设函数 $f(x)$ 在点 x_0 的某一邻域内存在二阶导数,且 $f'(x_0) = 0$,$f''(x_0) \neq 0$,则

(1) 当 $f''(x_0) < 0$ 时,函数 $f(x)$ 在点 x_0 处取得极大值;

(2) 当 $f''(x_0) > 0$ 时,函数 $f(x)$ 在点 x_0 处取得极小值.

例 9 求函数 $f(x) = (x-1)^2(x+1)^3$ 的极值.

解 $f'(x) = (x-1)(x+1)^2(5x-1)$.

令 $f'(x) = 0$,得驻点 $x = -1, \frac{1}{5}, 1$. 列表 3-2-4 进行讨论. 可见,在点 $x = \frac{1}{5}$ 处,$f(x)$ 有极大值 $f\left(\frac{1}{5}\right) = \frac{3\,456}{3\,125}$;在点 $x = 1$ 处,$f(x)$ 有极小值 $f(1) = 0$;而在点 $x = -1$ 两侧,$f(x)$ 均单调增加,所以 $f(x)$ 在点 $x = -1$ 处没有极值.

表 3-2-4

x	$(-\infty, -1)$	-1	$\left(-1, \frac{1}{5}\right)$	$\frac{1}{5}$	$\left(\frac{1}{5}, 1\right)$	1	$(1, +\infty)$
$f'(x)$	$+$	0	$+$	0	$-$	0	$+$
$f(x)$	↑	无极值	↑	极大值 $\frac{3\,456}{3\,125}$	↓	极小值 0	↑

例 10 求函数 $f(x) = \sin x + \cos x$ 在区间 $[0, 2\pi]$ 上的极值.

解 $f'(x) = \cos x - \sin x$,$f''(x) = -\sin x - \cos x$.

令 $f'(x) = 0$,即 $\cos x - \sin x = 0$,得驻点 $x = \frac{\pi}{4}, \frac{5\pi}{4}$. 而

$$f''\left(\frac{\pi}{4}\right) = -\sin\frac{\pi}{4} - \cos\frac{\pi}{4} < 0, \quad f''\left(\frac{5\pi}{4}\right) = -\sin\frac{5\pi}{4} - \cos\frac{5\pi}{4} > 0,$$

故由定理 3.9 可知,$f\left(\frac{\pi}{4}\right) = \sqrt{2}$ 为极大值,$f\left(\frac{5\pi}{4}\right) = -\sqrt{2}$ 为极小值.

2. 函数的最值

我们已经知道,如果函数 $f(x)$ 在闭区间 $[a, b]$ 上连续,则它必在 $[a, b]$ 上有最大值和最小值. 显然,函数 $f(x)$ 在闭区间 $[a, b]$ 上的最大值和最小值仅可能在该区间内的极值点或区间端点处取得. 因此,直接计算出一切可能的极值点(包括驻点及导数不存在的点)和区间端点

处的函数值,再比较这些数值的大小,即可求出函数 $f(x)$ 在闭区间 $[a,b]$ 上的最大值与最小值.

例 11　求函数 $f(x)=(x^2-1)^3+1$ 在闭区间 $[-2,1]$ 上的最大值与最小值.

解　$f'(x)=6x(x^2-1)^2$.

令 $f'(x)=0$,求得在 $(-2,1)$ 内的驻点为 $x=-1,0$. 又计算得驻点处的函数值分别为
$$f(-1)=1,\quad f(0)=0,$$
区间端点处的函数值分别为
$$f(-2)=28,\quad f(1)=1.$$
比较后得到所给函数在 $[-2,1]$ 上的最大值为 28,最小值为 0.

在实际问题中,若函数 $f(x)$ 在定义区间内部只有一个驻点 x_0,而 $f(x)$ 的最大值或最小值又确实存在,则可根据实际意义直接判定 $f(x_0)$ 是所求的最大值或最小值.

例 12　一个有上、下底的圆柱形铁桶,其容积是常数 V. 问:当底半径 r 为多少时,该铁桶的表面积最小?

解　设该铁桶的表面积为 S,则
$$S=2\pi r^2+2\pi rh,$$
其中 h 是该铁桶的高. 而 $h=\dfrac{V}{\pi r^2}$,故
$$S=2\pi r^2+\dfrac{2V}{r}\quad(r>0).$$
我们有 $\dfrac{\mathrm{d}S}{\mathrm{d}r}=4\pi r-\dfrac{2V}{r^2}$. 令 $\dfrac{\mathrm{d}S}{\mathrm{d}r}=0$,得到表面积函数 S 在 $(0,+\infty)$ 内的唯一驻点 $r=\sqrt[3]{\dfrac{V}{2\pi}}$. 由于根据实际意义,确定存在最小表面积,所以该驻点为最小值点. 故当底半径 r 为 $\sqrt[3]{\dfrac{V}{2\pi}}$ 时,该铁桶的表面积最小.

此时,由 $r=\sqrt[3]{\dfrac{\pi r^2 h}{2\pi}}$ 得 $h=2r$,故当高等于底面直径时,该铁桶的表面积最小.

例 13　某矿务局拟从地面上一点 A 挖掘一管道至地面下一点 C,如图 3-2-6 所示. 设 $AB=600$ m, $BC=240$ m. 已知地表面是黏土,掘进费是 5 元/m;地面下是岩石,掘进费是 13 元/m. 问:怎样挖掘的费用最省?最省需多少费用?

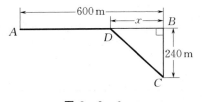

图 3-2-6

解　设先由点 A 沿 AB 方向挖掘到点 D,再由点 D 沿斜向下方向挖掘到点 C,并设 $BD=x$(单位:m),则所需费用(单位:元)为
$$f(x)=5(600-x)+13\sqrt{x^2+240^2}\quad(0\leqslant x\leqslant 600).$$
对上式求导数,得
$$f'(x)=-5+\dfrac{13x}{\sqrt{x^2+240^2}}.$$
令 $f'(x)=0$,得

$$\sqrt{x^2+240^2}=\frac{13}{5}x,$$

化简得 $x^2=100^2$. 因为 $x\geqslant 0$, 所以 $x=100$, 于是

$$AD=600-x=500(单位:\text{m}), \quad DC=\sqrt{100^2+240^2}=260(单位:\text{m}).$$

由于 $x=100$ 是 $f(x)$ 在 $(0,600)$ 内的唯一驻点, 而最小费用确定存在, 所以 $x=100$ 是 $f(x)$ 的最小值点, 此时所需费用为

$$f(100)=5\times 500+13\times 260=5\,880(单位:元),$$

即先从地面的点 A 掘进 $500\,\text{m}$ 到点 D, 再从点 D 斜向掘进 $260\,\text{m}$ 到点 C, 此挖掘法的费用最省, 需用 $5\,880$ 元.

【思考题】

1. 曲线 $y=f(x)$ 的拐点与使 $f''(x)=0$ 的点及 $f''(x)$ 不存在的点之间有何关系?
2. 若点 $x=x_0$ 是函数 $f(x)$ 的驻点, 则点 $x=x_0$ 一定是 $f(x)$ 的极值点吗?
3. 函数 $f(x)$ 在闭区间 $[a,b]$ 上的最大值点可能出现在哪里?

习 题 3-2

(A)

1. 若函数 $f(x)$ 在开区间 (a,b) 内每一点都有 $f'(x)>0$, 则它在 (a,b) 内单调_____.
2. 若函数 $f(x)$ 在开区间 (a,b) 内可导, 且单调减少, 则 $f'(x)$ _____.
3. 求下列函数的单调区间:

   (1) $y=\text{e}^{x^2}$; (2) $y=\dfrac{x}{1+x^2}$;

   (3) $y=(x-1)^3(2x+3)^2$; (4) $y=\arctan x-x$.

4. 判定下列曲线的凹凸性:

   (1) $y=\ln x$; (2) $y=x+\dfrac{1}{x}\ (x>0)$;

   (3) $y=ax^2+bx+c\ (a\neq 0)$.

5. 确定下列曲线的凹凸区间和拐点:

   (1) $y=(2x-1)^4+1$; (2) $y=\ln(1+x^2)$;

   (3) $y=(x-1)x^{\frac{2}{3}}$; (4) $y=x\text{e}^{-x}$.

6. 如果点 $(1,2)$ 是曲线 $f(x)=(x-a)^3+b$ 的拐点, 求 a,b 的值.

7. 求下列函数的极值:

   (1) $y=2x^3-3x^2-12x+21$; (2) $y=x-\ln(1+x)$;

   (3) $y=\dfrac{x}{x^2+1}$; (4) $y=2\text{e}^x+\text{e}^{-x}$.

8. 求下列函数在给定区间上的最大值和最小值:

   (1) $y=\sin 2x-x,\ -\dfrac{\pi}{2}\leqslant x\leqslant \dfrac{\pi}{2}$;

   (2) $y=\dfrac{a^2}{x}+\dfrac{b^2}{1-x},\ 0<x<1\ (a>b>0)$;

   (3) $y=x+\sqrt{1-x},\ -5\leqslant x\leqslant 1$.

9. 设两个正数之和为定值, 问: 何时其积最小?

10. 将一段长 $24\,\text{cm}$ 的铁丝剪成两段, 其中一段做成圆形, 另一段做成正方形. 问: 怎样剪才能使得圆形与正方形的面积之和最小?

11. 证明：在面积一定的所有矩形中，正方形的周长最短.

12. 求内接于椭圆 $\dfrac{x^2}{a^2}+\dfrac{y^2}{b^2}=1$ 且面积最大的矩形的边长.

13. 设甲船位于乙船东 75 km 处，并以 12 km/h 的速度向西行驶，而乙船则以 6 km/h 的速度向北行驶，问：经过多长时间甲、乙两船相距最近？

(B)

14. 证明：当 $a>b>1$ 时，不等式 $\dfrac{\ln b}{\ln a}<\dfrac{a}{b}$ 成立.

15. 设一个质点做直线运动，其运动规律为 $s=\dfrac{1}{4}t^4-4t^3+10t^2(t>0)$，问：

(1) 何时该质点的速度为 0？

(2) 何时该质点做前进（s 增加）运动？

(3) 何时该质点做后退（s 减少）运动？

16. a,b 为何值时，点 $(1,3)$ 为曲线 $y=ax^3+bx^2$ 的拐点？

17. 已知曲线 $y=x^3+ax^2-9x+4$ 在 $x=1$ 对应的点处有拐点，试确定系数 a 的值，并求出该曲线的凹凸区间和拐点.

18. 求函数 $f(x)=\sin x+\cos x$ 在闭区间 $[0,2\pi]$ 上的极值.

19. 设函数 $f(x)=a\ln x+bx^2+x$ 在点 $x=1,x=2$ 处都取得极值，求 a,b 的值，并讨论 $f(x)$ 在点 $x=1$，$x=2$ 处是取得极大值还是极小值.

20. 设某快餐店每月汉堡包的需求量由函数 $p(x)=\dfrac{60\,000-x}{20\,000}$ 确定，其中 x（单位：个）是需求量，p（单位：元/个）是价格；又设汉堡包产量为 x（单位：个）时的成本（单位：元）是 $C(x)=5\,000+0.56x(0\leqslant x\leqslant 50\,000)$. 问：当产量是多少时，该快餐店能获得最大利润？

21. 一旅馆有 50 套房间出租，如果每套房间的租金为 180 元/月，则可全部租出. 当租金每增加 10 元/月时，就有 1 套房间租不出去，而租出的每套房间需 20 元/月的维护费. 问：当每套房间的租金定为多少时，该旅馆可获得最大利润？

第三节　洛必达法则

如果当 $x\to x_0$（或 $x\to\infty$）时，函数 $f(x),g(x)$ 都趋近于 0，或者都趋近于 ∞，则极限 $\lim\limits_{x\to x_0}\dfrac{f(x)}{g(x)}\left(\text{或}\lim\limits_{x\to\infty}\dfrac{f(x)}{g(x)}\right)$ 可能存在，也可能不存在. 我们把这两类极限分别称为 $\dfrac{0}{0}$ 型和 $\dfrac{\infty}{\infty}$ 型未定式. 显然，不能直接用极限的四则运算法则求它们的极限.

本节将介绍一种利用导数求未定式极限的简捷方法，即洛必达（L'Hospital）法则.

一、$\dfrac{0}{0}$ 型和 $\dfrac{\infty}{\infty}$ 型未定式

定理 3.10（洛必达法则）　如果函数 $f(x)$ 与 $g(x)$ 满足：

(1) 在点 x_0 的某一去心邻域内可导，且 $g'(x)\neq 0$；

(2) 极限 $\lim\limits_{x\to x_0}\dfrac{f(x)}{g(x)}$ 是 $\dfrac{0}{0}$ 型或 $\dfrac{\infty}{\infty}$ 型未定式；

(3) $\lim\limits_{x\to x_0}\dfrac{f'(x)}{g'(x)}=A$（$A$ 可为 ∞），

则
$$\lim_{x \to x_0} \frac{f(x)}{g(x)} = \lim_{x \to x_0} \frac{f'(x)}{g'(x)} = A.$$

在上述定理中,将极限过程 $x \to x_0$ 换成 $x \to x_0^+, x \to x_0^-, x \to \infty, x \to +\infty, x \to -\infty$ 时,结论同样成立.

例 1 求下列极限:

(1) $\lim\limits_{x \to 0} \dfrac{e^x - 1}{x}$;   (2) $\lim\limits_{x \to 0} \dfrac{(1+x)^\alpha - 1}{x}$;   (3) $\lim\limits_{x \to +\infty} \dfrac{\dfrac{\pi}{2} - \arctan x}{\dfrac{1}{x}}$.

解 (1) $\lim\limits_{x \to 0} \dfrac{e^x - 1}{x} = \lim\limits_{x \to 0} \dfrac{(e^x - 1)'}{x'} = \lim\limits_{x \to 0} \dfrac{e^x}{1} = 1.$

(2) $\lim\limits_{x \to 0} \dfrac{(1+x)^\alpha - 1}{x} = \lim\limits_{x \to 0} \dfrac{[(1+x)^\alpha - 1]'}{x'} = \lim\limits_{x \to 0} \alpha(1+x)^{\alpha-1} = \alpha.$

(3) $\lim\limits_{x \to +\infty} \dfrac{\dfrac{\pi}{2} - \arctan x}{\dfrac{1}{x}} = \lim\limits_{x \to +\infty} \dfrac{\left(\dfrac{\pi}{2} - \arctan x\right)'}{\left(\dfrac{1}{x}\right)'} = \lim\limits_{x \to +\infty} \dfrac{-\dfrac{1}{1+x^2}}{-\dfrac{1}{x^2}} = \lim\limits_{x \to +\infty} \dfrac{x^2}{1+x^2} = 1.$

例 2 求下列极限:

(1) $\lim\limits_{x \to 0^+} \dfrac{\ln \tan x}{\ln x}$;   (2) $\lim\limits_{x \to +\infty} \dfrac{x^n}{e^{\lambda x}}$ $(\lambda > 0).$

解 (1) $\lim\limits_{x \to 0^+} \dfrac{\ln \tan x}{\ln x} = \lim\limits_{x \to 0^+} \dfrac{(\ln \tan x)'}{(\ln x)'} = \lim\limits_{x \to 0^+} \dfrac{\dfrac{1}{\tan x} \sec^2 x}{\dfrac{1}{x}} = \lim\limits_{x \to 0^+} \dfrac{x}{\sin x \cos x} = 1.$

(2) 连续用 n 次洛必达法则,得
$$\lim_{x \to +\infty} \frac{x^n}{e^{\lambda x}} = \lim_{x \to +\infty} \frac{n x^{n-1}}{\lambda e^{\lambda x}} = \lim_{x \to +\infty} \frac{n(n-1) x^{n-2}}{\lambda^2 e^{\lambda x}} = \cdots = \lim_{x \to +\infty} \frac{n!}{\lambda^n e^{\lambda x}} = 0.$$

注意 在用洛必达法则求极限的过程中,如果使用一次洛必达法则之后仍是 $\dfrac{0}{0}$ 型或 $\dfrac{\infty}{\infty}$ 型未定式,且仍然满足定理 3.10 的条件,则可以继续使用洛必达法则,直到求出极限值,如例 2(2).

例 3 求 $\lim\limits_{x \to 0} \dfrac{e^x - e^{-x} - 2x}{x - \sin x}$.

解 $\lim\limits_{x \to 0} \dfrac{e^x - e^{-x} - 2x}{x - \sin x} = \lim\limits_{x \to 0} \dfrac{e^x + e^{-x} - 2}{1 - \cos x} = \lim\limits_{x \to 0} \dfrac{e^x - e^{-x}}{\sin x} = \lim\limits_{x \to 0} \dfrac{e^x + e^{-x}}{\cos x} = 2.$

注意 上式中的 $\lim\limits_{x \to 0} \dfrac{e^x + e^{-x}}{\cos x}$ 已不是未定式,不能对其使用洛必达法则,否则会导致错误的结果.

例 4 求 $\lim\limits_{x \to 0} \dfrac{x^2 \sin \dfrac{1}{x}}{\sin x}$.

解 这是 $\dfrac{0}{0}$ 型未定式. 若利用洛必达法则,则有

$$\lim_{x\to 0}\frac{x^2\sin\dfrac{1}{x}}{\sin x}=\lim_{x\to 0}\frac{2x\sin\dfrac{1}{x}-\cos\dfrac{1}{x}}{\cos x}.$$

不难发现,上式右端的极限不存在,并且还不是极限为无穷大的情形. 然而,不能因此就断定原极限不存在! 事实上,有

$$\lim_{x\to 0}\frac{x^2\sin\dfrac{1}{x}}{\sin x}=\lim_{x\to 0}\left(\frac{x}{\sin x}\cdot x\sin\frac{1}{x}\right)=\lim_{x\to 0}\frac{x}{\sin x}\cdot\lim_{x\to 0}x\sin\frac{1}{x}=1\times 0=0.$$

注意 洛必达法则的条件是充分而非必要的,即若 $\lim\limits_{x\to x_0}\dfrac{f'(x)}{g'(x)}\left(\text{或}\lim\limits_{x\to\infty}\dfrac{f'(x)}{g'(x)}\right)$ 不存在(等于 ∞ 的情形除外),则不能断定 $\lim\limits_{x\to x_0}\dfrac{f(x)}{g(x)}\left(\text{或}\lim\limits_{x\to\infty}\dfrac{f(x)}{g(x)}\right)$ 不存在. 遇到这种情形时,需使用其他方法计算.

二、其他类型的未定式

除了 $\dfrac{0}{0}$ 型和 $\dfrac{\infty}{\infty}$ 型未定式外,还有其他类型的未定式,如 $0\cdot\infty$ 型、$\infty-\infty$ 型、0^0 型、∞^0 型、1^∞ 型未定式. 这些类型的未定式极限均可化为 $\dfrac{0}{0}$ 型或 $\dfrac{\infty}{\infty}$ 型未定式极限来求. 下面以具体的例子来说明.

例 5 求 $\lim\limits_{x\to 0^+}x\ln x$.

解 这是 $0\cdot\infty$ 型未定式. 由于当 $x\to 0^+$ 时,$x\ln x=\dfrac{\ln x}{\dfrac{1}{x}}$,所以原极限可转化为 $\dfrac{\infty}{\infty}$ 型未定式. 利用洛必达法则,即得

$$\lim_{x\to 0^+}x\ln x=\lim_{x\to 0^+}\frac{\ln x}{\dfrac{1}{x}}=\lim_{x\to 0^+}\frac{\dfrac{1}{x}}{-\dfrac{1}{x^2}}=\lim_{x\to 0^+}(-x)=0.$$

例 6 求 $\lim\limits_{x\to\frac{\pi}{2}}(\sec x-\tan x)$.

解 这是 $\infty-\infty$ 型未定式. 将 $\sec x-\tan x$ 改写成 $\dfrac{1-\sin x}{\cos x}$,则原极限就转化为 $\dfrac{0}{0}$ 型未定式. 利用洛必达法则,即得

$$\lim_{x\to\frac{\pi}{2}}(\sec x-\tan x)=\lim_{x\to\frac{\pi}{2}}\frac{1-\sin x}{\cos x}=\lim_{x\to\frac{\pi}{2}}\frac{-\cos x}{-\sin x}=0.$$

一般地,$\infty-\infty$ 型未定式可通过通分的方法转化成 $\dfrac{0}{0}$ 型或 $\dfrac{\infty}{\infty}$ 型未定式.

例 7 求 $\lim\limits_{x\to 0^+}(\sin x)^x$.

解 这是 0^0 型未定式. 当 $x\to 0^+$ 时,$(\sin x)^x=\mathrm{e}^{x\ln\sin x}=\mathrm{e}^{\frac{\ln\sin x}{\frac{1}{x}}}$. 而 $\lim\limits_{x\to 0^+}\dfrac{\ln\sin x}{\dfrac{1}{x}}$ 是 $\dfrac{\infty}{\infty}$ 型未定

式,故利用洛必达法则,有

$$\lim_{x\to 0^+}\frac{\ln\sin x}{\frac{1}{x}}=\lim_{x\to 0^+}\frac{\frac{\cos x}{\sin x}}{-\frac{1}{x^2}}=\lim_{x\to 0^+}\left(\frac{-x}{\sin x}\cdot x\cos x\right)=0.$$

因此

$$\lim_{x\to 0^+}(\sin x)^x=e^0=1.$$

【思考题】

1. 验证极限 $\lim\limits_{x\to\infty}\dfrac{x+\sin x}{x}$ 存在,但不能用洛必达法则进行计算.

2. 利用洛必达法则,验证下列两个重要极限:

(1) $\lim\limits_{x\to 0}\dfrac{\sin x}{x}=1$; (2) $\lim\limits_{x\to\infty}\left(1+\dfrac{1}{x}\right)^x=e.$

习 题 3-3

(A)

1. 利用洛必达法则,求下列极限:

(1) $\lim\limits_{x\to 0}\dfrac{\sin ax}{\sin bx}\ (b\neq 0)$; (2) $\lim\limits_{x\to\pi}\dfrac{\sin 3x}{\tan 5x}$;

(3) $\lim\limits_{x\to 0}\dfrac{e^x-e^{-x}}{\sin x}$; (4) $\lim\limits_{x\to a}\dfrac{\sin x-\sin a}{x-a}$;

(5) $\lim\limits_{x\to\frac{\pi}{2}}\dfrac{\ln\sin x}{(\pi-2x)^2}$; (6) $\lim\limits_{x\to 0^+}\dfrac{\ln x}{\ln\sin x}$;

(7) $\lim\limits_{x\to 1}\left(\dfrac{2}{x^2-1}-\dfrac{1}{x-1}\right)$; (8) $\lim\limits_{x\to 0}x^2 e^{\frac{1}{x^2}}$.

(B)

2. 求下列极限:

(1) $\lim\limits_{x\to 0}\dfrac{\sin^2 x-x^2\cos^2 x}{x^4}$; (2) $\lim\limits_{x\to+\infty}\dfrac{e^x+e^{-x}}{e^x-e^{-x}}$.

3. 求下列极限:

(1) $\lim\limits_{x\to 0}\dfrac{x-x\cos x}{x-\sin x}$; (2) $\lim\limits_{x\to 1}\left(\dfrac{x}{x-1}-\dfrac{1}{\ln x}\right)$;

(3) $\lim\limits_{x\to 0}\left(\dfrac{1}{x}-\dfrac{1}{e^x-1}\right)$; (4) $\lim\limits_{x\to 1}x^{\frac{1}{1-x}}$.

第四节 导数的应用

一、函数图形的描绘

函数的图形有助于直观了解函数的性质.描绘函数图形的基本方法是描点法,但使用描点法作图时,函数图形的变化趋势和一些关键点(如极值点、拐点等)往往不容易精确地描出.为了解决这个问题,可以以导数为工具来研究函数,这样我们可以预先对函数图形的变化趋势、极值点、凹凸性和拐点等情况有一个全面的了解,再结合函数图形是否有渐近线的讨论,就可以比较准确地作出函数的图形.

描绘函数 $f(x)$ 的图形(曲线 $y=f(x)$)的一般步骤如下:

(1) 确定函数 $f(x)$ 的定义域、奇偶性和周期性;

(2) 确定函数 $f(x)$ 的单调区间、极值,以及曲线 $y=f(x)$ 的凹凸区间、拐点;

(3) 确定曲线 $y=f(x)$ 是否有水平渐近线或垂直渐近线,并求出一些必要的辅助点(如曲线 $y=f(x)$ 与坐标轴的交点等).

(4) 根据以上三个步骤得到的结果,描绘函数 $f(x)$ 的图形.

曲线 $y=f(x)$ 的水平渐近线与垂直渐近线可按如下方法求得:

若 $\lim\limits_{x\to+\infty \atop (\text{或} x\to-\infty)} f(x)=a$,则 $y=a$ 为曲线 $y=f(x)$ 的水平渐近线;

若 $\lim\limits_{x\to b^+ \atop (\text{或} x\to b^-)} f(x)=\infty$,则 $x=b$ 为曲线 $y=f(x)$ 的垂直渐近线.

例1 作出函数 $y=\dfrac{1}{3}x^3-x+\dfrac{2}{3}$ 的图形.

解 (1) 该函数的定义域为 $(-\infty,+\infty)$.

(2) $y'=x^2-1$,从而由 $y'=0$ 得 $x=-1,1$;$y''=2x$,从而由 $y''=0$ 得 $x=0$.列表 3-4-1 进行讨论(表中记号"⌒"表示曲线 $y=f(x)$ 是上升且凸的,其余记号类似理解).

表 3-4-1

x	$(-\infty,-1)$	-1	$(-1,0)$	0	$(0,1)$	1	$(1,+\infty)$
y'	$+$	0	$-$		$-$	0	$+$
y''	$-$	$-$	$-$	0	$+$	$+$	$+$
$y=f(x)$	⌒	极大值 $\dfrac{4}{3}$	⌒	拐点 $\left(0,\dfrac{2}{3}\right)$	⌒	极小值 0	⌒

(3) 求出辅助点 $(-2,0)$.

(4) 综合上述结果,作出该函数的图形,如图 3-4-1 所示.

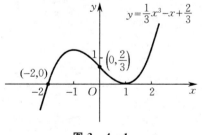

图 3-4-1

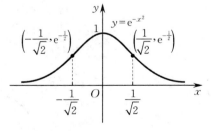

图 3-4-2

例2 作出函数 $y=e^{-x^2}$ 的图形.

解 (1) 该函数的定义域为 $(-\infty,+\infty)$,且为偶函数,其图形关于 y 轴对称.

(2) $y'=-2xe^{-x^2}$,从而由 $y'=0$ 得 $x=0$;$y''=2e^{-x^2}(2x^2-1)$,从而由 $y''=0$ 得 $x=\pm\dfrac{1}{\sqrt{2}}$.

列表 3-4-2 进行讨论(这里只列出 $[0,+\infty)$ 上的情况).

表 3-4-2

x	0	$\left(0, \dfrac{1}{\sqrt{2}}\right)$	$\dfrac{1}{\sqrt{2}}$	$\left(\dfrac{1}{\sqrt{2}}, +\infty\right)$
y'	0	$-$	$-$	$-$
y''	$-$	$-$	0	$+$
$y=f(x)$	极大值 1	⌒	拐点 $\left(\dfrac{1}{\sqrt{2}}, \mathrm{e}^{-\frac{1}{2}}\right)$	⌣

(3) $\lim\limits_{x \to \infty} \mathrm{e}^{-x^2} = 0$,所以曲线 $y = \mathrm{e}^{-x^2}$ 有水平渐近线 $y = 0$;又 $y = \mathrm{e}^{-x^2}$ 恒为正值,所以曲线 $y = \mathrm{e}^{-x^2}$ 在 x 轴上方.

(4) 综合以上结果,先作出函数 $y = \mathrm{e}^{-x^2}$ 在 $[0, +\infty)$ 上的图形,再利用图形的对称性,便可得到该函数在 $(-\infty, +\infty)$ 上的图形,如图 3-4-2 所示.这条函数曲线在概率论中叫作**正态曲线**.

*二、曲率

在许多实际问题中,需要用数量表示曲线的弯曲程度.例如,在设计铁路和公路的弯道时,必须考虑弯道的弯曲程度;在考虑桥梁受力弯曲时,也要考虑其弯曲程度.在数学中,常用"曲率"来描述曲线的弯曲程度.

如图 3-4-3 所示,设有一动点沿曲线弧 $\overparen{MN}$ 从端点 M 移动到另一端点 N,则该动点处的切线也相应地沿曲线弧转动,在两端点处的切线构成一个角 $\Delta\alpha$,此角叫作该曲线弧的**转角**.考察两段等长的曲线弧 $\overparen{MN}$,$\overparen{M_1 N_1}$.由图 3-4-3(a),(b) 可以看出,弯曲程度大的曲线弧其转角也较大.再考察两段转角相等的曲线弧 $\overparen{MN}$,$\overparen{M_1 N_1}$.由图 3-4-4 可以看出,曲线弧 $\overparen{MN}$ 和 $\overparen{M_1 N_1}$ 的转角虽然相等,但弯曲程度不同且弯曲程度大的曲线弧较短.因此,弯曲程度的大小既与转角有关,也和弧长有关.而且,由以上讨论可知,弯曲程度与转角的大小成正比,与弧长成反比.

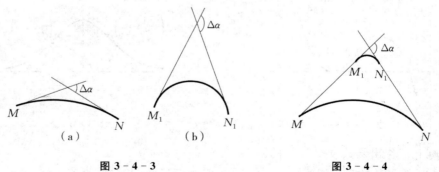

图 3-4-3　　　　　图 3-4-4

设 $\Delta\alpha$ 和 Δs 分别为曲线弧 $\overparen{MN}$ 的转角和弧长,通常用 $|\Delta\alpha|$ 与 $|\Delta s|$ 的比值来表示曲线弧 $\overparen{MN}$ 的平均弯曲程度,叫作 $\overparen{MN}$ 的**平均曲率**,记为

$$\overline{K} = \left|\dfrac{\Delta\alpha}{\Delta s}\right|.$$

Δs 越小,比值 $\left|\dfrac{\Delta\alpha}{\Delta s}\right|$ 越接近于曲线弧 $\overparen{MN}$ 在点 M 处的弯曲程度.于是,我们用极限给出曲率的定义.

定义 3.3 设 M 和 N 是曲线 $y=f(x)$ 上的两点,如图 3-4-5 所示,当点 N 沿该曲线趋近于点 $M(\Delta s \to 0)$ 时,若 $\overparen{MN}$ 的平均曲率 $\overline{K} = \left|\dfrac{\Delta \alpha}{\Delta s}\right|$ 的极限存在,则称此极限值为曲线 $y=f(x)$ 在点 M 处的**曲率**,记作 K,即

$$K = \lim_{\Delta s \to 0} \left|\dfrac{\Delta \alpha}{\Delta s}\right|.$$

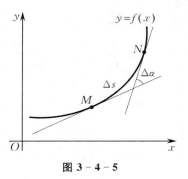

图 3-4-5

注意 (1) 这里的 $\Delta \alpha$ 用弧度表示,平均曲率和曲率的单位为 rad/长度单位.

(2) 在 $\lim\limits_{\Delta s \to 0}\left|\dfrac{\Delta \alpha}{\Delta s}\right| = \left|\dfrac{\mathrm{d}\alpha}{\mathrm{d}s}\right|$ 存在的条件下,K 还可以表示为

$$K = \left|\dfrac{\mathrm{d}\alpha}{\mathrm{d}s}\right|.$$

例 3 求半径为 R 的圆周上任一点处的曲率.

解 取任意圆弧 $\overparen{MN}$(见图 3-4-6),有

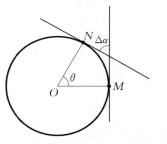

图 3-4-6

$$\Delta \alpha = \angle MON = \theta, \quad \Delta s = R\theta,$$

于是

$$\overline{K} = \left|\dfrac{\Delta \alpha}{\Delta s}\right| = \dfrac{\theta}{R\theta} = \dfrac{1}{R}.$$

故

$$K = \lim_{\Delta s \to 0}\left|\dfrac{\Delta \alpha}{\Delta s}\right| = \lim_{\Delta s \to 0} \dfrac{1}{R} = \dfrac{1}{R}.$$

所以,该圆周上任一点处的曲率都是 $\dfrac{1}{R}$. 这说明,圆周上任一点处的弯曲程度相同,且圆的半径越小,弯曲程度越大. 这和直观认识是一致的.

*三、曲率公式

下面给出曲率的计算公式.

(1) 设函数 $y=f(x)$ 的二阶导数存在. 由导数的几何意义可知,曲线 $y=f(x)$ 在点 M 处的切线斜率为 $y' = \tan\alpha$,则 $\alpha = \arctan y'$,其中 α 为点 M 处切线的倾角. 于是

$$\mathrm{d}\alpha = \mathrm{d}(\arctan y') = \dfrac{1}{1+(y')^2}\mathrm{d}(y') = \dfrac{y''}{1+(y')^2}\mathrm{d}x.$$

(2) 考察图 3-4-5 中的曲线弧 $\overparen{MN}$. 当点 N 无限接近于点 M 时,可用弦 $\overline{MN}$ 的长度近似替代 $\overparen{MN}$ 的弧长 Δs,且 $\lim\limits_{N \to M} \dfrac{\overparen{MN}}{\overline{MN}} = 1$,则

$$\dfrac{\Delta s}{\Delta x} = \dfrac{\overparen{MN}}{\Delta x} = \dfrac{\overparen{MN}}{\overline{MN}} \cdot \dfrac{\overline{MN}}{\Delta x} = \dfrac{\overparen{MN}}{\overline{MN}} \cdot \dfrac{\sqrt{(\Delta x)^2 + (\Delta y)^2}}{\Delta x} = \dfrac{\overparen{MN}}{\overline{MN}}\sqrt{1+\left(\dfrac{\Delta y}{\Delta x}\right)^2}.$$

当 $N \to M$,即 $\Delta x \to 0$ 时,对上式取极限,得 $\dfrac{\mathrm{d}s}{\mathrm{d}x} = \sqrt{1+(y')^2}$,即 $\mathrm{d}s = \sqrt{1+(y')^2}\,\mathrm{d}x$. $\mathrm{d}s$ 叫作**弧微分**. 于是,曲率的计算公式为

$$K = \left|\dfrac{\mathrm{d}\alpha}{\mathrm{d}s}\right| = \left|\dfrac{\dfrac{y''}{1+(y')^2}\mathrm{d}x}{\sqrt{1+(y')^2}\,\mathrm{d}x}\right| = \left|\dfrac{y''}{[1+(y')^2]^{\frac{3}{2}}}\right|.$$

例 4 求直线 $y = ax + b(a \neq 0)$ 的曲率.

解 $y' = a, y'' = 0$. 代入曲率的计算公式，得 $K = 0$. 这说明，直线的弯曲程度为零.

例 5 抛物线 $y = ax^2 + bx + c(a \neq 0)$ 上哪一点处的曲率最大？

解 由 $y' = 2ax + b, y'' = 2a$ 可知，该抛物线上任一点 (x, y) 处的曲率为

$$K = \frac{|2a|}{[1 + (2ax + b)^2]^{\frac{3}{2}}}.$$

因为上式的分子是常数 $|2a|$，所以只要分母最小，K 就最大. 显然，当 $2ax + b = 0$，即 $x = -\dfrac{b}{2a}$ 时，分母最小，此时 K 的值最大，且 $K_{最大} = |2a|$.

因为当 $x = -\dfrac{b}{2a}$ 时，有 $y = -\dfrac{b^2 - 4ac}{4a}$，所以该抛物线在其顶点 $\left(-\dfrac{b}{2a}, -\dfrac{b^2 - 4ac}{4a}\right)$ 处的曲率最大.

习　题　3-4

（A）

1. 求下列曲线的水平渐近线和垂直渐近线：

(1) $y = \dfrac{1}{1 - x^2}$；

(2) $y = \dfrac{x - 1}{(x - 2)^2} - 1$；

(3) $y = x^2 + \dfrac{1}{x}$.

2. 作出下列函数的图形：

(1) $y = 2 - x - x^3$；

(2) $y = \ln(1 + x^2)$；

(3) $y = \dfrac{x}{1 + x^2}$；

(4) $y = xe^x$.

3. 求下列曲线在给定点处的曲率：

(1) $xy = 4$，点 $(2, 2)$；

(2) $y = \ln(1 - x^2)$，原点；

(3) $y = \dfrac{e^x + e^{-x}}{2}$，点 $(0, 1)$.

4. 证明：抛物线 $y^2 = 4x$ 在原点处的曲率最大.

（B）

5. 作出下列函数的图形：

(1) $y = (x + 1)(x - 2)^2$；

(2) $y = \dfrac{e^x}{1 + x}$；

(3) $y = e^{\frac{1}{x}}$；

(4) $y = \dfrac{x^2}{x^2 - 1}$.

6. 已知函数 $f(x) = ax^3 + bx^2 + cx + d$ 有极值点 $x_1 = 1$ 和 $x_2 = 3$，曲线 $y = f(x)$ 的拐点为 $(2, 4)$，且在拐点处的切线斜率等于 -3，确定 a, b, c, d 的值，并作出函数 $f(x)$ 的图形.

7. 求曲线 $y = e^x$ 上曲率最大的点.

第五节　导数在经济学中的应用

本节将介绍导数在经济学中的两个应用：边际分析和弹性分析.

一、边际分析

设函数 $f(x)$ 可导,$f'(x)$ 就是函数 $f(x)$ 在点 x 处的变化率. 在经济学中,通常称 $f'(x)$ 为 $f(x)$ 的**边际函数**,而称 $f(x)$ 在点 $x=x_0$ 处的变化率 $f'(x_0)$ 为 $f(x)$ 在点 $x=x_0$ 处的**边际函数值**.

对于函数 $y=f(x)$,设 x 在点 $x=x_0$ 处有改变量 $\Delta x(\Delta x$ 可取负值$)$,y 相应的改变量为 Δy. 显然,当 x 在点 $x=x_0$ 处改变 1 单位时,y 近似改变 $f'(x_0)$ 单位.

例如,对于函数 $y=x^2$,有 $y'=2x$,它在点 $x=10$ 处的边际函数值为 $y'(10)=20$. 这表示,当 $x=10$ 时,x 改变 1 单位,y 近似改变 20 单位.

1. 总成本

总成本 C 是指生产一定数量的产品所需的费用总额,一般由固定成本 C_0 与可变成本 C_1 两部分组成,平均成本 $\overline{C}$ 是指生产单位产品的成本,而**边际成本** C' 是指总成本的变化率.

设 $C(x)$ 为总成本函数,其中 x 为产量,则

$$C = C(x) = C_0 + C_1(x),$$

$$\overline{C} = \overline{C}(x) = \frac{C(x)}{x},$$

$$C' = C'(x).$$

2. 总收入

总收入 R 是指售出一定数量的产品所得到的全部收入,平均收入 $\overline{R}$ 是指每售出单位产品所得到的收入,即单位产品的售价,而**边际收入** R' 是指总收入的变化率.

设 $R(x)$ 为总收入函数,P 表示产品价格,x 表示产量,则

$$R = R(x) = xP,$$

$$\overline{R} = \overline{R}(x) = \frac{R(x)}{x} = P,$$

$$R' = R'(x).$$

3. 总利润

总利润 L 是指总收入与总成本之差,而**边际利润** L' 是指总利润的变化率.

设 $L(x)$ 为总利润函数,其中 x 为产量,则

$$L = L(x) = R(x) - C(x),$$

$$L' = L'(x) = R'(x) - C'(x).$$

例 1 已知某种商品的产量为 x(单位:件)时,总成本(单位:万元)为

$$C(x) = 20 + 2x + \frac{1}{5}x^2.$$

(1) 求 $x=5$ 件时的总成本、平均成本及边际成本;

(2) 生产多少件这种商品时平均成本最小?

解 (1) $C(x) = 20 + 2x + \frac{1}{5}x^2$,$\overline{C}(x) = \frac{20}{x} + 2 + \frac{1}{5}x$,$C'(x) = 2 + \frac{2}{5}x$.

当 $x=5$ 件时,总成本为 $C(5)=35$ 万元,平均成本为 $\overline{C}(5)=7$ 万元/件,边际成本为 $C'(5)=4$ 万元/件.

(2) 平均成本函数(单位:万元/件)为

$$\overline{C}(x) = \frac{20}{x} + 2 + \frac{1}{5}x,$$

则

$$\overline{C}'(x) = -\frac{20}{x^2} + \frac{1}{5}, \quad \overline{C}''(x) = \frac{40}{x^3}.$$

令 $\overline{C}'(x) = 0$,得 $x = \pm 10$(-10 舍去).又 $\overline{C}''(10) > 0$,所以当 $x = 10$ 件时,平均成本最小.

例 2 设某种商品的产量为 x(单位:件)时,总成本(单位:万元)为

$$C(x) = 20 + 2x + \frac{1}{2}x^2.$$

已知每销售 1 件该种商品的收入为 20 万元.

(1) 求总利润函数;

(2) 求销售 15 件该种商品时的边际利润;

(3) 销售多少件该种商品时利润最高?

解 已知总收入函数(单位:万元)为

$$R(x) = 20x.$$

(1) 总利润函数(单位:万元)为

$$L(x) = 20x - \left(20 + 2x + \frac{1}{2}x^2\right) = 18x - 20 - \frac{1}{2}x^2.$$

(2) $L'(x) = 18 - x, L''(x) = -1$.当 $x = 15$ 时,边际利润为

$$L'(15) = 3 \text{ 万元}/\text{件}.$$

(3) 令 $L'(x) = 0$,得 $x = 18$.又 $L''(18) < 0$,故销售 18 件该种商品时,利润最高,且最高利润为

$$L(18) = 18 \times 18 - 20 - \frac{1}{2} \times 18^2 = 142(\text{单位:万元}).$$

二、弹性分析

前面介绍的函数改变量与函数变化率是绝对改变量与绝对变化率.我们从实践中体会到,仅仅研究函数的绝对改变量与绝对变化率是不够的.例如,设甲商品的原单价为 10 元,涨价 1 元;乙商品的原单价为 1 000 元,同样涨价 1 元.那么,这两种商品单价的绝对改变量都是 1 元,但与其原单价相比,两者涨价的百分比却差别很大,甲商品涨了 10%,而乙商品涨了 0.1%.因此,我们还有必要研究函数的相对改变量与相对变化率.

1. 相对改变量

对于函数 $y = f(x)$,当 x 从 $x = x_0$ 变化到 $x = x_0 + \Delta x$ 时,$\frac{\Delta x}{x_0}$ 称为 x 在区间 $(x_0, x_0 + \Delta x)$ 内的**相对改变量**;相应地,$\frac{\Delta y}{y_0} = \frac{f(x_0 + \Delta x) - f(x_0)}{f(x_0)}$ 称为 y 在区间 $(x_0, x_0 + \Delta x)$ 内的**相对改变量**.

例如,对于函数 $y = x^2$,当 $x_0 = 10, \Delta x = 2$ 时,$y_0 = 100, \Delta y = 44$,于是 $\frac{\Delta x}{x_0} = 20\%$,$\frac{\Delta y}{y_0} = 44\%$.这说明,在 $(10, 12)$ 内,x 产生了 20% 的变化,而 y 产生了 44% 的变化.

2. 相对平均改变量

对于函数 $y=f(x)$，函数的相对改变量 $\dfrac{\Delta y}{y_0}=\dfrac{f(x_0+\Delta x)-f(x_0)}{f(x_0)}$ 与自变量的相对改变量 $\dfrac{\Delta x}{x_0}$ 之比 $\dfrac{\Delta y}{y_0}\Big/\dfrac{\Delta x}{x_0}$，称为该函数在 $(x_0, x_0+\Delta x)$ 内的**相对平均改变量**，也称为该函数从 x_0 到 $x_0+\Delta x$ 之间的**弹性**.

3. 弹性

设函数 $y=f(x)$ 在点 $x=x_0$ 处可导. 若 $\lim\limits_{\Delta x\to 0}\left(\dfrac{\Delta y}{y_0}\Big/\dfrac{\Delta x}{x_0}\right)$ 存在，则称该极限值为 $y=f(x)$ 在点 $x=x_0$ 处的**弹性**（或**相对导数**、**相对变化率**），记为 $\dfrac{Ey}{Ex}\Big|_{x=x_0}$，即

$$\dfrac{Ey}{Ex}\Big|_{x=x_0}=\lim\limits_{\Delta x\to 0}\left(\dfrac{\Delta y}{y_0}\Big/\dfrac{\Delta x}{x_0}\right)=\lim\limits_{\Delta x\to 0}\dfrac{\Delta y}{\Delta x}\cdot\dfrac{x_0}{y_0}=f'(x_0)\dfrac{x_0}{f(x_0)}.$$

对于任意的 x，$\dfrac{Ey}{Ex}=f'(x)\dfrac{x}{y}$ 是 x 的函数，称为 $y=f(x)$ 的**弹性函数**.

弹性 $\dfrac{Ey}{Ex}$ 反映了函数 $y=f(x)$ 随 x 变化时，函数值变化幅度的大小. 对于实际问题而言，函数 $y=f(x)$ 的弹性表示 y 对 x 的变化的反应强烈程度或灵敏度，即 x 在点 $x=x_0$ 处产生 1% 的改变量时，y 相应地产生近似 $\dfrac{Ey}{Ex}\Big|_{x=x_0}\%$ 的改变量（在应用问题中解释弹性的具体意义时，常省略"近似"二字）.

例 3 求函数 $y=3+2x$ 在点 $x=3$ 处的弹性.

解 $y'=2,\dfrac{Ey}{Ex}=y'\dfrac{x}{y}=\dfrac{2x}{3+2x},\dfrac{Ey}{Ex}\Big|_{x=3}=\dfrac{2\times 3}{3+2\times 3}=\dfrac{2}{3}$.

例 4 已知某种商品的需求函数为 $Q=\dfrac{1\,200}{P}$，其中 P 为价格（单位：元/件），Q 为需求量（单位：件），求：

(1) 从 $P=30$ 元/件到 $P=20$ 元/件，$P=50$ 元/件之间的需求弹性，并说明实际意义；

(2) $P=30$ 元/件时的需求弹性，并说明实际意义.

解 (1) 根据函数弹性的定义，所求的需求弹性分别为

$$\left(\dfrac{\Delta Q}{Q}\Big/\dfrac{\Delta P}{P}\right)\Big|_{\substack{P=30\\ \Delta P=-10}}=\dfrac{20}{40}\Big/\left(-\dfrac{10}{30}\right)\approx -1.5,\quad \left(\dfrac{\Delta Q}{Q}\Big/\dfrac{\Delta P}{P}\right)\Big|_{\substack{P=30\\ \Delta P=20}}=-\dfrac{16}{40}\Big/\dfrac{20}{30}\approx -0.6.$$

这说明，当价格从 30 元/件降至 20 元/件时，价格每降低 1%，需求量就从 40 件开始平均增加 1.5%；当商品价格从 30 元/件增至 50 元/件时，价格每上涨 1%，需求量就从 40 件开始平均减少 0.6%.

(2) 我们有

$$Q'=-\dfrac{1\,200}{P^2},\quad \dfrac{EQ}{EP}=-\dfrac{1\,200}{P^2}\cdot\dfrac{P}{\dfrac{1\,200}{P}}=-1,\quad \dfrac{EQ}{EP}\Big|_{P=30}=-1.$$

这说明，当价格 $P=30$ 元/件时，价格每上涨（或下降）1%，需求量就减少（或增加）1%.

习 题 3-5

(A)

1. 设某厂生产 A 型产品的总成本函数(单位:元)为 $C(x) = 9\,000 + 40x + 0.001x^2$ (x 为产量,单位:件),问:该厂生产多少件该产品时平均成本最小?

2. 设某厂月产量为 x(单位:件)时的总成本(单位:千元)为 $C(x) = x^2 + 2x + 100$,每件产品的销售价为 40 千元.
(1) 求该厂的边际利润;
(2) 该厂月产量为多少件时利润最大? 最大利润为多少?

(B)

3. 某种商品的需求量 Q(单位:台)与价格 P(单位:元/台)之间的关系为 $Q = 8\,000 - 8P$,求销售这种商品收入最多时的价格及销售量.

4. 设某种商品的需求函数为 $Q = \mathrm{e}^{-\frac{P}{4}}$,求需求弹性及 $P = 3, 4, 5$ 时的需求弹性.

5. 设某种商品的供给函数为 $Q = 2 + 3P$,求供给弹性及 $P = 3$ 时的供给弹性.

*第六节　数学实验——导数的应用

一、学习 Mathematica 命令

表 3-6-1 给出了 Mathematica 中关于求方程(组)的根和求函数的极值的命令.

表 3-6-1

命　　令	功　　能
Solve[f[x] == 0, x,]	求多项式方程 $f(x) = 0$ 的根
Solve[f[x,y] == 0, g[x,y] == 0, {x,y}]	求方程组 $f(x,y) = 0, g(x,y) = 0$ 的根
NSolve[f[x] == 0, x]	求多项式方程 $f(x) = 0$ 的根的近似值
FindRoot[f[x] == 0, {x,a}, 选项]	通过迭代,求方程 $f(x) = 0$ 在初值 a 附近的近似根
FindRoot[f[x] == 0, {x,a,b}, 选项]	通过迭代,求方程 $f(x) = 0$ 在初值 a,b 之间的近似根
FindMinimum[f[x], [x,a], 选项]	通过迭代,求函数 $f(x)$ 在初值 a 附近的极小值的近似值

二、实验内容

例 1　求函数 $f(x) = 2x^3 - 9x^2 + 12x - 3$ 的单调区间.

解　先作出函数 $f(x)$ 及其导数的图形,输入命令如图 3-6-1 所示.

图 3-6-1

输出结果:如图 3-6-2 所示,其中粗线是函数 $f(x)$ 的图形,细线是导数 $f'(x)$ 的图形.观察函数的单调性与导数的正负之间的关系.

再求函数 $f(x)$ 的驻点,即求方程 $f'(x)=0$ 的根,输入命令如图 3-6-3 所示.

输出结果:函数 $f(x)=2x^3-9x^2+12x-3$ 的两个驻点为 $x=1, x=2$.

这两个驻点将函数 $f(x)$ 的定义域分成三个区间 $(-\infty,1),(1,2),(2,+\infty)$. 在每个小区间内取一点计算导数值,即可判断导数在该区间上的正负.

最后计算点 $x=0, x=\dfrac{3}{2}, x=3$ 处的导数值,输入命令如图 3-6-4 所示.

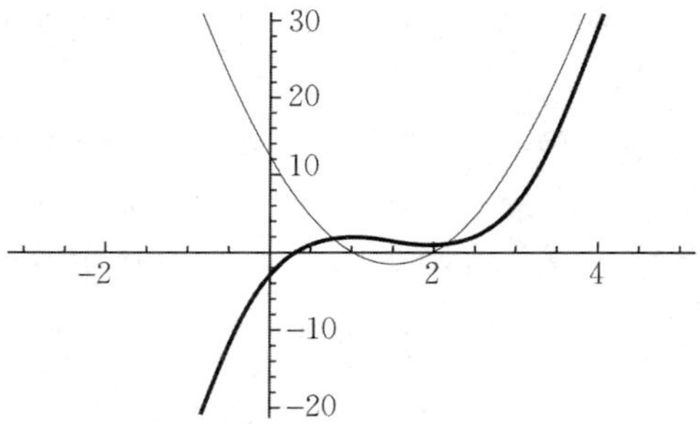

输出结果:$12, -\dfrac{3}{2}, 12$.

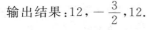

图 3-6-2

这说明,导数在区间 $(-\infty,1),(1,2),(2,+\infty)$ 上分别取 $+,-,+$,因此函数 $f(x)$ 在区间 $(-\infty,1]$ 和 $[2,+\infty)$ 上单调增加,在区间 $[1,2]$ 上单调减少.

图 3-6-3

图 3-6-4

例 2 求函数 $f(x)=2\sin^2 2x+\dfrac{5}{2}x\cos^2\dfrac{x}{2}$ 在开区间 $(0,\pi)$ 内的极值的近似值.

解 **方法一** 先作出函数 $f(x)$ 的图形,输入命令如图 3-6-5 所示.

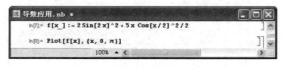

图 3-6-5

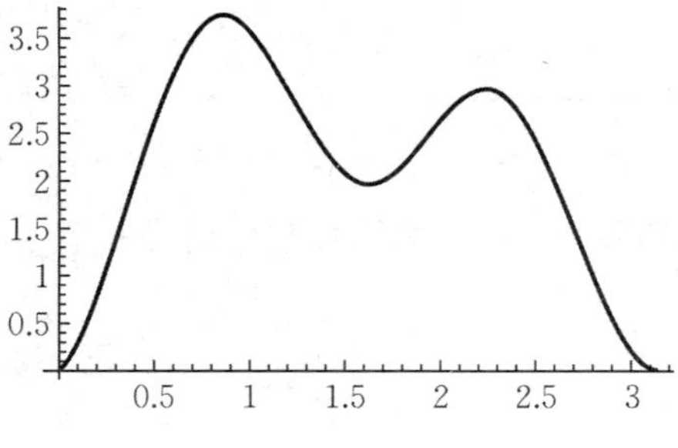

输出结果:如图 3-6-6 所示.

观察函数 $f(x)$ 的图形,发现大约在点 $x=1.5$ 附近有极小值,在点 $x=0.6$ 和 $x=2.5$ 附近有极大值.

再求函数 $f(x)$ 的极值点的近似值,输入命令如图 3-6-7 所示.

输出结果:三个极值点的近似值分别为 $0.864\,194$, $1.623\,91, 2.244\,89$.

最后求函数 $f(x)$ 的极值的近似值,输入命令如图 3-6-8 所示.

图 3-6-6

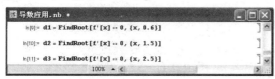

图 3-6-7

图 3-6-8

输出结果:在点 $x=1.5$ 附近有近似极小值 1.944 61,在点 $x=0.6$ 附近有近似极大值 3.732 33,在点 $x=2.5$ 附近有近似极大值 2.957 08.

方法二　输入命令如图 3-6-9 所示(f[x]的定义同方法一).

输出结果:极小值的近似值为 1.944 61,极小值点的近似值为 1.623 91.

再输入命令如图 3-6-10 所示.

输出结果:函数 $-f(x)=-2\sin^2 2x-\dfrac{5}{2}x\cos^2\dfrac{x}{2}$ 的两个极小值的近似值分别为 $-3.732\ 33,-2.957\ 08$,两个极小值点的近似值分别为 0.864 194,2.244 89.

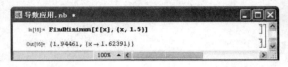

图 3-6-9

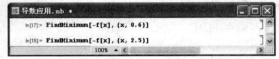

图 3-6-10

再转化成函数 $f(x)=2\sin^2 2x+\dfrac{5}{2}x\cos^2\dfrac{x}{2}$,得到它的两个极大值的近似值分别为 3.732 33, 2.957 08,两个极大值点的近似值分别为 0.864 194,2.244 89.

上述两种方法的结果是完全相同的.

例3　验证:函数 $f(x)=\dfrac{1}{x^4}(x\in[1,2])$ 满足拉格朗日中值定理.

证　易证函数 $f(x)=\dfrac{1}{x^4}$ 在闭区间 $[1,2]$ 上满足拉格朗日中值定理的条件,因此存在 $\xi\in(1,2)$,使得 $f'(\xi)=\dfrac{f(2)-f(0)}{2-1}$.下面验证这个结论的正确性.

输入命令如图 3-6-11 所示.

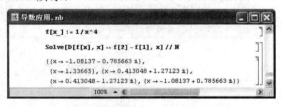

图 3-6-11

输出结果:$f'(\xi)=\dfrac{f(2)-f(0)}{2-1}$ 在开区间 $(1,2)$ 内的所有解(含复数解),其中实数解就是满足拉格朗日中值定理的 ξ,约为 1.336 65.

习　题　3-6

1. 求函数 $y=\dfrac{x^2-x+4}{x-1}$ 的单调区间和极值.

2. 求函数 $y=(x-3)(x-8)^{\frac{2}{3}}$ 的单调区间和极值.

3. 已知函数 $h(x)=x^4+2x^3-72x^2+70x+24$,$g(x)=\dfrac{1}{2}x^2-x-\dfrac{1}{8}$,求方程 $h(x)=g(x)$ 的近似根.

4. 求方程 $x^5+x^4-4x^3+2x^2-3x-7=0$ 的近似根.

第四章 不定积分

在一元函数微分学的基础上,我们需要讨论与求导数(微分)相反的问题:如果一个未知函数 $F(x)$ 的导数等于已知函数 $f(x)$,那么怎样求未知函数 $F(x)$ 呢?这就是本章要研究的函数的不定积分问题.作为求导数(微分)运算的逆运算,求不定积分的运算更具灵活性,难度也更大一些.为了掌握好这部分内容,要求非常熟悉导数(微分)的计算公式.

另外,关于不定积分的数学实验内容见第五章的第九节.

第一节 不定积分的概念

一、原函数的概念

引例 1 已知一个做直线运动的物体的路程函数为 $s(t) = t^2$,则可求得该物体在 t 时刻的速度为
$$v(t) = \frac{\mathrm{d}s}{\mathrm{d}t} = 2t.$$

显然,与其相反的问题是:已知一个做直线运动的物体在 t 时刻的速度为 $v(t) = \frac{\mathrm{d}s}{\mathrm{d}t} = 2t$,求该物体的路程函数 $s(t)$.

定义 4.1 如果在某一区间上有
$$F'(x) = f(x) \quad \text{或} \quad \mathrm{d}F(x) = f(x)\mathrm{d}x,$$
则称 $F(x)$ 为函数 $f(x)$ 在该区间上的一个**原函数**.

例如,因为在区间 $(-\infty, +\infty)$ 上有 $(x^2)' = 2x$,所以 x^2 是 $2x$ 在 $(-\infty, +\infty)$ 上的一个原函数.当然,只要是与 x^2 相差一个常数的函数都是 $2x$ 的原函数,例如 $x^2 + 1, x^2 - \sqrt{3}$ 等.

一般地,由 $F'(x) = f(x)$ 有 $(F(x) + C)' = f(x)$(C 为任意常数),于是有以下定理成立:

定理 4.1 若 $F(x)$ 为函数 $f(x)$ 在某一区间上的一个原函数,则 $F(x) + C$(C 为任意常数)都是 $f(x)$ 在该区间上的原函数.

设 $F(x), G(x)$ 都是函数 $f(x)$ 的原函数,则
$$(F(x) - G(x))' = F'(x) - G'(x) = f(x) - f(x) = 0,$$
于是有 $F(x) - G(x) = C_0$(C_0 为某个常数).因此,我们得到下面的定理:

定理 4.2 函数 $f(x)$ 在某一区间上的任意两个原函数之间只相差一个常数.

由上述两个定理可知,表达式 $F(x) + C$(C 为任意常数)可以表示函数 $f(x)$ 的全体原函数.

二、原函数存在定理

定理 4.3(原函数存在定理) 在某一区间上连续的函数在该区间上一定存在原函数.

注意 (1)初等函数在其定义区间上一定存在原函数,但它的原函数却未必能用初等函

数来表示;

(2) 并不是任何一个函数都存在原函数.

三、不定积分的定义

定义 4.2　函数 $f(x)$ 在某一区间上的全体原函数 $F(x)+C$ 称为 $f(x)$ 在该区间上的**不定积分**,记为 $\int f(x)\mathrm{d}x$,即

$$\int f(x)\mathrm{d}x = F(x)+C \quad (C\text{ 为任意常数}),$$

其中记号"$\int$"称为**积分号**,$f(x)$ 称为**被积函数**,$f(x)\mathrm{d}x$ 称为**被积表达式**,x 称为**积分变量**.

例 1　求 $\int x^2 \mathrm{d}x$.

解　因为 $\left(\dfrac{x^3}{3}\right)' = x^2$,所以 $\int x^2 \mathrm{d}x = \dfrac{x^3}{3} + C$.

例 2　求 $\int \dfrac{1}{x}\mathrm{d}x$.

解　当 $x>0$ 时,因为 $(\ln x)' = \dfrac{1}{x}$,所以

$$\int \dfrac{1}{x}\mathrm{d}x = \ln x + C, \quad x \in (0, +\infty);$$

当 $x<0$ 时,因为 $(\ln(-x))' = \dfrac{1}{x}$,所以

$$\int \dfrac{1}{x}\mathrm{d}x = \ln(-x) + C, \quad x \in (-\infty, 0).$$

综上所述,有

$$\int \dfrac{1}{x}\mathrm{d}x = \ln|x| + C.$$

四、求不定积分与求导数(微分)的关系

求不定积分的运算称为**积分运算**,是求导数(微分)运算的逆运算,它们之间有如下关系:

(1) $\left(\int f(x)\mathrm{d}x\right)' = f(x)$ 或 $\mathrm{d}\left(\int f(x)\mathrm{d}x\right) = f(x)\mathrm{d}x$;

(2) $\int F'(x)\mathrm{d}x = F(x)+C$ 或 $\int \mathrm{d}F(x) = F(x)+C$.

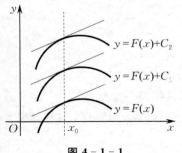

图 4 - 1 - 1

这就是说,若"先积分后微分",则两者作用抵消;若"先微分后积分",则抵消后相差一个常数. 例如:

$$\left(\int \sin x\, \mathrm{d}x\right)' = \sin x, \quad \int (\sin x)' \mathrm{d}x = \sin x + C.$$

由定义 4.2 可知,不定积分 $\int f(x)\mathrm{d}x$ 所表示的不是一个函数,而是一族函数 $F(x)+C$. 从几何上看,它们代表一族曲线,称为 $f(x)$ 的**积分曲线**. 如图 4-1-1 所示,在相同的点 x_0 处,各条积分曲线的切线都是平行的,其斜率均为 $f(x_0)$.

例 3 设 $\int f(x)\mathrm{d}x = \sin\dfrac{x}{3} + C$,求 $f'(x)$.

解 根据题意,有
$$f(x) = \left(\sin\dfrac{x}{3} + C\right)' = \dfrac{1}{3}\cos\dfrac{x}{3},$$
所以
$$f'(x) = -\dfrac{1}{9}\sin\dfrac{x}{3}.$$

例 4 求过点 $(1,1)$,且切线斜率等于 $3x^2$ 的曲线.

解 设所求的曲线为 $y = F(x)$,则 $F'(x) = 3x^2$. 于是
$$F(x) = \int 3x^2 \mathrm{d}x = x^3 + C \quad (C \text{ 为待定常数}).$$
因为所求的曲线过点 $(1,1)$,所以 $C = 0$. 因此,所求的曲线为 $F(x) = x^3$.

例 5 某化肥厂生产某种产品,已知产量为 x(单位:件)时的边际成本(单位:元/件)为 $C'(x) = \dfrac{x}{5}$,且当产量 $x = 120$ 件时,平均成本为 $\dfrac{61}{3}$ 元/件,求这种产品的总成本函数 $C(x)$.

解 由于这种产品的总成本函数 $C(x)$ 是边际成本 $C'(x)$ 的原函数,所以有
$$C(x) = \int \dfrac{x}{5} \mathrm{d}x = \dfrac{x^2}{10} + C \quad (C \text{ 为待定常数}),$$
从而平均成本函数为
$$\overline{C}(x) = \dfrac{C(x)}{x} = \dfrac{x}{10} + \dfrac{C}{x}.$$
于是,由题意有 $\overline{C}(120) = \dfrac{61}{3}$,解得 $C = 1000$. 故这种产品的总成本函数(单位:元)为
$$C(x) = \dfrac{x^2}{10} + 1\,000.$$

【思考题】

1. 函数 $f(x) = x^{-\frac{2}{5}}$ 的原函数是什么?
2. 已知 $\left(\int f(x)\mathrm{d}x\right)' = \cos x$,求函数 $f(x)$.

习 题 4-1

1. 下列各式是否正确?

(1) $\int x^2 \mathrm{d}x = \dfrac{1}{3}x^3 + 1$;

(2) $\int x^2 \mathrm{d}x = \dfrac{1}{3}x^3 + C$;

(3) $\dfrac{\mathrm{d}}{\mathrm{d}x}\left(\int f(x)\mathrm{d}x\right) = f(x)$;

(4) $\int f'(x)\mathrm{d}x = f(x)$;

(5) $\mathrm{d}\left(\int f(x)\mathrm{d}x\right) = f(x)$.

2. 求下列不定积分:

(1) $\int (1 - 3x^2)\mathrm{d}x$;

(2) $\int (2^x + x^2)\mathrm{d}x$;

(3) $\int \left(\sqrt[3]{x} - \dfrac{1}{\sqrt{x}}\right)\mathrm{d}x$;

(4) $\int \left(\dfrac{x}{2} - \dfrac{1}{x} + \dfrac{3}{x^3} - \dfrac{4}{x^4}\right)\mathrm{d}x$.

3. 设一曲线通过点 $(e^2, 3)$，且其上任一点处的切线斜率等于该点横坐标的倒数，求该曲线的方程．

4. 设函数 $f(x)$ 的一个原函数是 $-\cos x + \dfrac{1}{3}\cos^3 x$，求 $f(x)$ 及 $\int f(x)\mathrm{d}x$．

5. 设某种商品的需求量 Q 是价格 P 的函数，已知该种商品的最大需求量为 1 000 单位（即当 $P=0$ 单位时，$Q=1\,000$ 单位），需求量的变化率（边际需求）为

$$Q'(P) = -1\,000\ln 3 \cdot \left(\dfrac{1}{3}\right)^P.$$

求需求量 Q 与价格 P 的函数关系．

第二节 基本积分公式与直接积分法

一、不定积分的基本运算法则

法则 1 两个函数的代数和的不定积分等于它们的不定积分的代数和，即

$$\int (f(x) \pm g(x))\mathrm{d}x = \int f(x)\mathrm{d}x \pm \int g(x)\mathrm{d}x.$$

上述法则可推广到有限个函数的代数和的情况．

法则 2 被积函数中的常数因子可以提到积分号的前面，即

$$\int kf(x)\mathrm{d}x = k\int f(x)\mathrm{d}x \quad (k \text{ 为非零常数}).$$

例 1 求 $\int (2x^3 - \mathrm{e}^x + 3)\mathrm{d}x$．

解 $\int (2x^3 - \mathrm{e}^x + 3)\mathrm{d}x = \int 2x^3 \mathrm{d}x - \int \mathrm{e}^x \mathrm{d}x + \int 3\mathrm{d}x = \dfrac{1}{2}x^4 - \mathrm{e}^x + 3x + C.$

注意（1）逐项积分后，每个不定积分都含有任意常数，但只需写出一个任意常数即可．
（2）检验积分结果是否正确，只需将结果求导数，看其是否等于被积函数．

二、基本积分公式

根据积分与求导数运算的互逆关系，由基本导数公式可以得到以下基本积分公式：

(1) $\int k\mathrm{d}x = kx + C$（$k$ 为常数）；

(2) $\int x^\mu \mathrm{d}x = \dfrac{1}{\mu+1}x^{\mu+1} + C$（$\mu \neq -1$）；

(3) $\int \dfrac{1}{x}\mathrm{d}x = \ln|x| + C$；

(4) $\int \dfrac{1}{1+x^2}\mathrm{d}x = \arctan x + C$；

(5) $\int \dfrac{1}{\sqrt{1-x^2}}\mathrm{d}x = \arcsin x + C$；

(6) $\int \cos x \mathrm{d}x = \sin x + C$；

(7) $\int \sin x \mathrm{d}x = -\cos x + C$；

(8) $\int \dfrac{1}{\cos^2 x}\mathrm{d}x = \int \sec^2 x \mathrm{d}x = \tan x + C$；

(9) $\int \dfrac{1}{\sin^2 x}\mathrm{d}x = \int \csc^2 x \mathrm{d}x = -\cot x + C$；

(10) $\int \sec x \tan x \mathrm{d}x = \sec x + C$；

(11) $\int \csc x \cot x \mathrm{d}x = -\csc x + C$；

(12) $\int \mathrm{e}^x \mathrm{d}x = \mathrm{e}^x + C$；

(13) $\int a^x \mathrm{d}x = \dfrac{1}{\ln a} a^x + C \ (a > 0, a \neq 1)$.

这些基本积分公式需要熟记.

三、直接积分法

直接利用基本积分公式和不定积分的基本运算法则求出积分结果,或者将被积函数经过适当的恒等变形,再利用基本积分公式和不定积分的基本运算法则求出积分结果,这样的积分方法叫作**直接积分法**.

例 2 求 $\int \dfrac{1}{3 \sqrt[3]{x^2}} \mathrm{d}x$.

解 $\int \dfrac{1}{3 \sqrt[3]{x^2}} \mathrm{d}x = \dfrac{1}{3} \int x^{-\frac{2}{3}} \mathrm{d}x = x^{\frac{1}{3}} + C$.

例 3 求 $\int \dfrac{x^4}{1+x^2} \mathrm{d}x$.

解 $\int \dfrac{x^4}{1+x^2} \mathrm{d}x = \int \dfrac{x^4 - 1 + 1}{1 + x^2} \mathrm{d}x = \int \dfrac{(x^2+1)(x^2-1)+1}{1+x^2} \mathrm{d}x$

$= \int \left[(x^2 - 1) + \dfrac{1}{1+x^2} \right] \mathrm{d}x = \int (x^2 - 1) \mathrm{d}x + \int \dfrac{1}{1+x^2} \mathrm{d}x$

$= \int x^2 \mathrm{d}x - \int \mathrm{d}x + \int \dfrac{1}{1+x^2} \mathrm{d}x = \dfrac{1}{3} x^3 - x + \arctan x + C$.

例 4 求 $\int \sin^2 \dfrac{x}{2} \mathrm{d}x$.

解 $\int \sin^2 \dfrac{x}{2} \mathrm{d}x = \int \dfrac{1 - \cos x}{2} \mathrm{d}x = \dfrac{1}{2} \int (1 - \cos x) \mathrm{d}x$

$= \dfrac{1}{2} \left(\int \mathrm{d}x - \int \cos x \mathrm{d}x \right) = \dfrac{1}{2} (x - \sin x) + C$.

例 5 求 $\int \dfrac{1}{\sin^2 x \cos^2 x} \mathrm{d}x$.

解 $\int \dfrac{1}{\sin^2 x \cos^2 x} \mathrm{d}x = \int \dfrac{\sin^2 x + \cos^2 x}{\sin^2 x \cos^2 x} \mathrm{d}x = \int \dfrac{1}{\cos^2 x} \mathrm{d}x + \int \dfrac{1}{\sin^2 x} \mathrm{d}x$

$= \tan x - \cot x + C$.

例 6 求 $\int \tan^2 x \mathrm{d}x$.

解 $\int \tan^2 x \mathrm{d}x = \int (\sec^2 x - 1) \mathrm{d}x = \int \sec^2 x \mathrm{d}x - \int \mathrm{d}x = \tan x - x + C$.

习 题 4-2

(A)

1. 求下列不定积分：

(1) $\int \dfrac{1}{x^3} \mathrm{d}x$；

(2) $\int \left(\dfrac{2}{x} + \dfrac{x}{3} \right)^3 \mathrm{d}x$；

(3) $\int \dfrac{x - 4}{\sqrt{x} + 2} \mathrm{d}x$；

(4) $\int \dfrac{\sqrt{x} - 2 \sqrt[3]{x^2} + 1}{\sqrt[4]{x}} \mathrm{d}x$；

(5) $\int \left(\sqrt{x}+\sqrt[3]{x}+\dfrac{2}{\sqrt{x}}+\dfrac{1}{\sqrt[3]{x}}-2\right)\mathrm{d}x$;

(6) $\int \left(1-\dfrac{1}{x^2}\right)\sqrt{x\sqrt{x}}\,\mathrm{d}x$;

(7) $\int \dfrac{1}{x^2\sqrt{x}}\mathrm{d}x$;

(8) $\int \left(\dfrac{1-x}{x}\right)^2 \mathrm{d}x$;

(9) $\int \sqrt{x}(x-3)\mathrm{d}x$;

(10) $\int \cot^2 x\,\mathrm{d}x$;

(11) $\int \dfrac{1+2x^2}{x^2(x^2+1)}\mathrm{d}x$;

(12) $\int \dfrac{\cos 2x}{\sin^2 x \cos^2 x}\mathrm{d}x$;

(13) $\int \dfrac{1}{1+\cos 2x}\mathrm{d}x$;

(14) $\int \cot^2 x\,\mathrm{d}x$.

2. 若曲线 $y=f(x)$ 在点 x 处的切线斜率为 $-x+2$，且该曲线过点 $(2,5)$，求该曲线的方程.

(B)

3. 求下列不定积分：

(1) $\int \dfrac{\sqrt{1+x^2}}{\sqrt{1-x^4}}\mathrm{d}x$;

(2) $\int \dfrac{x^2}{3(1+x^2)}\mathrm{d}x$;

(3) $\int \dfrac{1+x+x^2}{x(1+x^2)}\mathrm{d}x$;

(4) $\int \dfrac{x^3+x-1}{x^2(1+x^2)}\mathrm{d}x$.

4. 一物体由静止开始做直线运动，它在 t 时刻的速度为 $3t^2$. 问：

(1) 经过 3 s 后，该物体离开出发点的距离是多少？

(2) 该物体需要多少时间走完 360 m 的路程？

第三节　不定积分的换元积分法

能用直接积分法求出的不定积分是非常有限的，因此必须寻求其他的积分方法. 本节把复合函数的求导法则反过来用于求不定积分，利用中间变量的代换得到求复合函数不定积分的方法，称之为**换元积分法**. 换元积分法通常有两类：第一类换元积分法和第二类换元积分法.

一、第一类换元积分法

第一类换元积分法是与微分学中复合函数的求导法则相互对应的积分方法.

例如，对于不定积分 $\int 2\mathrm{e}^{2x}\mathrm{d}x$，因为被积函数中的 e^{2x} 是复合函数，所以不能直接用积分公式 $\int \mathrm{e}^x \mathrm{d}x = \mathrm{e}^x + C$. 而 $2\mathrm{d}x = \mathrm{d}(2x)$，若我们可以做如下计算：

$$\int 2\mathrm{e}^{2x}\mathrm{d}x \xrightarrow{2x=t} \int \mathrm{e}^t\mathrm{d}t = \mathrm{e}^t + C \xrightarrow{t=2x} \mathrm{e}^{2x}+C,$$

则可求得不定积分 $\int 2\mathrm{e}^{2x}\mathrm{d}x$. 事实上，上述计算是通过引入新的变量 t，把原被积函数化为一个关于 t 的简单函数，从而使得原不定积分变为可运用基本积分公式进行计算的简单不定积分. 那么，是否可以这样做变换呢？回答是肯定的.

一般来说，对于复合函数 $f(\varphi(x))$，如果 $F(u)$ 为函数 $f(u)$ 的原函数，且函数 $u=\varphi(x)$ 可导，则由复合函数的求导法则得

$$\dfrac{\mathrm{d}}{\mathrm{d}x}F(\varphi(x)) = F'(u)\varphi'(x) = f(u)\varphi'(x) = f(\varphi(x))\varphi'(x),$$

从而

$$\int f(\varphi(x))\varphi'(x)\mathrm{d}x = F(\varphi(x)) + C.$$

因此有如下定理：

定理 4.4 对于复合函数 $f(\varphi(x))$，若 $\int f(u)\mathrm{d}u = F(u) + C$，且函数 $u = \varphi(x)$ 可微，则

$$\int f(\varphi(x))\varphi'(x)\mathrm{d}x = F(\varphi(x)) + C. \qquad (4-3-1)$$

利用公式 (4-3-1) 来求不定积分的方法称为**第一类换元积分法**，而式 (4-3-1) 称为**第一类换元积分公式**，它的推导过程可看作：

$$\int f(\varphi(x))\varphi'(x)\mathrm{d}x \xrightarrow{\text{凑微分}} \int f(\varphi(x))\mathrm{d}\varphi(x) \xrightarrow{\varphi(x) = u} \int f(u)\mathrm{d}u$$

$$= F(u) + C \xrightarrow{u = \varphi(x)} F(\varphi(x)) + C.$$

注意 利用第一类换元积分法求不定积分 $\int g(x)\mathrm{d}x$ 时，关键是如何将被积函数 $g(x)$ 化为 $f(\varphi(x))\varphi'(x)$ 的形式，因而需要对复合函数和某些简单函数的导数形式非常熟悉。一般要求能够在被积表达式 $g(x)\mathrm{d}x$ 中很熟练地划分出 $f(\varphi(x))$ 和 $\varphi'(x)\mathrm{d}x$，并把 $\varphi'(x)\mathrm{d}x$ 写成 $\mathrm{d}\varphi(x)$（这个步骤称为**凑微分**），从而将原不定积分写为 $\int f(u)\mathrm{d}u$ 的形式，其中 $u = \varphi(x)$ 为可导函数。因此，第一类换元积分法也称为**凑微分法**。

例 1 求下列不定积分：

(1) $\int 2\cos 2x \mathrm{d}x$； (2) $\int \dfrac{1}{1+2x}\mathrm{d}x$； (3) $\int \dfrac{1}{x(1+2\ln x)}\mathrm{d}x$.

解 (1) 在基本积分公式中没有给出这个不定积分，但是 $2\mathrm{d}x = \mathrm{d}(2x)$，故利用凑微分法，可得

$$\int 2\cos 2x \mathrm{d}x = \int \cos 2x \cdot 2\mathrm{d}x \xrightarrow{2x = u} \int \cos u \mathrm{d}u = \sin u + C \xrightarrow{u = 2x} \sin 2x + C.$$

方法应用熟练后，可略去中间的换元步骤，不必写出中间变量 $u = \varphi(x)$，直接将被积表达式凑微分化成基本积分公式中的形式，从而避免回代的过程。

(2) $\int \dfrac{1}{1+2x}\mathrm{d}x = \dfrac{1}{2}\int \dfrac{1}{1+2x}(1+2x)'\mathrm{d}x = \dfrac{1}{2}\int \dfrac{1}{1+2x}\mathrm{d}(1+2x)$

$= \dfrac{1}{2}\ln|1+2x| + C.$

(3) $\int \dfrac{1}{x(1+2\ln x)}\mathrm{d}x = \int \dfrac{1}{1+2\ln x}(\ln x)'\mathrm{d}x = \dfrac{1}{2}\int \dfrac{1}{1+2\ln x}(1+2\ln x)'\mathrm{d}x$

$= \dfrac{1}{2}\int \dfrac{1}{1+2\ln x}\mathrm{d}(1+2\ln x) = \dfrac{1}{2}\ln|1+2\ln x| + C.$

例 2 求 $\int \dfrac{1}{\sqrt{a^2 - x^2}}\mathrm{d}x \ (a > 0)$.

解 $\int \dfrac{1}{\sqrt{a^2 - x^2}}\mathrm{d}x = \int \dfrac{1}{\sqrt{1 - \left(\dfrac{x}{a}\right)^2}}\mathrm{d}\left(\dfrac{x}{a}\right) = \arcsin \dfrac{x}{a} + C.$

在利用凑微分法求不定积分时，有时需要一些小技巧，如添项、减项、配方等代数恒等变形

或三角恒等变形.

例 3 求下列不定积分：

(1) $\int \dfrac{1}{4+x^2} dx$; (2) $\int \dfrac{x+3}{x^2-5x+6} dx$; (3) $\int \dfrac{x-2}{x^2+2x+3} dx$.

解 (1) $\int \dfrac{1}{4+x^2} dx = \dfrac{1}{4} \int \dfrac{1}{1+\left(\dfrac{x}{2}\right)^2} dx = \dfrac{1}{2} \int \dfrac{1}{1+\left(\dfrac{x}{2}\right)^2} d\left(\dfrac{x}{2}\right) = \dfrac{1}{2} \arctan \dfrac{x}{2} + C.$

(2) $\int \dfrac{x+3}{x^2-5x+6} dx = \int \left(\dfrac{-5}{x-2} + \dfrac{6}{x-3}\right) dx = -5 \int \dfrac{1}{x-2} dx + 6 \int \dfrac{1}{x-3} dx$
$= -5 \ln|x-2| + 6 \ln|x-3| + C.$

(3) $\int \dfrac{x-2}{x^2+2x+3} dx = \int \dfrac{\dfrac{1}{2}(2x+2) - 3}{x^2+2x+3} dx = \dfrac{1}{2} \int \dfrac{2x+2}{x^2+2x+3} dx - 3 \int \dfrac{dx}{x^2+2x+3}$
$= \dfrac{1}{2} \int \dfrac{d(x^2+2x+3)}{x^2+2x+3} - 3 \int \dfrac{d(x+1)}{(x+1)^2 + (\sqrt{2})^2}$
$= \dfrac{1}{2} \ln(x^2+2x+3) - \dfrac{3}{\sqrt{2}} \arctan \dfrac{x+1}{\sqrt{2}} + C.$

例 4 求下列不定积分：

(1) $\int \sin^3 x \, dx$; (2) $\int \tan x \, dx$;

(3) $\int \sec x \, dx$; (4) $\int \tan^5 x \sec^3 x \, dx$.

解 (1) $\int \sin^3 x \, dx = \int (1-\cos^2 x) \sin x \, dx = -\int (1-\cos^2 x)(\cos x)' dx$
$= -\int (1-\cos^2 x) d(\cos x) = -\cos x + \dfrac{1}{3} \cos^3 x + C.$

(2) $\int \tan x \, dx = \int \dfrac{\sin x}{\cos x} dx = -\int \dfrac{1}{\cos x} (\cos x)' dx = -\int \dfrac{1}{\cos x} d(\cos x) = -\ln|\cos x| + C.$

类似地，可得
$$\int \cot x \, dx = \ln|\sin x| + C.$$

(3) $\int \sec x \, dx = \int \dfrac{\sec x (\sec x + \tan x)}{\sec x + \tan x} dx = \int \dfrac{\sec^2 x + \sec x \tan x}{\sec x + \tan x} dx$
$= \int \dfrac{1}{\sec x + \tan x} d(\sec x + \tan x) = \ln|\sec x + \tan x| + C.$

类似地，可得
$$\int \csc x \, dx = \ln|\csc x - \cot x| + C.$$

(4) $\int \tan^5 x \sec^3 x \, dx = \int \tan^4 x \sec^2 x \cdot \tan x \sec x \, dx = \int (\sec^2 x - 1)^2 \sec^2 x \, d(\sec x)$
$= \int (\sec^6 x - 2\sec^4 x + \sec^2 x) d(\sec x)$
$= \dfrac{1}{7} \sec^7 x - \dfrac{2}{5} \sec^5 x + \dfrac{1}{3} \sec^3 x + C.$

例 5 求 $\int \dfrac{1}{x^2-a^2}\mathrm{d}x\ (a\neq 0)$.

解 $\int \dfrac{1}{x^2-a^2}\mathrm{d}x = \dfrac{1}{2a}\int\left(\dfrac{1}{x-a}-\dfrac{1}{x+a}\right)\mathrm{d}x = \dfrac{1}{2a}\left(\int\dfrac{\mathrm{d}(x-a)}{x-a}-\int\dfrac{\mathrm{d}(x+a)}{x+a}\right)$

$\qquad\qquad = \dfrac{1}{2a}(\ln|x-a|-\ln|x+a|)+C = \dfrac{1}{2a}\ln\left|\dfrac{x-a}{x+a}\right|+C.$

凑微分法的重点在于如何凑出合适的微分形式 $\mathrm{d}\varphi(x)$,下面列出常用的凑微分公式：

(1) $\mathrm{d}x = \dfrac{1}{a}\mathrm{d}(ax+b)\ (a\neq 0)$; 　　(2) $x\mathrm{d}x = \dfrac{1}{2}\mathrm{d}(x^2)$;

(3) $\dfrac{1}{x}\mathrm{d}x = \mathrm{d}(\ln|x|)$; 　　(4) $\dfrac{1}{x^2}\mathrm{d}x = -\mathrm{d}\left(\dfrac{1}{x}\right)$;

(5) $\dfrac{1}{\sqrt{x}}\mathrm{d}x = 2\mathrm{d}(\sqrt{x})$; 　　(6) $x^\mu \mathrm{d}x = \dfrac{1}{\mu+1}\mathrm{d}(x^{\mu+1})\ (\mu\neq -1)$;

(7) $\mathrm{e}^x\mathrm{d}x = \mathrm{d}(\mathrm{e}^x)$; 　　(8) $\cos x\mathrm{d}x = \mathrm{d}(\sin x)$;

(9) $\sin x\mathrm{d}x = -\mathrm{d}(\cos x)$; 　　(10) $\sec^2 x\mathrm{d}x = \mathrm{d}(\tan x)$;

(11) $\csc^2 x\mathrm{d}x = -\mathrm{d}(\cot x)$;

(12) $\dfrac{1}{\sqrt{1-x^2}}\mathrm{d}x = \mathrm{d}(\arcsin x) = -\mathrm{d}(\arccos x)$;

(13) $\dfrac{1}{1+x^2}\mathrm{d}x = \mathrm{d}(\arctan x) = -\mathrm{d}(\text{arccot}\,x)$.

二、第二类换元积分法

第一类换元积分法是把不定积分 $\int f(\varphi(x))\varphi'(x)\mathrm{d}x$ 通过变换 $u=\varphi(x)$ 化为容易积分的 $\int f(u)\mathrm{d}u$ 的形式. 但有时反而是不定积分 $\int f(x)\mathrm{d}x$ 不易求出, 此时可令 $x=\psi(t)$, 从而将其化为容易积分的 $\int f(\psi(t))\psi'(t)\mathrm{d}t$ 的形式. 这种方法就是下面介绍的第二类换元积分法.

定理 4.5 若 $\int f(\psi(t))\psi'(t)\mathrm{d}t = F(t)+C$, 又 $x=\psi(t)$ 具有连续的导数, 且 $\psi'(t)\neq 0$, $t=\psi^{-1}(x)$ 是 $x=\psi(t)$ 的反函数, 则

$$\int f(x)\mathrm{d}x = F(\psi^{-1}(x))+C. \qquad (4-3-2)$$

证 由假设有 $F'(t) = f(\psi(t))\psi'(t)$, 且函数 $x=\psi(t)$ 具有连续可导的反函数 $t=\psi^{-1}(x)$, 利用复合函数和反函数的求导法则, 可知

$$\dfrac{\mathrm{d}}{\mathrm{d}x}F(\psi^{-1}(x)) = F'(t)(\psi^{-1}(x))' = f(\psi(t))\psi'(t)\dfrac{1}{\psi'(t)}$$

$$= f(\psi(t)) = f(x),$$

所以式 (4-3-2) 成立.

利用公式 (4-3-2) 来求不定积分的方法称为**第二类换元积分法**, 而式 (4-3-2) 称为**第二类换元积分公式**. 定理 4.5 的特点是: 将积分变量 x 换为新函数 $\psi(t)$. 这就是第一类换元积分法与第二类换元积分法的区别.

下面举例说明第二类换元积分法中常用的两种代换 —— 根式代换和三角代换.

1. 根式代换

例 6 求 $\int \dfrac{1}{1+\sqrt{x}}dx$.

解 令 $\sqrt{x}=t$,则 $x=t^2$,$dx=2tdt$. 于是

$$\int \dfrac{1}{1+\sqrt{x}}dx = \int \dfrac{2t}{1+t}dt = 2\int\left(1-\dfrac{1}{1+t}\right)dt = 2t - 2\int \dfrac{1}{1+t}d(1+t)$$

$$= 2t - 2\ln|1+t| + C = 2\sqrt{x} - 2\ln|1+\sqrt{x}| + C.$$

例 7 求 $\int \dfrac{x+1}{x\sqrt{x-2}}dx$.

解 令 $\sqrt{x-2}=t$,则 $x=t^2+2$,$dx=2tdt$. 于是

$$\int \dfrac{x+1}{x\sqrt{x-2}}dx = \int \dfrac{t^2+3}{(t^2+2)t}\cdot 2tdt = 2\int \dfrac{t^2+3}{t^2+2}dt = 2\left(\int dt + \int \dfrac{1}{t^2+2}dt\right)$$

$$= 2t + \sqrt{2}\arctan\dfrac{t}{\sqrt{2}} + C = 2\sqrt{x-2} + \sqrt{2}\arctan\sqrt{\dfrac{x-2}{2}} + C.$$

例 8 求 $\int \dfrac{1}{\sqrt{x}+\sqrt[3]{x}}dx$.

解 求这个不定积分的主要问题是既要化去根式 $\sqrt{x}$,又要化去根式 $\sqrt[3]{x}$.
令 $\sqrt[6]{x}=t$,则 $x=t^6$,$dx=6t^5dt$. 于是

$$\int \dfrac{1}{\sqrt{x}+\sqrt[3]{x}}dx = \int \dfrac{6t^5}{t^3+t^2}dt = 6\int \dfrac{t^3}{t+1}dt = 6\int \dfrac{t^3+1-1}{t+1}dt$$

$$= 6\int\left[(t^2-t+1) - \dfrac{1}{t+1}\right]dt = 6\left(\dfrac{t^3}{3} - \dfrac{t^2}{2} + t - \ln|t+1|\right) + C$$

$$= 2\sqrt{x} - 3\sqrt[3]{x} + 6\sqrt[6]{x} - 6\ln|\sqrt[6]{x}+1| + C.$$

2. 三角代换

例 9 求 $\int \sqrt{a^2-x^2}dx$ $(a>0)$.

解 为了化去根式 $\sqrt{a^2-x^2}$,可以利用三角公式 $\sin^2 t + \cos^2 t = 1$.
设 $x=a\sin t$,$t\in\left(-\dfrac{\pi}{2},\dfrac{\pi}{2}\right)$,则

$$\sqrt{a^2-x^2} = \sqrt{a^2-a^2\sin^2 t} = a\cos t,\quad dx = a\cos tdt.$$

于是

$$\int \sqrt{a^2-x^2}dx = \int a\cos t\cdot a\cos tdt = a^2\int \cos^2 tdt = a^2\int \dfrac{1+\cos 2t}{2}dt$$

$$= \dfrac{a^2}{2}\left(t + \dfrac{\sin 2t}{2}\right) + C = \dfrac{a^2}{2}t + \dfrac{a^2}{2}\sin t\cos t + C.$$

又由 $x=a\sin t$,$t\in\left(-\dfrac{\pi}{2},\dfrac{\pi}{2}\right)$,有 $t=\arcsin\dfrac{x}{a}$,且

$$\cos t = \sqrt{1-\sin^2 t} = \sqrt{1-\left(\dfrac{x}{a}\right)^2} = \dfrac{\sqrt{a^2-x^2}}{a},$$

于是所求的不定积分为
$$\int \sqrt{a^2-x^2}\,dx = \frac{a^2}{2}\arcsin\frac{x}{a} + \frac{x}{2}\sqrt{a^2-x^2} + C.$$

例 10 求 $\int \dfrac{1}{\sqrt{x^2+a^2}}\,dx$ $(a>0)$.

解 与例 9 类似，可以利用三角公式 $1+\tan^2 t = \sec^2 t$ 化去根式.

设 $x = a\tan t, t \in \left(-\dfrac{\pi}{2}, \dfrac{\pi}{2}\right)$，则 $dx = a\sec^2 t\,dt$，且
$$\sqrt{x^2+a^2} = \sqrt{a^2+a^2\tan^2 t} = a\sqrt{1+\tan^2 t} = a\sec t.$$

于是
$$\int \frac{1}{\sqrt{x^2+a^2}}\,dx = \int \frac{a\sec^2 t}{a\sec t}\,dt = \int \sec t\,dt = \ln|\sec t + \tan t| + C \quad \text{（利用例 4(3) 的结果）}.$$

而
$$\tan t = \frac{x}{a}, \quad \sec t = \frac{\sqrt{x^2+a^2}}{a}, \quad \text{且} \quad \tan t + \sec t > 0,$$

因此
$$\int \frac{1}{\sqrt{x^2+a^2}}\,dx = \ln\left(\frac{x}{a} + \frac{\sqrt{x^2+a^2}}{a}\right) + C_1 = \ln(x + \sqrt{x^2+a^2}) + C,$$

其中 $C = C_1 - \ln a$.

例 11 求 $\int \dfrac{1}{\sqrt{x^2-a^2}}\,dx$ $(a>0)$.

解 类似于例 9 和例 10，可以利用三角公式 $\sec^2 t - 1 = \tan^2 t$ 化去根式，但要注意被积函数的定义域是 $(-\infty, -a) \cup (a, +\infty)$，故应分两个区间来讨论.

(1) 当 $x > a$ 时，设 $x = a\sec t, t \in \left(0, \dfrac{\pi}{2}\right)$，则
$$dx = a\sec t\tan t\,dt, \quad \sqrt{x^2-a^2} = a\sqrt{\sec^2 t - 1} = a\tan t.$$

于是
$$\int \frac{1}{\sqrt{x^2-a^2}}\,dx = \int \frac{1}{a\tan t} \cdot a\sec t\tan t\,dt = \int \sec t\,dt = \ln|\sec t + \tan t| + C_1$$
$$= \ln|x + \sqrt{x^2-a^2}| + C,$$

其中 $C = C_1 - \ln a$.

(2) 当 $x < -a$ 时，设 $x = -u$，则 $u > a$. 于是，由 (1) 的结论得
$$\int \frac{1}{\sqrt{x^2-a^2}}\,dx = -\int \frac{1}{\sqrt{u^2-a^2}}\,du = -\ln|u + \sqrt{u^2-a^2}| + C_1$$
$$= -\ln|-x + \sqrt{x^2-a^2}| + C_1 = \ln\frac{|x + \sqrt{x^2-a^2}|}{a^2} + C_1$$
$$= \ln|x + \sqrt{x^2-a^2}| + C,$$

其中 $C = C_1 - 2\ln a$.

综上所述，无论在哪种情况下，均有

$$\int \frac{1}{\sqrt{x^2-a^2}} dx = \ln|x+\sqrt{x^2-a^2}| + C.$$

以上三个例子中分别利用三角公式 $\sin^2 t + \cos^2 t = 1$(例 9),$\tan^2 t + 1 = \sec^2 t$(例 10 和例 11)来化去形如 $\sqrt{a^2-x^2}$,$\sqrt{x^2+a^2}$,$\sqrt{x^2-a^2}$ 的二次根式. 在回代的过程中,可根据题设,借助辅助直角三角形,得到回代过程中所需要的其他三角函数关系式,从而简化回代的过程. 上述三个积分结果均可作为公式使用.

一般地,当被积函数中含有

(1) 根式 $\sqrt{a^2-x^2}$ 时,可令 $x = a\sin t \left(-\frac{\pi}{2} < t < \frac{\pi}{2}\right)$ 或 $x = a\cos t (0 < t < \pi)$;

(2) 根式 $\sqrt{x^2+a^2}$ 时,可令 $x = a\tan t \left(-\frac{\pi}{2} < t < \frac{\pi}{2}\right)$ 或 $x = a\cot t (0 < t < \pi)$;

(3) 根式 $\sqrt{x^2-a^2}$ 时,可令 $x = a\sec t \left(0 < t < \frac{\pi}{2}, \frac{\pi}{2} < t < \pi \right)$ 或 $x = \csc t$ $\left(-\frac{\pi}{2} < t < 0, 0 < t < \frac{\pi}{2}\right)$.

通常称以上三种代换为**三角代换**. 它是应用第二类换元积分法求不定积分的重要组成部分,但在具体解题时,还需要具体分析. 例如,求不定积分 $\int x\sqrt{x^2-1} dx$ 就不必使用三角代换,它用凑微分法来求会更简单.

【思考题】

已知 $\int f(x) dx = F(x) + C$,则 $\int f(3x) dx = $ _____.

习 题 4-3

(A)

1. 填空:

(1) $x^3 dx = $ _____ $d(3x^4 - 2)$; (2) $e^{-\frac{x}{2}} dx = $ _____ $d(1 + e^{-\frac{x}{2}})$;

(3) $\cos(2x-1) dx = $ _____ $d(\sin(2x-1))$; (4) $\frac{dx}{1+9x^2} = $ _____ $d(\arctan 3x)$.

2. 若 $\int f(x) dx = F(x) + C$,则 $\int e^{-x} f(e^{-x}) dx = $ _____.

3. 求下列不定积分:

(1) $\int \frac{1}{\sqrt{2x-1}(2x-1)} dx$; (2) $\int \frac{x}{1+x^4} dx$;

(3) $\int e^{e^x + x} dx$; (4) $\int \frac{\cos x}{e^{\sin x}} dx$;

(5) $\int \frac{1}{x^2} \cos^2 \frac{1}{x} dx$; (6) $\int \cos^2 3x \, dx$;

(7) $\int \frac{x}{\sin^2(x^2+1)} dx$; (8) $\int \frac{1}{\sin x \cos x} dx$;

(9) $\int \frac{2+x}{\sqrt{4-x^2}} dx$; (10) $\int \frac{1}{(1+\sqrt[3]{x})\sqrt{x}} dx$;

(11) $\int \frac{\arctan x}{1+x^2} dx$; (12) $\int \frac{e^x}{1+e^x} dx$;

(13) $\int \dfrac{1}{x(3+2\ln x)}\mathrm{d}x$;

(14) $\int x\mathrm{e}^{-x^2}\mathrm{d}x$;

(15) $\int \dfrac{1}{1+\mathrm{e}^x}\mathrm{d}x$;

(16) $\int \dfrac{\sin\sqrt{x}}{\sqrt{x}}\mathrm{d}x$;

(17) $\int \sin^2 x\mathrm{d}x$.

4. 求下列不定积分：

(1) $\int \dfrac{1}{1+\sqrt{2x}}\mathrm{d}x$;

(2) $\int \dfrac{\sqrt{x+1}-1}{\sqrt{x+1}+1}\mathrm{d}x$;

(3) $\int \dfrac{x}{\sqrt{1+\sqrt[3]{x^2}}}\mathrm{d}x$;

(4) $\int x^2\sqrt{4-x^2}\mathrm{d}x$;

(5) $\int \dfrac{1}{1+\mathrm{e}^x}\mathrm{d}x$;

(6) $\int \dfrac{\sqrt{a^2-x^2}}{x^2}\mathrm{d}x$;

(7) $\int \dfrac{1}{\sqrt{x^2+4x+6}}\mathrm{d}x$.

(B)

5. 求下列不定积分：

(1) $\int \dfrac{\sin 2x\mathrm{d}x}{\sin^2 x+3}$;

(2) $\int \cos x\cos^2 3x\mathrm{d}x$;

(3) $\int \dfrac{1}{\cos^2 x\sqrt{\tan x-1}}\mathrm{d}x$;

(4) $\int \dfrac{4x+2}{x^2+x+1}\mathrm{d}x$.

6. 求下列不定积分：

(1) $\int \dfrac{2x+3}{\sqrt{3-2x-x^2}}\mathrm{d}x$;

(2) $\int \dfrac{\sqrt{x^2+2x}}{x+1}\mathrm{d}x$;

(3) $\int \dfrac{1}{x^3\sqrt{x^2-9}}\mathrm{d}x$;

(4) $\int \dfrac{1}{x(x^6+4)}\mathrm{d}x$.

第四节　不定积分的分部积分法

下面利用两个函数乘积的求导法则，推导出另一个求不定积分的基本方法——分部积分法．

设函数 $u=u(x)$，$v=v(x)$ 具有连续导数，则有
$$(uv)'=u'v+uv'.$$
移项，得
$$uv'=(uv)'-u'v.$$
两边积分，得
$$\int uv'\mathrm{d}x=uv-\int u'v\mathrm{d}x$$
或
$$\int u\mathrm{d}v=uv-\int v\mathrm{d}u. \qquad (4-4-1)$$

利用公式(4-4-1)来求不定积分的方法称为**分部积分法**，而式(4-4-1)称为**分部积分**

公式. 当求 $\int uv' \mathrm{d}x$ 或 $\int u \mathrm{d}v$ 有困难,而求 $\int u'v \mathrm{d}x$ 或 $\int v \mathrm{d}u$ 比较容易时,分部积分公式就可以发挥作用了. 运用分部积分公式的一般原则是:

(1) 凑微分 $\mathrm{d}v$ 比较容易,即 v 比较容易求出;

(2) $\int v \mathrm{d}u$ 比 $\int u \mathrm{d}v$ 容易求出.

例 1 求 $\int x\cos x \mathrm{d}x$.

解 取 $u = x, \mathrm{d}v = \cos x \mathrm{d}x$,则 $\mathrm{d}u = \mathrm{d}x, v = \sin x$. 于是
$$\int x\cos x \mathrm{d}x = x\sin x - \int \sin x \mathrm{d}x = x\sin x + \cos x + C.$$

如果取 $u = \cos x, \mathrm{d}v = x \mathrm{d}x$,则 $\mathrm{d}u = -\sin x \mathrm{d}x, v = \dfrac{x^2}{2}$. 于是
$$\int x\cos x \mathrm{d}x = \frac{x^2}{2}\cos x + \int \frac{x^2}{2}\sin x \mathrm{d}x.$$

这种取法把问题搞复杂了,因而适当选择 u 和 $\mathrm{d}v$ 至关重要.

熟练分部积分法后,选择 u 和 $\mathrm{d}v$ 的过程可不必写出. 有时,需要重复使用分部积分法,如下面的例 2.

例 2 求 $\int x^2 \mathrm{e}^x \mathrm{d}x$.

解
$$\int x^2 \mathrm{e}^x \mathrm{d}x = \int x^2 \mathrm{d}(\mathrm{e}^x) = x^2 \mathrm{e}^x - 2\int x\mathrm{e}^x \mathrm{d}x = x^2 \mathrm{e}^x - 2\int x \mathrm{d}(\mathrm{e}^x)$$
$$= x^2 \mathrm{e}^x - 2(x\mathrm{e}^x - \mathrm{e}^x) + C = \mathrm{e}^x(x^2 - 2x + 2) + C.$$

从例 1 和例 2 可以看出,如果被积函数是次数为正整数的幂函数与正(余)弦函数或指数函数的乘积,那么就可以考虑使用分部积分法,并设幂函数为 u,这样通过一次分部积分法就可以使幂函数的次数降低一次.

例 3 求 $\int x\ln x \mathrm{d}x$.

解 $\int x\ln x \mathrm{d}x = \int \ln x \mathrm{d}\left(\dfrac{x^2}{2}\right) = \dfrac{x^2}{2}\ln x - \dfrac{1}{2}\int x \mathrm{d}x = \dfrac{x^2}{2}\ln x - \dfrac{x^2}{4} + C.$

例 4 求 $\int x\arctan x \mathrm{d}x$.

解
$$\int x\arctan x \mathrm{d}x = \int \arctan x \mathrm{d}\left(\frac{x^2}{2}\right) = \frac{x^2}{2}\arctan x - \frac{1}{2}\int \frac{x^2}{1+x^2} \mathrm{d}x$$
$$= \frac{x^2}{2}\arctan x - \frac{1}{2}\left(x - \int \frac{1}{1+x^2} \mathrm{d}x\right)$$
$$= \frac{1}{2}(x^2+1)\arctan x - \frac{x}{2} + C.$$

从例 3 和例 4 可以看出,如果被积函数是次数为正整数的幂函数与反三角函数或对数函数的乘积,那么就可以考虑使用分部积分方法,并设反三角函数或对数函数为 u.

例 5 求 $\int \arcsin x \mathrm{d}x$.

解 $\int \arcsin x \mathrm{d}x = x\arcsin x - \int \dfrac{x}{\sqrt{1-x^2}} \mathrm{d}x = x\arcsin x + \dfrac{1}{2}\int (1-x^2)^{-\frac{1}{2}} \mathrm{d}(1-x^2)$

$$= x\arcsin x + \sqrt{1-x^2} + C.$$

例 6 求 $\int e^x \sin x \, dx$.

解
$$\int e^x \sin x \, dx = \int \sin x \, d(e^x) = e^x \sin x - \int e^x \cos x \, dx = e^x \sin x - \int \cos x \, d(e^x)$$
$$= e^x \sin x - e^x \cos x - \int e^x \sin x \, dx.$$

不难发现，上式两端都含有不定积分 $\int e^x \sin x \, dx$，故可将其作为未知函数解出来，即得

$$\int e^x \sin x \, dx = \frac{1}{2} e^x (\sin x - \cos x) + C.$$

因为上式右端已不包含积分项，所以必须加上任意常数 C.

像例 6 这种使用了两次分部积分法后，得到的等式两端都出现了所求的不定积分，进而通过移项求解得到积分结果的解法，称为**循环法**.

在求不定积分时，常常需要将换元积分法和分部积分法综合使用，如下面的例 7.

例 7 求 $\int e^{\sqrt{x}} \, dx$.

解 令 $\sqrt{x} = t$，则 $x = t^2$，$dx = 2t \, dt$. 于是
$$\int e^{\sqrt{x}} \, dx = \int e^t \cdot 2t \, dt = 2\int t \, d(e^t) = 2\left(te^t - \int e^t \, dt\right) = 2(t-1)e^t + C$$
$$= 2e^{\sqrt{x}}(\sqrt{x} - 1) + C.$$

求不定积分比较灵活，方法多样，只有熟练掌握才能生巧.

【思考题】

1. 已知 e^{-x} 是函数 $f(x)$ 的一个原函数，则 $\int xf(x) \, dx = $ _____.

2. $\int xf'(x) \, dx = $ _____.

习 题 4-4

（A）

1. 填空：

(1) $\int \arctan x \, dx = $ _____；

(2) 设 e^{-2x} 是函数 $f(x)$ 的一个原函数，则 $\int xf(x) \, dx = $ _____.

2. 求下列不定积分：

(1) $\int x \sin x \, dx$；

(2) $\int \ln x \, dx$；

(3) $\int xe^{-x} \, dx$；

(4) $\int \ln(x + \sqrt{x^2 - 1}) \, dx$；

(5) $\int \frac{\arctan x}{x^2} \, dx$；

(6) $\int x^3 (\ln x)^2 \, dx$；

(7) $\int \sec^3 x \, dx$；

(8) $\int \frac{\ln(\ln x)}{x} \, dx$；

(9) $\int x^n \ln x \, dx$.

(B)

3. 求下列不定积分：

(1) $\int (\arcsin x)^2 \, dx$;

(2) $\int e^x \sin^2 x \, dx$;

(3) $\int \dfrac{x \cos x}{\sin^3 x} \, dx$;

(4) $\int \dfrac{x e^x}{\sqrt{1+e^x}} \, dx$;

(5) $\int x(x^2+1) e^{x^2} \, dx$;

(6) $\int x f''(x) \, dx$.

*第五节　有理函数的不定积分

本节将讨论一种常见的函数——有理函数的不定积分. **有理函数**是指两个多项式之商所表示的函数, 即 $R(x) = \dfrac{P(x)}{Q(x)}$, 这里多项式 $P(x)$ 与 $Q(x)$ 不可约. 当 $Q(x)$ 的次数高于 $P(x)$ 的次数时, 称 $R(x)$ 为**真分式**; 否则, 称 $R(x)$ 为**假分式**.

利用多项式的除法, 总可把假分式化为多项式与真分式之和, 例如

$$\frac{x^4-3}{x^2+2x-1} = x^2 - 2x + 5 - \frac{12x-2}{x^2+2x-1}.$$

由于多项式的不定积分可以逐项求得, 因此研究有理函数的不定积分, 只需讨论真分式的不定积分.

在第三节的例 5 中, 对不定积分 $\int \dfrac{1}{x^2-a^2} dx \, (a \neq 0)$ 的处理是: 先将真分式 $\dfrac{1}{x^2-a^2}$ 按其分母的因式分解拆成两个简单分式, 即

$$\frac{1}{x^2-a^2} = \frac{1}{(x+a)(x-a)} = \frac{1}{2a}\left(\frac{1}{x-a} - \frac{1}{x+a}\right),$$

再对这两个简单分式分别积分, 从而得出结果.

一般真分式的积分方法就是按照这一解题思路发展而来的: 首先, 将真分式 $R(x) = \dfrac{P(x)}{Q(x)}$ 的分母 $Q(x)$ 分解为一次因式 (可能有重因式) 和二次质因式的乘积; 然后, 把该真分式按分母的因式分解拆成若干简单分式 (称为**部分分式**) 之和. 下面举例说明如何用待定系数法化真分式 $R(x) = \dfrac{P(x)}{Q(x)}$ 为部分分式之和.

(1) 当分母 $Q(x)$ 含有单因式 $x-a$ 时, 真分式 $R(x) = \dfrac{P(x)}{Q(x)}$ 的部分分式中对应地有一项 $\dfrac{A}{x-a}$, 其中 A 为待定系数.

例如, 可设

$$\frac{2x+3}{x^3+x^2-2x} = \frac{2x+3}{x(x-1)(x+2)} = \frac{A}{x} + \frac{B}{x-1} + \frac{C}{x+2}.$$

为了确定系数 A, B, C, 我们用 $x(x-1)(x+2)$ 乘以上式两边, 得

$$2x+3 = A(x-1)(x+2) + Bx(x+2) + Cx(x-1).$$

这是一个恒等式, 将任何 x 值代入都相等. 可令 $x=0$, 代入得 $3 = -2A$, 即

$$A = -\frac{3}{2}.$$

类似地,令 $x=1$,代入并解得 $B=\frac{5}{3}$;令 $x=-2$,代入并解得 $C=-\frac{1}{6}$. 于是

$$\frac{2x+3}{x^3+x^2-2x} = \frac{-\frac{3}{2}}{x} + \frac{\frac{5}{3}}{x-1} + \frac{-\frac{1}{6}}{x+2}.$$

(2) 当分母 $Q(x)$ 含有重因式 $(x-a)^n$ 时,真分式 $R(x)=\frac{P(x)}{Q(x)}$ 的部分分式中相应地有以下 n 项:

$$\frac{A_n}{(x-a)^n}, \quad \frac{A_{n-1}}{(x-a)^{n-1}}, \quad \cdots, \quad \frac{A_1}{x-a},$$

其中 $A_n, A_{n-1}, \cdots, A_1$ 为待定系数.

例如,可设

$$\frac{x^2+1}{x^3-2x^2+x} = \frac{x^2+1}{x(x-1)^2} = \frac{A}{x} + \frac{B}{(x-1)^2} + \frac{C}{x-1}.$$

为了确定系数 A,B,C,将上式两边乘以 $x(x-1)^2$,得

$$x^2+1 = A(x-1)^2 + Bx + Cx(x-1).$$

令 $x=0$,得 $A=1$;令 $x=1$,得 $B=2$;令 $x=2$,得 $5=A+2B+2C$,再代入已求得的 A,B 值,得 $C=0$. 于是

$$\frac{x^2+1}{x^3-2x^2+x} = \frac{1}{x} + \frac{2}{(x-1)^2}.$$

(3) 当分母 $Q(x)$ 含有质因式 x^2+px+q 时,真分式 $R(x)=\frac{P(x)}{Q(x)}$ 的部分分式中相应地有一项

$$\frac{Ax+B}{x^2+px+q},$$

其中 A,B 为待定系数.

例如,可设

$$\frac{x+4}{x^3+2x-3} = \frac{x+4}{(x-1)(x^2+x+3)} = \frac{A}{x-1} + \frac{Bx+C}{x^2+x+3}.$$

为了确定系数 A,B,C,将上式两边乘以 $(x-1)(x^2+x+3)$,得

$$x+4 = A(x^2+x+3) + (Bx+C)(x-1).$$

令 $x=1$,得 $A=1$;令 $x=0$,得 $4=3A-C$,即 $C=-1$;令 $x=2$,得 $6=9A+2B+C$,即 $B=-1$. 于是

$$\frac{x+4}{x^3+2x-3} = \frac{1}{x-1} + \frac{-x-1}{x^2+x+3}.$$

(4) 当分母 $Q(x)$ 含有重质因式 $(x^2+px+q)^n$ 时,这种情况过于烦琐,这里不详细讨论了.

综合以上讨论,有理真分式的不定积分大体可化成下面三种形式:

(1) $\int \frac{A}{x-a} \mathrm{d}x$;

(2) $\int \frac{A}{(x-a)^n} \mathrm{d}x$;

(3) $\int \dfrac{Ax+B}{x^2+px+q}\mathrm{d}x \ (p^2-4q<0)$.

对于前两种不定积分，通过简单的凑微分法即可求得.下面举例说明求第三种形式的不定积分的方法.

例1 求 $\int \dfrac{3x-2}{x^2+2x+4}\mathrm{d}x$.

解 因为 $(x^2+2x+4)'=2x+2$，所以对被积函数的分子做如下变形：
$$3x-2=\dfrac{3}{2}(2x+2)-5.$$
于是
$$\int \dfrac{3x-2}{x^2+2x+4}\mathrm{d}x = \dfrac{3}{2}\int \dfrac{2x+2}{x^2+2x+4}\mathrm{d}x - 5\int \dfrac{1}{x^2+2x+4}\mathrm{d}x$$
$$=\dfrac{3}{2}\int \dfrac{\mathrm{d}(x^2+2x+4)}{x^2+2x+4} - 5\int \dfrac{\mathrm{d}x}{(x^2+2x+1)+3}$$
$$=\dfrac{3}{2}\ln(x^2+2x+4) - 5\int \dfrac{\mathrm{d}x}{(x+1)^2+(\sqrt{3})^2}$$
$$=\dfrac{3}{2}\ln(x^2+2x+4) - \dfrac{5}{\sqrt{3}}\arctan\dfrac{x+1}{\sqrt{3}} + C.$$

例2 求 $\int \dfrac{x^2+1}{x^3-2x^2+x}\mathrm{d}x$.

解 因为
$$\dfrac{x^2+1}{x^3-2x^2+x}=\dfrac{1}{x}+\dfrac{2}{(x-1)^2},$$
所以
$$\int \dfrac{x^2+1}{x^3-2x^2+x}\mathrm{d}x = \int \dfrac{1}{x}\mathrm{d}x + 2\int \dfrac{1}{(x-1)^2}\mathrm{d}x = \ln|x| - \dfrac{2}{x-1} + C.$$

例3 求 $\int \dfrac{x^2}{(1+2x)(1+x^2)}\mathrm{d}x$.

解 设
$$\dfrac{x^2}{(1+2x)(1+x^2)} = \dfrac{A}{1+2x} + \dfrac{Bx+C}{1+x^2}.$$
将上式两边乘以 $(1+2x)(1+x^2)$，得
$$x^2 = A(1+x^2) + (Bx+C)(1+2x).$$
令 $x=-\dfrac{1}{2}$，得 $A=\dfrac{1}{5}$；令 $x=0$，得 $0=A+C$，即 $C=-A=-\dfrac{1}{5}$；令 $x=1$，得 $1=2A+3(B+C)$，即 $B=\dfrac{2}{5}$. 所以
$$\dfrac{x^2}{(1+2x)(1+x^2)} = \dfrac{\dfrac{1}{5}}{1+2x} + \dfrac{\dfrac{2}{5}x-\dfrac{1}{5}}{1+x^2}.$$
于是

$$\int \frac{x^2}{(1+2x)(1+x^2)}dx = \frac{1}{5}\int \frac{1}{1+2x}dx + \frac{1}{5}\int \frac{2x-1}{1+x^2}dx$$
$$= \frac{1}{5} \times \frac{1}{2}\int \frac{d(1+2x)}{1+2x} + \frac{1}{5}\int \frac{d(1+x^2)}{1+x^2} - \frac{1}{5}\int \frac{dx}{1+x^2}$$
$$= \frac{1}{10}\ln|1+2x| + \frac{1}{5}\ln(1+x^2) - \frac{1}{5}\arctan x + C.$$

综上所述,有理函数的原函数都是初等函数.也就是说,有理函数的不定积分都可以求出来.

需要指出的是,求有理函数不定积分的一般方法较复杂,有时需要考虑是否有其他简便的方法.例如,对于 $\int \frac{x^2}{x^3+1}dx$,直接用凑微分法来求更为简便,即

$$\int \frac{x^2}{x^3+1}dx = \frac{1}{3}\int \frac{d(x^3+1)}{x^3+1} = \frac{1}{3}\ln|x^3+1| + C.$$

在结束本章之前,还应指出的是,有些不定积分,如

$$\int e^{-x^2}dx, \quad \int \frac{e^x}{x}dx, \quad \int \frac{dx}{\ln x}, \quad \int \frac{dx}{\sqrt{1+x^4}}$$

等,虽然其被积函数的原函数存在,但不是初等函数.我们称这类不定积分为"积不出"的.对于这类不定积分,实际中我们采用数值积分的方法来求.

在工程技术中,常常借助查积分表(见附录)或数学软件求不定积分或原函数.

习 题 4-5

(A)

1. 求下列不定积分:

(1) $\int \frac{1}{(x+1)(2x+1)}dx$;

(2) $\int \frac{x^2-5x+9}{x^2-5x+6}dx$;

(3) $\int \frac{(x+2)^2}{2+x^2}dx$;

(4) $\int \frac{1}{x^2-7x+12}dx$;

(5) $\int \frac{2x^2+x+1}{(x+3)(x-1)^2}dx$;

(6) $\int \frac{x}{x^3+1}dx$;

(7) $\int \frac{x+1}{(x-1)^3}dx$;

(8) $\int \frac{3x+2}{x(x+1)^3}dx$;

(9) $\int \frac{1}{x^3+1}dx$;

(10) $\int \frac{1-x-x^2}{(x^2+1)^2}dx$.

(B)

2. 求下列不定积分:

(1) $\int \frac{\sqrt{x-1}}{x}dx$;

(2) $\int \frac{1}{x}\sqrt{\frac{1+x}{x}}dx$;

(3) $\int \frac{3-\sin x}{3+\cos x}dx$ (提示:令 $t = \tan \frac{x}{2}$);

(4) $\int \frac{1}{(2+\cos x)\sin x}dx$;

(5) $\int \frac{1+\tan x}{\sin 2x}dx$.

第五章　定 积 分

在第四章中,我们介绍了不定积分以及求不定积分的方法.不定积分和定积分是积分学中的两个基本概念.在本章中,我们先介绍定积分的概念,然后通过讨论积分上限函数来导出微积分基本公式,从而实现利用不定积分来解决定积分的计算问题,最后通过实例来介绍定积分在几何学、物理学和经济学中的应用.

第一节　定积分的概念与性质

一、定积分概念的引入

定积分最初是由阿基米德(Archimedes)等人提出面积和体积的计算问题时逐步得到的一系列求解方法.实际生活中存在许多问题,其解决的思想方法都与这些求解方法相同.由此,引入定积分的概念.

1. 曲边梯形的面积

曲边梯形是指由连续曲线 $y=f(x)$(假设 $f(x)\geqslant 0$),两条直线 $x=a$,$x=b$ 及 x 轴所围成的平面图形(见图 5-1-1).

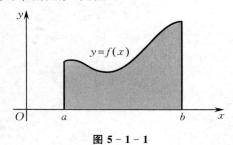

图 5-1-1　　　　　　　　　　图 5-1-2

如何计算图 5-1-1 所示的曲边梯形的面积 A 呢?下面我们进行讨论,以寻求曲边梯形面积 A 的思路和方法.

我们已经知道,矩形的面积公式为

$$\text{矩形面积} = \text{高} \times \text{底}.$$

由于该曲边梯形在底边 $[a,b]$ 上各点处的高 $f(x)$ 是变化的,因此它的面积就不能按照矩形的面积公式来计算.

但注意到该曲边梯形的高 $f(x)$ 在 $[a,b]$ 上是连续变化的,即当 x 变化很小时,$f(x)$ 的变化也是很小的.因此,如果把 x 限制在一个很小的区间上,则该区间上的曲边梯形可以近似看作矩形.基于这样一个事实,我们设想把该曲边梯形沿 y 轴方向切割成许多窄小曲边梯形,如图 5-1-2 所示,把每个窄小曲边梯形按小矩形近似计算其面积,再求其和就得到所求曲边梯形面积 A 的近似值.显然,分割越细,误差越小.于是,当窄小曲边梯形宽度(底)趋近于 0 时,就可以得到所求曲边梯形面积 A 的精确值.

根据上述分析,我们按以下四个步骤计算该曲边梯形的面积.

1) 分割

在闭区间 $[a,b]$ 内任意插入 $n-1$ 个分点:$a=x_0<x_1<x_2<\cdots<x_{n-1}<x_n=b$,把 $[a,b]$ 分成 n 个小闭区间 $[x_0,x_1]$,$[x_1,x_2]$,$\cdots$,$[x_{n-1},x_n]$.这 n 个小闭区间的长度依次是 $\Delta x_1=x_1-x_0$,$\Delta x_2=x_2-x_1$,$\cdots$,$\Delta x_n=x_n-x_{n-1}$.那么,该曲边梯形被分割成 n 个窄小曲边梯形(见图 5-1-2).

2) 近似

当小闭区间 $[x_{i-1},x_i]$ 的长度 Δx_i 很小时,它所对应的窄小曲边梯形的面积可以用小矩形的面积近似表示,且小矩形的底为 Δx_i,高可取为 $[x_{i-1},x_i]$ 上任一点 ξ_i 对应的函数值 $f(\xi_i)$,于是得到窄小曲边梯形面积 ΔA_i 的近似值:
$$\Delta A_i \approx f(\xi_i)\Delta x_i \quad (i=1,2,\cdots,n).$$

3) 求和

把 n 个窄小曲边梯形的近似面积加起来,就得到所求曲边梯形面积 A 的近似值,即
$$A \approx f(\xi_1)\Delta x_1 + f(\xi_2)\Delta x_2 + \cdots + f(\xi_n)\Delta x_n = \sum_{i=1}^{n} f(\xi_i)\Delta x_i.$$

4) 逼近

为了保证所有小闭区间的长度都无限小,我们要求这些小闭区间长度的最大值 $\lambda = \max\{\Delta x_1,\Delta x_2,\cdots,\Delta x_n\}$ 趋近于 0(这时分点数 n 无限增大,即 $n\to\infty$),则和式 $\sum_{i=1}^{n} f(\xi_i)\Delta x_i$ 的极限值就是该曲边梯形的面积,即
$$A = \lim_{\lambda \to 0} \sum_{i=1}^{n} f(\xi_i)\Delta x_i.$$

以上讨论说明,采用"分割、近似、求和、逼近"的方法可求得曲边梯形的面积.

2. 变速直线运动的路程

设一物体做变速直线运动,已知速度 $v=v(t)$ 是时间区间 $[T_1,T_2]$ 上的连续函数,且 $v(t)\geqslant 0$,计算在这段时间内该物体所经过的路程 s.

我们知道,物体做匀速直线运动的路程公式为
$$路程 = 速度 \times 时间.$$
由于物体做变速直线运动时的速度是变化的,故此时不能用求匀速直线运动的路程公式来计算路程.然而,已知速度 $v=v(t)$ 是连续变化的,即在很短的一段时间内,速度的变化是很小的,近似于匀速,则此段时间内的路程可用匀速直线运动的路程公式来近似计算.这就是说,可按求曲边梯形面积的思路与步骤来求变速直线运动的路程.

1) 分割

在时间区间 $[T_1,T_2]$ 内任意插入 $n-1$ 个分点:$T_1=t_0<t_1<t_2<\cdots<t_{n-1}<t_n=T_2$,把 $[T_1,T_2]$ 分成 n 个小时间区间 $[t_0,t_1]$,$[t_1,t_2]$,$\cdots$,$[t_{n-1},t_n]$.这 n 个小时间区间的长度依次是 $\Delta t_1=t_1-t_0$,$\Delta t_2=t_2-t_1$,$\cdots$,$\Delta t_n=t_n-t_{n-1}$.相应地,所求路程 s 被分割成 n 段小路程.

2) 近似

当小时间区间 $[t_{i-1},t_i]$ 的长度很小时,其上的速度可近似看成是不变的,对应的路程可用匀速直线运动的路程公式来近似计算.在 $[t_{i-1},t_i]$ 上任取一点 ξ_i,此点对应的速度值为 $v(\xi_i)$,

于是可得到该物体在$[t_{i-1},t_i]$这一小段时间内经过的路程Δs_i的近似值：
$$\Delta s_i \approx v(\xi_i)\Delta t_i \quad (i=1,2,\cdots,n).$$

3）求和

把n段小路程加起来，就得到所求路程s的近似值，即
$$s \approx v(\xi_1)\Delta t_1 + v(\xi_2)\Delta t_2 + \cdots + v(\xi_n)\Delta t_n = \sum_{i=1}^{n} v(\xi_i)\Delta t_i.$$

4）逼近

为了保证所有小时间区间的长度都无限小，我们要求这些小时间区间长度的最大值$\lambda = \max\{\Delta t_1, \Delta t_2, \cdots, \Delta t_n\}$趋近于0（这时分点数$n$无限增大，即$n \to \infty$），则和式$\sum_{i=1}^{n} v(\xi_i)\Delta t_i$的极限值就是所求的路程，即
$$s = \lim_{\lambda \to 0} \sum_{i=1}^{n} v(\xi_i)\Delta t_i.$$

从以上两个实例可以看出，虽然研究的问题不同，但解决问题的思路和方法是相同的：先把自变量的区间分成有限多个小区间；再对每个小区间做"以直代曲"或"以不变代变"，求得每个小区间对应的近似值；然后把所有小区间对应的近似值加起来，就得到整体的近似值；最后令区间划分无限细，这样近似值就转化为整体的精确值. 而且，从其结果来看，最后所得到的数学表达式是具有相同结构的一种特定和式的极限. 在科学技术和实际生活中，许多问题都可以归结为这种特定和式的极限. 撇开这些问题的具体背景意义，抓住它们在数量上共同的本质与特性并加以概括，即可抽象、归纳出定积分的概念.

二、定积分的定义

定义 5.1 设函数$f(x)$为闭区间$[a,b]$上的有界函数，在$[a,b]$内任意插入$n-1$个分点：
$$a = x_0 < x_1 < x_2 < \cdots < x_{n-1} < x_n = b,$$
把闭区间$[a,b]$分成n个小闭区间
$$[x_0,x_1],\quad [x_1,x_2],\quad \cdots,\quad [x_{n-1},x_n],$$
它们的长度依次是
$$\Delta x_1 = x_1 - x_0,\quad \Delta x_2 = x_2 - x_1,\quad \cdots,\quad \Delta x_n = x_n - x_{n-1}.$$
在每个小闭区间$[x_{i-1},x_i]$($i=1,2,\cdots,n$)上任取一点ξ_i，做函数值$f(\xi_i)$与小闭区间长度Δx_i的乘积$f(\xi_i)\Delta x_i$，并做和式
$$\sum_{i=1}^{n} f(\xi_i)\Delta x_i.$$
令$\lambda = \max\{\Delta x_1, \Delta x_2, \cdots, \Delta x_n\}$. 若当$\lambda \to 0$时，上述和式的极限存在，则称这个极限值为$f(x)$在$[a,b]$上的**定积分**，记作$\int_a^b f(x)\mathrm{d}x$，即
$$\int_a^b f(x)\mathrm{d}x = \lim_{\lambda \to 0} \sum_{i=1}^{n} f(\xi_i)\Delta x_i,$$
其中$f(x)$称为**被积函数**，$f(x)\mathrm{d}x$称为**被积表达式**，x称为**积分变量**，$[a,b]$称为**积分区间**，a称为**积分下限**，b称为**积分上限**.

注意 关于定积分的定义，需要注意以下几点：

（1）定积分是一种特定和式[称为黎曼(Riemann)和]的极限，极限存在是指不论闭区间$[a,b]$怎样划分和点ξ_i怎样选取，极限都存在且相等；

(2) 定积分是一个数值,它只与被积函数 $f(x)$ 和积分区间 $[a,b]$ 有关,而与积分变量的记号无关,即

$$\int_a^b f(x)\mathrm{d}x = \int_a^b f(t)\mathrm{d}t = \int_a^b f(u)\mathrm{d}u;$$

(3) 可以证明,定积分存在的充分条件是被积函数在积分区间上连续,或被积函数有界且在积分区间上只有有限个间断点.

利用定积分的定义,我们可以把前面讨论的两个实际问题的结果用定积分来表达.

由连续曲线 $y=f(x)(f(x)\geqslant 0)$,两条直线 $x=a,x=b$ 及 x 轴所围成的曲边梯形的面积 A 等于函数 $f(x)$ 在区间 $[a,b]$ 上的定积分,即

$$A = \int_a^b f(x)\mathrm{d}x.$$

物体以速度 $v=v(t)(v(t)\geqslant 0)$ 做变速直线运动时,它从 T_1 时刻到 T_2 时刻所经过的路程 s 等于速度函数 $v(t)$ 在时间区间 $[T_1,T_2]$ 上的定积分,即

$$s = \int_{T_1}^{T_2} v(t)\mathrm{d}t.$$

三、定积分的几何意义

由前面的曲边梯形面积的计算可以看到,当 $f(x)\geqslant 0$ 时,定积分 $\int_a^b f(x)\mathrm{d}x$ 表示由曲线 $y=f(x)$,两条直线 $x=a,x=b$ 及 x 轴所围成的曲边梯形的面积 A,即 $\int_a^b f(x)\mathrm{d}x = A$;当 $f(x)\leqslant 0$ 时,$\int_a^b f(x)\mathrm{d}x = -A$,即 $\int_a^b f(x)\mathrm{d}x$ 的值为上述曲边梯形面积的相反数.

因此,定积分 $\int_a^b f(x)\mathrm{d}x$ 的几何意义是:由曲线 $y=f(x)$,两条直线 $x=a,x=b$ 及 x 轴所围成的平面图形各部分面积的代数和,其中平面图形在 x 轴上方的部分取正号,在 x 轴下方的部分取负号. 如图 5-1-3 所示,设 A_1,A_2,A_3 为各阴影部分的面积,则函数 $f(x)$ 在闭区间 $[a,b]$ 上的定积分为

$$\int_a^b f(x)\mathrm{d}x = A_1 - A_2 + A_3.$$

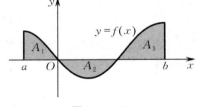

图 5-1-3

为了方便计算与应用,下面补充两条规定:

(1) $\int_a^a f(x)\mathrm{d}x = 0$;

(2) $\int_a^b f(x)\mathrm{d}x = -\int_b^a f(x)\mathrm{d}x.$

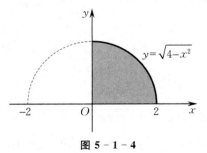

图 5-1-4

例 1 利用定积分的几何意义计算 $\int_0^2 \sqrt{4-x^2}\,\mathrm{d}x$.

解 根据定积分的几何意义,所求的定积分是由曲线 $y=\sqrt{4-x^2}$,直线 $x=0,x=2$ 及 x 轴所围成的平面图形的面积,即以 2 为半径的四分之一圆的面积,如图 5-1-4 所示,所以

$$\int_0^2 \sqrt{4-x^2}\,\mathrm{d}x = \frac{1}{4}\pi \times 2^2 = \pi.$$

四、定积分的性质

设函数 $f(x), g(x)$ 在给定区间上的定积分都存在，则其定积分具有如下性质：

性质 1 两个函数的和（差）的定积分等于它们的定积分的和（差），即
$$\int_a^b (f(x) \pm g(x))\mathrm{d}x = \int_a^b f(x)\mathrm{d}x \pm \int_a^b g(x)\mathrm{d}x.$$

性质 2 被积表达式中的常数因子可以提到积分号前面，即
$$\int_a^b kf(x)\mathrm{d}x = k\int_a^b f(x)\mathrm{d}x \quad (k \text{ 为常数}).$$

性质 3 若把区间 $[a,b]$ 分成 $[a,c]$ 和 $[c,b]$ 两部分，则有
$$\int_a^b f(x)\mathrm{d}x = \int_a^c f(x)\mathrm{d}x + \int_c^b f(x)\mathrm{d}x.$$

这个性质称为定积分的**区间可加性**.

性质 4 如果在区间 $[a,b]$ 上，$f(x) \equiv 1$，则
$$\int_a^b f(x)\mathrm{d}x = \int_a^b \mathrm{d}x = b-a.$$

性质 5 如果在区间 $[a,b]$ 上，$f(x) \geqslant 0$，则
$$\int_a^b f(x)\mathrm{d}x \geqslant 0.$$

性质 6 如果在区间 $[a,b]$ 上，$f(x) \leqslant g(x)$，则
$$\int_a^b f(x)\mathrm{d}x \leqslant \int_a^b g(x)\mathrm{d}x.$$

性质 7（估值定理） 如果函数 $f(x)$ 在区间 $[a,b]$ 上的最大值为 M，最小值为 m，那么
$$m(b-a) \leqslant \int_a^b f(x)\mathrm{d}x \leqslant M(b-a).$$

性质 8（积分中值定理） 如果函数 $f(x)$ 在区间 $[a,b]$ 上连续，则在 $[a,b]$ 上至少存在一点 ξ，使得
$$\int_a^b f(x)\mathrm{d}x = f(\xi)(b-a). \tag{5-1-1}$$

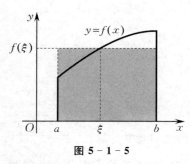

图 5 - 1 - 5

积分中值定理的几何解释如下：以区间 $[a,b]$ 为底边、以曲线 $y = f(x)(f(x) \geqslant 0)$ 为曲边的曲边梯形的面积等于同一底边、而高为 $f(\xi)$ 的矩形的面积，如图 5 - 1 - 5 所示.

显然，当 $b < a$ 时，式 (5 - 1 - 1) 也是成立的，其中 $b \leqslant \xi \leqslant a$. 通常称式 (5 - 1 - 1) 为**积分中值公式**.

另外，由积分中值定理可得
$$f(\xi) = \frac{1}{b-a}\int_a^b f(x)\mathrm{d}x,$$

所以我们称 $f(\xi)$ 为函数 $f(x)$ 在区间 $[a,b]$ 上的**平均值**.

例 2 计算 $\int_{-\pi}^{\pi} \sin x \mathrm{d}x$.

解 当 $x \in [0,\pi]$ 时，$\sin x \geqslant 0$，于是 $\int_0^{\pi} \sin x \mathrm{d}x$ 的值在几何上表示由曲线 $y = \sin x$ 及 x 轴在 $[0,\pi]$ 上所围成的平面图形的面积 A. 当 $x \in [-\pi,0]$ 时，$\sin x \leqslant 0$，于是由定积分的几何意

义可知 $\int_{-\pi}^{0} \sin x \mathrm{d}x = -A$.

根据定积分的性质 3，得

$$\int_{-\pi}^{\pi} \sin x \mathrm{d}x = \int_{-\pi}^{0} \sin x \mathrm{d}x + \int_{0}^{\pi} \sin x \mathrm{d}x = -A + A = 0.$$

例 3 利用定积分的性质，比较下列各组定积分值的大小：

(1) $\int_{0}^{\frac{\pi}{2}} \sin x \mathrm{d}x$ 和 $\int_{0}^{\frac{\pi}{2}} \sin^2 x \mathrm{d}x$；　　(2) $\int_{1}^{2} \ln x \mathrm{d}x$ 和 $\int_{1}^{2} \ln^2 x \mathrm{d}x$.

解 (1) 在区间 $\left[0, \frac{\pi}{2}\right]$ 上，$0 \leqslant \sin x \leqslant 1$，因此 $\sin x \geqslant \sin^2 x$. 于是，由定积分的性质 6 可知

$$\int_{0}^{\frac{\pi}{2}} \sin x \mathrm{d}x \geqslant \int_{0}^{\frac{\pi}{2}} \sin^2 x \mathrm{d}x.$$

(2) 在区间 $[1,2]$ 上，$0 \leqslant \ln x \leqslant 1$，因此 $\ln x \geqslant \ln^2 x$. 于是，由定积分的性质 6 可知

$$\int_{1}^{2} \ln x \mathrm{d}x \geqslant \int_{1}^{2} \ln^2 x \mathrm{d}x.$$

例 4 利用定积分的性质，估计定积分 $\int_{-1}^{2} \mathrm{e}^{-x^2} \mathrm{d}x$ 的值的范围.

解 先求出被积函数 $f(x) = \mathrm{e}^{-x^2}$ 在区间 $[-1, 2]$ 上的最大值和最小值. 为此，计算函数 $f(x) = \mathrm{e}^{-x^2}$ 的导数，得

$$f'(x) = -2x \mathrm{e}^{-x^2}.$$

令 $f'(x) = 0$，得驻点 $x = 0$. 求得 $f(0) = 1$，又求得区间端点处的函数值分别为 $f(-1) = \mathrm{e}^{-1}, f(2) = \mathrm{e}^{-4}$，故 $f(x)$ 在 $[-1,2]$ 上的最大值为 $f(0) = 1$，最小值为 $f(2) = \mathrm{e}^{-4}$，如图 5-1-6 所示. 因此，根据性质 7，得

$$\mathrm{e}^{-4} \times [2 - (-1)] \leqslant \int_{-1}^{2} \mathrm{e}^{-x^2} \mathrm{d}x \leqslant 1 \times [2 - (-1)],$$

即

$$3\mathrm{e}^{-4} \leqslant \int_{-1}^{2} \mathrm{e}^{-x^2} \mathrm{d}x \leqslant 3.$$

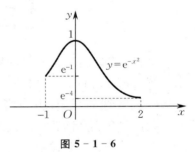

图 5-1-6

习题 5-1

(A)

1. 利用定积分的几何意义，画出下列定积分所表示的面积相应的平面图形，并求出定积分的值：

(1) $\int_{0}^{2} 2x \mathrm{d}x$；　　(2) $\int_{-2}^{2} \sqrt{4-x^2} \mathrm{d}x$.

2. 利用定积分的性质，化简下列各式：

(1) $\int_{-2}^{-1} f(x) \mathrm{d}x + \int_{-1}^{2} f(x) \mathrm{d}x$；　　(2) $\int_{a}^{x+\Delta x} f(x) \mathrm{d}x - \int_{a}^{x} f(x) \mathrm{d}x$.

3. 利用定积分的性质，确定下列定积分的符号：

(1) $\int_{0}^{\pi} \sin x \mathrm{d}x$；　　(2) $\int_{\frac{1}{4}}^{1} \ln x \mathrm{d}x$.

4. 利用定积分的性质，比较下列各组定积分值的大小：

(1) $\int_0^1 x^2 dx$ 与 $\int_0^1 x^3 dx$；　　　　　　(2) $\int_0^{\frac{\pi}{2}} x dx$ 与 $\int_0^{\frac{\pi}{2}} \sin x dx$.

5. 估计下列定积分值的范围：

(1) $\int_1^2 (x^2+1) dx$；　　　　　　(2) $\int_0^{\pi} \sin x dx$.

(B)

6. 利用定积分的定义，计算由抛物线 $y = x^2 + 1$，两条直线 $x = a, x = b (b > a)$ 及 x 轴所围成的平面图形的面积.

7. 利用定积分的几何意义，证明下列等式：

(1) $\int_0^1 2x dx = 1$；　　　　　　(2) $\int_0^a \sqrt{a^2 - x^2} dx = \frac{\pi}{4} a^2 \quad (a > 0)$.

8. 利用定积分的性质，比较下列各组定积分值的大小：

(1) $\int_0^1 e^x dx$ 与 $\int_0^1 (1+x) dx$；　　　　　　(2) $\int_1^e \ln x dx$ 与 $\int_1^e \ln^2 x dx$.

9. 利用定积分的性质，估计下列定积分值的大小：

(1) $\int_0^{\frac{3\pi}{2}} (1 + \cos^2 x) dx$；　　　　　　(2) $\int_{-1}^2 e^{-x^2} dx$.

10. 一物体以速度（单位：m/s）$v = 3t^2 + 2t$ 做直线运动，请计算它在 $t = 0$ s 到 $t = 3$ s 这段时间内的平均速度（提示：利用积分中值定理和 $\int_0^3 t^2 dt = 9, \int_0^3 2t dt = 9$）.

第二节　　微积分基本公式

定积分是一种特定和式的极限，直接用定义来计算是一件非常困难的事，因此我们必须寻求计算定积分的新的、有效的方法.

一、变速直线运动的路程函数与速度函数之间的关系

我们先从实际问题中寻找解决定积分计算问题的思路. 仍以物体做变速直线运动为例.

上一节中已经讨论过，若一物体以速度 $v = v(t)$ 做变速直线运动，则从 T_1 时刻到 T_2 时刻该物体所经过的路程 s 等于速度函数 $v(t)$ 在时间区间 $[T_1, T_2]$ 上的定积分，即

$$s = \int_{T_1}^{T_2} v(t) dt.$$

从物理学角度看，这段路程又可表示为路程函数 $s(t)$ 在时间区间 $[T_1, T_2]$ 上的增量，即

$$s = s(T_2) - s(T_1).$$

所以，路程函数与速度函数之间应有以下关系式成立：

$$\int_{T_1}^{T_2} v(t) dt = s(T_2) - s(T_1).$$

我们已经知道 $s'(t) = v(t)$，即路程函数 $s(t)$ 是速度函数 $v(t)$ 的原函数. 因此，上式表明，速度函数 $v(t)$ 在时间区间 $[T_1, T_2]$ 上的定积分等于其原函数 $s(t)$ 在时间区间 $[T_1, T_2]$ 上的增量. 这一结论是否具有普遍意义？牛顿（Newton）和莱布尼茨（Leibniz）证明了这一结论的一般性，并由此得出了**牛顿-莱布尼茨公式**.

二、变上限的定积分

上面的例子告诉我们，定积分的计算问题可以转化为求原函数的问题. 下面我们通过讨论

来说明定积分与原函数的联系.

设函数 $f(x)$ 在区间 $[a,b]$ 上可积,并且设 x 为 $[a,b]$ 上任意一点,那么 $f(x)$ 在部分区间 $[a,x]$ 上的定积分为

$$\int_a^x f(x)\mathrm{d}x.$$

上式中的 x 既表示积分上限,又表示积分变量. 为了避免混淆,我们将积分变量改为 t(定积分与积分变量的记号无关),于是上面的定积分可改写为

$$\int_a^x f(t)\mathrm{d}t.$$

显然,当 x 在 $[a,b]$ 上变动时,对应于每个 x 值,定积分 $\int_a^x f(t)\mathrm{d}t$ 都有一个确定的值. 由函数的定义可知,$\int_a^x f(t)\mathrm{d}t$ 是一个关于积分上限 x 的函数,称为**积分上限函数**,记作 $\Phi(x)$,即

$$\Phi(x) = \int_a^x f(t)\mathrm{d}t.$$

上式这个积分也称为**变上限的定积分**,其几何意义如图 5-2-1 所示.

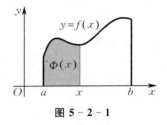

图 5-2-1

变上限的定积分 $\int_a^x f(t)\mathrm{d}t$ 是积分上限 x 的函数,在一定条件下可以求其导数,即有下面的定理:

定理 5.1 设函数 $f(x)$ 在区间 $[a,b]$ 上连续,则积分上限函数

$$\Phi(x) = \int_a^x f(t)\mathrm{d}t$$

在区间 $[a,b]$ 上可导,且

$$\Phi'(x) = \frac{\mathrm{d}}{\mathrm{d}x}\int_a^x f(t)\mathrm{d}t = f(x).$$

从该定理可知,积分上限函数的导数等于被积函数在积分上限处的函数值. 因此,积分上限函数 $\Phi(x)$ 是连续函数 $f(x)$ 的一个原函数. 于是,有如下结论成立:

定理 5.2 设函数 $f(x)$ 在区间 $[a,b]$ 上连续,则积分上限函数

$$\Phi(x) = \int_a^x f(t)\mathrm{d}t$$

就是 $f(x)$ 在区间 $[a,b]$ 上的一个原函数.

推论 1 $\dfrac{\mathrm{d}}{\mathrm{d}x}\int_x^a f(t)\mathrm{d}t = -f(x).$

推论 2 $\dfrac{\mathrm{d}}{\mathrm{d}x}\int_a^{\varphi(x)} f(t)\mathrm{d}t = f(\varphi(x))\varphi'(x).$

上面两个定理的重要意义是:一方面,它们肯定了连续函数的原函数必定存在;另一方面,它们初步揭示了定积分与原函数之间的联系. 所以,我们就有可能通过原函数来计算定积分.

例 1 已知 $\Phi(x) = \int_0^x \sin t^2 \mathrm{d}t$,求 $\Phi'(x)$.

解 由定理 5.1 可知

$$\Phi'(x) = \frac{\mathrm{d}}{\mathrm{d}x}\int_0^x \sin t^2 \mathrm{d}t = \sin x^2.$$

例 2 计算 $\dfrac{d}{dx}\displaystyle\int_0^{x^2}\cos t^3\,dt$.

解 由于 x^2 是 x 的函数,因此由推论 2 可得

$$\dfrac{d}{dx}\int_0^{x^2}\cos t^3\,dt=\cos x^6\cdot(x^2)'=2x\cos x^6.$$

三、牛顿-莱布尼茨公式

定理 5.2 阐明了定积分与原函数之间的联系,那么如何利用这种联系来计算定积分呢? 通过研究,牛顿和莱布尼茨分别找到了计算定积分的方法,即如下定理:

定理 5.3 设函数 $f(x)$ 在区间 $[a,b]$ 上连续,又 $F(x)$ 是 $f(x)$ 在区间 $[a,b]$ 上的任一原函数,则有

$$\int_a^b f(x)\,dx=F(b)-F(a).$$

上述公式叫作**牛顿-莱布尼茨公式**.

牛顿-莱布尼茨公式进一步揭示了定积分与原函数之间的内在联系,它表明定积分等于其原函数在积分上、下限处的函数值之差. 因此,此公式又称为**微积分基本公式**.

有了牛顿-莱布尼茨公式,则计算定积分的基本方法是:先用求不定积分的方法求出被积函数的原函数,然后计算原函数在积分上、下限处的函数值,并求其差,便可得到所求定积分的值.

为了简便,通常把 $F(b)-F(a)$ 记作 $F(x)\Big|_a^b$,于是牛顿-莱布尼茨公式可写成如下形式:

$$\int_a^b f(x)\,dx=F(x)\Big|_a^b.$$

下面举几个应用牛顿-莱布尼茨公式计算定积分的简单例子.

例 3 计算 $\displaystyle\int_1^2 x^3\,dx$.

解 由于 $\dfrac{x^4}{4}$ 是 x^3 的一个原函数,所以根据牛顿-莱布尼茨公式,有

$$\int_1^2 x^3\,dx=\dfrac{x^4}{4}\Big|_1^2=\dfrac{2^4}{4}-\dfrac{1^4}{4}=4-\dfrac{1}{4}=\dfrac{15}{4}.$$

例 4 计算 $\displaystyle\int_1^2\left(x+\dfrac{1}{x}\right)^2 dx$.

解 先将被积函数展开,再利用定积分的性质及牛顿-莱布尼茨公式计算定积分,得

$$\int_1^2\left(x+\dfrac{1}{x}\right)^2 dx=\int_1^2\left(x^2+2+\dfrac{1}{x^2}\right)dx=\left(\dfrac{1}{3}x^3+2x-\dfrac{1}{x}\right)\Big|_1^2=\dfrac{29}{6}.$$

例 5 计算 $\displaystyle\int_{-2}^2|x|\,dx$.

解 注意到被积函数 $f(x)=|x|$ 在积分区间 $[-2,2]$ 上是分段函数,即

$$f(x)=\begin{cases}-x,& -2\leqslant x<0,\\ x,& 0\leqslant x\leqslant 2,\end{cases}$$

所以有

$$\int_{-2}^2|x|\,dx=\int_{-2}^0(-x)\,dx+\int_0^2 x\,dx=-\dfrac{1}{2}x^2\Big|_{-2}^0+\dfrac{1}{2}x^2\Big|_0^2=4.$$

例 6 计算下列定积分：

(1) $\int_1^4 \sqrt{x}\,\mathrm{d}x$； (2) $\int_{-1}^1 \frac{1}{1+x^2}\,\mathrm{d}x$.

解 (1) $\int_1^4 \sqrt{x}\,\mathrm{d}x = \frac{2}{3}x^{\frac{3}{2}}\Big|_1^4 = \frac{2}{3}(4^{\frac{3}{2}}-1) = \frac{14}{3}$.

(2) $\int_{-1}^1 \frac{1}{1+x^2}\,\mathrm{d}x = \arctan x\Big|_{-1}^1 = \arctan 1 - \arctan(-1) = \frac{\pi}{4} - \left(-\frac{\pi}{4}\right) = \frac{\pi}{2}$.

例 7 计算曲线 $y=\sin x$（称为正弦曲线）在闭区间 $[0,\pi]$ 上与 x 轴所围成的平面图形（见图 5-2-2）的面积 A.

解 根据定积分的几何意义，所求的面积为

$$A = \int_0^\pi \sin x\,\mathrm{d}x = -\cos x\Big|_0^\pi = 1-(-1) = 2.$$

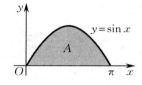

图 5-2-2

例 8 一物体从某一高处由静止自由下落，经过时间 t（单位：s）后它的速度为 $v(t)=gt$（单位：m/s）. 问：经过 4 s 后该物体下落的路程 s（单位：m）是多少（设 $g=10\text{ m/s}^2$，且下落时该物体离地面足够高）？

解 物体自由下落是变速直线运动，故经过 4 s 后该物体下落的路程 s 可用定积分计算：

$$s = \int_0^4 v(t)\,\mathrm{d}t = \int_0^4 gt\,\mathrm{d}t = \int_0^4 10t\,\mathrm{d}t = 5t^2\Big|_0^4 = 80(\text{单位：m}).$$

习 题 5-2

(A)

1. 计算下列函数的导数：

(1) $F(x) = \int_1^x \sin t^4\,\mathrm{d}t$； (2) $F(x) = \int_x^3 \sqrt{1+t^2}\,\mathrm{d}t$；

(3) $F(x) = \int_1^{x^3} \ln t^2\,\mathrm{d}t$.

2. 计算下列定积分：

(1) $\int_1^2 x^2\,\mathrm{d}x$； (2) $\int_0^1 \mathrm{e}^x\,\mathrm{d}x$；

(3) $\int_2^3 \left(x^2 + \frac{1}{x} + 4\right)\mathrm{d}x$； (4) $\int_0^{\frac{\pi}{2}} \cos x\,\mathrm{d}x$；

(5) $\int_0^{2\pi} |\sin x|\,\mathrm{d}x$； (6) $\int_4^9 \sqrt{x}(1+\sqrt{x})\,\mathrm{d}x$.

3. 设函数 $f(x) = \begin{cases} x+1, & x \leqslant 1, \\ \frac{1}{2}x^2, & x > 1, \end{cases}$ 求 $\int_0^2 f(x)\,\mathrm{d}x$.

(B)

4. 计算下列函数的导数：

(1) $F(x) = \int_1^x (\cos t^2 + 1)\,\mathrm{d}t$； (2) $F(x) = \int_1^{x^2+1} \frac{\sin t}{t}\,\mathrm{d}t$；

(3) $F(x) = \int_{x^2}^{x^3} \mathrm{e}^{-t}\,\mathrm{d}t$.

5. 计算下列定积分：

(1) $\int_0^2 \frac{1}{4+x^2}\,\mathrm{d}x$； (2) $\int_0^3 \sqrt{4-4x+x^2}\,\mathrm{d}x$；

(3) $\int_0^\pi \cos\left(\dfrac{x}{4}+\dfrac{\pi}{4}\right)\mathrm{d}x$;
(4) $\int_{\frac{\pi}{6}}^{\frac{\pi}{4}} \sin^2 x\,\mathrm{d}x$;

(5) $\int_1^e \dfrac{1+\ln x}{x}\mathrm{d}x$;
(6) $\int_{-1}^0 \dfrac{3x^4+3x^2+1}{x^2+1}\mathrm{d}x$.

6. 试讨论定积分 $\int_{-2}^2 \dfrac{1}{x^2}\mathrm{d}x$ 是否存在,并说明理由.

7. 设函数 $f(x)=\begin{cases}\sqrt[3]{x}, & 0\leqslant x<1,\\ \mathrm{e}^{-x}, & 1\leqslant x\leqslant 3,\end{cases}$ 求 $\int_0^3 f(x)\mathrm{d}x$.

第三节　定积分的换元积分法与分部积分法

牛顿-莱布尼茨公式将计算定积分转化为求不定积分,即求原函数的增量便可得到定积分的值.在第四章中,我们知道求不定积分的方法有换元积分法和分部积分法.那么,在计算定积分的过程中,肯定也要用到这两种方法.下面我们讨论定积分的换元积分法和分部积分法.

一、定积分的换元积分法

1. 两种求定积分的方法比较

例 1　计算 $\int_0^4 \dfrac{1}{1+\sqrt{x}}\mathrm{d}x$.

解　方法一　先求相应的不定积分,用换元积分法.令 $\sqrt{x}=t$,则 $x=t^2$,$\mathrm{d}x=2t\mathrm{d}t$.于是

$$\int \dfrac{1}{1+\sqrt{x}}\mathrm{d}x = \int \dfrac{2t}{1+t}\mathrm{d}t = 2\int\left(1-\dfrac{1}{1+t}\right)\mathrm{d}t = 2(t-\ln(1+t))+C.$$

再将变量还原为 x,有

$$\int \dfrac{1}{1+\sqrt{x}}\mathrm{d}x = 2(\sqrt{x}-\ln(1+\sqrt{x}))+C.$$

最后,由牛顿-莱布尼茨公式得

$$\int_0^4 \dfrac{1}{1+\sqrt{x}}\mathrm{d}x = 2(\sqrt{x}-\ln(1+\sqrt{x}))\Big|_0^4 = 4-2\ln 3.$$

方法二　换元:设 $\sqrt{x}=t$,则 $x=t^2$,$\mathrm{d}x=2t\mathrm{d}t$.同时,变换积分上、下限:当 $x=0$ 时,$t=0$;当 $x=4$ 时,$t=2$.于是

$$\int_0^4 \dfrac{1}{1+\sqrt{x}}\mathrm{d}x = \int_0^2 \dfrac{2t}{1+t}\mathrm{d}t = 2\int_0^2\left(1-\dfrac{1}{1+t}\right)\mathrm{d}t = 2(t-\ln(1+t))\Big|_0^2 = 2(2-\ln 3).$$

首先,方法二的正确性由下面的定理 5.4 给出;其次,通过比较可看出,虽然上述两种方法都使用了换元积分法的原理,但方法二比方法一简单,它以新的积分上、下限进行计算,从而省去了回代原变量的工作.

2. 定积分的换元积分法

在什么样的条件下,能按照例 1 中的方法二来计算定积分,且确保结果正确呢?下面的定理给出了答案.

定理 5.4　设函数 $f(x)$ 在区间 $[a,b]$ 上连续,函数 $x=\varphi(t)$ 满足下列条件:

(1) $x=\varphi(t)$ 在 $[\alpha,\beta]$ 或 $[\beta,\alpha]$ 上单调,且有连续导数 $\varphi'(t)$;

(2) $\varphi(\alpha) = a, \varphi(\beta) = b$;

(3) 当 t 在 $[\alpha,\beta]$ 或 $[\beta,\alpha]$ 上变化时，$x = \varphi(t)$ 的值在 $[a,b]$ 上变化，

则有

$$\int_a^b f(x)\mathrm{d}x = \int_\alpha^\beta f(\varphi(t))\varphi'(t)\mathrm{d}t. \quad (5-3-1)$$

利用公式 (5-3-1) 来计算定积分的方法称为**定积分的换元积分法**，而式 (5-3-1) 称为**定积分的换元积分公式**.

注意 使用定积分的换元积分法时应注意下述问题：

(1) 使用式 (5-3-1) 进行换元时，积分上、下限要换成相应于新积分变量的积分上、下限；

(2) 可以从左到右使用公式 (5-3-1)（称为**代入法**），也可以从右到左使用公式 (5-3-1)（称为**凑元法**），这两种方法都是定积分的换元积分法.

下面举例说明定积分的换元积分法.

例 2 计算 $\int_0^1 x^2 \sqrt{1-x^2}\,\mathrm{d}x$.

解 令 $x = \sin t$，则 $\sqrt{1-x^2} = \sqrt{1-\sin^2 t} = \cos t$，$\mathrm{d}x = \cos t\,\mathrm{d}t$. 变换积分上、下限，即

$$x = 0 \to t = 0, \quad x = 1 \to t = \frac{\pi}{2}.$$

故

$$\int_0^1 x^2 \sqrt{1-x^2}\,\mathrm{d}x = \int_0^{\frac{\pi}{2}} \sin^2 t \cdot \cos t \cdot \cos t\,\mathrm{d}t = \int_0^{\frac{\pi}{2}} \sin^2 t \cos^2 t\,\mathrm{d}t = \frac{1}{4}\int_0^{\frac{\pi}{2}} \sin^2 2t\,\mathrm{d}t$$

$$= \frac{1}{4}\int_0^{\frac{\pi}{2}} \frac{1-\cos 4t}{2}\,\mathrm{d}t = \frac{1}{8}\int_0^{\frac{\pi}{2}} (1-\cos 4t)\,\mathrm{d}t = \frac{1}{8}\left(t - \frac{\sin 4t}{4}\right)\bigg|_0^{\frac{\pi}{2}} = \frac{\pi}{16}.$$

例 3 计算 $\int_{\ln 3}^{\ln 8} \sqrt{1+\mathrm{e}^x}\,\mathrm{d}x$.

解 令 $\sqrt{1+\mathrm{e}^x} = t$，则 $x = \ln(t^2-1)$，$\mathrm{d}x = \dfrac{2t}{t^2-1}\mathrm{d}t$. 变换积分上、下限，即

$$x = \ln 3 \to t = 2, \quad x = \ln 8 \to t = 3.$$

故

$$\int_{\ln 3}^{\ln 8} \sqrt{1+\mathrm{e}^x}\,\mathrm{d}x = \int_2^3 \frac{2t^2}{t^2-1}\mathrm{d}t = 2\int_2^3 \left(1 + \frac{1}{t^2-1}\right)\mathrm{d}t$$

$$= \left(2t + \ln\left|\frac{t-1}{t+1}\right|\right)\bigg|_2^3 = 2 + \ln\frac{3}{2}.$$

例 4 计算 $\int_0^{\frac{\pi}{2}} \cos^5 x \sin x\,\mathrm{d}x$.

解 令 $\cos x = t$，则 $\mathrm{d}t = -\sin x\,\mathrm{d}x$. 变换积分上、下限，即

$$x = 0 \to t = 1, \quad x = \frac{\pi}{2} \to t = 0.$$

故

$$\int_0^{\frac{\pi}{2}} \cos^5 x \sin x\,\mathrm{d}x = -\int_1^0 t^5\,\mathrm{d}t = \int_0^1 t^5\,\mathrm{d}t = \frac{t^6}{6}\bigg|_0^1 = \frac{1}{6}.$$

此例是用凑元法求解的，这时可以不明显地写出新的积分变量，积分时也就不用变换积分

上、下限，即
$$\int_0^{\frac{\pi}{2}} \cos^5 x \sin x \, dx = -\int_0^{\frac{\pi}{2}} \cos^5 x \, d(\cos x) = -\frac{\cos^6 x}{6}\Big|_0^{\frac{\pi}{2}} = \frac{1}{6}.$$

例 5 计算 $\int_{-\frac{\pi}{2}}^{\frac{\pi}{2}} \sqrt{\cos x - \cos^3 x} \, dx$.

解 因为在 $\left[-\frac{\pi}{2}, \frac{\pi}{2}\right]$ 上有
$$\sqrt{\cos x - \cos^3 x} = \sqrt{\cos x(1 - \cos^2 x)} = \sqrt{\cos x \sin^2 x} = \sqrt{\cos x}\,|\sin x|,$$

所以
$$\int_{-\frac{\pi}{2}}^{\frac{\pi}{2}} \sqrt{\cos x - \cos^3 x} \, dx = -\int_{-\frac{\pi}{2}}^{0} \sqrt{\cos x} \sin x \, dx + \int_0^{\frac{\pi}{2}} \sqrt{\cos x} \sin x \, dx$$
$$= \int_{-\frac{\pi}{2}}^{0} \sqrt{\cos x} \, d(\cos x) - \int_0^{\frac{\pi}{2}} \sqrt{\cos x} \, d(\cos x)$$
$$= \frac{2}{3} \cos^{\frac{3}{2}} x \Big|_{-\frac{\pi}{2}}^{0} - \frac{2}{3} \cos^{\frac{3}{2}} x \Big|_0^{\frac{\pi}{2}}$$
$$= \frac{2}{3} - \left(-\frac{2}{3}\right) = \frac{4}{3}.$$

二、定积分的分部积分法

求不定积分有分部积分法，计算定积分同样有分部积分法．

设函数 $u = u(x), v = v(x)$ 在区间 $[a,b]$ 上具有连续导数，则
$$\int_a^b u \, dv = uv \Big|_a^b - \int_a^b v \, du. \tag{5-3-2}$$

这就是**定积分的分部积分法**，而公式(5-3-2)称为**定积分的分部积分公式**．

在定积分的分部积分法中，是把先积分出来的那一部分代入积分上、下限求值，余下的部分继续积分求值．这种"分部积分、分部求值"的方法在一定情形下比完全把原函数求出来后再代入积分上、下限求值简便一些．

注意 (1) 在定积分的分部积分公式中，要求计算 $\int_a^b v \, du$ 比计算 $\int_a^b u \, dv$ 容易；

(2) 及时计算出数值 $uv \Big|_a^b$ 可使书写过程简单一些．

例 6 计算 $\int_0^1 x e^x \, dx$.

解 $\int_0^1 x e^x \, dx = x e^x \Big|_0^1 - \int_0^1 e^x \, dx = e - e^x \Big|_0^1 = 1.$

例 7 计算 $\int_1^2 x \ln x \, dx$.

解 $\int_1^2 x \ln x \, dx = \frac{1}{2} \int_1^2 \ln x \, d(x^2) = \frac{1}{2} x^2 \ln x \Big|_1^2 - \frac{1}{2} \int_1^2 x \, dx = 2\ln 2 - \frac{1}{4} x^2 \Big|_1^2 = 2\ln 2 - \frac{3}{4}.$

例 8 计算 $\int_0^{\frac{\pi}{2}} x^2 \cos x \, dx$.

解 $\int_0^{\frac{\pi}{2}} x^2 \cos x \, dx = \int_0^{\frac{\pi}{2}} x^2 \, d(\sin x) = x^2 \sin x \Big|_0^{\frac{\pi}{2}} - \int_0^{\frac{\pi}{2}} 2x \sin x \, dx = \frac{\pi^2}{4} + 2\int_0^{\frac{\pi}{2}} x \, d(\cos x)$

$$= \frac{\pi^2}{4} + 2x\cos x \Big|_0^{\frac{\pi}{2}} - 2\int_0^{\frac{\pi}{2}} \cos x \mathrm{d}x = \frac{\pi^2}{4} - 2\sin x \Big|_0^{\frac{\pi}{2}} = \frac{\pi^2}{4} - 2.$$

例 9 计算 $\int_0^{\frac{1}{2}} \arcsin x \mathrm{d}x$.

解 $\int_0^{\frac{1}{2}} \arcsin x \mathrm{d}x = x\arcsin x \Big|_0^{\frac{1}{2}} - \int_0^{\frac{1}{2}} \frac{x}{\sqrt{1-x^2}} \mathrm{d}x = \frac{1}{2} \times \frac{\pi}{6} + \sqrt{1-x^2} \Big|_0^{\frac{1}{2}}$

$$= \frac{\pi}{12} + \frac{\sqrt{3}}{2} - 1.$$

例 10 计算 $\int_0^1 \mathrm{e}^{\sqrt{x}} \mathrm{d}x$.

解 先用换元积分法,再用分部积分法.

令 $\sqrt{x} = t$,则 $x = t^2$, $\mathrm{d}x = 2t\mathrm{d}t$. 变换积分上、下限,即

$$x = 0 \to t = 0, \quad x = 1 \to t = 1.$$

于是

$$\int_0^1 \mathrm{e}^{\sqrt{x}} \mathrm{d}x = 2\int_0^1 t\mathrm{e}^t \mathrm{d}t = 2\int_0^1 t\mathrm{d}(\mathrm{e}^t) = 2\left(t\mathrm{e}^t \Big|_0^1 - \int_0^1 \mathrm{e}^t \mathrm{d}t\right)$$

$$= 2\left(\mathrm{e} - \mathrm{e}^t \Big|_0^1\right) = 2[\mathrm{e} - (\mathrm{e} - 1)] = 2.$$

定积分的换元积分法的要点是"换元换限",分部积分法的要点是"先积分先代值". 这两种积分法可使定积分的计算更加快捷简便.

习 题 5-3

(A)

1. 计算下列定积分:

(1) $\int_{\frac{\pi}{3}}^{\frac{\pi}{2}} \sin\left(x + \frac{\pi}{6}\right) \mathrm{d}x$;

(2) $\int_0^1 \frac{1}{4+x} \mathrm{d}x$;

(3) $\int_0^2 \sqrt{4-x^2} \, \mathrm{d}x$;

(4) $\int_0^{\ln 2} \sqrt{\mathrm{e}^x - 1} \, \mathrm{d}x$;

(5) $\int_1^{\mathrm{e}} x^2 \ln x \mathrm{d}x$;

(6) $\int_0^{\frac{\pi}{2}} x\sin x \mathrm{d}x$.

(B)

2. 计算下列定积分:

(1) $\int_{-1}^1 \frac{x}{\sqrt{5-4x}} \, \mathrm{d}x$;

(2) $\int_0^{\frac{\pi}{2}} \sin x \cos^2 x \mathrm{d}x$;

(3) $\int_0^1 \frac{x}{x^2 + 3x + 2} \mathrm{d}x$;

(4) $\int_0^{\pi} (1 - \cos^3 \theta) \mathrm{d}\theta$;

(5) $\int_0^1 \frac{\sqrt{x}}{1 + \sqrt{x}} \mathrm{d}x$;

(6) $\int_{-\frac{\pi}{2}}^{\frac{\pi}{2}} \sqrt{\cos x - \cos^3 x} \, \mathrm{d}x$;

(7) $\int_1^{\mathrm{e}^2} \sin\ln x \mathrm{d}x$;

(8) $\int_0^{\frac{\pi}{2}} \mathrm{e}^{2x} \cos x \mathrm{d}x$.

第四节　微　元　法

前面讨论了定积分的概念及其计算方法,我们将在此基础上进一步研究它的应用.本节介绍将实际问题中所求的量表示成定积分的分析方法——微元法.

一、微元法

在引入定积分的定义时,我们曾解决了曲边梯形的面积和变速直线运动的路程的计算问题.解决这两个问题的基本思想方法是:

(1) 分割:通过分割区间 $[a,b]$,将所求的量(设为 S)分割成部分量之和,即
$$S = \sum_{i=1}^{n} \Delta S_i;$$

(2) 近似:求各部分量的近似值,即
$$\Delta S_i \approx f(\xi_i)\Delta x_i \quad (i = 1,2,\cdots,n);$$

(3) 求和:将各部分量的近似值加起来,得到所求量的近似值,即
$$S = \sum_{i=1}^{n} \Delta S_i \approx \sum_{i=1}^{n} f(\xi_i)\Delta x_i;$$

(4) 逼近:令分割越来越细(逼近无穷小),求(3)中和式的极限,即可得到所求的量:
$$S = \lim_{\lambda \to 0} \sum_{i=1}^{n} f(\xi_i)\Delta x_i = \int_a^b f(x)\mathrm{d}x.$$

这种经过"分割、近似、求和、逼近"将实际问题中所求的量表示成定积分的方法,称为**微元法**.但这四步是烦琐的,在不违背上述思想的前提下,能否将上述四步加以简化,用容易表达的方式直接写出所求量的定积分表达式呢?这就是需要解决的问题.

一般地,用微元法把所求的量 S 表示为定积分的过程可概括为以下三步:

(1) 确定积分变量 x 及积分区间 $[a,b]$,这里 S 是一个与 x 的变化区间 $[a,b]$ 有关的量,且 S 关于 $[a,b]$ 具有可加性,即若把 $[a,b]$ 分成若干小区间,则 U 也相应被分成若干部分量,且 U 恰好等于这些部分量的总和;

(2) 在区间 $[a,b]$ 上任取一个小区间 $[x,x+\mathrm{d}x]$,寻求对应于此小区间的部分量 ΔU 的近似表达式,如果能找到 ΔU 的形如 $f(x)\mathrm{d}x$ 的近似表达式,那么就称 $f(x)\mathrm{d}x$ 为所求的量 S 的**微元**,记作 $\mathrm{d}S$,即 $\mathrm{d}S = f(x)\mathrm{d}x$;

(3) 以微元 $\mathrm{d}S = f(x)\mathrm{d}x$ 为被积表达式在 $[a,b]$ 上做定积分,得到所求的量 S 的定积分表达式
$$S = \int_a^b \mathrm{d}S = \int_a^b f(x)\mathrm{d}x.$$

例 1　计算由抛物线 $y = x^2$,直线 $x = 0, x = 1$ 及 x 轴所围成的平面图形的面积 A.

解　所围成的平面图形如图 5-4-1 所示.下面用微元法来求该平面图形的面积 A:

(1) 选取积分变量为 x,则积分区间为 $[0,1]$.

(2) 任取一个小区间 $[x,x+\mathrm{d}x]$,如图 5-4-1 所示,并求得面积微元
$$\mathrm{d}A = f(x)\mathrm{d}x = x^2\mathrm{d}x.$$

(3) 由面积微元 dA 和积分区间 $[0,1]$ 写出 A 的定积分表达式,并计算定积分,即

$$A = \int_0^1 dA = \int_0^1 x^2 dx = \frac{1}{3} x^3 \Big|_0^1 = \frac{1}{3}.$$

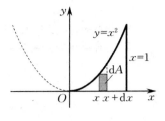

图 5-4-1

注意 (1) 确定积分变量及积分区间时应根据问题的具体情况来决定(积分变量可以是 x,也可以是 y);

(2) 常常用"以常代变""以直代曲""以匀代不匀"等方法来确定微元;

(3) 先求微元 dA,再求定积分得到 A 是解决实际问题的两个重要步骤.

那么,什么样的实际问题可用微元法来解决呢?下面我们给出用微元法解决实际问题的一般条件.

二、用微元法解决实际问题的一般条件

我们再观察前面曲边梯形的面积和变速直线运动的路程的计算问题可以发现,这两个问题有如下共同点:

(1) 所求的量(面积、路程)关于积分区间具有可加性;

(2) 微元 $dA = f(x)dx$ 中的 $f(x)$ 是连续的,从而 ΔA 与 $dA = f(x)dx$ 之差是一个比 dx 高阶的无穷小.

只要具备上述特点,实际问题就可以用微元法来解决,所以上述特点就是用微元法解决实际问题的一般条件. 在实际问题中,条件(2)通常是满足的,所以常常略去这一条件.

例 2 往一水箱中注水,设 t 时刻水流入水箱的速度为 $Q(t) = 4t^2$(单位:L/min). 问:从 $t = 0$ min 到 $t = 2$ min 这段时间内流入水箱的总水量是多少?

分析 由于流入水箱的水量在时间区间 $[0,2]$ 上是具有可加性的,故可考虑用微元法进行求解.

解 以时间 t 为积分变量,则积分区间为 $[0,2]$. 在区间 $[0,2]$ 上任取一个小区间 $[t, t+dt]$,根据稳流流量的计算公式 $W = Qt$,可得 $[t, t+dt]$ 这段时间内流入水箱的水量近似为 $Q(t)dt$,所以水量微元为

$$dW = Q(t)dt = 4t^2 dt.$$

故在 $t = 0$ min 到 $t = 2$ min 这段时间内流入水箱的总水量为

$$W = \int_0^2 4t^2 dt = \frac{4}{3} t^3 \Big|_0^2 = \frac{32}{3} (单位:L).$$

注意 常见的量,如几何学中的面积、体积、弧长,物理学中的功、惯量、路程,都具有可加性,因此它们都可考虑用微元法来求.

下面几节将通过求解实际问题,让读者进一步理解运用微元法解决实际问题的思想方法.

习 题 5-4

(A)

1. 什么叫微元法?简述用微元法解决实际问题的步骤.

2. 举例说明生活中有哪些量具有可加性.

(B)

3. 哪些条件下实际问题可用微元法进行求解?

4. 为什么用微元法解决实际问题的一般条件中要求 ΔA 与 $dA = f(x)dx$ 之差是一个比 dx 高阶的无穷小?

5. 一杯温度为 90 ℃ 的水被端进一间室温为 20 ℃ 的房间里,如果水温在房间里的变化率为 $r(t) = -7e^{-0.1t}$(单位:℃/min),其中 t 表示时间(单位:min),试估算水从进到房间开始经过 10 min 后的温度.

第五节 定积分在几何学中的应用

定积分在几何学中应用非常广泛.本节将通过微元法介绍定积分在求平面图形的面积、空间立体的体积和平面曲线的弧长中的应用.

一、平面图形的面积

在平面直角坐标系中,我们不难用微元法将平面图形的面积表示为定积分.下面分三种情况讨论将平面图形的面积表示为定积分的方法.

(1) 求由连续曲线 $y = f(x)(f(x) \geqslant 0)$,直线 $x = a, x = b(a < b)$ 及 x 轴所围成的平面图形的面积.

如图 5-5-1 所示,以 x 为积分变量,则积分区间为 $[a,b]$.在区间 $[a,b]$ 上任取一个小区间 $[x, x+dx]$,该小区间所对应的小平面图形面积可用高为 $f(x)$、宽为 dx 的小矩形面积来近似代替,所以面积微元为 $dA = f(x)dx$.故所求的面积为

$$A = \int_a^b f(x)dx.$$

若 $f(x) \leqslant 0$,则 $dA = |f(x)|dx$,从而

$$A = \int_a^b |f(x)|dx.$$

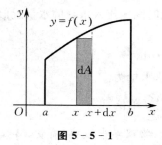

图 5-5-1   图 5-5-2

(2) 求由上、下两条连续曲线 $y = f(x), y = g(x)(f(x) \geqslant g(x))$ 及直线 $x = a, x = b$ $(a < b)$ 所围成的平面图形的面积.

如图 5-5-2 所示,以 x 为积分变量,则积分区间为 $[a,b]$.在区间 $[a,b]$ 上任取一个小区间 $[x, x+dx]$,该小区间所对应的小平面图形面积可用高为 $f(x) - g(x)$、宽为 dx 的小矩形面积来近似代替,所以面积微元为 $dA = (f(x) - g(x))dx$.故所求的面积为

$$A = \int_a^b (f(x) - g(x))dx.$$

(3) 求由左、右两条连续曲线 $x = \psi(y), x = \varphi(y)(\varphi(y) \geqslant \psi(y))$ 及直线 $y = c, y = d$

($c < d$) 所围成的平面图形的面积.

如图 5-5-3 所示,以 y 为积分变量,则积分区间为 $[c,d]$. 在区间 $[c,d]$ 上任取一个小区间 $[y, y+dy]$,该小区间所对应的小平面图形面积可用高为 $\varphi(y) - \psi(y)$、宽为 dy 的小矩形面积来近似代替,所以面积微元为 $dA = (\varphi(y) - \psi(y))dy$. 故所求的面积为

$$A = \int_c^d (\varphi(y) - \psi(y))dy.$$

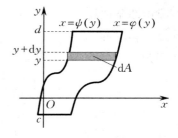

图 5-5-3

注意 （1）若在区间 $[a,c]$ 上 $f(x) \geqslant 0$,在区间 $[c,b]$ 上 $f(x) \leqslant 0$,则由连续曲线 $y = f(x)$,直线 $x = a, x = b$ 及 x 轴所围成的平面图形的面积为

$$A = \int_a^c f(x)dx + \int_c^b |f(x)|dx.$$

（2）是选择 x 还是选择 y 作为积分变量,要对具体情况进行具体分析,以计算简单方便为原则.

例 1 求由曲线 $y = e^x$,直线 $x = 0, x = 1$ 及 x 轴所围成的平面图形的面积.

解 所围成的平面图形如图 5-5-4 所示. 以 x 为积分变量,则积分区间为 $[0,1]$. 在区间 $[0,1]$ 上任取一个小区间 $[x, x+dx]$,得面积微元 $dA = e^x dx$,故所求的面积为

$$A = \int_0^1 e^x dx = e^x \Big|_0^1 = e - 1.$$

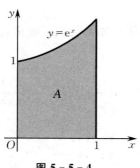

图 5-5-4

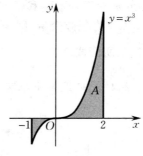

图 5-5-5

例 2 求由曲线 $y = x^3$,直线 $x = -1, x = 2$ 及 x 轴所围成的平面图形的面积.

解 所围成的平面图形如图 5-5-5 所示. 以 x 为积分变量,则积分区间为 $[-1,2]$. 但在 $[-1,0]$ 上 $x^3 \leqslant 0$,因此所求的面积要分两个区间进行计算.

在区间 $[-1,2]$ 上任取一个小区间 $[x, x+dx]$,得面积微元 $dA = |x^3|dx$,故所求的面积为

$$A = \int_{-1}^2 |x^3| dx = \int_{-1}^0 (-x^3)dx + \int_0^2 x^3 dx$$

$$= -\frac{x^4}{4}\Big|_{-1}^0 + \frac{x^4}{4}\Big|_0^2 = \frac{1}{4} + \frac{16}{4} = \frac{17}{4}.$$

例 3 求由两条抛物线 $y^2 = x, y = x^2$ 所围成的平面图形的面积.

解 所围成的平面图形如图 5-5-6 所示. 由

$$\begin{cases} y^2 = x, \\ y = x^2 \end{cases}$$

解得交点坐标分别为(0,0)和(1,1). 以 x 为积分变量,则积分区间为[0,1]. 该平面图形可以看成由两条曲线 $y=\sqrt{x}$ 与 $y=x^2$ 所围成.

在区间[0,1]上任取一个小区间 $[x,x+\mathrm{d}x]$,得面积微元 $\mathrm{d}A=(\sqrt{x}-x^2)\mathrm{d}x$,故所求的面积为

$$A=\int_0^1(\sqrt{x}-x^2)\mathrm{d}x=\left(\frac{2}{3}x^{\frac{3}{2}}-\frac{1}{3}x^3\right)\Big|_0^1=\frac{2}{3}-\frac{1}{3}=\frac{1}{3}.$$

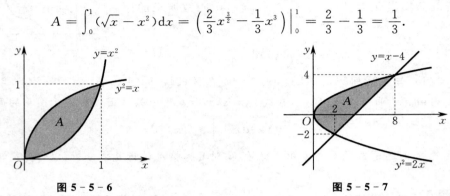

图 5-5-6　　　　　　　　　　　图 5-5-7

例 4　求由曲线 $y^2=2x$ 及直线 $y=x-4$ 所围成的平面图形的面积.

解　所围成的平面图形如图 5-5-7 所示. 由

$$\begin{cases} y^2=2x, \\ y=x-4 \end{cases}$$

解得交点坐标分别为 $(2,-2)$ 和 $(8,4)$.

方法一　以 y 为积分变量,则积分区间为 $[-2,4]$. 该平面图形可以看成由直线 $x=y+4$ 与曲线 $x=\frac{1}{2}y^2$ 所围成.

在区间 $[-2,4]$ 上任取一个小区间 $[y,y+\mathrm{d}y]$,得面积微元 $\mathrm{d}A=\left(y+4-\frac{1}{2}y^2\right)\mathrm{d}y$,故所求的面积为

$$A=\int_{-2}^4\left(y+4-\frac{1}{2}y^2\right)\mathrm{d}y=\left(\frac{1}{2}y^2+4y-\frac{1}{6}y^3\right)\Big|_{-2}^4=18.$$

方法二　以 x 为积分变量,则积分区间为[0,8],但面积微元在该区间上不能用一个关系式表示.

在区间[0,2]上任取一个小区间 $[x,x+\mathrm{d}x]$,得面积微元 $\mathrm{d}A=[\sqrt{2x}-(-\sqrt{2x})]\mathrm{d}x=2\sqrt{2x}\mathrm{d}x$;在区间[2,8]上任取一个小区间 $[x,x+\mathrm{d}x]$,得面积微元 $\mathrm{d}A=(\sqrt{2x}-x+4)\mathrm{d}x$. 故所求的面积为

$$A=\int_0^2 2\sqrt{2x}\mathrm{d}x+\int_2^8(\sqrt{2x}-x+4)\mathrm{d}x$$

$$=\frac{4\sqrt{2}}{3}x^{\frac{3}{2}}\Big|_0^2+\left(\frac{2\sqrt{2}}{3}x^{\frac{3}{2}}-\frac{1}{2}x^2+4x\right)\Big|_2^8=18.$$

比较上面两种方法可见,方法一比方法二简单. 这就是说,如果积分变量选择适当,就可以简化计算. 由图 5-5-7 可以看到,所围成的平面图形的下边界由两条曲线组成,这两条曲线的方程不一样,因此选择 x 作为积分变量时,面积微元不能用一个关系式表示;而该平面图形的左、右边界都由一条曲线组成,因而选择 y 作为积分变量时,面积微元可用一个关系式表示,

从而使面积的积分计算简单一些.

例 5 求由抛物线 $y^2 = 4x$，直线 $y = \frac{1}{2}x + 2$ 及 x 轴所围成的平面图形的面积.

解 所围成的平面图形如图 5-5-8 所示. 求出交点：由
$$\begin{cases} y^2 = 4x, \\ y = \frac{1}{2}x + 2 \end{cases}$$
解得一个交点坐标为 $(4,4)$，又由
$$\begin{cases} y = 0, \\ y = \frac{1}{2}x + 2 \end{cases}$$
解得另一交点坐标为 $(-4, 0)$.

以 x 为积分变量，则积分区间为 $[-4, 4]$；以 y 为积分变量，则积分区间为 $[0, 4]$. 由图 5-5-8 可知，该平面图形的下边界由两条曲线组成，而左、右边界分别由一条曲线组成，故选择 y 作为积分变量较为方便.

在区间 $[0, 4]$ 上任取一个小区间 $[y, y + \mathrm{d}y]$，得面积微元
$$\mathrm{d}A = \left[\frac{1}{4}y^2 - (2y - 4)\right]\mathrm{d}y = \left(\frac{1}{4}y^2 - 2y + 4\right)\mathrm{d}y,$$
故所求的面积为
$$A = \int_0^4 \left(\frac{1}{4}y^2 - 2y + 4\right)\mathrm{d}y = \left(\frac{1}{12}y^3 - y^2 + 4y\right)\Big|_0^4 = \frac{16}{3}.$$

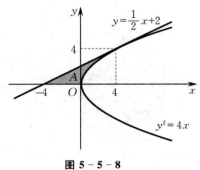

图 5-5-8

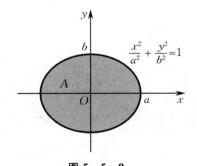

图 5-5-9

例 6 求由椭圆 $\frac{x^2}{a^2} + \frac{y^2}{b^2} = 1(a > 0, b > 0)$ 所围成的平面图形的面积.

解 所围成的平面图形如图 5-5-9 所示. 由于椭圆关于两条坐标轴对称，因此该椭圆所围成的平面图形的面积为
$$A = 4A_1,$$
其中 A_1 是该平面图形在第一象限部分的面积. 于是
$$A = 4A_1 = 4\int_0^a y\mathrm{d}x.$$
利用椭圆的参数方程
$$\begin{cases} x = a\cos t, \\ y = b\sin t \end{cases}$$

进行换元积分,有

$$x = 0 \to t = \frac{\pi}{2}, \quad x = a \to t = 0,$$

所以该椭圆所围成的平面图形的面积为

$$A = 4\int_0^a y\mathrm{d}x = 4\int_{\frac{\pi}{2}}^0 b\sin t(-a\sin t)\mathrm{d}t = 4ab\int_0^{\frac{\pi}{2}} \sin^2 t \mathrm{d}t$$

$$= 2ab\int_0^{\frac{\pi}{2}}(1-\cos 2t)\mathrm{d}t = 2ab\left(t - \frac{\sin 2t}{2}\right)\bigg|_0^{\frac{\pi}{2}}$$

$$= 2ab \cdot \frac{\pi}{2} = \pi ab.$$

二、空间立体的体积

1. 旋转体的体积

旋转体是由一个平面图形绕这个平面内的一条直线旋转一周而成的立体,其中这条直线叫作**旋转轴**.常见的旋转体有球体、圆柱体、圆台、圆锥、椭球体等.

1) 平面图形绕 x 轴旋转一周而成的旋转体的体积

求由连续曲线 $y = f(x)(f(x) \geqslant 0)$,直线 $x = a, x = b(a < b)$ 及 x 轴所围成的曲边梯形绕 x 轴旋转一周而成的旋转体的体积,如图 5-5-10 所示.

以 x 为积分变量,则积分区间为 $[a,b]$.在区间 $[a,b]$ 上任取一个小区间 $[x, x+\mathrm{d}x]$,该小区间所对应的小旋转体体积可用底半径为 $f(x)$、高为 $\mathrm{d}x$ 的小圆柱体体积来近似代替,所以体积微元为 $\mathrm{d}V = \pi f^2(x)\mathrm{d}x$(见图 5-5-10).故所求的旋转体体积为

$$V = \pi\int_a^b f^2(x)\mathrm{d}x.$$

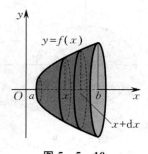

图 5-5-10

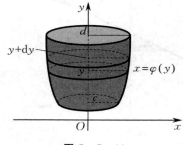

图 5-5-11

2) 平面图形绕 y 轴旋转一周而成的旋转体的体积

求由连续曲线 $x = \varphi(y)(\varphi(y) \geqslant 0)$,直线 $y = c, y = d(c < d)$ 及 y 轴所围成的曲边梯形绕 y 轴旋转一周而成的旋转体的体积,如图 5-5-11 所示.

以 y 为积分变量,则积分区间为 $[c,d]$.在区间 $[c,d]$ 上任取一个小区间 $[y, y+\mathrm{d}y]$,同样可得体积微元为 $\mathrm{d}V = \pi\varphi^2(y)\mathrm{d}y$(见图 5-5-11),故所求的旋转体体积为

$$V = \pi\int_c^d \varphi^2(y)\mathrm{d}y.$$

例 7 求由曲线 $y = x^2$ 及直线 $x = 1, y = 0$ 所围成的平面图形绕 x 轴旋转一周而成的旋转体的体积.

解 旋转体如图 5-5-12 所示.取 x 为积分变量,则积分区间为 $[0,1]$.在区间 $[0,1]$ 上任

取一个小区间 $[x, x+dx]$,得体积微元 $dV = \pi(x^2)^2 dx = \pi x^4 dx$,故所求的旋转体体积为
$$V = \pi \int_0^1 x^4 dx = \frac{\pi}{5} x^5 \Big|_0^1 = \frac{1}{5}\pi.$$

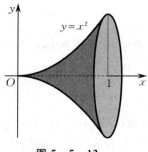

图 5-5-12

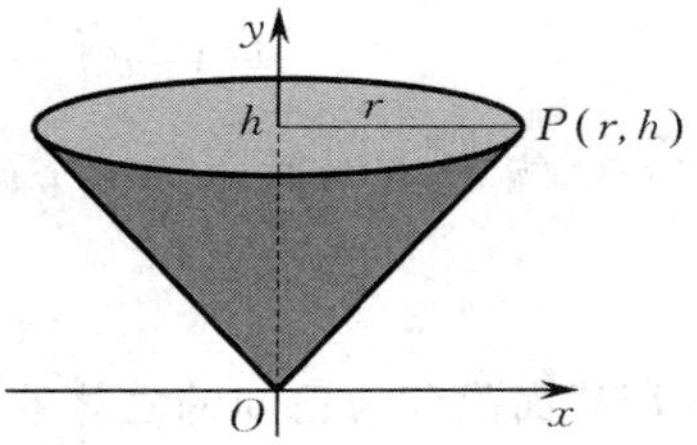

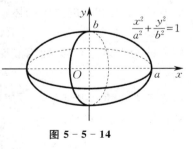

图 5-5-13

例 8 连接原点 O 和点 $P(r,h)(h>0)$ 的直线与直线 $y=h$ 及 y 轴围成一个直角三角形. 将该直角三角形绕 y 轴旋转一周,构成一个底半径为 r、高为 h 的圆锥体. 试计算该圆锥体的体积.

解 过原点 O 和点 $P(r,h)$ 的直线方程为
$$x = \frac{r}{h}y.$$

该圆锥体如图 5-5-13 所示. 取 y 为积分变量,则积分区间为 $[0,h]$. 在区间 $[0,h]$ 上任取一个小区间 $[y, y+dy]$,得体积微元 $dV = \pi \left(\frac{r}{h}y\right)^2 dy$,故所求的圆锥体体积为
$$V = \pi \frac{r^2}{h^2} \int_0^h y^2 dy = \pi \frac{r^2}{h^2} \left(\frac{y^3}{3}\right)\Big|_0^h = \frac{1}{3}\pi r^2 h.$$

例 9 求由椭圆 $\frac{x^2}{a^2} + \frac{y^2}{b^2} = 1(a>0, b>0)$ 分别绕 x 轴和 y 轴旋转一周而成的旋转体的体积,如图 5-5-14 所示.

解 (1) 该椭圆绕 x 轴旋转一周而成的旋转体可以看成是由曲线
$$y = \frac{b}{a}\sqrt{a^2 - x^2}$$

及 x 轴所围成的平面图形绕 x 轴旋转一周而成的. 取 x 为积分变量,则积分区间为 $[-a, a]$. 在区间 $[-a, a]$ 上任取一个小区间 $[x, x+dx]$,得体积微元 $dV = \pi y^2 dx = \pi b^2 \left(1 - \frac{x^2}{a^2}\right) dx$,故该椭圆绕 x 轴旋转一周而成的旋转体的体积为

图 5-5-14

$$V_x = \pi b^2 \int_{-a}^a \left(1 - \frac{x^2}{a^2}\right) dx = 2\pi b^2 \int_0^a \left(1 - \frac{x^2}{a^2}\right) dx$$
$$= 2\pi b^2 \left(x - \frac{x^3}{3a^2}\right)\Big|_0^a = \frac{4}{3}\pi a b^2.$$

(2) 绕 y 轴旋转时,取 y 为积分变量,则积分区间为 $[-b, b]$. 在区间 $[-b, b]$ 上任取一个小区间 $[y, y+dy]$,得体积微元 $dV = \pi x^2 dy = \pi a^2 \left(1 - \frac{y^2}{b^2}\right) dy$,故该椭圆绕 y 轴旋转一周而成的

旋转体的体积为

$$V_y = \pi a^2 \int_{-b}^{b} \left(1 - \frac{y^2}{b^2}\right) dy = 2\pi a^2 \int_{0}^{b} \left(1 - \frac{y^2}{b^2}\right) dy$$
$$= 2\pi a^2 \left(y - \frac{y^3}{3b^2}\right)\bigg|_{0}^{b} = \frac{4}{3}\pi a^2 b.$$

不难发现,当 $a = b$ 时,上述两个旋转体都变成半径为 a 的球体,且它的体积为

$$V = \frac{4}{3}\pi a^3.$$

2. 平行截面面积为已知的立体的体积

若某空间立体垂直于一定轴的各截面面积已知,则这个立体的体积可用微元法来求.

设一立体如图 5-5-15 所示,它介于平面 $x = a, x = b$ 之间,且垂直于 x 轴的各截面面积 $A(x)$ 是关于 x 的连续函数. 在区间 $[a, b]$ 上任取一个小区间 $[x, x+dx]$,该小区间对应的薄片立体可近似看成底面积为 $A(x)$、高为 dx 的小柱体,所以体积微元为 $dV = A(x)dx$. 于是,所求的立体体积为

$$V = \int_{a}^{b} A(x) dx. \tag{5-5-1}$$

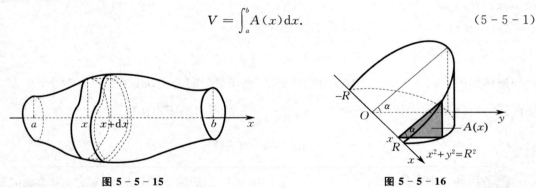

图 5-5-15　　　　　　　　　　图 5-5-16

例 10 设有一个底面半径为 R 的圆柱,它被一个与其底面成 α 角且过底面直径的平面所截,求所截下的立体的体积.

解 如图 5-5-16 所示,建立直角坐标系,过点 $x(-R < x < R)$ 作垂直于 x 轴的截面,则截面为直角三角形. 而由底面圆的方程

$$x^2 + y^2 = R^2$$

得底面半圆的方程为 $y = \sqrt{R^2 - x^2}$,故直角三角形截面的底为 $\sqrt{R^2 - x^2}$,高为 $\sqrt{R^2 - x^2}\tan\alpha$,从而该截面的面积为

$$A(x) = \frac{1}{2}\sqrt{R^2 - x^2} \cdot \sqrt{R^2 - x^2}\tan\alpha = \frac{1}{2}(R^2 - x^2)\tan\alpha.$$

所以,由公式(5-5-1)得所求的体积为

$$V = \int_{-R}^{R} A(x) dx = \int_{-R}^{R} \frac{1}{2}(R^2 - x^2)\tan\alpha\, dx = \tan\alpha \int_{0}^{R} (R^2 - x^2) dx$$
$$= \tan\alpha \left(R^2 x - \frac{1}{3}x^3\right)\bigg|_{0}^{R} = \frac{2}{3}R^3 \tan\alpha.$$

例 11 现有一个立体,它的底面是一个半径为 R 的圆,且其垂直于底面上一条固定直径的所有截面都是等边三角形,求该立体的体积.

解 如图 5-5-17 所示,建立直角坐标系.由底面圆的方程
$$x^2 + y^2 = R^2$$
得点 $x(-R < x < R)$ 处的等边三角形截面的底为 $2\sqrt{R^2 - x^2}$,高为 $\sqrt{3}\sqrt{R^2 - x^2}$,从而该截面的面积为
$$A(x) = \frac{1}{2} \cdot 2\sqrt{R^2 - x^2} \cdot \sqrt{3}\sqrt{R^2 - x^2} = \sqrt{3}(R^2 - x^2).$$

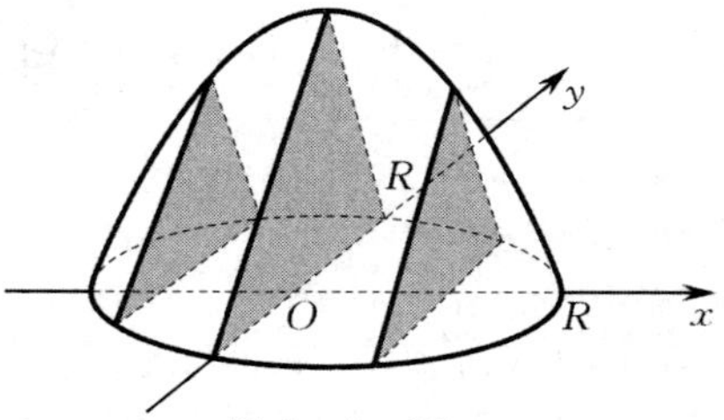

图 5-5-17

所以,由公式(5-5-1)得所求的体积为
$$V = \int_{-R}^{R} A(x)\mathrm{d}x = \int_{-R}^{R} \sqrt{3}(R^2 - x^2)\mathrm{d}x = 2\sqrt{3}\int_{0}^{R}(R^2 - x^2)\mathrm{d}x$$
$$= 2\sqrt{3}\left(R^2 x - \frac{1}{3}x^3\right)\Big|_0^R = \frac{4\sqrt{3}}{3}R^3.$$

三、平面曲线的弧长

下面讨论如何求连续曲线 $y = f(x)$ 上从点 $A(a, f(a))$ 到点 $B(b, f(b))$ 的一段的弧长.我们考虑用微元法来求.

如图 5-5-18 所示,取 x 为积分变量,则积分区间为 $[a, b]$. 在 $[a, b]$ 上任取一个小区间 $[x, x + \mathrm{d}x]$,其上一小段曲线的弧长可用曲线在点 $(x, f(x))$ 处的切线对应的一小段的长度来近似代替,则弧长微元为
$$\mathrm{d}s = \sqrt{(\mathrm{d}x)^2 + (\mathrm{d}y)^2} = \sqrt{1 + (y')^2}\,\mathrm{d}x.$$
于是,所求的弧长为
$$s = \int_a^b \sqrt{1 + (y')^2}\,\mathrm{d}x.$$

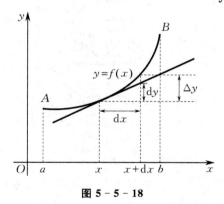

图 5-5-18

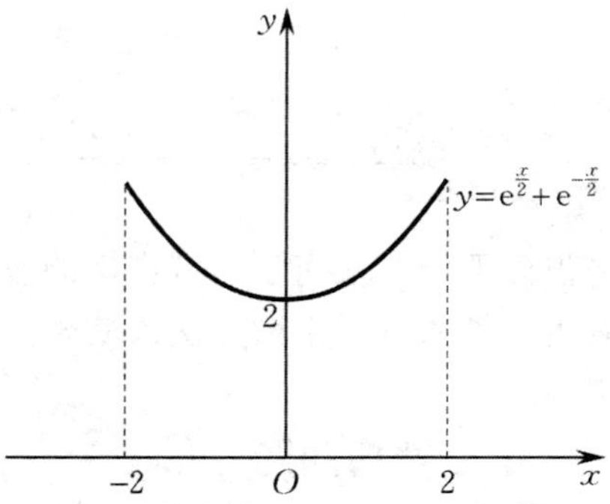

图 5-5-19

例 12 求悬链线 $y = \mathrm{e}^{\frac{x}{2}} + \mathrm{e}^{-\frac{x}{2}}$ 在闭区间 $[-2, 2]$ 上的一段的弧长.

解 如图 5-5-19 所示,取 x 为积分变量,则积分区间为 $[-2, 2]$. 因
$$y' = (\mathrm{e}^{\frac{x}{2}} + \mathrm{e}^{-\frac{x}{2}})' = \frac{1}{2}(\mathrm{e}^{\frac{x}{2}} - \mathrm{e}^{-\frac{x}{2}}),$$
故对于区间 $[-2, 2]$ 上的任一小区间 $[x, x + \mathrm{d}x]$,弧长微元为
$$\mathrm{d}s = \sqrt{1 + (y')^2}\,\mathrm{d}x = \sqrt{1 + \frac{1}{4}(\mathrm{e}^{\frac{x}{2}} - \mathrm{e}^{-\frac{x}{2}})^2}\,\mathrm{d}x = \frac{1}{2}(\mathrm{e}^{\frac{x}{2}} + \mathrm{e}^{-\frac{x}{2}})\mathrm{d}x.$$
于是,所求的弧长为

$$s = \int_{-2}^{2} \frac{1}{2}(e^{\frac{x}{2}} + e^{-\frac{x}{2}})dx = \int_{0}^{2}(e^{\frac{x}{2}} + e^{-\frac{x}{2}})dx = 2(e^{\frac{x}{2}} - e^{-\frac{x}{2}})\Big|_{0}^{2} = 2(e - e^{-1}).$$

习 题 5-5

(A)

1. 求由曲线 $y = x^2$ 与直线 $y = 0, x = 1$ 所围成的平面图形的面积.
2. 求由曲线 $y = x^2$ 与直线 $y = 2 - x$ 所围成的平面图形的面积.
3. 求由曲线 $xy = 1$ 与直线 $y = x, y = 3$ 所围成的平面图形的面积.
4. 求由曲线 $x = \sqrt{2-y}$ 与直线 $y = x, y = 0$ 所围成的平面图形绕 x 轴旋转一周而成的旋转体的体积.
5. 用微元法求底圆半径为 r、高为 h 的圆锥体的体积.
6. 求曲线 $y = \ln x$ 上相应于 $\sqrt{3} \leqslant x \leqslant \sqrt{8}$ 的一段的弧长.

(B)

7. 求由下列曲线所围成的平面图形的面积:

(1) 曲线 $x^2 + y^2 = 4, y = \frac{1}{3}x^2$ (两部分都要计算);

(2) 曲线 $y = \frac{1}{x}$, 直线 $y = x, x = 2$;

(3) 曲线 $y = e^x, y = e^{-x}$, 直线 $x = 1$.

8. 求下列平面图形按指定的轴旋转一周而成的旋转体的体积:

(1) 由曲线 $y = x^2$ 与直线 $y = 0, x = 1$ 所围成的平面图形,分别绕 x 轴、y 轴旋转;

(2) 由曲线 $y = \sin x (0 \leqslant x \leqslant \pi)$ 与 x 轴所围成的平面图形,绕 x 轴旋转.

9. 求以半径为 R 的圆为底,以平行于且长度等于底圆直径的线段为顶,高为 h 的正劈锥体的体积.

10. 计算曲线 $y = \frac{2}{3}x^{\frac{3}{2}}$ 上相应于 $a \leqslant x \leqslant b$ 的一段的弧长.

第六节 定积分在物理学中的应用

定积分不只在几何学中有广泛的应用,在物理学和经济学中也有广泛的应用. 它在物理学中的应用也是通过运用微元法来实现的. 本节中我们主要介绍定积分在物理学中几类典型的应用实例.

一、变力做功问题

由物理学知识知道,若常力 F 作用在物体上使物体沿力的方向移动了一段距离 s,则力 F 对物体所做的功为

$$W = Fs.$$

若作用于物体上的力是变化的,其大小是移动距离 x 的函数 $F(x)$,如何计算该力将物体沿力的方向从 $x = a$ 处移动到 $x = b$ 处所做的功呢?

很显然,变力做功不能用常力做功的公式来计算. 但由于功关于距离区间具有可加性,因此可考虑用微元法来求.

在区间 $[a,b]$ 上任取一个小区间 $[x, x + dx]$,变力在这个小区间内所做的功可用常力所做的功来近似代替. 我们取这个常力的大小为变力在点 x 处的值 $F(x)$,又知移动的距离为 dx,则

功微元为 $\mathrm{d}W = F(x)\mathrm{d}x$. 于是，变力 $F(x)$ 所做的功为
$$W = \int_a^b F(x)\mathrm{d}x.$$

例 1 根据物理学知识，在弹性限度内，弹簧压缩所受的力与压缩的距离成正比. 现在一个弹簧在力 F 的作用下由原长压缩了 6 cm，问：力 F 在这个过程中做了多少功？

解 建立如图 5-6-1 所示的坐标系. 由题意可知
$$F = kx \quad (k \text{ 是弹簧的弹性系数}),$$
其中 x 为压缩的距离. 取 x 为积分变量，则积分区间为 $[0, 0.06]$. 对于区间 $[0, 0.06]$ 上任取的小区间 $[x, x+\mathrm{d}x]$，功微元为 $\mathrm{d}W = kx\mathrm{d}x$. 于是，力 F 所做的功为
$$W = \int_0^{0.06} kx\mathrm{d}x = \frac{1}{2}kx^2 \Big|_0^{0.06} = 0.0018k(\text{单位：J}).$$

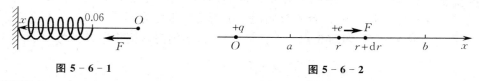

图 5-6-1　　　　　　　　　　　图 5-6-2

例 2 在原点 O 处有一个带电量为 $+q$ 的点电荷，它产生的电场（呈射线状）对周围电荷有作用力（电场力）. 现有一个单位正电荷受该电场力的作用从距原点 a 处沿射线方向移动到距原点 b 处 $(a \leqslant b)$，求该电场力做的功.

解 由物理学知识知道，该单位正电荷在此电场中受到的电场力为
$$F = k\frac{q}{r^2} \quad (k \text{ 为库仑常数}),$$
其中 r 为该单位正电荷离原点 O 的距离. 显然，F 是一个变力. 如图 5-6-2 所示，以 r 为积分变量，则积分区间为 $[a, b]$. 在区间 $[a, b]$ 的任一小区间 $[r, r+\mathrm{d}r]$ 上"以常代变"，得功微元为
$$\mathrm{d}W = F\mathrm{d}r = k\frac{q}{r^2}\mathrm{d}r.$$
于是，电场力 F 所做的功为
$$W = \int_a^b k\frac{q}{r^2}\mathrm{d}r = kq\left(-\frac{1}{r}\right)\Big|_a^b = kq\left(\frac{1}{a} - \frac{1}{b}\right).$$

二、液体的压力问题

由物理学知识知道，液体中深 h 处的压强为 $P = \rho g h$，这里 ρ 是液体的密度，g 是重力加速度. 那么，一块面积为 A 的薄板水平放置在液体中深 h 的某处，其一面所受液体压力的大小为
$$F = \text{压强} \times \text{面积} = PA.$$

若平板垂直放置于液体中，由于深度不同，平板各处的压强也不一样，那么如何求该平板一侧所受的液体压力呢？

由于压强随深度变化而变化，而压力具有可加性，故可用微元法来求压力.

建立如图 5-6-3 所示的直角坐标系，设平板所占平面区域为区间 $[a, b]$ 上以 $y = f(x)$ 为曲边的曲边梯形. 在 $[a, b]$ 上任取一个小区间 $[x, x+\mathrm{d}x]$，该小区间对应的小横条薄板可近似看作小矩形薄板，其上各点的深度可用 x 近似表示，从而小横条薄板上的压强近似为 $\rho g x$，其面积近似为 $\mathrm{d}A = f(x)\mathrm{d}x$，故压力微元为 $\mathrm{d}F = \rho g x \mathrm{d}A = \rho g x f(x)\mathrm{d}x$. 于是，所求的压力为
$$F = \int_a^b \rho g x f(x)\mathrm{d}x.$$

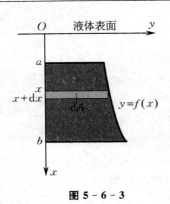

图 5-6-3

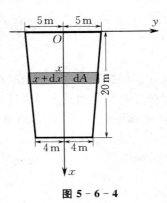

图 5-6-4

例 3 某水库有一个形状为等腰梯形的闸门，它的上底边长为 10 m，下底边长为 8 m，高为 20 m，上底与水面平齐，计算该闸门一侧所受的水压力.

解 建立直角坐标系，如图 5-6-4 所示. 等腰梯形闸门右侧腰的方程为

$$y = 5 - \frac{x}{20}.$$

取 x 为积分变量，则积分区间为 $[0, 20]$. 在区间 $[0, 20]$ 上任取一个小区间 $[x, x+\mathrm{d}x]$，其对应的部分闸门面积近似为

$$\mathrm{d}A = 2y\mathrm{d}x = 2\left(5 - \frac{x}{20}\right)\mathrm{d}x = \left(10 - \frac{x}{10}\right)\mathrm{d}x,$$

故压力微元为

$$\mathrm{d}F = P\mathrm{d}A = \rho g x \left(10 - \frac{x}{10}\right)\mathrm{d}x = (100\,000x - 1\,000x^2)\mathrm{d}x,$$

其中取 ρ 为 $1\,000\ \mathrm{kg/m^3}$，g 为 $10\ \mathrm{m/s^2}$. 于是，该闸门一侧所受的水压力为

$$F = \int_0^{20}(100\,000x - 1\,000x^2)\mathrm{d}x = \left(50\,000x^2 - \frac{1\,000}{3}x^3\right)\bigg|_0^{20} \approx 17\,333\,333 (\text{单位}:\mathrm{N}).$$

例 4 设有一个底圆半径为 2 m、深为 5 m 的圆柱形水池，里面盛满了水，求水对池壁的压力.

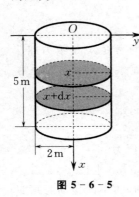

图 5-6-5

解 建立如图 5-6-5 所示的直角坐标系，取 x 为积分变量，则积分区间为 $[0, 5]$. 在区间 $[0, 5]$ 上任取一个小区间 $[x, x+\mathrm{d}x]$，该小区间对应的部分水池是高为 $\mathrm{d}x$ 的小圆柱体，作用在此小圆柱体侧面上的压力近似为 $\rho g x \cdot 2\pi \cdot 2 \mathrm{d}x = 4\pi\rho g x \mathrm{d}x$，所以压力微元为

$$\mathrm{d}F = 4\pi\rho g x \mathrm{d}x.$$

于是，所求的压力为

$$F = \int_0^5 4\pi\rho g x \mathrm{d}x = 4\pi\rho g \cdot \frac{x^2}{2}\bigg|_0^5 = 50\pi\rho g.$$

若取 ρ 为 $1\,000\ \mathrm{kg/m^3}$，g 为 $10\ \mathrm{m/s^2}$，则有

$$F = 50\pi \times 10^3 \times 10\ \mathrm{N} \approx 1\,570\,796.3\ \mathrm{N}.$$

三、引力问题

由物理学知识知道，质量分别为 m_1, m_2，距离为 r 的两个质点，它们之间的引力为

$$F = G\frac{m_1 m_2}{r^2},$$

其中 G 为万有引力常数,引力方向为沿着两个质点的连线方向.

若要计算一根细棒与一个质点之间的引力,由于细棒上各质点相对于这个质点的距离是变化的,则上述公式就不适用了. 为此,我们考虑用微元法来求这个引力. 下面举例说明具体的求法.

例 5 设有一根长度为 l,线密度为 ρ 的均匀细棒,在其中垂线上距棒 a 处有一个质量为 m 的质点 P,求该细棒对质点 P 的引力.

解 建立如图 5-6-6 所示的直角坐标系,取 x 为积分变量,则积分区间为 $\left[-\frac{l}{2}, \frac{l}{2}\right]$. 在区间 $\left[-\frac{l}{2}, \frac{l}{2}\right]$ 上任取一个小区间 $[x, x+\mathrm{d}x]$,把该细棒上相应于小区间 $[x, x+\mathrm{d}x]$ 的一段近似看成质点(假设该质点与质点 P 的连线与 y 轴负向的夹角为 α),则引力微元为

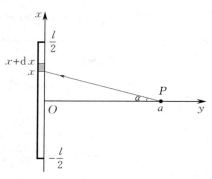

图 5-6-6

$$\mathrm{d}F = G\frac{m\rho \mathrm{d}x}{x^2 + a^2}.$$

该细棒不同部分对质点 P 的引力的方向是不断变化的,按照微元法的要求需把引力微元分解在 x 轴和 y 轴方向上. 由于该细棒对质点 P 具有对称性,故其对质点 P 的引力在 x 轴方向上的分量相互抵消,只有在 y 轴方向上的分量. 引力微元在 y 轴方向上的分量是 $\mathrm{d}F_y = \cos\alpha \mathrm{d}F$,因此该细棒对质点 P 的引力为

$$F = \int_{-\frac{l}{2}}^{\frac{l}{2}} \mathrm{d}F_y = \int_{-\frac{l}{2}}^{\frac{l}{2}} \cos\alpha \mathrm{d}F = \int_{-\frac{l}{2}}^{\frac{l}{2}} G\frac{am\rho}{(x^2 + a^2)^{\frac{3}{2}}} \mathrm{d}x = 2am\rho G \int_0^{\frac{l}{2}} \frac{1}{(x^2 + a^2)^{\frac{3}{2}}} \mathrm{d}x$$

$$= 2am\rho G \left.\frac{x}{a^2\sqrt{x^2 + a^2}}\right|_0^{\frac{l}{2}} = \frac{2m\rho G l}{a\sqrt{4a^2 + l^2}}.$$

定积分的应用非常广泛,没有统一的公式和模式,关键是掌握微元法,这是定积分应用的根本方法. 对于具体问题,有现成公式的,可直接使用公式;无现成公式的,可采用微元法,先分析所求量的微元,然后建立所求量的定积分表达式.

习 题 5-6

(A)

1. 由物理学知识知道,在弹性限度内,弹簧在拉伸过程中拉力的大小与弹簧的伸长量成正比. 已知把一个弹簧由原长拉伸 1 cm 需要的拉力是 3 N,如果把该弹簧由原长拉伸 5 cm,计算拉力需要做的功.

2. 将一个矩形水闸门垂直放置于水中,水面与闸门顶平齐. 若该闸门宽 20 m,高 16 m,求该闸门一侧所受的水压力.

3. 设有一根长度为 l、质量为 M 的均匀细棒,另有一个质量为 m 的质点 P 和该细棒在一条直线上,它到该细棒的近端距离为 a,试计算该细棒对质点 P 的引力.

(B)

4. 由物理学知识知道,地球对地球外一个质量为 m 的物体的引力为 $F = \frac{mgR^2}{r^2}$,其中 r 为该物体到地心

的距离，R 为地球的半径，g 为重力加速度. 现把一个质量为 m 的物体从地面垂直送到高度为 h 的某处，问：这个过程中需要克服地球引力做多少功？

5. 将一个半径为 R 的圆形闸门垂直放置于水中，水面与闸门顶平齐，求该闸门一侧所受的水压力.

6. 设有一根半圆弧形细铁丝，其质量为 M，且均匀分布；又设圆弧的半径为 r，且在圆心处有一个质量为 m 的质点. 求该铁丝与这个质点之间的引力.

第七节　定积分在经济学中的应用

前面已经指出，对总成本函数、总收入函数及总利润函数求导数就可得到相应的边际函数. 反过来，通过对边际函数积分，也可求得相应的总成本函数、总收入函数或总利润函数.

一、总成本函数

已知边际成本 $C'(Q)$，则总成本函数 $C(Q)$ 可用定积分表示为
$$C(Q) = \int_0^Q C'(t)\,dt + C_0,$$
其中 C_0 为固定成本.

总成本函数 $C(Q)$ 也可用不定积分来求：
$$C(Q) = \int C'(Q)\,dQ,$$
这里将 $\int C'(Q)\,dQ$ 看作 $C'(Q)$ 的一个原函数，其中积分常数将由所给的固定成本确定.

例 1　某企业生产某种产品的边际成本（单位：元 / 单位）为
$$C'(Q) = Q^2 + 10Q + 100,$$
其中 Q 为产量，又知固定成本为 $C_0 = 200$ 元，求总成本函数.

解　**方法一**　用定积分求总成本函数（单位：元）：
$$C(Q) = \int_0^Q C'(t)\,dt + C_0 = \int_0^Q (100 + 10t + t^2)\,dt + 200$$
$$= 100Q + 5Q^2 + \frac{1}{3}Q^3 + 200.$$

方法二　用不定积分求总成本函数（单位：元）：
$$C(Q) = \int C'(Q)\,dQ = \int (100 + 10Q + Q^2)\,dQ = 100Q + 5Q^2 + \frac{1}{3}Q^3 + C.$$
令 $Q = 0$，得 $C(0) = C$，而 $C(0) = C_0 = 200$ 元，从而
$$C(Q) = 100Q + 5Q^2 + \frac{1}{3}Q^3 + 200.$$

另外，当产量由 a 变到 b 时，总成本的改变量可表示为
$$\Delta C = \int_a^b C'(Q)\,dQ.$$

例如，在例 1 中，若要求产量由 10 单位变到 20 单位时总成本的改变量，则可直接利用上式，得
$$\Delta C = \int_{10}^{20} C'(Q)\,dQ = \int_{10}^{20} (100 + 10Q + Q^2)\,dQ$$
$$= \left(100Q + 5Q^2 + \frac{1}{3}Q^3\right)\bigg|_{10}^{20} \approx 4\,833.3（单位：元）.$$

二、总收入函数

已知边际收入为 $R'(Q)$，则总收入函数可表示为

$$R(Q) = \int_0^Q R'(Q) dQ.$$

当销售量由 a 变到 b 时，总收入的改变量可表示为

$$\Delta R = \int_a^b R'(Q) dQ.$$

例 2 某种产品的销售量为 Q 单位时的边际收入（单位：元／单位）为

$$R'(Q) = 200 - \frac{Q}{100}.$$

(1) 求售出 50 单位该种产品时的总收入；
(2) 如果已经售出了 100 单位该种产品，问：再售出 100 单位时总收入将增加多少？

解 (1) 售出 50 单位时的总收入为

$$R(50) = \int_0^{50} R'(Q) dQ = \int_0^{50} \left(200 - \frac{Q}{100}\right) dQ = \left(200Q - \frac{Q^2}{200}\right)\Big|_0^{50} = 9\,987.5 \text{(单位：元)}.$$

(2) 已经售出了 100 单位该种产品，再售出 100 单位时总收入的增量为

$$\int_{100}^{200} R'(Q) dQ = \int_{100}^{200} \left(200 - \frac{Q}{100}\right) dQ = \left(200Q - \frac{Q^2}{200}\right)\Big|_{100}^{200} = 19\,850 \text{(单位：元)}.$$

三、总利润函数

因为总利润等于总收入减去总成本，而边际利润等于边际收入减去边际成本，所以当边际收入为 $R'(Q)$，边际成本为 $C'(Q)$ 时，总利润函数可表示为

$$L(Q) = \int_0^Q L'(Q) dQ - C_0 = \int_0^Q (R'(Q) - C'(Q)) dQ - C_0,$$

其中 C_0 为固定成本。

当产量由 a 变到 b 时，总利润的改变量为

$$\Delta L = \int_a^b (R'(Q) - C'(Q)) dQ.$$

例 3 设某种产品的产量为 Q（单位：百台）时的边际成本（单位：万元／百台）为 $C'(Q) = 1$，边际收入（单位：万元／百台）为 $R'(Q) = 5 - Q$，固定成本为 1 万元。

(1) 产量 Q 等于多少时，总利润最大？
(2) 若在总利润最大时再生产 1 百台，则总利润将怎样变化？

解 (1) 因为 $C'(Q) = 1, R'(Q) = 5 - Q$，所以

$$L'(Q) = R'(Q) - C'(Q) = (5 - Q) - 1 = 4 - Q.$$

令 $L'(Q) = 0$，得 $Q = 4$。又 $L''(Q) = -1 < 0$，从而产量 $Q = 4$ 百台时总利润最大。

(2) 因为产量 $Q = 4$ 百台时总利润最大，所以此时若再生产 1 百台，则总利润的改变量为

$$\Delta L = \int_4^5 L'(Q) dQ = \int_4^5 (4 - Q) dQ = \left(4Q - \frac{1}{2}Q^2\right)\Big|_4^5 = -0.5 \text{(单位：万元)}.$$

这表明，当总利润达到最大时，若产量再增加 1 百台，则总利润不但不会增加，反而还减少了 0.5 万元。

习 题 5-7

(A)

1. 设某种产品的边际成本(单位:元/件)为 $C'(Q) = 2e^{0.2Q}$,其中 Q(单位:件)为产量,又知该产品的固定成本 $C_0 = 80$ 元,求总成本函数.

2. 已知生产某种产品 Q 单位时的边际收入(单位:元/单位)为 $R'(Q) = 100 - 2Q$,求:
   (1) 生产 40 单位该种产品时的总收入;
   (2) 产量由 40 单位变到 50 单位时总收入的改变量.

(B)

3. 若某种产品的边际成本(单位:元/件)为 $C'(Q) = 2$,固定成本为 0,边际收入(单位:元/件)为 $R'(Q) = 20 - 0.02Q$,问:
   (1) 产量为多少时总利润最大?
   (2) 在取得最大利润后,若再生产 40 件,总利润会发生什么变化?

4. 某生产车间生产化肥,日产量为 x(单位:吨)时的边际成本(单位:百元/吨)为
$$C'(x) = 100 + 6x - 0.6x^2.$$
试求日产量由 2 吨增加到 4 吨时总成本的改变量.

第八节 反常积分

前面我们讨论了定积分,它要求积分区间是有限的,且被积函数在该区间上是有界函数. 但是,在实际问题中,我们常常会遇到积分区间是无限区间,或者被积函数是无界函数的情况(有限个无穷间断点). 因此,需要把定积分的概念在这两个方面进行推广. 我们称由此得到的积分为**反常积分**.

一、无限区间上的反常积分

对于无限区间上的反常积分,分下列三种情况讨论.

1. 在无限区间 $[a, +\infty)$ 上的反常积分

定义 5.2 设函数 $f(x)$ 在无限区间 $[a, +\infty)$ 上连续. 取 $b > a$,称极限
$$\lim_{b \to +\infty} \int_a^b f(x) dx$$
为函数 $f(x)$ 在无限区间 $[a, +\infty)$ 上的**反常积分**,记作 $\int_a^{+\infty} f(x) dx$,即
$$\int_a^{+\infty} f(x) dx = \lim_{b \to +\infty} \int_a^b f(x) dx.$$
如果上述极限存在,则称 $\int_a^{+\infty} f(x) dx$ **收敛**;否则,称 $\int_a^{+\infty} f(x) dx$ **发散**.

类似地,我们可定义在无限区间 $(-\infty, b]$ 上的反常积分.

2. 在无限区间 $(-\infty, b]$ 上的反常积分

定义 5.3 设函数 $f(x)$ 在无限区间 $(-\infty, b]$ 上连续. 取 $a < b$,称极限
$$\lim_{a \to -\infty} \int_a^b f(x) dx$$

为函数 $f(x)$ 在无限区间 $(-\infty, b]$ 上的**反常积分**,记作 $\int_{-\infty}^{b} f(x) dx$,即

$$\int_{-\infty}^{b} f(x) dx = \lim_{a \to -\infty} \int_{a}^{b} f(x) dx.$$

如果上述极限存在,则称 $\int_{-\infty}^{b} f(x) dx$ **收敛**;否则,称 $\int_{-\infty}^{b} f(x) dx$ **发散**.

3. 在无限区间 $(-\infty, +\infty)$ 上的反常积分

定义 5.4　设函数 $f(x)$ 在无限区间 $(-\infty, +\infty)$ 上连续. 取 c 为任意常数,称反常积分 $\int_{-\infty}^{c} f(x) dx$ 与 $\int_{c}^{+\infty} f(x) dx$ 的和为函数 $f(x)$ 在无限区间 $(-\infty, +\infty)$ 上的**反常积分**(注:为了方便计算,常常取 $c = 0$),记作 $\int_{-\infty}^{+\infty} f(x) dx$,即

$$\int_{-\infty}^{+\infty} f(x) dx = \int_{-\infty}^{c} f(x) dx + \int_{c}^{+\infty} f(x) dx = \lim_{a \to -\infty} \int_{a}^{c} f(x) dx + \lim_{b \to +\infty} \int_{c}^{b} f(x) dx.$$

如果上式右端的两个极限都存在,则称 $\int_{-\infty}^{+\infty} f(x) dx$ **收敛**;否则,称 $\int_{-\infty}^{+\infty} f(x) dx$ **发散**.

计算无限区间上的反常积分时,为了方便,仍用如下牛顿-莱布尼茨公式的形式来表示:

$$\int_{a}^{+\infty} f(x) dx = F(x) \Big|_{a}^{+\infty} = F(+\infty) - F(a),$$

$$\int_{-\infty}^{b} f(x) dx = F(x) \Big|_{-\infty}^{b} = F(b) - F(-\infty),$$

$$\int_{-\infty}^{+\infty} f(x) dx = F(x) \Big|_{-\infty}^{+\infty} = F(+\infty) - F(-\infty),$$

其中 $F(x)$ 是 $f(x)$ 的一个原函数,$F(+\infty) = \lim_{x \to +\infty} F(x), F(-\infty) = \lim_{x \to -\infty} F(x)$.

例 1　计算 $\int_{0}^{+\infty} e^{-x} dx$.

解　$\int_{0}^{+\infty} e^{-x} dx = -e^{-x} \Big|_{0}^{+\infty} = \lim_{x \to +\infty} (-e^{-x} + 1) = 1.$

例 2　计算 $\int_{0}^{+\infty} x e^{-x^2} dx$.

解　$\int_{0}^{+\infty} x e^{-x^2} dx = \frac{1}{2} \int_{0}^{+\infty} e^{-x^2} d(x^2) = -\frac{1}{2} e^{-x^2} \Big|_{0}^{+\infty} = -\frac{1}{2} (\lim_{x \to +\infty} e^{-x^2} - 1)$

$= -\frac{1}{2}(0 - 1) = \frac{1}{2}.$

例 3　计算 $\int_{-\infty}^{+\infty} \frac{1}{1+x^2} dx$.

解　$\int_{-\infty}^{+\infty} \frac{1}{1+x^2} dx = \arctan x \Big|_{-\infty}^{+\infty} = \lim_{x \to +\infty} \arctan x - \lim_{x \to -\infty} \arctan x = \frac{\pi}{2} - \left(-\frac{\pi}{2}\right) = \pi.$

二、无界函数的反常积分

对于无界函数的反常积分,也分下列三种情况讨论.

1. 被积函数在点 a 的右邻域①内无界的反常积分

定义 5.5 设函数 $f(x)$ 在 $(a,b]$ 上连续,且 $\lim\limits_{x\to a^+}f(x)=\infty$. 取 $t>a$,称极限

$$\lim_{t\to a^+}\int_t^b f(x)\mathrm{d}x$$

为函数 $f(x)$ 在区间 $(a,b]$ 上的**反常积分**,仍记为 $\int_a^b f(x)\mathrm{d}x$,即

$$\int_a^b f(x)\mathrm{d}x=\lim_{t\to a^+}\int_t^b f(x)\mathrm{d}x.$$

如果上述极限存在,则称 $\int_a^b f(x)\mathrm{d}x$ **收敛**;否则,称 $\int_a^b f(x)\mathrm{d}x$ **发散**.

2. 被积函数在点 b 的左邻域内无界的反常积分

定义 5.6 设函数 $f(x)$ 在 $[a,b)$ 上连续,且 $\lim\limits_{x\to b^-}f(x)=\infty$. 取 $t<b$,称极限

$$\lim_{t\to b^-}\int_a^t f(x)\mathrm{d}x$$

为函数 $f(x)$ 在区间 $[a,b)$ 上的**反常积分**,仍记作 $\int_a^b f(x)\mathrm{d}x$,即

$$\int_a^b f(x)\mathrm{d}x=\lim_{t\to b^-}\int_a^t f(x)\mathrm{d}x.$$

如果上述极限存在,则称 $\int_a^b f(x)\mathrm{d}x$ **收敛**;否则,称 $\int_a^b f(x)\mathrm{d}x$ **发散**.

3. 被积函数在点 c 的邻域内无界的反常积分

定义 5.7 设函数 $f(x)$ 在 $[a,b]$ 上除点 $x=c(a<c<b)$ 外都连续,且 $\lim\limits_{x\to c}f(x)=\infty$,则称反常积分 $\int_a^c f(x)\mathrm{d}x$ 与 $\int_c^b f(x)\mathrm{d}x$ 的和为函数 $f(x)$ 在区间 $[a,b]$ 上的**反常积分**,仍记为 $\int_a^b f(x)\mathrm{d}x$,即

$$\int_a^b f(x)\mathrm{d}x=\int_a^c f(x)\mathrm{d}x+\int_c^b f(x)\mathrm{d}x=\lim_{t\to c^-}\int_a^t f(x)\mathrm{d}x+\lim_{t\to c^+}\int_t^b f(x)\mathrm{d}x.$$

如果上式右端的两个极限都存在,则称 $\int_a^b f(x)\mathrm{d}x$ **收敛**;否则,称 $\int_a^b f(x)\mathrm{d}x$ **发散**.

注意 函数 $f(x)$ 在区间 $[a,b]$ 上的反常积分使用了与定积分相同的记号 $\int_a^b f(x)\mathrm{d}x$,但两者的意义是不同的,在计算时要注意正确判断.

计算无界函数的反常积分时,为了书写方便,也直接用牛顿-莱布尼茨公式的形式来表示,例如:

(1) 仅点 $x=a$ 为无穷间断点时,有

$$\int_a^b f(x)\mathrm{d}x=F(x)\Big|_{a^+}^b=F(b)-F(a^+);$$

(2) 仅点 $x=b$ 为无穷间断点时,有

---

① 点 a 的右(或左)邻域是指以点 a 为左(或右)端点的任一开区间.

$$\int_a^b f(x)\mathrm{d}x = F(x)\Big|_a^{b^-} = F(b^-) - F(a),$$

其中 $F(x)$ 是 $f(x)$ 的一个原函数，$F(a^+) = \lim\limits_{x \to a^+} F(x)$，$F(b^-) = \lim\limits_{x \to b^-} F(x)$.

例 4 计算反常积分 $\int_0^3 \dfrac{1}{\sqrt{9-x^2}}\mathrm{d}x$.

解 因为 $\lim\limits_{x \to 3^-} \dfrac{1}{\sqrt{9-x^2}} = +\infty$，所以 $x=3$ 是被积函数的无穷间断点，于是

$$\int_0^3 \frac{1}{\sqrt{9-x^2}}\mathrm{d}x = \arcsin\frac{x}{3}\Big|_0^{3^-} = \lim\limits_{x \to 3^-}\arcsin\frac{x}{3} - 0 = \frac{\pi}{2}.$$

例 5 讨论反常积分 $\int_{-1}^1 \dfrac{1}{x^2}\mathrm{d}x$ 的敛散性.

解 因为 $\lim\limits_{x \to 0} \dfrac{1}{x^2} = +\infty$，所以 $x=0$ 是被积函数的无穷间断点，于是

$$\int_{-1}^1 \frac{1}{x^2}\mathrm{d}x = \int_{-1}^0 \frac{1}{x^2}\mathrm{d}x + \int_0^1 \frac{1}{x^2}\mathrm{d}x = \left(-\frac{1}{x}\right)\Big|_{-1}^{0^-} + \left(-\frac{1}{x}\right)\Big|_{0^+}^1.$$

但由于 $\lim\limits_{x \to 0} \dfrac{1}{x} = \infty$，因此反常积分 $\int_{-1}^1 \dfrac{1}{x^2}\mathrm{d}x$ 发散.

注意 如果例 5 中疏忽了 $x=0$ 是被积函数的无穷间断点，那么按照定积分的计算方法，将会导致错误的结果，即

$$\int_{-1}^1 \frac{1}{x^2}\mathrm{d}x = -\frac{1}{x}\Big|_{-1}^1 = -1 - 1 = -2.$$

习 题 5-8

(A)

1. 计算下列无限区间上的反常积分：

(1) $\int_{-\infty}^0 \mathrm{e}^x\mathrm{d}x$；

(2) $\int_1^{+\infty} \dfrac{1}{x^3}\mathrm{d}x$；

(3) $\int_1^{+\infty} \dfrac{1}{\sqrt{x}}\mathrm{d}x$；

(4) $\int_{-\infty}^{+\infty} \dfrac{1}{x^2+2x+2}\mathrm{d}x$.

2. 计算下列无界函数的反常积分：

(1) $\int_0^1 \ln x\mathrm{d}x$；

(2) $\int_0^1 \dfrac{1}{x}\mathrm{d}x$；

(3) $\int_2^3 \dfrac{1}{\sqrt{x-2}}\mathrm{d}x$；

(4) $\int_{-1}^1 \dfrac{1}{x^4}\mathrm{d}x$.

(B)

3. 讨论下列反常积分的敛散性，若收敛，求出其值：

(1) $\int_1^{+\infty} \dfrac{1}{x^4}\mathrm{d}x$；

(2) $\int_2^{+\infty} \dfrac{1}{x\ln x}\mathrm{d}x$；

(3) $\int_{-\infty}^0 \cos x\mathrm{d}x$；

(4) $\int_{-\infty}^0 \mathrm{e}^{ax}\mathrm{d}x$ $(a>0)$；

(5) $\int_1^2 \dfrac{1}{\sqrt{x-1}}\mathrm{d}x$；

(6) $\int_0^2 \dfrac{1}{x^2-4x+3}\mathrm{d}x$.

4. 证明：反常积分 $\int_0^1 \dfrac{1}{x^q}\mathrm{d}x$ 当 $0<q<1$ 时收敛，当 $q \geqslant 1$ 时发散.

*第九节　数学实验——求积分

一、学习 Mathematica 命令

在 Mathematica 中,用于求积分(包括不定积分和定积分)的命令如表 5-9-1 所示.

表 5-9-1

命　　令	功　　能
Integrate[f(x),x] 或 $\int f(x)dx$	求函数 $f(x)$ 的不定积分
Integrate[f(x),{x,a,b}] 或 $\int_a^b f(x)dx$	求函数 $f(x)$ 在区间 $[a,b]$ 上的定积分
NIntegrate[f(x),{x,a,b}] 或 $N\left[\int_a^b f(x)dx\right]$	求函数 $f(x)$ 在区间 $[a,b]$ 上定积分的近似值

二、实验内容

例 1　求 $\int \dfrac{1}{1+\cos 2x}dx$.

解　输入命令如图 5-9-1 所示.

输出结果:$\int \dfrac{1}{1+\cos 2x}dx = \dfrac{1}{2}\tan x + C$.

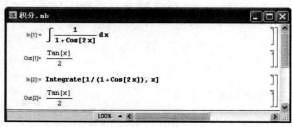

图 5-9-1

对于一些笔算相当复杂的不定积分,Mathematica 却能轻易求出.

例 2　求 $\int \dfrac{\cos x \sin x}{(1+\cos x)^2}dx$.

解　输入命令如图 5-9-2 所示.

输出结果:$\int \dfrac{\cos x \sin x}{(1+\cos x)^2}dx = -\dfrac{1}{1+\cos x} - \ln(1+\cos x) + C$.

图 5-9-2　　　　　　　　图 5-9-3

例 3　求 $\int_0^{\frac{\pi}{2}} \sqrt{1-\sin 2x}\,dx$.

解 输入命令如图 5-9-3 所示.

输出结果：$\int_0^{\frac{\pi}{2}} \sqrt{1-\sin 2x}\,dx = 2(-1+\sqrt{2})$.

命令 Integrate[f(x),{x,a,b}] 或 $\int_a^b f(x)dx$ 也可用来求无限区间上的反常积分.

例 4 求 $\int_0^{+\infty} \frac{1}{1+x^2}dx$.

解 输入命令如图 5-9-4 所示.

输出结果：$\int_0^{+\infty} \frac{1}{1+x^2}dx = \frac{\pi}{2}$.

图 5-9-4

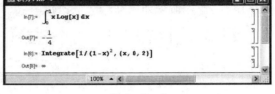

图 5-9-5

命令 Integrate[f(x),{x,a,b}] 或 $\int_a^b f(x)dx$ 还可用来判定无界函数反常积分的敛散性.

例 5 判定反常积分 $\int_0^1 x\ln x\,dx$, $\int_0^2 \frac{dx}{(1-x)^2}$ 的敛散性.

解 输入命令如图 5-9-5 所示.

输出结果：$\int_0^1 x\ln x\,dx = -\frac{1}{4}$，收敛；$\int_0^2 \frac{1}{(1-x)^2}dx = \infty$，发散.

例 6 求 $\int_0^1 \sin\sin x\,dx$.

解 命令 $N\left[\int_a^b f(x)dx\right]$ 表示求函数 $f(x)$ 在区间 $[a,b]$ 上定积分的近似值.

输入命令如图 5-9-6 所示.

输出结果：见图 5-9-6，其中 Out[9] 表示原定积分无精确值，Out[10] 是原定积分的近似值.

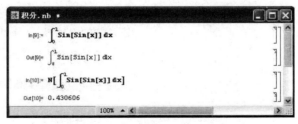

图 5-9-6

例 7 求定积分 $\int_0^1 \frac{\sin x}{x}dx$ 的近似值.

解 输入命令如图 5-9-7 所示.

输出结果：$\int_0^1 \frac{\sin x}{x}dx \approx 0.946\,083$.

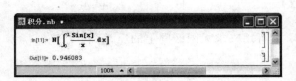
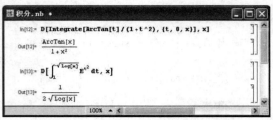

图 5-9-7　　　　　　　　　　　图 5-9-8

求导数和积分的命令可一起使用. 下面举例说明.

例 8　求积分上限函数 $\int_0^x \dfrac{\arctan t}{1+t^2}\mathrm{d}t,\ \int_1^{\sqrt{\ln x}} \mathrm{e}^{t^2}\mathrm{d}t$ 的导数.

解　输入命令如图 5-9-8 所示.

输出结果：$\left(\displaystyle\int_0^x \dfrac{\arctan t}{1+t^2}\mathrm{d}t\right)' = \dfrac{\arctan x}{1+x^2},\ \left(\displaystyle\int_1^{\sqrt{\ln x}} \mathrm{e}^{t^2}\mathrm{d}t\right)' = \dfrac{1}{2\sqrt{\ln x}}$.

习　题　5-9

1. 求下列不定积分：

(1) $\displaystyle\int \dfrac{x+\sin x}{1+\cos x}\mathrm{d}x$；

(2) $\displaystyle\int \mathrm{e}^{\sin x}\dfrac{x\cos^3 x - \sin x}{\cos^2 x}\mathrm{d}x$；

(3) $\displaystyle\int \ln^2(x+\sqrt{1+x^2})\mathrm{d}x$；

(4) $\displaystyle\int \sqrt{1-x^2}\arcsin x\mathrm{d}x$；

(5) $\displaystyle\int \dfrac{1}{(2+\cos x)\sin x}\mathrm{d}x$；

(6) $\displaystyle\int \dfrac{\sin x\cos x}{\sin x + \cos x}\mathrm{d}x$.

2. 求下列定积分：

(1) $\displaystyle\int_1^{\mathrm{e}^2} \dfrac{1}{\sqrt{1+\ln x}}\mathrm{d}x$；

(2) $\displaystyle\int_{-2}^0 \dfrac{1}{x^2+2x+2}\mathrm{d}x$；

(3) $\displaystyle\int_{-\frac{\pi}{2}}^{\frac{\pi}{2}} \sqrt{\cos x - \cos^2 x}\mathrm{d}x$；

(4) $\displaystyle\int_0^{\pi} \sqrt{1+\cos 2x}\mathrm{d}x$；

(5) $\displaystyle\int_0^{\pi} (x\sin x)^2\mathrm{d}x$；

(6) $\displaystyle\int_0^1 \sin\ln x\mathrm{d}x$.

第六章 微分方程

高等数学主要研究的对象是函数,而函数关系一般不能直接由实际问题得到.但根据实际问题的特性,有时可以得到关于未知函数及其导数(或微分)与自变量之间的关系式.这种关系式就是所谓的微分方程.微分方程揭示了实际问题中的客观规律,是一种很重要的数学模型.

本章将重点介绍常见的微分方程的解法及微分方程在实际问题中的应用.

第一节 微分方程的基本概念与分离变量法

一、微分方程的基本概念

下面我们通过一个例题来说明微分方程的基本概念.

例 1 设某一曲线上任意点处的切线斜率等于该点的横坐标的两倍,且该曲线通过点$(1,2)$,求该曲线的方程.

解 设所求曲线的方程为$y=y(x)$,则根据导数的几何意义,未知函数$y(x)$应满足
$$\frac{dy}{dx}=2x.$$
把上述方程两边积分,得
$$y=\int 2x\,dx, \quad 即 \quad y=x^2+C,$$
其中C是待定常数.

此外,未知函数$y(x)$还应满足条件:当$x=1$时,$y=2$.把这个条件代入上式,即得$C=1$.于是,所求的曲线方程为$y=x^2+1$.

定义 6.1 含有未知函数的导数或微分的方程,称为**微分方程**.

未知函数为一元函数的微分方程,称为**常微分方程**.例如,例 1 中列出的微分方程就是常微分方程.未知函数为多元函数(从而含有多元函数的偏导数①)的微分方程,称为**偏微分方程**.例如,
$$yz'_x - xz'_y = 0, \quad \frac{\partial^2 z}{\partial x^2}=x^2\frac{\partial^2 z}{\partial y^2}$$
就是偏微分方程.我们主要讨论常微分方程.

微分方程中出现的导数的最高阶数,称为微分方程的**阶**.例如,$y'=2x$是一阶微分方程;$\frac{d^2 s}{dt^2}=-g$是二阶微分方程.

---

① 多元函数和偏导数的定义将在第七章中进行说明.

若微分方程中所含有的未知函数及其各阶导数全是一次幂的,则称这样的微分方程为**线性微分方程**. 在线性微分方程中,若未知函数及其各阶导数的系数全是常数,则称这样的微分方程为**常系数线性微分方程**. 例如,

$$2y'' - y' + 3y = \cos x$$

为二阶常系数线性微分方程.

使得微分方程成为恒等式的函数,称为微分方程的**解**. 如果微分方程的解含有任意常数,且独立的任意常数的个数与微分方程的阶数相同,则称这个解为微分方程的**通解**. 微分方程的不含有任意常数的解,称为微分方程的**特解**.

那么,什么是独立的任意常数?独立的任意常数是指不能合并的任意常数.实际上,可以合并的任意常数只能算是一个独立的任意常数.例如,对于函数 $y = C_1 e^x + 3C_2 e^x$,它显然是微分方程 $y'' - 3y' + 2y = 0$ 的解,但此时的常数 C_1, C_2 不是两个独立的任意常数,因为该函数可表示为

$$y = (C_1 + 3C_2) e^x.$$

在例1中,函数 $y = x^2 + C$ 是微分方程 $y' = 2x$ 的通解,而函数 $y = x^2 + 1$ 是它的一个特解.

定义 6.2 设函数 $y_1(x), y_2(x)$ 是定义在区间 (a, b) 内的函数. 如果存在两个不全为 0 的数 k_1, k_2,使得对于任意的 $x \in (a, b)$,恒有

$$k_1 y_1(x) + k_2 y_2(x) = 0$$

成立,则称 $y_1(x), y_2(x)$ 在区间 (a, b) 内**线性相关**;否则,称 $y_1(x), y_2(x)$ 在区间 (a, b) 内**线性无关**.

由此可见,函数 $y_1(x), y_2(x)$ 在区间 (a, b) 内线性相关的充要条件是 $\dfrac{y_1(x)}{y_2(x)}$ 在区间 (a, b) 内恒为常数. 例如,e^x 与 e^{2x} 在 $(-\infty, +\infty)$ 内线性无关,e^x 与 $3e^x$ 在 $(-\infty, +\infty)$ 内线性相关.

于是,当 $y_1(x)$ 与 $y_2(x)$ 线性无关时,函数 $y = C_1 y_1(x) + C_2 y_2(x)$ 中含有两个独立的任意常数 C_1 和 C_2.

通常,用未知函数及其各阶导数在某个特定点的值作为确定其通解中任意常数的条件,称之为**初值条件**.例如,例1中的条件"当 $x = 1$ 时,$y = 2$"就是微分方程 $y' = 2x$ 的初值条件.求微分方程满足初值条件的特解的问题,称为**初值问题**.

求解初值问题时,通常先求通解,再由初值条件确定通解中的任意常数,从而求得特解.

例 2 一个质量为 m 的物体以初速度 v_0 做自由落体运动(设重力加速度为 g). 如图 6-1-1 所示建立坐标系. 设该物体的起始位置为 y_0,求下落过程中该物体的位置 y 与时间 t 的函数关系.

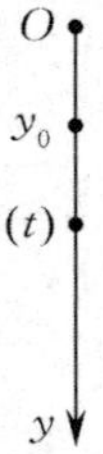

解 设 t 时刻该物体的位置为 $y = y(t)$,则根据题意有

$$\frac{d^2 y}{dt^2} = g, \quad y\bigg|_{t=0} = y_0, \quad y'\bigg|_{t=0} = v_0.$$

对上述微分方程积分两次,得

$$y = \frac{1}{2} g t^2 + C_1 t + C_2 \quad (C_1, C_2 \text{ 为待定常数}).$$

将 $t = 0, y = y_0$ 代入上式,得 $C_2 = y_0$. 将 $t = 0, y' = v_0$ 代入 $y' = gt + C_1$,得 $C_1 = v_0$. 故下落过程中该物体的位置 y 与时间 t 的函数关系为

图 6-1-1

$$y = \frac{1}{2}gt^2 + v_0 t + y_0.$$

二、分离变量法

定义 6.3 形如

$$\frac{\mathrm{d}y}{\mathrm{d}x} = f(x)g(y)$$

的微分方程,称为**可分离变量的微分方程**.

可分离变量的微分方程的求解步骤如下:

(1) 分离变量,得

$$\frac{\mathrm{d}y}{g(y)} = f(x)\mathrm{d}x \quad (g(y) \neq 0);$$

(2) 两边积分,得

$$\int \frac{\mathrm{d}y}{g(y)} = \int f(x)\mathrm{d}x;$$

(3) 求出通解,即

$$G(y) = F(x) + C,$$

其中 $G(y)$, $F(x)$ 分别是 $\frac{1}{g(y)}$, $f(x)$ 的一个原函数, C 是任意常数.

我们称上述求解微分方程的方法为**分离变量法**.

例 3 求微分方程 $y' + xy = 0$ 的通解.

解 原微分方程可变形为

$$\frac{\mathrm{d}y}{\mathrm{d}x} = -xy.$$

分离变量,得

$$\frac{\mathrm{d}y}{y} = -x\mathrm{d}x \quad (y \neq 0).$$

两边积分,得

$$\int \frac{\mathrm{d}y}{y} = -\int x\mathrm{d}x,$$

即

$$\ln|y| = -\frac{1}{2}x^2 + C_1.$$

化简,得

$$|y| = \mathrm{e}^{-\frac{1}{2}x^2 + C_1} = \mathrm{e}^{C_1}\mathrm{e}^{-\frac{1}{2}x^2},$$

即

$$y = \pm \mathrm{e}^{C_1}\mathrm{e}^{-\frac{1}{2}x^2} = C\mathrm{e}^{-\frac{1}{2}x^2} \quad (C = \pm \mathrm{e}^{C_1}).$$

又因为 $y = 0$ 也是原微分方程的解,所以上式中的常数 C 也可取 0,即所求的通解为

$$y = C\mathrm{e}^{-\frac{1}{2}x^2} \quad (C \text{为任意常数}).$$

例 4 设有一个质量为 m 的降落伞从跳伞塔下落,其所受的空气阻力与下落的速度成正比,且离开塔顶 ($t = 0$) 时的速度为 0,求降落伞下落的速度 v 与时间 t 的函数关系.

解 如图 6-1-2 所示，设降落伞在 t 时刻的下落速度为 $v = v(t)$，此时降落伞所受的空气阻力为 $-kv$（$k > 0$ 为比例常数，负号表示阻力与运动方向相反），同时降落伞下落还受重力 mg（g 为重力加速度）的作用。故由牛顿第二定律及初值条件 $v\big|_{t=0} = 0$，得到初值问题

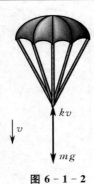

图 6-1-2

$$\begin{cases} m\dfrac{dv}{dt} = mg - kv, \\ v\big|_{t=0} = 0. \end{cases}$$

对 $m\dfrac{dv}{dt} = mg - kv$ 分离变量，得

$$\frac{dv}{mg - kv} = \frac{dt}{m},$$

这里 $mg - kv > 0$. 两边积分，得

$$-\frac{1}{k}\ln(mg - kv) = \frac{t}{m} + C_1,$$

即

$$v = \frac{mg}{k} - Ce^{-\frac{k}{m}t} \quad \left(C = \frac{1}{k}e^{-kC_1}\right).$$

由 $v\big|_{t=0} = 0$ 得 $C = \dfrac{mg}{k}$，于是所求的函数关系为

$$v = \frac{mg}{k}(1 - e^{-\frac{k}{m}t}).$$

【思考题】

1. 什么是微分方程？它与代数方程有何不同？
2. 微分方程的通解、特解的几何意义分别是什么？

习　题　6-1

(A)

1. 什么叫作微分方程和微分方程的阶？分别指出下列微分方程的阶：

   (1) $x(y')^2 - 2yy' + x = 0$；　　　　(2) $L\dfrac{d^2\theta}{dt^2} + R\dfrac{d\theta}{dt} + \dfrac{\theta}{C} = 0$；

   (3) $(7x - 6y)dx = (x + y)dy$；　　　(4) $xy''' + 2y'' + x^2 y = 0$.

2. 什么叫作微分方程的解？讨论下列函数是否为所给微分方程的解：

   (1) $y = 5x^2$，$xy' = 2y$；　　　　　(2) $y = x^2 e^x$，$y'' - 2y' + y = 0$；

   (3) $y = 3\sin x - 4\cos x$，$y'' + y = 0$；　(4) $y = C_1 e^{-x} + C_2 e^{2x}$，$y'' - y' - 2y = 0$.

3. 验证由下列二元方程确定的隐函数为所给微分方程的解：

   (1) $x^2 - xy + y^2 = C$，$(x - 2y)y' = 2x - y$；　(2) $y = \ln(xy)$，$(xy - x)y'' + x(y')^2 + yy' - 2y' = 0$.

4. 用分离变量法求解下列微分方程：

   (1) $\dfrac{dy}{dx} = x^2 y^2$；　　　　　　(2) $\dfrac{dy}{dx} = \dfrac{y}{\sqrt{1 - x^2}}$；

   (3) $xy' - y\ln y = 0$；　　　　　(4) $y' + y^{-1} e^{y^2 + 3x} = 0$；

   (5) $\dfrac{dy}{dx} = 10^{x+y}$；　　　　　(6) $y' + \sin\dfrac{x+y}{2} = \sin\dfrac{x-y}{2}$.

5. 求解下列初值问题：

(1) $\dfrac{dy}{dx} = (1+x+x^2)y, y\big|_{x=0} = e$;   (2) $\sqrt{1+x^2}\,\dfrac{dy}{dx} = xy^3, y\big|_{x=0} = 1$;

(3) $\cos y\,dx + (1+e^{-x})\sin y\,dy = 0, y\big|_{x=0} = \dfrac{\pi}{4}$.

6. 一条曲线过点$(1,0)$，且其上任意点(x,y)处的切线斜率等于该点横坐标的平方，求这条曲线的方程.

7. 一条曲线在其上任意点(x,y)处的切线斜率等于该点横坐标与纵坐标的乘积，写出这条曲线所满足的微分方程.

(B)

8. 放射性元素的质量会随着时间的增加而逐渐减少，这种现象称为衰变. 镭的衰变有如下规律：衰变速度与现存质量成正比(设$\lambda > 0$为衰变常数). 已知当时间$t=0$时，镭的质量为m_0. 求在衰变过程中镭的质量m随时间t的变化规律.

9. 用微分方程表示一个物理命题：某种气体的气压p对于温度T的变化率与气压成正比，与温度的平方成反比.

第二节　一阶线性微分方程

定义6.4　形如

$$\dfrac{dy}{dx} + P(x)y = Q(x) \tag{6-2-1}$$

的微分方程，称为**一阶线性微分方程**，其中$P(x), Q(x)$为已知函数.

当$Q(x) \equiv 0$时，方程(6-2-1)成为

$$\dfrac{dy}{dx} + P(x)y = 0, \tag{6-2-2}$$

称之为**一阶齐次线性微分方程**. 而当$Q(x) \not\equiv 0$时，称方程(6-2-1)为**一阶非齐次线性微分方程**，此时也称方程(6-2-2)为方程(6-2-1)对应的齐次线性微分方程.

一、一阶齐次线性微分方程的解法

我们先求一阶齐次线性微分方程(6-2-2)的解. 将方程(6-2-2)分离变量，得

$$\dfrac{dy}{y} = -P(x)dx \quad (y \neq 0).$$

两边积分，得

$$\ln|y| = -\int P(x)dx + C_1$$

$\left(\text{这里}\int P(x)dx\text{ 表示 }P(x)\text{ 的一个原函数}\right)$，即

$$y = Ce^{-\int P(x)dx} \quad (C = \pm e^{C_1}). \tag{6-2-3}$$

这就是方程(6-2-2)的通解(实际上，$y=0$也是方程(6-2-2)的解，所以通解(6-2-3)中的常数C可取0，即C可取任意常数).

例1　求微分方程$(xy - 2y)dx + dy = 0$的通解.

解　原微分方程可化为

$$\dfrac{dy}{dx} + (x-2)y = 0,$$

这是一阶齐次线性微分方程. 分离变量, 得
$$\frac{\mathrm{d}y}{y} = (2-x)\mathrm{d}x \quad (y \neq 0).$$

两边积分, 得
$$\ln|y| = \left(2x - \frac{x^2}{2}\right) + \ln|C| \quad (C \neq 0)$$

(这里为了便于化简, 将 C 写成 $\ln|C|$ 的形式), 即
$$y = C\mathrm{e}^{2x - \frac{x^2}{2}}.$$

又 $y = 0$ 显然也是原微分方程的解, 故上式中的常数 C 可取任意常数.

例 2 求微分方程 $x(y^2-1)\mathrm{d}x + y(x^2-1)\mathrm{d}y = 0$ 满足初值条件 $y\big|_{x=0} = 0$ 的特解.

解 所给方程是可分离变量的微分方程, 对其分离变量, 得
$$\frac{y}{y^2-1}\mathrm{d}y = -\frac{x}{x^2-1}\mathrm{d}x.$$

两边积分, 得
$$\ln|y^2-1| = -\ln|x^2-1| + 2C_1,$$

于是得到
$$\ln|(x^2-1)(y^2-1)| = \ln|C| \quad (C \neq 0).$$

所以, 原微分方程的通解为
$$(x^2-1)(y^2-1) = C,$$

这里 C 也能取到 0. 将初值条件 $y\big|_{x=0} = 0$ 代入通解, 解得 $C = 1$, 故所求的特解为
$$(x^2-1)(y^2-1) = 1.$$

二、一阶非齐次线性微分方程的解法

已知一阶齐次线性微分方程 (6-2-2) 的通解
$$y = C\mathrm{e}^{-\int P(x)\mathrm{d}x}$$

中的 C 为常数, 此通解显然不是方程 (6-2-1) 的解. 这是因为, 方程 (6-2-1) 的右边是 x 的函数 $Q(x)$. 但是, 可设想将其中的常数 C 换成待定函数 $C(x)$ 后, 它可能成为方程 (6-2-1) 的解.

设 $y = C(x)\mathrm{e}^{-\int P(x)\mathrm{d}x}$ 为方程 (6-2-1) 的解, 将其代入方程 (6-2-1), 得
$$C'(x)\mathrm{e}^{-\int P(x)\mathrm{d}x} = Q(x), \quad \text{即} \quad C'(x) = Q(x)\mathrm{e}^{\int P(x)\mathrm{d}x}.$$

两边积分, 得
$$C(x) = \int Q(x)\mathrm{e}^{\int P(x)\mathrm{d}x}\mathrm{d}x + C.$$

再将其代入 $y = C(x)\mathrm{e}^{-\int P(x)\mathrm{d}x}$, 即得方程 (6-2-1) 的通解为
$$y = \left(\int Q(x)\mathrm{e}^{\int P(x)\mathrm{d}x}\mathrm{d}x + C\right)\mathrm{e}^{-\int P(x)\mathrm{d}x}. \tag{6-2-4}$$

式 (6-2-4) 称为**一阶非齐次线性微分方程 (6-2-1) 的通解公式**.

上述求解微分方程的方法称为**常数变易法**. 用常数变易法求一阶非齐次线性微分方程的通解的步骤如下:

(1) 先求出一阶非齐次线性微分方程对应的齐次线性微分方程的通解;

（2）将所求出的对应齐次线性微分方程通解中的任意常数 C 改为待定函数 $C(x)$，并设其为一阶非齐次线性微分方程的解；

（3）将所设解代入一阶非齐次线性微分方程，解出 $C(x)$，从而写出一阶非齐次线性微分方程的通解.

例 3 求微分方程 $y' = \dfrac{y + x\ln x}{x}$ 的通解.

解 原微分方程可化为

$$\frac{dy}{dx} - \frac{1}{x}y = \ln x. \qquad (6-2-5)$$

这是一阶非齐次线性微分方程，且 $P(x) = -\dfrac{1}{x}, Q(x) = \ln x$.

方法一 直接利用公式(6 - 2 - 4)，有

$$y = \left(\int \ln x e^{\int \left(-\frac{1}{x}\right)dx} dx + C\right) e^{-\int \left(-\frac{1}{x}\right)dx} = \left(\int \ln x \,d(\ln x) + C\right)x = \frac{x}{2}(\ln x)^2 + Cx.$$

方法二 先求解方程(6 - 2 - 5)对应的齐次线性微分方程

$$\frac{dy}{dx} - \frac{1}{x}y = 0. \qquad (6-2-6)$$

对其分离变量，得

$$\frac{dy}{y} = \frac{dx}{x} \quad (y \neq 0).$$

两边积分，得 $\ln|y| = \ln|x| + \ln|C|$，即 $\ln|y| = \ln|Cx|$. 故齐次线性微分方程(6 - 2 - 6)的通解为

$$y = Cx.$$

再设 $y = C(x)x$ 为方程(6 - 2 - 5)的解，并代入方程(6 - 2 - 5)，则得 $xC'(x) = \ln x$，即

$$C'(x) = \frac{1}{x}\ln x.$$

所以

$$C(x) = \int \frac{\ln x}{x} dx = \int \ln x \,d(\ln x) = \frac{1}{2}(\ln x)^2 + C.$$

将所求得的 $C(x)$ 代入 $y = C(x)x$，得原微分方程的通解为

$$y = \frac{x}{2}(\ln x)^2 + Cx.$$

例 4 设在一个串联电路中有电阻 R、电感 L 和交流电动势 $E = E_0 \sin \omega t$（E_0, ω 为常数）（见图 6 - 2 - 1）. 若在 $t = 0$ 时接通电路，求电流 I 与时间 t 的函数关系.

解 设 t 时刻的电流为 $I = I(t)$，电流在电阻 R 上产生的电压降是 $U_R = RI$，在电感 L 上产生的电压降是 $U_L = L\dfrac{dI}{dt}$. 由回路电压定律知道，闭合电路中电动势等于电压降之和，即

$$U_R + U_L = E,$$

因此

$$RI + L\frac{dI}{dt} = E_0 \sin \omega t,$$

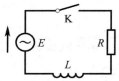

图 6 - 2 - 1

整理得
$$\frac{dI}{dt} + \frac{R}{L}I = \frac{E_0}{L}\sin\omega t. \quad (6-2-7)$$

这是一阶非齐次线性微分方程，此时
$$P(t) = \frac{R}{L}, \quad Q(t) = \frac{E_0}{L}\sin\omega t.$$

直接由通解公式(6-2-4)得
$$I = \left(\int \frac{E_0}{L} e^{\int \frac{R}{L} dt} \sin\omega t\, dt + C\right) e^{-\int \frac{R}{L} dt} = e^{-\frac{R}{L}t}\left(\int \frac{E_0}{L} e^{\frac{R}{L}t} \sin\omega t\, dt + C\right)$$
$$= Ce^{-\frac{R}{L}t} + \frac{E_0}{R^2 + \omega^2 L^2}(R\sin\omega t - \omega L\cos\omega t).$$

这就是方程(6-2-7)的通解．由初值条件 $I\Big|_{t=0} = 0$ 得 $C = \frac{\omega L E_0}{R^2 + \omega^2 L^2}$．于是，所求电流 I 与时间 t 的函数关系为
$$I = \frac{E_0}{R^2 + \omega^2 L^2}(\omega L e^{-\frac{R}{L}t} + R\sin\omega t - \omega L\cos\omega t).$$

【思考题】

常数变易法的解题步骤有哪些？

习 题 6-2

(A)

1. 求下列微分方程的通解：

(1) $\dfrac{dy}{dx} + y = e^{-x}$；

(2) $xy' + y = x^2 + 3x + 2$；

(3) $y' + y\tan x = \sin 2x$；

(4) $(x^2+1)\dfrac{dy}{dx} + 2xy = 4x^2$．

2. 求下列微分方程满足所给初值条件的特解：

(1) $y' - y\tan x = \sec x, y\Big|_{x=0} = 0$；

(2) $y' + \dfrac{y}{x} = \dfrac{\sin x}{x}, y\Big|_{x=\pi} = 1$；

(3) $y' + 3y = 8, y\Big|_{x=0} = 2$．

(B)

3. 已知一条曲线通过原点 $O(0,0)$，且其上任意点 (x,y) 处的切线斜率等于 $2x+y$，求这条曲线的方程．

第三节 二阶常系数线性微分方程

定义 6.5 形如
$$y'' + P(x)y' + Q(x)y = f(x) \quad (6-3-1)$$
的微分方程，称为**二阶线性微分方程**．如果 $f(x) \equiv 0$，即方程(6-3-1)成为
$$y'' + P(x)y' + Q(x)y = 0, \quad (6-3-2)$$
则称之为**二阶齐次线性微分方程**．如果 $f(x) \not\equiv 0$，则称方程(6-3-1)为**二阶非齐次线性微分**

方程,并称方程(6-3-2)为方程(6-3-1)对应的齐次线性微分方程.

例如,力学中物体在有阻力情况下的自由振动微分方程和强迫振动微分方程,以及电学中串联电路的振荡方程都是二阶线性微分方程.

一、二阶线性微分方程解的结构

定理 6.1(二阶齐次线性微分方程解的结构) 如果函数 $y_1(x)$ 与 $y_2(x)$ 是二阶线性微分方程(6-3-2)的两个解,那么
$$y = C_1 y_1(x) + C_2 y_2(x) \qquad (6-3-3)$$
也是方程(6-3-2)的解,其中 C_1, C_2 是任意常数. 如果函数 $y_1(x)$ 与 $y_2(x)$ 之比不为常数 $\left(\text{即} \dfrac{y_1(x)}{y_2(x)} \not\equiv k, k \text{ 为常数}\right)$,则
$$y = C_1 y_1(x) + C_2 y_2(x)$$
是方程(6-3-2)的通解.

证明上述定理,只需将式(6-3-3)代入方程(6-3-2)验证即可.

定理 6.2(二阶非齐次线性微分方程解的结构) 设 y^* 是二阶非齐次线性微分方程(6-3-1)的一个特解,Y 是该微分方程对应的齐次线性微分方程(6-3-2)的通解,则
$$y = Y + y^* \qquad (6-3-4)$$
是方程(6-3-1)的通解.

定理 6.3(叠加原理) 设二阶非齐次线性微分方程(6-3-1)的右边是两个函数之和:
$$y'' + P(x)y' + Q(x)y = f_1(x) + f_2(x), \qquad (6-3-5)$$
而 $y_1^*(x)$ 与 $y_2^*(x)$ 分别是方程 $y'' + P(x)y' + Q(x)y = f_1(x)$ 与 $y'' + P(x)y' + Q(x)y = f_2(x)$ 的特解,则 $y_1^*(x) + y_2^*(x)$ 是方程(6-3-5)的特解.

二、二阶常系数齐次线性微分方程

定义 6.6 设 p, q 为常数,形如
$$y'' + py' + qy = f(x) \qquad (6-3-6)$$
的微分方程,称为**二阶常系数线性微分方程**. 如果 $f(x) \equiv 0$,即方程(6-3-6)成为
$$y'' + py' + qy = 0, \qquad (6-3-7)$$
则称之为**二阶常系数齐次线性微分方程**. 如果 $f(x) \not\equiv 0$,则方程(6-3-6)称为**二阶常系数非齐次线性微分方程**,此时也称方程(6-3-7)为方程(6-3-6)对应的齐次线性微分方程.

由二阶齐次线性微分方程解的结构知道,求方程(6-3-7)的解,只需求出它的两个线性无关的解即可.

根据指数函数 e^x 的导数特征,联想到方程(6-3-7)应有 $y = e^{rx}$ 形式的解,其中 r 为待定常数. 将 $y = e^{rx}, y' = re^{rx}, y'' = r^2 e^{rx}$ 代入方程(6-3-7),得
$$e^{rx}(r^2 + pr + q) = 0,$$
于是有
$$r^2 + pr + q = 0, \qquad (6-3-8)$$
即当 r 是一元二次方程(6-3-8)的根时,$y = e^{rx}$ 就是方程(6-3-7)的解.

因此,方程 $r^2 + pr + q = 0$ 称为常系数齐次线性微分方程 $y'' + py' + qy = 0$ 的**特征方程**,特征方程的根称为该微分方程的**特征根**. 下面就特征方程(6-3-8)的根的不同情形,讨论其对应的齐次线性微分方程的通解.

(1) 当特征方程(6-3-8)有两个不等的实根 r_1 和 r_2 时,得到方程(6-3-7)的两个线性无关的解 $y_1 = e^{r_1 x}, y_2 = e^{r_2 x}$,此时方程(6-3-7)的通解为
$$y = C_1 e^{r_1 x} + C_2 e^{r_2 x}.$$

(2) 当特征方程(6-3-8)有两个相等的实根,即 $r_1 = r_2 = r$ 时,得到方程(6-3-7)的一个解 $y_1 = e^{rx}$,又直接验证可知 $y_2 = x e^{rx}$ 是方程(6-3-7)的另一个解,且 y_1 与 y_2 线性无关,所以此时方程(6-3-7)的通解为
$$y = C_1 e^{rx} + C_2 x e^{rx} = (C_1 + C_2 x) e^{rx}.$$

(3) 当特征方程(6-3-8)有一对共轭复根 $r = \alpha \pm i\beta$ (α, β 均为实常数,且 $\beta \neq 0$)时,得到方程(6-3-7)的两个线性无关的解
$$y_1 = e^{(\alpha + i\beta) x} \quad \text{和} \quad y_2 = e^{(\alpha - i\beta) x},$$
此时方程(6-3-7)有复数形式的通解
$$y = C_1 e^{\alpha x + i\beta x} + C_2 e^{\alpha x - i\beta x} = e^{\alpha x}(C_1 e^{i\beta x} + C_2 e^{-i\beta x}).$$
利用欧拉公式 $e^{i\theta} = \cos\theta + i\sin\theta$,还可以得到实数形式的通解,即
$$y = e^{\alpha x}(C_1 \cos\beta x + C_2 \sin\beta x).$$

一般情况下,若无特别声明,则要求写出实数形式的解.

综上所述,求二阶常系数齐次线性微分方程 $y'' + py' + qy = 0$ 的通解的步骤如下:

(1) 写出特征方程 $r^2 + pr + q = 0$;

(2) 求出特征根;

(3) 根据特征根的情况按表 6-3-1 写出该微分方程的通解.

表 6-3-1

特征方程的根	通解形式
两个不等的实根: $r_1 \neq r_2$	$y = C_1 e^{r_1 x} + C_2 e^{r_2 x}$
两个相等的实根: $r_1 = r_2 = r$	$y = (C_1 + C_2 x) e^{rx}$
一对共轭复根: $r = \alpha \pm i\beta$	$y = e^{\alpha x}(C_1 \cos\beta x + C_2 \sin\beta x)$

例 1 求微分方程 $y'' - 5y' - 6y = 0$ 的通解.

解 微分方程 $y'' - 5y' - 6y = 0$ 的特征方程为
$$r^2 - 5r - 6 = 0,$$
特征根为 $r_1 = 6, r_2 = -1$. 因为这两个特征根不等,所以此微分方程的通解为
$$y = C_1 e^{6x} + C_2 e^{-x}.$$

例 2 求微分方程 $y'' + 2y' + y = 0$ 的通解.

解 微分方程 $y'' + 2y' + y = 0$ 的特征方程为
$$r^2 + 2r + 1 = 0,$$
特征根为 $r_1 = r_2 = -1$. 因为这两个特征根相等,所以此微分方程的通解为
$$y = (C_1 + C_2 x) e^{-x}.$$

例 3 求微分方程 $y'' + 4y' + 5y = 0$ 的通解.

解 微分方程 $y'' + 4y' + 5y = 0$ 的特征方程为
$$r^2 + 4r + 5 = 0,$$
特征根为 $r_1 = -2 + i, r_2 = -2 - i$. 因为这两个特征根是一对共轭复根,所以此微分方程的

通解为
$$y = e^{-2x}(C_1\cos x + C_2\sin x).$$

三、二阶常系数非齐次线性微分方程

根据定理 6.2，要求二阶常系数非齐次线性微分方程(6-3-6)的通解，只要先求出其对应的齐次线性微分方程(6-3-7)的通解 Y，再求出它本身的一个特解 y^*，即可以得到其通解为 $y = Y + y^*$。由于求二阶常系数齐次线性微分方程通解的问题在前面已经解决，因此这里只需讨论如何求二阶常系数非齐次线性微分方程的一个特解。这里只讨论方程(6-3-6)中的 $f(x)$ 为如下两种情形时如何求特解 y^*。

1. $f(x) = P_n(x)e^{\lambda x}$ 的情形

在此情形中，λ 是常数，$P_n(x)$ 是 x 的 n 次多项式，即
$$P_n(x) = a_0 x^n + a_1 x^{n-1} + \cdots + a_{n-1} x + a_n \quad (a_0 \neq 0).$$
这时，方程(6-3-6)为
$$y'' + py' + qy = P_n(x)e^{\lambda x}. \tag{6-3-9}$$

方程(6-3-9)的右边是一个 n 次多项式与指数函数的乘积，根据其特征，不妨设它的一个特解为 $y^* = Q_m(x)e^{\lambda x}$（$Q_m(x)$ 为 m 次待定多项式），则
$$y^{*\prime} = Q'_m(x)e^{\lambda x} + \lambda Q_m(x)e^{\lambda x},$$
$$y^{*\prime\prime} = Q''_m(x)e^{\lambda x} + 2\lambda Q'_m(x)e^{\lambda x} + \lambda^2 Q_m(x)e^{\lambda x}.$$

将 $y^*, y^{*\prime}$ 和 $y^{*\prime\prime}$ 代入方程(6-3-9)，整理得
$$Q''_m(x) + (2\lambda + p)Q'_m(x) + (\lambda^2 + p\lambda + q)Q_m(x) = P_n(x).$$

(1) 如果 λ 不是对应的齐次线性微分方程(6-3-7)的特征根，即 $\lambda^2 + p\lambda + q \neq 0$，则此时 $Q_m(x)$ 是一个与 $P_n(x)$ 同次的多项式，即为 n 次多项式。

(2) 如果 λ 是对应的齐次线性微分方程(6-3-7)的特征单根，即 $\lambda^2 + p\lambda + q = 0$，而 $2\lambda + p \neq 0$，则此时 $Q'_m(x)$ 是一个 n 次多项式，于是 $Q_m(x)$ 是一个 $n+1$ 次多项式。

(3) 如果 λ 是对应的齐次线性微分方程(6-3-7)的特征重根，即 $\lambda^2 + p\lambda + q = 0$，且 $2\lambda + p = 0$，则此时 $Q''_m(x)$ 是一个 n 次多项式，于是 $Q_m(x)$ 是一个 $n+2$ 次多项式。

综上所述，二阶常系数非齐次线性微分方程(6-3-9)具有形如
$$y^* = x^k Q_n(x) e^{\lambda x}$$
的特解，其中 $Q_n(x)$ 是 n 次待定多项式，而
$$k = \begin{cases} 0, & \lambda \text{ 不是特征根}, \\ 1, & \lambda \text{ 是特征单根}, \\ 2, & \lambda \text{ 是特征重根}. \end{cases}$$

例 4 求微分方程 $9y'' + 6y' + y = 7e^{2x}$ 的一个特解。

解 原微分方程对应的齐次线性微分方程为 $9y'' + 6y' + y = 0$，它的特征方程为 $9r^2 + 6r + 1 = 0$。显然 $\lambda = 2$ 不是该特征方程的根，故设原微分方程有特解
$$y^* = Ae^{2x}.$$
将 $y^*, y^{*\prime}, y^{*\prime\prime}$ 代入原微分方程，整理得 $49A = 7$，解得 $A = \dfrac{1}{7}$。故原微分方程的一个特解为
$$y^* = \frac{1}{7}e^{2x}.$$

例 5 求微分方程 $y'' - 2y' = 3x + 1$ 的通解.

解 原微分方程对应的齐次线性微分方程为 $y'' - 2y' = 0$,其特征方程为 $r^2 - 2r = 0$,特征根为 $r_1 = 0, r_2 = 2$. 于是,原微分方程对应的齐次线性微分方程的通解为
$$Y = C_1 + C_2 e^{2x}.$$

因为 $\lambda = 0$ 是特征单根,所以设原微分方程有特解
$$y^* = x(Ax + B),$$

则
$$y^{*'} = 2Ax + B, \quad y^{*''} = 2A.$$

将 $y^*, y^{*'}, y^{*''}$ 代入原微分方程,整理得 $-4Ax + (2A - 2B) = 3x + 1$,即
$$\begin{cases} -4A = 3, \\ 2A - 2B = 1, \end{cases}$$

解得 $A = -\dfrac{3}{4}, B = -\dfrac{5}{4}$. 故原微分方程的一个特解为
$$y^* = x\left(-\frac{3}{4}x - \frac{5}{4}\right) = -\frac{3}{4}x^2 - \frac{5}{4}x.$$

因此,原微分方程的通解为
$$y = Y + y^* = C_1 + C_2 e^{2x} - \frac{3}{4}x^2 - \frac{5}{4}x.$$

2. $f(x) = (P_j(x)\cos\beta x + P_h(x)\sin\beta x)e^{\lambda x}$ 的情形

在此情形中,$P_j(x), P_h(x)$ 分别是 x 的 j 次、h 次多项式,λ, β 为常数. 这时,方程(6-3-6)为
$$y'' + py' + qy = (P_j(x)\cos\beta x + P_h(x)\sin\beta x)e^{\lambda x}. \tag{6-3-10}$$

可以证明,它有形如
$$y^* = x^k e^{\lambda x}(Q_m(x)\cos\beta x + R_m(x)\sin\beta x) \tag{6-3-11}$$

的特解,其中 $Q_m(x), R_m(x)$ 是 m 次待定多项式,$m = \max\{j, h\}$,而
$$k = \begin{cases} 0, & \lambda + i\beta \text{ 不是特征根}, \\ 1, & \lambda + i\beta \text{ 是特征根}. \end{cases}$$

例 6 求出下列微分方程的特解形式:

(1) $y'' + y = x\cos 2x$;

(2) $y'' - 2y' + 5y = e^x \sin 2x$;

(3) $y'' - 6y' + 9y = (x+1)e^{3x}\sin x$.

解 (1) 因为特征方程为 $r^2 + 1 = 0$,所以 $\lambda + i\beta = 2i$ 不是特征根. 于是,取 $k = 0$,而 $m = \max\{1, 0\} = 1$. 故原微分方程的特解形式为
$$y^* = (a_0 x + a_1)\cos 2x + (b_0 x + b_1)\sin 2x.$$

(2) 因为特征方程为 $r^2 - 2r + 5 = 0$,所以 $\lambda + i\beta = 1 + 2i$ 是特征根. 于是,取 $k = 1$,而 $m = \max\{0, 0\} = 0$. 故原微分方程的特解形式为
$$y^* = xe^x(a\cos 2x + b\sin 2x).$$

(3) 因为特征方程为 $r^2 - 6r + 9 = 0$,所以 $\lambda + i\beta = 3 + i$ 不是特征根. 于是,取 $k = 0$,而 $m = \max\{1, 0\} = 1$. 故原微分方程的特解形式为
$$y^* = e^{3x}[(a_0 x + a_1)\cos x + (b_0 x + b_1)\sin x].$$

例 7 求微分方程 $y'' + 3y' + 2y = e^{-x}\cos x + x$ 的通解.

解 先求对应的齐次线性微分方程的通解 Y. 因为特征方程 $r^2 + 3r + 2 = 0$ 的特征根为 $r_1 = -1, r_2 = -2$,所以
$$Y = C_1 e^{-x} + C_2 e^{-2x}.$$

再依次求出微分方程 $y'' + 3y' + 2y = e^{-x}\cos x$ 及 $y'' + 3y' + 2y = x$ 的一个特解,分别为
$$y_1^* = \frac{1}{2}e^{-x}(\sin x - \cos x), \quad y_2^* = \frac{x}{2} - \frac{3}{4}.$$

由定理 6.3 可知,$y^* = y_1^* + y_2^*$ 为原微分方程的一个特解,故原微分方程的通解为
$$y = Y + y^* = C_1 e^{-x} + C_2 e^{-2x} + \frac{1}{2}e^{-x}(\sin x - \cos x) + \frac{x}{2} - \frac{3}{4}.$$

【思考题】

已知 $y_1 = e^x, y_2 = e^{x+1}$ 都是微分方程 $y'' - y = 0$ 的解,那么 $y = C_1 e^x + C_2 e^{x+1}$ 是微分方程 $y'' - y = 0$ 的通解吗?为什么?

习 题 6-3

(A)

1. 求下列二阶常系数齐次线性微分方程的通解:
(1) $y'' - 2y' + y = 0$;
(2) $y'' - 9y = 0$;
(3) $y'' - 4y' = 0$;
(4) $y'' - 4y' + 13y = 0$.

2. 求下列二阶常系数非齐次线性微分方程的通解:
(1) $2y'' + y' - y = 2e^x$;
(2) $y'' + 4y = e^x$;
(3) $2y'' + 5y' = 5x^2 - 2x - 1$;
(4) $y'' - 2y' + 5y = e^x \sin 2x$.

3. 求下列二阶常系数非齐次线性微分方程的一个特解:
(1) $y'' + 4y = x\cos x$;
(2) $y'' - y' = 4xe^x$.

4. 求解下列初值问题:
(1) $y'' + y' - 2y = 2x, y\big|_{x=0} = 0, y'\big|_{x=0} = 1$;
(2) $y'' + 9y = \cos x, y\big|_{x=\frac{\pi}{2}} = y'\big|_{x=\frac{\pi}{2}} = 0$.

(B)

5. 解下列微分方程:
(1) $x^2 y'' + 3xy' + y = 0$;
(2) $x^2 y'' - 4xy' + 6y = x$.

(提示:以上两题可通过变换 $x = e^t$ 或 $t = \ln x$ 化为常系数线性微分方程.)

第四节 微分方程的应用

当实际问题与变化率(导数)有关时,往往就可以考虑能否通过建立微分方程这样的数学模型来解决. 本节将通过一些实例来探讨微分方程在工程技术、经济管理和社会科学等领域中的应用.

例 1 (死亡年代的测定) 动物死亡之后,体内的放射性元素 ^{14}C(碳-14)的含量将不断减少. 已知 ^{14}C 的衰减率与当时体内其含量成正比,试建立任意时刻死亡动物体内 ^{14}C 含量应满足的微分方程.

解 设 t 时刻死亡动物体内 ^{14}C 含量为 $P(t)$,则根据题意有

$$\frac{dP(t)}{dt} = -kP(t) \quad (k>0 \text{ 为比例常数}),$$

等式右边的负号表示 $P(t)$ 随时间 t 的增加而减少.

例 2 (刑事侦查中死亡时间的鉴定) 牛顿冷却定律指出:物体在空气中冷却的速度与物体温度和空气温度之差成正比. 现将牛顿冷却定律应用于刑事侦查中死亡时间的鉴定. 设某次谋杀事件发生后,尸体的温度从原来的 37 ℃ 按照牛顿冷却定律开始下降. 已知 2 h 后尸体的温度变为 35 ℃,并且假定周围空气的温度保持 20 ℃ 不变.

(1) 试求出尸体温度 H 随时间 t 的变化规律.

(2) 如果尸体被发现时的温度是 30 ℃,时间是下午 4 点,那么谋杀是何时发生的?

解 (1) 设 t 时刻尸体的温度为 $H = H(t)$,则其冷却速度为 $\frac{dH}{dt}$. 由题意有

$$\begin{cases} \frac{dH}{dt} = -k(H-20), \\ H(0) = 37 \end{cases} \quad (k>0 \text{ 为比例常数}).$$

可求得这个初值问题的解为 $H = 20 + 17e^{-kt}$. 再将条件 $H(2) = 35$ 代入,有

$$35 = 20 + 17e^{-2k},$$

解得 $k \approx 0.063$. 于是,尸体温度 H 随时间 t 的变化规律为

$$H = 20 + 17e^{-0.063t}.$$

(2) 将 $H = 30$ 代入(1)中所求得的变化规律,整理得

$$\frac{10}{17} = e^{-0.063t},$$

解得 $t \approx 8.4$. 于是,可以判定谋杀发生在下午 4 点尸体被发现前 8 小时 24 分钟左右. 因此,结论为:谋杀是在上午 7 点 36 分左右发生的.

例 3 (人口问题) 最简单的人口增长模型是:若今年人口数量为 x_0,k 年后人口数量为 x_k,年增长率为 r,则 $x_k = x_0(1+r)^k$. 使用这个公式的基本条件是年增长率 r 保持不变,因此这种描述是很不准确的. 英国学者马尔萨斯(Malthus)认为,人口的相对增长率为常数,即人口增长速度 $\frac{dx}{dt}$ 与 t 时刻的人口数量 $x(t)$ 成正比,从而建立了马尔萨斯人口模型,即

$$\begin{cases} \frac{dx}{dt} = ax, \\ x(t_0) = x_0 \end{cases} \quad (a>0 \text{ 为比例常数}).$$

解这个初值问题,得

$$x(t) = x_0 e^{a(t-t_0)}.$$

上式表明,在假设人口增长速度与该时刻人口数量成正比的情况下,人口按指数规律增长. 当 $t \to +\infty$ 时,人口数量 $x(t) \to +\infty$. 但常识告诉我们,这是不可能的. 事实上,人口还受环境、地理等方面因素的制约,不可能无限制地增长. 随着人口逐渐趋于饱和,人口必定停止增长,即 $\frac{dx}{dt} \to 0$.

因此,1838 年比利时生物学家弗胡斯特(Verhulst)对马尔萨斯人口模型加以修改,得出人口阻滞增长模型(逻辑斯谛模型),即

$$\begin{cases} \dfrac{\mathrm{d}x}{\mathrm{d}t} = (a-bx)x, \\ x(t_0) = x_0, \end{cases}$$

其中 $a>0, b>0$ 为常数. 上式中的第一个微分方程表示,人口的相对增长率不再是一个常数,它会随人口数量 $x(t)$ 的增加而减少. 当 $x(t) \neq 0$ 或 $x(t) \neq \dfrac{a}{b}$ 时,上述初值问题的解为

$$x(t) = \dfrac{ax_0 \mathrm{e}^{a(t-t_0)}}{a - bx_0 + bx_0 \mathrm{e}^{a(t-t_0)}}.$$

由此得

$$\lim_{t \to +\infty} x(t) = \dfrac{a}{b}.$$

现在用上述逻辑斯谛模型分析我国人口数量的变化趋势,其中 $a = 0.029$,而 b 可如下求得.

国家统计局显示的人口数据表明,1979 年底我国的人口为 9.754 2 亿人,当时人口的相对增长率为 1.161%,于是 $a - b \times 9.754\,2 \times 10^8 = 0.011\,61$,从而求得

$$b = \dfrac{0.029 - 0.011\,61}{9.754\,2 \times 10^8} \approx 0.001\,78 \times 10^{-8}.$$

因此 $\dfrac{a}{b} \approx 16.29 \times 10^8$,即我国人口的极限约为 16.29 亿人.

例 4 (第二宇宙速度) 地球对物体的引力 F 与物体的质量 m 及物体与地心的距离 s 之间的关系为 $F = -\dfrac{mgR^2}{s^2}$(这里的负号表示引力 F 的方向沿着物体与地心的连线指向地心),其中 g 是重力加速度,R 为地球半径. 验证:如果以 $v_0 \geqslant \sqrt{2gR}$ 的初速度从地球表面向外太空发射物体,则物体永远不会返回地球.

解 由牛顿第二定律 $F = ma\left(a = \dfrac{\mathrm{d}v}{\mathrm{d}t}\text{为加速度}\right)$ 有

$$F = m\dfrac{\mathrm{d}v}{\mathrm{d}t} = m\dfrac{\mathrm{d}v}{\mathrm{d}s} \cdot \dfrac{\mathrm{d}s}{\mathrm{d}t} = m\dfrac{\mathrm{d}v}{\mathrm{d}s}v,$$

故有

$$mv\dfrac{\mathrm{d}v}{\mathrm{d}s} = -mg\dfrac{R^2}{s^2},$$

其解为

$$\dfrac{v^2}{2} = \dfrac{gR^2}{s} + C.$$

将条件 $s = R, v = v_0$ 代入,得

$$C = \dfrac{1}{2}v_0^2 - gR,$$

即

$$v^2 = \dfrac{2gR^2}{s} + v_0^2 - 2gR.$$

由此可见,因为 $v_0 \geqslant \sqrt{2gR}$,所以即使当 s 很大,即 $\dfrac{2gR^2}{s}$ 很小时,速度 v 也大于 0. 故物体永远不会返回地球. 我们称 $v = \sqrt{2gR} = 11.2 \text{ km/s}$ 为第二宇宙速度.

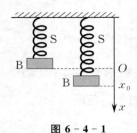

图 6-4-1

例 5 （无阻尼简谐振动） 设弹簧 S 固定在一块顶板上，其下端挂有一个质量为 m 的物体 B，使其静止。如图 6-4-1 所示，建立坐标系，并以物体 B 的静止点为原点 $O(x=0)$。现将物体 B 拉到点 $x=x_0$ 后放开，使物体 B 做上下振动。设物体 B 在 t 时刻的位置坐标为 $x(t)$，则物体 B 的关于静止点 $x=0$ 的位移函数 $x=x(t)$ 描述了此振动系统的运动规律。根据胡克定律，物体 B 所受的弹力为

$$F=-kx,$$

其中 $k>0$ 表示弹簧 S 的弹性系数，负号表示弹力 F 与弹簧 S 的位移 x 的方向相反。

根据牛顿第二定律，列出位移函数 $x=x(t)$ 所满足的微分方程为

$$m\frac{d^2 x}{dt^2}=-kx, \quad \text{即} \quad \frac{d^2 x}{dt^2}+\frac{k}{m}x=0.$$

这就是物体 B 在弹力作用下的运动方程。

令 $\omega_0^2=\frac{k}{m}$，则上述微分方程的通解为

$$x(t)=C_1\sin\omega_0 t+C_2\cos\omega_0 t=A\sin(\omega_0 t+\varphi),$$

其中 $A=\sqrt{C_1^2+C_2^2}$，$\tan\varphi=\frac{C_2}{C_1}$。

这个通解表达式告诉我们，如果没有其他外力，只考虑弹力，则物体 B 的位移（弹簧的伸缩量）$x(t)$ 是时间 t 的正弦（或余弦）函数。我们称振动系统的这种运动为简谐振动，其中 A 是振幅，φ 是相位角，这两个量都依赖于初值条件。该简谐振动的周期为 $T=\frac{2\pi}{\omega_0}=2\pi\sqrt{\frac{m}{k}}$，振动频率为 $\omega_0=\sqrt{\frac{k}{m}}$，这两个量都与初值条件无关，仅依赖于弹性系数 k 和物体 B 的质量 m。也就是说，这两个量由这一振动系统本身所决定，ω_0 称为该振动系统的固有频率。

由初值条件 $x(0)=x_0$，$x'(0)=0$，可求得 $C_1=0$，$C_2=x_0$，于是得到相应的特解为

$$x(t)=x_0\cos\omega_0 t.$$

习 题 6-4

（A）

1. （冷却时间问题）一个温度为 100 ℃ 的物体放在室温恒为 20 ℃ 的房间中，10 min 后物体的温度降到 60 ℃。假设该物体的温度满足牛顿冷却定律，试问：如果要将该物体的温度降到 25 ℃，那么需要多长时间？

2. 某林区现有木材 10^5 m³，如果在每一时刻木材的变化率与当时木材量成正比，假设 10 年后该林区有木材 2×10^5 m³，试确定木材量 p 与时间 t 的关系。

3. 已知加热后的物体在空气中的冷却速度和当时物体温度与空气温度之差成正比（比例常数为 $k>0$），试确定物体温度 T 与时间 t 的关系。

（B）

4. （气压问题）已知气压相对于高度的变化率与气压成正比。当高度 $h=0$ m 时，气压 $p=100$ kPa；当 $h=2\,000$ m 时，$p=80$ kPa。试建立气压 p 与高度 h 的关系式。

5. 在某池塘内养鱼，该池塘最多能养 1 000 条鱼。已知鱼的数量 y 是时间 t 的函数，其变化率与当时鱼的数量 y 及 $1\,000-y$ 成正比，又知在该池塘内放入 100 条鱼，3 个月后该池塘内有 250 条鱼，求 t 个月后该池塘内鱼的数量 $y(t)$ 的公式。

6. 长为 6 m 的链条自架子上无摩擦地向下滑动,假定在运动开始时链条自架子上垂下部分长为 1 m,且架子足够高,问:需多少时间链条才全部滑过架子?

*第五节　　数学实验——解微分方程

一、学习 Mathematica 命令

在 Mathematica 中,用于求解微分方程的命令如表 6-5-1 所示.

表 6-5-1

命　　令	功　　能
DSolve[微分方程,y[x],x]	求微分方程的通解
DSolve[{微分方程,初值条件},y[x],x]	求微分方程满足初值条件的特解
DSolve[{微分方程 1,微分方程 2},{y_1[x],y_2[x]},x]	求微分方程组的通解
DSolve[{微分方程 1,微分方程 2,初值条件},{y_1[x],y_2[x]},x]	求微分方程组满足初值条件的特解

表 6-5-1 中也列出了求微分方程组的通解以及求微分方程组满足初值条件的特解的命令,供读者参考使用.

二、实验内容

例 1　求微分方程 $y' + y\tan x = \cos x$ 的通解.

解　输入命令如图 6-5-1 所示.

输出结果: $y = x\cos x + C_1 \cos x$.

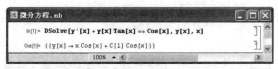

图 6-5-1

注意　一阶导数符号 y' 是通过键盘分别输入字母 y 和单引号 ',二阶导数符号 y'' 要输入两个单引号 ',而不能输入一个双引号 ".函数要以 y[x] 形式输入.

例 2　求微分方程 $y'' - 2y' = 3x + 1$ 的通解.

解　输入命令如图 6-5-2 所示.

输出结果: $y = -\dfrac{5x}{4} - \dfrac{3x^2}{4} + \dfrac{1}{2}C_1 e^{2x} + C_2$.

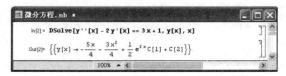

图 6-5-2

例 3　求微分方程 $y'' - 2y' + 5y = e^x \cos 2x$ 的通解.

解　输入命令如图 6-5-3 所示.

输出结果：$y = \dfrac{1}{16}\mathrm{e}^x[(1+16C_2)\cos 2x + 4(x+4C_1)\sin 2x]$.

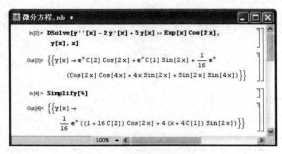

图 6-5-3

例 4 求微分方程 $y'' + 4y' + 3y = 0$ 满足初值条件 $y(0) = 6, y'(0) = 10$ 的特解.

解 输入命令如图 6-5-4 所示.

输出结果：$y = 2\mathrm{e}^{-3x}(-4 + 7\mathrm{e}^{2x})$.

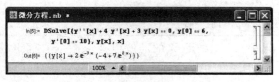

图 6-5-4

例 5 解微分方程组 $\begin{cases} \dfrac{\mathrm{d}x}{\mathrm{d}t} + 3x - y = 0, x\Big|_{t=0} = 1, \\ \dfrac{\mathrm{d}y}{\mathrm{d}t} - 8x + y = 0, y\Big|_{t=0} = 4. \end{cases}$

解 输入命令如图 6-5-5 所示.

输出结果：$x = \mathrm{e}^t, y = 4\mathrm{e}^t$.

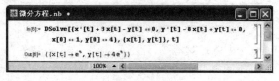

图 6-5-5

习　题　6-5

1. 求下列微分方程的通解：

(1) $2y'' + 5y' = 5x^2 - 2x - 1$；

(2) $y'' + 3y' + 2y = 3x\mathrm{e}^{-x}$；

(3) $y'' + y = \mathrm{e}^x + \cos x$；

(4) $y'' - 2y' + 5y = \mathrm{e}^x \sin 2x$.

2. 求下列微分方程组的通解：

(1) $\begin{cases} \dfrac{\mathrm{d}x}{\mathrm{d}t} + 2x + \dfrac{\mathrm{d}y}{\mathrm{d}t} + y = t, \\ 5x + \dfrac{\mathrm{d}y}{\mathrm{d}t} + 3y = t^2; \end{cases}$

(2) $\begin{cases} \dfrac{\mathrm{d}x}{\mathrm{d}t} - 3x + 2\dfrac{\mathrm{d}y}{\mathrm{d}t} + 4y = 2\sin t, \\ 2\dfrac{\mathrm{d}x}{\mathrm{d}t} + 2x + \dfrac{\mathrm{d}y}{\mathrm{d}t} - y = \cos t. \end{cases}$

第七章 多元函数微积分学

在自然科学和工程技术的许多问题中,经常出现多个因素相联系的情况.从数学的角度考虑,即为一个变量依赖于多个变量的情形.与一元函数相对应,我们需要引入多元函数的概念,更进一步,还需要研究多元函数的微分学与积分学.实际上,多元函数微积分学也是一元函数微积分学的推广及一般化.本章主要介绍二元函数微积分学的基本理论、方法及应用.

第一节 二元函数的极限与连续性

一、多元函数的概念

下面两个例子分别从数学和物理学这两个角度给出了多个变量相互依赖的情形.

引例 1 三角形的面积 S 和它的底边长 a 及底边上的高 h 之间有关系式
$$S = \frac{1}{2}ah.$$
这里 S, a, h 是三个变量,当变量 a, h 在一定范围 $(a > 0, h > 0)$ 内取定一对数值 a_0, h_0 时,根据上述关系式,S 就有一个确定的值 $S_0 = \frac{1}{2}a_0 h_0$ 与之对应.

引例 2 设 R 是电阻 R_1, R_2 并联后的总电阻,则由物理学知识知道它们之间具有关系式
$$R = \frac{R_1 R_2}{R_1 + R_2}.$$
这里 R, R_1, R_2 是三个变量,当变量 R_1, R_2 在一定范围 $(R_1 > 0, R_2 > 0)$ 内取定一对数值 R_{1_0}, R_{2_0} 时,根据上述关系式,R 就有一个确定的值 $R_0 = \frac{R_{1_0} R_{2_0}}{R_{1_0} + R_{2_0}}$ 与之对应.

忽略上述例子的具体意义,仅从数量关系上看,它们有共同的属性,据此可概括出二元函数的定义.

定义 7.1 设 D 是平面上的一个非空点集,f 是一个对应法则.如果对于 D 上的每一个点 (x, y),都可由对应法则 f 得到确定的实数 z 与之对应,则称 z 是变量 x, y 的**二元函数**,记为 $z = f(x, y)$,其中变量 x, y 称为**自变量**,z 称为**因变量**,集合 D 称为该二元函数的**定义域**,对应的函数值的集合
$$I = \{z \mid z = f(x, y), (x, y) \in D\}$$
称为该二元函数的**值域**.

在定义 7.1 中,如果实数 z 是唯一确定的,则称该二元函数为**单值**;否则称该二元函数是**多值**的.我们主要讨论单值的二元函数.

类似地,可以引入三元及三元以上函数的定义.二元及二元以上函数统称为**多元函数**,简

称函数. 相应于多元函数, 也称前面介绍的函数 $y = f(x)$ 为**一元函数**.

例 1　设一个圆柱体的底面半径为 r, 高为 h, 则该圆柱体的体积为 $V = \pi r^2 h$. 这是一个以 r, h 为自变量, 以 V 为因变量的二元函数. 根据问题的实际意义, 这个二元函数的定义域为

$$D = \{(r, h) \mid r > 0, h > 0\},$$

值域为 $I = \{V \mid V = \pi r^2 h, (r, h) \in D\}$.

例 2　某企业生产某种产品的产量 Q 与投入的劳动力 L 及资金 K 有下面的关系式:

$$Q = AL^\alpha K^\beta,$$

其中 A, α, β 均为正常数, 则产量 Q 是劳动力投入 L 和资金投入 K 的二元函数. 在经济学理论中, 这个二元函数称为**科布-道格拉斯**(Cobb-Douglas)**生产函数**. 根据问题的经济意义, 这个二元函数的定义域为

$$D = \{(L, K) \mid L \geqslant 0, K \geqslant 0\},$$

值域为

$$I = \{Q \mid Q = AL^\alpha K^\beta, (L, K) \in D\}.$$

例 3　求二元函数 $z = \dfrac{\sqrt{x - y^2}}{\ln(1 - x^2 - y^2)}$ 的定义域.

解　为了使得函数的表达式有意义, 自变量 x, y 应满足

$$\begin{cases} x - y^2 \geqslant 0, \\ 1 - x^2 - y^2 > 0, \\ 1 - x^2 - y^2 \neq 1, \end{cases} \quad \text{即} \quad \begin{cases} x \geqslant y^2, \\ x^2 + y^2 < 1, \\ (x, y) \neq (0, 0). \end{cases}$$

于是, 所给二元函数的定义域为

$$D = \{(x, y) \mid x \geqslant y^2, x^2 + y^2 < 1, (x, y) \neq (0, 0)\}.$$

一般地, 二元函数的定义域在几何上表示一个平面区域. 例如, 前面三个例子中所列出的二元函数的定义域在几何上分别表示如图 7-1-1(a), (b), (c) 所示的平面区域.

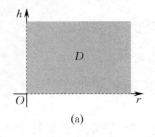 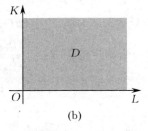 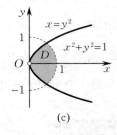

(a)　　　　　　　　　(b)　　　　　　　　　(c)

图 7-1-1

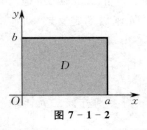

图 7-1-2

平面区域是坐标平面上满足某些条件的点的集合. 围成平面区域的曲线称为平面区域的**边界**. 包含边界的平面区域称为**闭区域**(例如 $D = \{(x, y) \mid 0 \leqslant x \leqslant a, 0 \leqslant y \leqslant b\}$, 如图 7-1-2 所示), 不包含边界的平面区域称为**开区域**(例如图 7-1-1(a)). 如果一个平面区域总可以包含在一个以原点为圆心的圆域内, 则称此平面区域为**有界区域**(例如图 7-1-1(c) 和图 7-1-2); 否则, 称此平面区域为**无界区域**(例如图 7-1-1(a), (b)).

将二元函数与一元函数相比较:一方面,一元函数的定义域是数轴上的点集,一般可用区间来表示,而二元函数的定义域是平面上的点集,一般可用平面区域来表示;另一方面,从几何上看,一元函数 $y=f(x)$ 通常表示平面上的一条曲线,而二元函数 $z=f(x,y)$ 通常表示空间中的一个曲面,这个曲面是由点 $(x,y,f(x,y))((x,y)\in D)$ 组成的点集(见图 7-1-3),称为二元函数 $z=f(x,y)$ 的**图形**.

例如,二元函数 $z=\sqrt{4-x^2-y^2}$ 的图形是球心在原点 O、半径为 2 的上半球面,如图 7-1-4 所示.

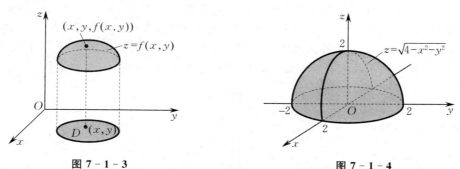

图 7-1-3　　　　　　　　　图 7-1-4

另外,类似于一元函数,多元函数也可以定义复合函数的概念.例如,在二元函数 $z=f(u,v)$,$u=\varphi(x,y),v=\psi(x,y)$ 满足一定条件时,可定义二元复合函数 $z=f(\varphi(x,y),\psi(x,y))$.

二、二元函数的极限与连续性

一元函数的极限和连续的概念可以推广到二元函数的情形.

设 (x_0,y_0) 为平面上的一点,δ 是某一正数,则称由所有与点 (x_0,y_0) 之间的距离小于 δ 的点组成的点集

$$\{(x,y)\mid (x-x_0)^2+(y-y_0)^2<\delta^2\}$$

为点 (x_0,y_0) 的 δ **邻域**.

定义 7.2　设函数 $f(x,y)$ 在点 (x_0,y_0) 的某一邻域内有定义(在点 (x_0,y_0) 可除外).如果当点 (x,y) 以任何方式无限趋近于点 (x_0,y_0) 时,对应的函数值 $f(x,y)$ 无限接近于一个常数 A,则称当 (x,y) 趋近于 (x_0,y_0) 时,函数 $f(x,y)$ 以 A 为**极限**,记作

$$\lim_{(x,y)\to(x_0,y_0)}f(x,y)=A.$$

这里的"点 (x,y) 以任何方式无限趋近于点 (x_0,y_0)"是指平面上的点 (x,y) 可以以任何路径无限趋近于点 (x_0,y_0).

定义 7.3　设函数 $f(x,y)$ 在点 (x_0,y_0) 的某一邻域内有定义,并且

$$\lim_{(x,y)\to(x_0,y_0)}f(x,y)=f(x_0,y_0),$$

则称函数 $f(x,y)$ 在点 (x_0,y_0) 处**连续**;否则,称函数 $f(x,y)$ 在点 (x_0,y_0) 处**间断**,并称点 (x_0,y_0) 为函数 $f(x,y)$ 的**间断点**.

如果函数 $f(x,y)$ 在平面区域 D 内的每一点都连续,则称函数 $f(x,y)$ **在区域 D 内连续**.

二元函数连续性与一元函数连续性的概念是类似的,所以二元连续函数具有与一元连续函数类似的性质:

(1) 在区域 D 内连续的二元函数的图形是空间中的一个连续曲面;

(2) 二元连续函数经过有限次四则运算或复合运算后仍为二元连续函数;

(3) 定义在有界闭区域 D 上的二元连续函数 $f(x,y)$(二元函数在区域边界的连续性可参照一元函数在区间端点的连续性给出),一定可以在 D 上取得最大值和最小值.

可以证明,**二元初等函数**(指可用一个式子表示的二元函数,这个式子是由常数及自变量 x 或 y 的一元基本初等函数经过有限次的四则运算和复合运算得到的)在其定义区域(指包含在定义域内的区域)内是连续的.对于二元以上的多元函数,也可以类似地定义其极限及连续性,并且可以得到类似的结论.

注意 二元函数与一元函数的极限和连续性具有以下差异:在讨论一元函数在点 x_0 处的极限和连续性时,点 x 趋近于 x_0 的方式仅为从点 x_0 的左、右两个方向沿 x 轴趋近于 x_0;但在讨论二元函数在点 (x_0,y_0) 处的极限和连续性时,点 (x,y) 则可以有无穷多种方式趋近于点 (x_0,y_0).因此,对二元函数的极限和连续性问题的讨论要比一元函数复杂得多.

习 题 7-1

求下列函数的定义域:

(1) $z = \dfrac{\sqrt{1-x^2-y^2}}{\sqrt{x^2+y^2}}$;

(2) $z = \dfrac{1}{\ln(x+y)}$;

(3) $z = \sqrt{1-x^2} + \sqrt{1-y^2}$;

(4) $z = \sqrt{y-x^2} + \arccos(x^2+y^2)$.

第二节　偏导数与全微分

在第二章导数与微分中,我们研究过函数 $y = f(x)$ 的导数,即函数 y 对于自变量 x 的变化率,且知道

$$\frac{\mathrm{d}y}{\mathrm{d}x} = \lim_{\Delta x \to 0} \frac{f(x+\Delta x) - f(x)}{\Delta x}.$$

上式表明,函数 $y = f(x)$ 在点 x 处的导数是函数增量 $f(x+\Delta x) - f(x)$ 与自变量增量 Δx 之比当 $\Delta x \to 0$ 时的极限.

对于多元函数,我们常常也需要考虑它对某个自变量的变化率问题,这就产生了偏导数的概念.

一、偏导数

设函数 $z = f(x,y)$ 在点 (x_0,y_0) 的某一邻域内有定义.在点 (x_0,y_0) 处,当自变量 x 取得增量 $\Delta x(\Delta x \neq 0)$,而自变量 y 保持不变时,函数 $f(x,y)$ 相应的增量

$$\Delta_x z = f(x_0+\Delta x, y_0) - f(x_0,y_0)$$

称为函数 $f(x,y)$ 在点 (x_0,y_0) 处**关于 x 的偏增量**.类似地,函数 $f(x,y)$ 在点 (x_0,y_0) 处**关于 y 的偏增量**定义为

$$\Delta_y z = f(x_0, y_0+\Delta y) - f(x_0,y_0).$$

当自变量 x,y 在点 (x_0,y_0) 处分别取得增量 $\Delta x, \Delta y$ 时,函数 $f(x,y)$ 相应的增量

$$\Delta z = f(x_0+\Delta x, y_0+\Delta y) - f(x_0,y_0)$$

称为函数 $f(x,y)$ 在点 (x_0,y_0) 处的**全增量**.

定义 7.4　设函数 $z = f(x,y)$ 在点 (x_0,y_0) 的某一邻域内有定义.如果极限

$$\lim_{\Delta x \to 0} \frac{\Delta_x z}{\Delta x} = \lim_{\Delta x \to 0} \frac{f(x_0 + \Delta x, y_0) - f(x_0, y_0)}{\Delta x} \quad (7-2-1)$$

存在,则称此极限值为函数 $f(x,y)$ 在点 (x_0,y_0) 处**对 x 的偏导数**,记作

$$f'_x(x_0, y_0), \quad \frac{\partial f(x_0, y_0)}{\partial x}, \quad \frac{\partial z}{\partial x}\bigg|_{\substack{x=x_0 \\ y=y_0}} \quad \text{或} \quad z'_x\bigg|_{\substack{x=x_0 \\ y=y_0}}.$$

类似地,如果极限

$$\lim_{\Delta y \to 0} \frac{\Delta_y z}{\Delta y} = \lim_{\Delta y \to 0} \frac{f(x_0, y_0 + \Delta y) - f(x_0, y_0)}{\Delta y} \quad (7-2-2)$$

存在,则称此极限值为函数 $f(x,y)$ 在点 (x_0,y_0) 处**对 y 的偏导数**,记作

$$f'_y(x_0, y_0), \quad \frac{\partial f(x_0, y_0)}{\partial y}, \quad \frac{\partial z}{\partial y}\bigg|_{\substack{x=x_0 \\ y=y_0}} \quad \text{或} \quad z'_y\bigg|_{\substack{x=x_0 \\ y=y_0}}.$$

如果函数 $z = f(x,y)$ 在平面区域 D 内的每一点 (x,y) 处都存在对 x 或 y 的偏导数,即对于 D 内的每一点 (x,y),都有一个对 x 或 y 的偏导数与它对应,这样就在 D 上定义了一个的二元函数,称之为对 x 或 y 的**偏导函数**,简称**偏导数**,记作

$$f'_x(x,y), \quad \frac{\partial f(x,y)}{\partial x}, \quad \frac{\partial z}{\partial x}, \quad z'_x,$$

或

$$f'_y(x,y), \quad \frac{\partial f(x,y)}{\partial y}, \quad \frac{\partial z}{\partial y}, \quad z'_y.$$

由定义 7.4 可知,函数 $z = f(x,y)$ 在点 (x_0, y_0) 处的偏导数就是函数 $f(x,y)$ 在点 (x_0, y_0) 处沿 x 轴方向或 y 轴方向的变化率.因此,求函数 $z = f(x,y)$ 对自变量 x 或 y 的偏导数时,只需将另一个自变量 y 或 x 看作常数,直接利用一元函数的求导数方法来求即可.

例 1 设函数 $f(x,y) = x^3 - 2x^2 y + 3y^4$,求 $f'_x(x,y), f'_y(x,y), f'_x(1,1)$ 和 $f'_y(1,-1)$.

解 $f'_x(x,y) = (x^3 - 2x^2 y + 3y^4)'_x = 3x^2 - 4xy$,

$f'_y(x,y) = (x^3 - 2x^2 y + 3y^4)'_y = -2x^2 + 12y^3$,

$f'_x(1,1) = 3 \times 1^2 - 4 \times 1 \times 1 = -1$,

$f'_y(1,-1) = -2 \times 1^2 + 12 \times (-1)^3 = -14$.

例 2 设函数 $z = y^x$,求 z'_x, z'_y.

解 $z'_x = (y^x)'_x = y^x \ln y$, $z'_y = (y^x)'_y = xy^{x-1}$.

例 3 设函数 $z = (x^2 + y^2) \ln(x^2 + y^2)$,求 $\frac{\partial z}{\partial x}, \frac{\partial z}{\partial y}$.

解 $\frac{\partial z}{\partial x} = (x^2 + y^2)'_x \ln(x^2 + y^2) + (x^2 + y^2)(\ln(x^2 + y^2))'_x$

$= 2x \ln(x^2 + y^2) + (x^2 + y^2) \cdot \frac{1}{x^2 + y^2}(x^2 + y^2)'_x$

$= 2x \ln(x^2 + y^2) + 2x = 2x(1 + \ln(x^2 + y^2))$.

类似地,可得

$$\frac{\partial z}{\partial y} = 2y(1 + \ln(x^2 + y^2)).$$

函数 $z = f(x,y)$ 对 x 或 y 的偏导数仍是 x, y 的二元函数. 如果 $\frac{\partial z}{\partial x}, \frac{\partial z}{\partial y}$ 对 x 和 y 的偏导

数也存在,则称它们的偏导数为 $f(x,y)$ 的**二阶偏导数**,分别记为

$$\frac{\partial^2 z}{\partial x^2} = \frac{\partial}{\partial x}\left(\frac{\partial z}{\partial x}\right), \quad \frac{\partial^2 z}{\partial x \partial y} = \frac{\partial}{\partial y}\left(\frac{\partial z}{\partial x}\right), \quad \frac{\partial^2 z}{\partial y^2} = \frac{\partial}{\partial y}\left(\frac{\partial z}{\partial y}\right), \quad \frac{\partial^2 z}{\partial y \partial x} = \frac{\partial}{\partial x}\left(\frac{\partial z}{\partial y}\right),$$

也记为

$$z''_{xx}, \quad z''_{xy}, \quad z''_{yy}, \quad z''_{yx} \quad \text{或} \quad f''_{xx}, \quad f''_{xy}, \quad f''_{yy}, \quad f''_{yx},$$

其中 $\dfrac{\partial^2 z}{\partial x \partial y}, \dfrac{\partial^2 z}{\partial y \partial x}$ 称为**混合偏导数**.相应地,把函数 $z = f(x,y)$ 对 x 或 y 的偏导数称为该函数的**一阶偏导数**.

例 4 设函数 $z = \arctan\dfrac{y}{x}$,求 $\dfrac{\partial^2 z}{\partial x^2}, \dfrac{\partial^2 z}{\partial x \partial y}, \dfrac{\partial^2 z}{\partial y \partial x}, \dfrac{\partial^2 z}{\partial y^2}$.

解 $\dfrac{\partial z}{\partial x} = \dfrac{1}{1+\left(\dfrac{y}{x}\right)^2}\left(-\dfrac{y}{x^2}\right) = \dfrac{-y}{x^2+y^2}, \quad \dfrac{\partial z}{\partial y} = \dfrac{1}{1+\left(\dfrac{y}{x}\right)^2} \cdot \dfrac{1}{x} = \dfrac{x}{x^2+y^2},$

$$\frac{\partial^2 z}{\partial x^2} = \left(\frac{-y}{x^2+y^2}\right)'_x = \frac{2xy}{(x^2+y^2)^2},$$

$$\frac{\partial^2 z}{\partial x \partial y} = \left(\frac{-y}{x^2+y^2}\right)'_y = \frac{-(x^2+y^2)+2y^2}{(x^2+y^2)^2} = \frac{y^2-x^2}{(x^2+y^2)^2},$$

$$\frac{\partial^2 z}{\partial y \partial x} = \left(\frac{x}{x^2+y^2}\right)'_x = \frac{(x^2+y^2)-x \cdot 2x}{(x^2+y^2)^2} = \frac{y^2-x^2}{(x^2+y^2)^2},$$

$$\frac{\partial^2 z}{\partial y^2} = \left(\frac{x}{x^2+y^2}\right)'_y = \frac{-2xy}{(x^2+y^2)^2}.$$

注意 在例 4 中不难发现,混合偏导数 $\dfrac{\partial^2 z}{\partial x \partial y}$ 和 $\dfrac{\partial^2 z}{\partial y \partial x}$ 相等.这个现象并不是偶然的.事实上,我们有结论:如果函数 $z = f(x,y)$ 的两个混合偏导数 $\dfrac{\partial^2 z}{\partial x \partial y}$ 和 $\dfrac{\partial^2 z}{\partial y \partial x}$ 在区域 D 内连续,那么在该区域内有

$$\frac{\partial^2 z}{\partial x \partial y} = \frac{\partial^2 z}{\partial y \partial x}.$$

二、全微分

一元函数 $y = f(x)$ 在点 $x = x_0$ 处可微,是指函数 $y = f(x)$ 在点 $x = x_0$ 处的增量 Δy 可以表示成

$$\Delta y = A\Delta x + \alpha,$$

其中常数 A 与 Δx 无关,α 是比 Δx 高阶的无穷小,即 $\lim\limits_{\Delta x \to 0}\dfrac{\alpha}{\Delta x} = 0$. 此时,称 $A\Delta x$ 是函数 $y = f(x)$ 在点 $x = x_0$ 处的微分.

类似地,二元函数也有相应的定义.先看下面的例子.

引例 1 设一个矩形的边长分别为 x, y,则该矩形的面积为

$$S = xy.$$

如图 7-2-1 所示,如果边长 x, y 分别取得增量 $\Delta x, \Delta y$,则面积 S 有全增量

$$\Delta S = (x+\Delta x)(y+\Delta y) - xy = y\Delta x + x\Delta y + \Delta x \Delta y.$$

上式右端的 $y\Delta x + x\Delta y$ 是关于 $\Delta x, \Delta y$ 的线性函数,而当 $\Delta x \to 0, \Delta y \to 0$ 时,$\Delta x \Delta y$ 是一个无

穷小，或者说，当
$$\rho = \sqrt{(\Delta x)^2 + (\Delta y)^2} \to 0$$
时，$\Delta x \Delta y$ 是比 ρ 高阶的无穷小，故可略去 $\Delta x \Delta y$，而用 $y\Delta x + x\Delta y$ 近似表示 ΔS. 与一元函数的微分类似，我们把 $y\Delta x + x\Delta y$ 称为二元函数 $S = xy$ 的**全微分**，记为 dS，即
$$dS = y\Delta x + x\Delta y.$$

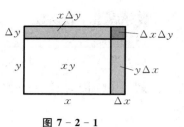

图 7-2-1

一般地，我们可引入如下定义：

定义 7.5 如果二元函数 $z = f(x,y)$ 的自变量 x, y 在点 (x, y) 处的增量分别为 Δx，Δy 时对应的全增量为
$$\Delta z = A\Delta x + B\Delta y + o(\rho) \quad (\rho = \sqrt{(\Delta x)^2 + (\Delta y)^2}), \tag{7-2-3}$$
其中 A, B 是 x, y 的函数，与 $\Delta x, \Delta y$ 无关，$o(\rho)$ 是比 ρ 高阶的无穷小，则称 $A\Delta x + B\Delta y$ 为函数 $z = f(x,y)$ 在点 (x,y) 处的**全微分**，记作 dz 或 $df(x,y)$，即
$$dz = df(x,y) = A\Delta x + B\Delta y. \tag{7-2-4}$$
这时，我们也称函数 $z = f(x,y)$ 在点 (x,y) 处**可微**.

习惯上，将 Δx 与 Δy 写成 dx 与 dy. 于是，函数 $z = f(x,y)$ 的全微分可写成
$$dz = Adx + Bdy.$$

可以证明，如果函数 $z = f(x,y)$ 在点 (x,y) 的某一邻域内具有连续偏导数 $f'_x(x,y)$ 和 $f'_y(x,y)$，则 $f(x,y)$ 在点 (x,y) 处可微，并且
$$dz = f'_x(x,y)dx + f'_y(x,y)dy. \tag{7-2-5}$$

注意 二元函数的全微分概念类似于一元函数的微分概念. 在一元函数微分学中，可导与可微等价. 而在多元函数微分学中，二元函数 $f(x,y)$ 的两个偏导数 $f'_x(x,y)$ 和 $f'_y(x,y)$ 存在并不能保证它在点 (x,y) 处可微；但反之，当二元函数 $f(x,y)$ 在点 (x,y) 处可微时，它的两个偏导数 $f'_x(x,y)$ 和 $f'_y(x,y)$ 都必定存在. 也就是说，对于二元函数，各偏导数存在是其可微的必要而非充分条件.

由公式（7-2-5）可知，求函数 $z = f(x,y)$ 的全微分 dz 时，只需求出 $f'_x(x,y)$ 和 $f'_y(x,y)$，再代入该公式就可得到 dz. 由于全微分 dz 可以近似表示全增量 Δz，于是
$$\Delta z = f(x + \Delta x, y + \Delta y) - f(x,y) \approx f'_x(x,y)\Delta x + f'_y(x,y)\Delta y,$$
即
$$f(x + \Delta x, y + \Delta y) \approx f(x,y) + f'_x(x,y)\Delta x + f'_y(x,y)\Delta y. \tag{7-2-6}$$
这一结论在近似计算中有一定的应用.

例 5 求函数 $z = \arcsin \dfrac{x}{y}$ 的全微分 dz.

解 因为
$$z'_x = \frac{1}{\sqrt{1 - \left(\dfrac{x}{y}\right)^2}} \cdot \frac{1}{y} = \frac{|y|}{y\sqrt{y^2 - x^2}}, \quad z'_y = \frac{1}{\sqrt{1 - \left(\dfrac{x}{y}\right)^2}} \left(-\frac{x}{y^2}\right) = -\frac{x|y|}{y^2\sqrt{y^2 - x^2}},$$
所以
$$dz = z'_x dx + z'_y dy = \frac{|y|}{y^2\sqrt{y^2 - x^2}}(ydx - xdy).$$

例 6 设函数 $z = e^{xy}$,求：

(1) dz;

(2) 当 $x = 1, y = 1, \Delta x = 0.01, \Delta y = 0.02$ 时, dz 的值.

解 (1) 因为 $\dfrac{\partial z}{\partial x} = ye^{xy}, \dfrac{\partial z}{\partial y} = xe^{xy}$,所以

$$dz = \frac{\partial z}{\partial x}dx + \frac{\partial z}{\partial y}dy = e^{xy}(ydx + xdy).$$

(2) 当 $x = 1, y = 1, \Delta x = 0.01, \Delta y = 0.02$ 时,有

$$dz = e^{1 \times 1}(1 \times 0.01 + 1 \times 0.02) = 0.03 \times e \approx 0.082.$$

例 7 计算 $2.02^{0.96}$ 的近似值.

解 设函数 $f(x, y) = x^y$,则此题即为计算 $f(2.02, 0.96)$. 由

$$\frac{\partial f}{\partial x} = yx^{y-1}, \quad \frac{\partial f}{\partial y} = x^y \ln x$$

得

$$df = yx^{y-1}dx + x^y \ln x dy.$$

当 $x = 2, y = 1, \Delta x = 0.02, \Delta y = -0.04$ 时,有

$$df = 1 \times 2^{1-1} \times 0.02 + 2^1 \times \ln 2 \times (-0.04) = 0.02 - 0.08 \times \ln 2.$$

于是,由式(7 - 2 - 6)有

$$2.02^{0.96} = f(2.02, 0.96) \approx f(2, 1) + df = 2 + (0.02 - 0.08 \times \ln 2) \approx 1.965.$$

【思考题】

由函数 $f(x, y)$ 的两个偏导数 $f'_x(x, y), f'_y(x, y)$ 存在,能否推出函数 $f(x, y)$ 在点 (x, y) 处一定可微？

习 题 7 - 2

(A)

1. 求下列函数的对 x 和 y 的偏导数：

(1) $z = x^2 y + \dfrac{x}{y}$;　　(2) $z = x^2 \ln(x^2 + y^2)$;

(3) $z = e^{\sin xy}$;　　(4) $z = e^{\frac{x}{y}} + e^{\frac{y}{x}}$.

2. 求下列函数的全微分：

(1) $z = e^{xy}$;　　(2) $z = \dfrac{1}{2}\ln(1 + x^2 + y^2)$;

(3) $z = \arctan \dfrac{y}{x}$;　　(4) $z = \sin(x - y)$.

3. 求下列函数在已给条件下的全微分的值：

(1) $z = \sqrt{\dfrac{x}{y}}, x = 1, y = 1, \Delta x = 0.2, \Delta y = 0.1$;

(2) $z = \ln\left(1 + \dfrac{x}{y}\right), x = 1, y = 1, \Delta x = 0.15, \Delta y = -0.25$.

(B)

4. 求下列函数的对 x 和 y 的偏导数：

(1) $z = xy\ln(x + y)$;　　(2) $z = e^{xy} + \sin xy$;

(3) $z = e^{x^2 - y^2} + x^2 y$;　　(4) $z = \arctan \dfrac{x + y}{1 - xy}$.

5. 求下列函数的全微分:

(1) $z = \arctan \dfrac{x+y}{x-y}$;

(2) $z = \sqrt{\dfrac{y}{x}}$;

(3) $z = \arcsin\sqrt{xy}$;

(4) $z = x\ln\dfrac{x}{y}$.

第三节　多元复合函数与隐函数的求导法

在第二章中,我们讨论了一元复合函数和隐函数的求导数方法.本节将把这些讨论和求导数方法推广到多元函数的情形.

一、多元复合函数的求导法则

设二元函数 $z = f(u,v)$, 而 $u = \varphi(x,y), v = \psi(x,y)$, 于是 z 通过中间变量 u,v 成为 x,y 的二元复合函数 $z = f(\varphi(x,y),\psi(x,y))$.

下面不加证明地给出二元复合函数的求导法则.

定理 7.1（链式法则） 如果函数 $u = \varphi(x,y)$ 和 $v = \psi(x,y)$ 在点 (x,y) 处的偏导数 $\dfrac{\partial u}{\partial x}$, $\dfrac{\partial u}{\partial y}$ 和 $\dfrac{\partial v}{\partial x}$, $\dfrac{\partial v}{\partial y}$ 都存在, 且在对应于点 (x,y) 的点 (u,v) 处, 函数 $z = f(u,v)$ 可微, 则复合函数 $z = f(\varphi(x,y),\psi(x,y))$ 对 x 和 y 的偏导数都存在, 且

$$\dfrac{\partial z}{\partial x} = \dfrac{\partial z}{\partial u} \cdot \dfrac{\partial u}{\partial x} + \dfrac{\partial z}{\partial v} \cdot \dfrac{\partial v}{\partial x}, \qquad (7-3-1)$$

$$\dfrac{\partial z}{\partial y} = \dfrac{\partial z}{\partial u} \cdot \dfrac{\partial u}{\partial y} + \dfrac{\partial z}{\partial v} \cdot \dfrac{\partial v}{\partial y}. \qquad (7-3-2)$$

为了方便记忆和正确使用上述公式,可以借助于变量关系图(见图 7-3-1).例如,求复合函数 z 对其中一个自变量(例如 x)的偏导数时,可从图 7-3-1 中找出由 z 经过中间变量到达 x 的所有路径,共有两条,即 $z \to u \to x$ 和 $z \to v \to x$,沿第一条路径有 $\dfrac{\partial z}{\partial u} \cdot \dfrac{\partial u}{\partial x}$,沿第二条路径有 $\dfrac{\partial z}{\partial v} \cdot \dfrac{\partial v}{\partial x}$,这两项相加即得公式(7-3-1).类似地,由图 7-3-1 也可得公式(7-3-2).利用这一方法就可以对各种复合情形正确运用定理 7.1,从而得到相应的偏导数或导数.

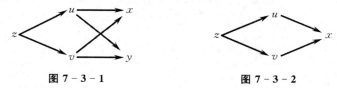

图 7-3-1　　　　　图 7-3-2

例如,设函数 $z = f(u,v)$,而 $u = \varphi(x), v = \psi(x)$,因此函数 z 通过中间变量 u,v 成为自变量 x 的一元函数 $z = f(\varphi(x),\psi(x))$.利用变量关系图(见图 7-3-2),根据定理 7.1 就得到

$$\dfrac{dz}{dx} = \dfrac{\partial z}{\partial u} \cdot \dfrac{du}{dx} + \dfrac{\partial z}{\partial v} \cdot \dfrac{dv}{dx}. \qquad (7-3-3)$$

这里导数 $\dfrac{dz}{dx}$ 也称为**全导数**,公式(7-3-3)也称为**全导数公式**.

定理 7.1 给出的链式法则可推广到中间变量多于两个的情形,请读者自己进行推广. 需要注意的是,在利用多元复合函数的求导法则(链式法则)时,应先分清变量间的关系:哪些是中间变量,哪些是自变量. 一般地,可先画出变量关系图,明确复合关系,然后运用公式得到正确结果.

例1 设函数 $z = (x^2 - 2y)^{xy}$,求 $\dfrac{\partial z}{\partial x}, \dfrac{\partial z}{\partial y}$.

解 设 $u = x^2 - 2y, v = xy$,则 $z = u^v$,因此

$$\frac{\partial z}{\partial u} = vu^{v-1}, \quad \frac{\partial z}{\partial v} = u^v \ln u, \quad \frac{\partial u}{\partial x} = 2x, \quad \frac{\partial u}{\partial y} = -2, \quad \frac{\partial v}{\partial x} = y, \quad \frac{\partial v}{\partial y} = x.$$

于是

$$\frac{\partial z}{\partial x} = \frac{\partial z}{\partial u} \cdot \frac{\partial u}{\partial x} + \frac{\partial z}{\partial v} \cdot \frac{\partial v}{\partial x} = vu^{v-1} \cdot 2x + u^v \ln u \cdot y$$

$$= 2x^2 y(x^2 - 2y)^{xy-1} + y(x^2 - 2y)^{xy} \ln(x^2 - 2y),$$

$$\frac{\partial z}{\partial y} = \frac{\partial z}{\partial u} \cdot \frac{\partial u}{\partial y} + \frac{\partial z}{\partial v} \cdot \frac{\partial v}{\partial y} = vu^{v-1} \cdot (-2) + u^v \ln u \cdot x$$

$$= -2xy(x^2 - 2y)^{xy-1} + x(x^2 - 2y)^{xy} \ln(x^2 - 2y).$$

例2 设函数 $z = f(x^2 + y^2, xy)$,求 $\dfrac{\partial z}{\partial x}, \dfrac{\partial z}{\partial y}$.

解 设 $u = x^2 + y^2, v = xy$,则 $z = f(u, v)$. 所以

$$\frac{\partial z}{\partial x} = \frac{\partial z}{\partial u} \cdot \frac{\partial u}{\partial x} + \frac{\partial z}{\partial v} \cdot \frac{\partial v}{\partial x} = 2xf'_u + yf'_v,$$

$$\frac{\partial z}{\partial y} = \frac{\partial z}{\partial u} \cdot \frac{\partial u}{\partial y} + \frac{\partial z}{\partial v} \cdot \frac{\partial v}{\partial y} = 2yf'_u + xf'_v.$$

例3 设函数 $z = xyf\left(\dfrac{y}{x}\right)$,其中函数 $f(u)$ 可导,证明:

$$xz'_x + yz'_y = 2z.$$

证 因为

$$z'_x = (xy)'_x \cdot f\left(\frac{y}{x}\right) + xy \cdot f'\left(\frac{y}{x}\right) \cdot \left(\frac{y}{x}\right)'_x = yf\left(\frac{y}{x}\right) - \frac{y^2}{x} f'\left(\frac{y}{x}\right),$$

$$z'_y = (xy)'_y \cdot f\left(\frac{y}{x}\right) + xy \cdot f'\left(\frac{y}{x}\right) \cdot \left(\frac{y}{x}\right)'_y = xf\left(\frac{y}{x}\right) + yf'\left(\frac{y}{x}\right),$$

所以

$$xz'_x + yz'_y = 2xyf\left(\frac{y}{x}\right) = 2z.$$

二、隐函数的求导公式

如果方程 $F(x, y, z) = 0$ 能确定 z 是 x, y 的二元函数:$z = f(x, y)$,且 $f(x, y)$ 具有连续偏导数,则

$$F(x, y, f(x, y)) \equiv 0,$$

且利用多元复合函数的求导法则,有

$$\frac{\partial F}{\partial x} + \frac{\partial F}{\partial z} \cdot \frac{\partial z}{\partial x} = 0, \quad \frac{\partial F}{\partial y} + \frac{\partial F}{\partial z} \cdot \frac{\partial z}{\partial y} = 0.$$

如果 $\dfrac{\partial F}{\partial z} \neq 0$,则有

$$\frac{\partial z}{\partial x} = -\frac{\dfrac{\partial F}{\partial x}}{\dfrac{\partial F}{\partial z}}, \quad \frac{\partial z}{\partial y} = -\frac{\dfrac{\partial F}{\partial y}}{\dfrac{\partial F}{\partial z}}.$$

特别地,对于由方程 $F(x,y) = 0$ 确定的一元函数 $y = f(x)$,有类似的结果:当 $\dfrac{\partial F}{\partial y} \neq 0$ 时,有

$$\frac{\mathrm{d}y}{\mathrm{d}x} = -\frac{\dfrac{\partial F}{\partial x}}{\dfrac{\partial F}{\partial y}}.$$

例 4 设方程 $\mathrm{e}^z = xyz$ 能确定隐函数 $z = f(x,y)$,求 $\dfrac{\partial z}{\partial x}, \dfrac{\partial z}{\partial y}$.

解 **方法一** 原方程可变形为 $F(x,y,z) = \mathrm{e}^z - xyz = 0$,则

$$\frac{\partial F}{\partial x} = -yz, \quad \frac{\partial F}{\partial y} = -xz, \quad \frac{\partial F}{\partial z} = \mathrm{e}^z - xy.$$

于是

$$\frac{\partial z}{\partial x} = -\frac{\dfrac{\partial F}{\partial x}}{\dfrac{\partial F}{\partial z}} = \frac{yz}{\mathrm{e}^z - xy}, \quad \frac{\partial z}{\partial y} = -\frac{\dfrac{\partial F}{\partial y}}{\dfrac{\partial F}{\partial z}} = \frac{xz}{\mathrm{e}^z - xy}.$$

方法二 在方程 $\mathrm{e}^z = xyz$ 两边直接对 x 求偏导数(这里把 z 看作中间变量),并利用多元复合函数的求导法则,有

$$\mathrm{e}^z \frac{\partial z}{\partial x} = yz + xy \frac{\partial z}{\partial x}.$$

由上式解出 $\dfrac{\partial z}{\partial x}$,得

$$\frac{\partial z}{\partial x} = \frac{yz}{\mathrm{e}^z - xy}.$$

类似地,可得

$$\frac{\partial z}{\partial y} = \frac{xz}{\mathrm{e}^z - xy}.$$

注意 (1)利用例 4 中的方法一计算 $\dfrac{\partial z}{\partial x}, \dfrac{\partial z}{\partial y}$ 时,应把原方程中所有项移到等号左边,以得到 $F(x,y,z) = 0$ 形式的方程.在计算偏导数 $\dfrac{\partial F}{\partial x}$ 时,要把其他的变量 y 和 z 当作常量;在计算 $\dfrac{\partial F}{\partial y}, \dfrac{\partial F}{\partial z}$ 时,也应注意这一点.

(2)利用例 4 中的方法二计算 $\dfrac{\partial z}{\partial x}, \dfrac{\partial z}{\partial y}$ 时,应记住 z 是 x, y 的函数,此时只需正确地运用多元复合函数的求导法则,解出 $\dfrac{\partial z}{\partial x}$ 和 $\dfrac{\partial z}{\partial y}$ 即可.

例 5 设方程 $\ln\sqrt{x^2 + y^2} = \arctan \dfrac{y}{x}$ 能确定隐函数 $y = f(x)$,求 y'.

解 原方程可变形为 $F(x,y) = \dfrac{1}{2}\ln(x^2+y^2) - \arctan\dfrac{y}{x} = 0$,则

$$\frac{\partial F}{\partial x} = \frac{x}{x^2+y^2} - \frac{1}{1+\left(\dfrac{y}{x}\right)^2} \cdot \left(-\frac{y}{x^2}\right) = \frac{x+y}{x^2+y^2},$$

$$\frac{\partial F}{\partial y} = \frac{y}{x^2+y^2} - \frac{1}{1+\left(\dfrac{y}{x}\right)^2} \cdot \frac{1}{x} = \frac{y-x}{x^2+y^2}.$$

于是

$$y' = -\frac{\dfrac{\partial F}{\partial x}}{\dfrac{\partial F}{\partial y}} = \frac{x+y}{x-y}.$$

当然,我们也可以利用在原方程两边求偏导数的方法(例 4 中的方法二)来求解例 5.

【思考题】

求多元复合函数的偏导数时需要注意什么?

习　题　7-3

（A）

1. 求下列函数的偏导数或在给定点处的二阶偏导数：

(1) $z = x\ln xy$,求 $\dfrac{\partial z}{\partial x}, \dfrac{\partial z}{\partial y}$;

(2) $z = e^{x^2-y^2}$,求 $\dfrac{\partial^2 z}{\partial x^2}\bigg|_{\substack{x=1\\y=1}}, \dfrac{\partial^2 z}{\partial x \partial y}\bigg|_{\substack{x=1\\y=1}}, \dfrac{\partial^2 z}{\partial y^2}\bigg|_{\substack{x=1\\y=1}}$.

2. 求下列由方程确定的隐函数的偏导数：

(1) $x^2 + y^2 + 2x - 2yz = e^z$,求 $\dfrac{\partial z}{\partial x}, \dfrac{\partial z}{\partial y}$;

(2) $z^3 = a^3 + 3xyz$,求 $\dfrac{\partial z}{\partial x}, \dfrac{\partial z}{\partial y}$.

3. 设函数 $z = \ln(\sqrt{x} + \sqrt{y})$,试证：$x\dfrac{\partial z}{\partial x} + y\dfrac{\partial z}{\partial y} = \dfrac{1}{2}$.

（B）

4. 求下列函数的二阶偏导数或在给定点处的二阶偏导数：

(1) $z = e^{xy} + x$,求 $z''_{xx}, z''_{xy}, z''_{yy}$;

(2) $z = x^3 y + \ln(x^2+y^2)$,求 $\dfrac{\partial^2 z}{\partial x \partial y}\bigg|_{\substack{x=1\\y=1}}$.

5. 求下列函数的偏导数：

(1) $z = (x+2y)^x$,求 $\dfrac{\partial z}{\partial x}, \dfrac{\partial z}{\partial y}$;

(2) $z = f(u,v)$,且 $f(u,v)$ 可微,$u = xy, v = \dfrac{x}{y}$,求 $\dfrac{\partial z}{\partial x}, \dfrac{\partial z}{\partial y}$;

(3) $z = f(u,v)$,且 $f(u,v)$ 可微,$u = x^2 - y^2, v = e^{xy}$,求 $\dfrac{\partial z}{\partial x}, \dfrac{\partial z}{\partial y}$.

6. 求下列由方程确定的隐函数的导数或偏导数：

(1) $e^z = xyz$,求 $\dfrac{\partial z}{\partial x}, \dfrac{\partial z}{\partial y}$;

(2) $\ln\sqrt{x^2+y^2} = \arctan\dfrac{y}{x}$,求 $\dfrac{dy}{dx}$.

7. 设函数 $z = \ln(e^x + e^y)$,试证：$\dfrac{\partial^2 z}{\partial x^2} \cdot \dfrac{\partial^2 z}{\partial y^2} - \left(\dfrac{\partial^2 z}{\partial x \partial y}\right)^2 = 0$.

第四节　二元函数的极值

在第三章中,我们利用导数来求一元函数的极值.类似地,也可以利用偏导数来求二元函数的极值.

一、无条件极值

定义 7.6　设函数 $z = f(x,y)$ 在点 (x_0, y_0) 的某一邻域内有定义.如果对于该邻域内的任一异于 (x_0, y_0) 的点 (x,y),均有
$$f(x,y) < f(x_0, y_0) \quad (\text{或 } f(x,y) > f(x_0, y_0)),$$
则称 $f(x_0, y_0)$ 是函数 $f(x,y)$ 的**极大值**(或**极小值**),并称 (x_0, y_0) 为函数 $f(x,y)$ 的**极大值点**(或**极小值点**).

函数 $f(x,y)$ 的极大值和极小值统称为**极值**,极大值点和极小值点统称为**极值点**.在求函数 $f(x,y)$ 的极值时,如果没有其他任何限制条件,则称此极值问题为**无条件极值问题**;否则,称之为**条件极值问题**.求一个函数 $f(x,y)$ 的无条件极值,通常意味着在整个坐标平面上或某个开区域内进行讨论.

例 1　求函数 $f(x,y) = \sqrt{4 - x^2 - y^2}$ 的极值.

解　因为在点 $(0,0)$ 的某一邻域内,对于任意的点 $(x,y) \neq (0,0)$,有
$$f(x,y) = \sqrt{4 - x^2 - y^2} < \sqrt{4} = 2 = f(0,0),$$
所以 $f(x,y)$ 在点 $(0,0)$ 处取得极大值 $f(0,0) = 2$.这一结论的几何意义可参见图 7-1-4.

例 1 比较简单,可以利用定义 7.6 直接判断.但是,对于一般的二元函数极值问题,则需要利用偏导数来解决.下面两个定理是一元函数极值存在相关理论的推广.

定理 7.2（极值存在的必要条件）　如果函数 $f(x,y)$ 在点 (x_0, y_0) 处取得极值,且在点 (x_0, y_0) 处存在一阶偏导数,则
$$f'_x(x_0, y_0) = 0, \quad f'_y(x_0, y_0) = 0.$$

使得函数 $f(x,y)$ 的一阶偏导数等于 0 的点 (x_0, y_0),称为该函数的**驻点**.根据定理 7.2,当函数 $f(x,y)$ 存在一阶偏导数时,其极值点必为驻点.但应注意:驻点未必是极值点.二元函数的极值也可能在偏导数不存在的点处取得.这与一元函数极值问题的有关结论是一致的.

定理 7.3（极值存在的充分条件）　如果函数 $f(x,y)$ 在点 (x_0, y_0) 的某一邻域内具有连续的二阶偏导数,且 $f'_x(x_0, y_0) = 0, f'_y(x_0, y_0) = 0$,记
$$A = f''_{xx}(x_0, y_0), \quad B = f''_{xy}(x_0, y_0), \quad C = f''_{yy}(x_0, y_0),$$
则

(1) 当 $B^2 - AC > 0$ 时,$f(x_0, y_0)$ **不是极值**;

(2) 当 $B^2 - AC < 0$,且 $A < 0$ 时,$f(x_0, y_0)$ **是极大值**;

(3) 当 $B^2 - AC < 0$,且 $A > 0$ 时,$f(x_0, y_0)$ **是极小值**;

(4) 当 $B^2 - AC = 0$ 时,**不能判定** $f(x_0, y_0)$ **是否为极值,需用其他方法判定**.

定理 7.2 和定理 7.3 的证明从略.

根据定理 7.3,求具有二阶连续偏导数的函数 $f(x,y)$ 的极值可按照下述步骤进行:

(1) 求解方程组
$$\begin{cases} f'_x(x,y) = 0, \\ f'_y(x,y) = 0, \end{cases}$$
得到 $f(x,y)$ 所有的驻点；

(2) 对于每个驻点 (x_0, y_0)，计算 $f(x,y)$ 在该点处二阶偏导数的值：
$$A = f''_{xx}(x_0, y_0), \quad B = f''_{xy}(x_0, y_0), \quad C = f''_{yy}(x_0, y_0);$$

(3) 利用定理 7.3 判断 $f(x_0, y_0)$ 是否为极值.

例 2 求函数 $z = x^3 + y^3 - 3xy$ 的极值.

解 易求得 $z'_x = 3x^2 - 3y, z'_y = 3y^2 - 3x$. 令 $z'_x = 0, z'_y = 0$, 即
$$\begin{cases} 3x^2 - 3y = 0, \\ 3y^2 - 3x = 0, \end{cases}$$
解得驻点 $(0,0)$ 和 $(1,1)$. 又 $z''_{xx} = 6x, z''_{xy} = -3, z''_{yy} = 6y$.

对于驻点 $(0,0)$，有
$$A = z''_{xx}\Big|_{\substack{x=0 \\ y=0}} = 0, \quad B = z''_{xy}\Big|_{\substack{x=0 \\ y=0}} = -3, \quad C = z''_{yy}\Big|_{\substack{x=0 \\ y=0}} = 0,$$
所以
$$B^2 - AC = 9 > 0.$$
根据定理 7.3，该函数在点 $(0,0)$ 处不取得极值.

对于驻点 $(1,1)$，有
$$A = z''_{xx}\Big|_{\substack{x=1 \\ y=1}} = 6 > 0, \quad B = z''_{xy}\Big|_{\substack{x=1 \\ y=1}} = -3, \quad C = z''_{yy}\Big|_{\substack{x=1 \\ y=1}} = 6,$$
所以
$$B^2 - AC = (-3)^2 - 6 \times 6 = -27 < 0.$$
又 $A = 6 > 0$，故根据定理 7.3，该函数在点 $(1,1)$ 处取得极小值 $z\Big|_{\substack{x=1 \\ y=1}} = -1$.

例 3 求函数 $z = x^2 + y^2 - 2\ln x - 2\ln y$ 的极值，其中 $x > 0, y > 0$.

解 易求得 $z'_x = 2x - \dfrac{2}{x}, z'_y = 2y - \dfrac{2}{y}$. 令 $z'_x = 0, z'_y = 0$, 解得驻点 $(1,1)$. 又
$$z''_{xx} = 2 + \frac{2}{x^2}, \quad z''_{xy} = 0, \quad z''_{yy} = 2 + \frac{2}{y^2},$$
所以
$$A = z''_{xx}\Big|_{\substack{x=1 \\ y=1}} = 4, \quad B = z''_{xy}\Big|_{\substack{x=1 \\ y=1}} = 0, \quad C = z''_{yy}\Big|_{\substack{x=1 \\ y=1}} = 4.$$
于是
$$B^2 - AC = 0 - 4 \times 4 = -16 < 0.$$
又 $A = 4 > 0$，所以该函数在点 $(1,1)$ 处取得极小值 $z\Big|_{\substack{x=1 \\ y=1}} = 2$.

二、条件极值

在求函数 $z = f(x,y)$ 的极值时，如果自变量 x, y 必须满足一定的条件 $g(x,y) = 0$，则这样的极值问题为条件极值问题，其中 $g(x,y) = 0$ 称为**约束条件**或**约束方程**，所求出的极值称为**条件极值**.

如果由约束条件 $g(x,y)=0$ 可解出一个变量由另一变量表示的解析表达式,则可将此表达式代入 $z=f(x,y)$ 中,把原条件极值问题化为一元函数的无条件极值问题. 但在许多情形中,我们不能由约束条件解出这样的表达式,因此需研究求解条件极值问题的其他方法. 下面我们介绍一种方法 —— **拉格朗日乘数法**.

首先,构造函数
$$L(x,y,\lambda) = f(x,y) + \lambda g(x,y),$$
称之为**拉格朗日函数**,其中 λ 称为**拉格朗日乘数**.

然后,求 $L(x,y,\lambda) = f(x,y) + \lambda g(x,y)$ 对 x,y,λ 的偏导数,并令它们都等于 0,即得方程组
$$\begin{cases} L'_x = f'_x(x,y) + \lambda g'_x(x,y) = 0, \\ L'_y = f'_y(x,y) + \lambda g'_y(x,y) = 0, \\ L'_\lambda = g(x,y) = 0. \end{cases}$$
此方程组的解 (x_0,y_0) 就是 $f(x,y)$ 可能的极值点. 至于如何确定点 (x_0,y_0) 是否为极值点,一般可以根据问题的实际意义直接判定.

例 4 某化妆品公司可以通过报纸和电视台做推销化妆品的广告. 根据统计资料,销售收入 R(单位:百万元)与报纸广告费用 x_1(单位:百万元)和电视广告费用 x_2(单位:百万元)之间的关系有如下经验公式:
$$R = 15 + 14x_1 + 32x_2 - 8x_1x_2 - 2x_1^2 - 10x_2^2.$$
(1) 如果不限制广告费用的支出,求最优广告策略;
(2) 如果可供使用的广告费用为 150 万元,求相应的最优广告策略.

解 (1) 该公司的净销售收入为
$$z = f(x_1,x_2) = 15 + 14x_1 + 32x_2 - 8x_1x_2 - 2x_1^2 - 10x_2^2 - (x_1+x_2)$$
$$= 15 + 13x_1 + 31x_2 - 8x_1x_2 - 2x_1^2 - 10x_2^2.$$
解方程组
$$\begin{cases} \dfrac{\partial z}{\partial x_1} = 13 - 8x_2 - 4x_1 = 0, \\ \dfrac{\partial z}{\partial x_2} = 31 - 8x_1 - 20x_2 = 0, \end{cases}$$
得 $x_1 = 0.75, x_2 = 1.25$. 又
$$A = z''_{x_1x_1} = -4, \quad B = z''_{x_1x_2} = -8, \quad C = z''_{x_2x_2} = -20,$$
那么在驻点 $(0.75, 1.25)$ 处,有
$$B^2 - AC = (-8)^2 - (-4) \times (-20) = -16 < 0, \quad A = -4 < 0.$$
所以,函数 $z = f(x_1,x_2)$ 在点 $(0.75, 1.25)$ 处取得极大值. 因极大值点唯一,故在点 $(0.75, 1.25)$ 处也取得最大值,即最优广告策略是报纸广告费为 75 万元,电视广告费为 125 万元.

(2) 如果广告费限定为 150 万元,则要求函数 $z = f(x_1,x_2)$ 在约束条件 $x_1 + x_2 = 1.5$ 下的条件极值. 设拉格朗日函数为
$$L(x_1,x_2,\lambda) = 15 + 13x_1 + 31x_2 - 8x_1x_2 - 2x_1^2 - 10x_2^2 + \lambda(x_1 + x_2 - 1.5).$$
求解方程组

$$\begin{cases} L'_{x_1} = -4x_1 - 8x_2 + 13 + \lambda = 0, \\ L'_{x_2} = -8x_1 - 20x_2 + 31 + \lambda = 0, \\ L'_\lambda = x_1 + x_2 - 1.5 = 0, \end{cases}$$

得 $x_1 = 0, x_2 = 1.5$. 根据问题的实际意义, 函数 $z = f(x_1, x_2)$ 在点 $(0, 1.5)$ 处有条件极值且是极大值, 所以将广告费全部用于电视广告是最优广告策略, 可使得净销售收入最大.

【思考题】

1. 哪些点可能是二元函数的极值点? 举例说明驻点不一定是极值点.

2. 如果点 (x_0, y_0) 是函数 $f(x, y)$ 的极值点, 那么是否一定有 $f'_x(x_0, y_0) = 0$ 和 $f'_y(x_0, y_0) = 0$? 试举例说明.

习 题 7-4

（A）

1. 求下列函数的极值:

(1) $z = x^2 + xy + y^2 + x - y + 1$;　　(2) $z = (x + y^2)e^{\frac{x}{2}}$.

2. (1) 求函数 $z = x^2 + y^2$ 在约束条件 $x + y = 1$ 下的极值;

(2) 求函数 $z = xy$ 在约束条件 $x + y = 2$ 下的极值.

3. 某厂家生产的某种产品同时在两个不同的市场上销售, 售价分别为 P_1, P_2 (单位:万元/台), 销量分别为 Q_1, Q_2 (单位:台), 且需求函数分别为 $Q_1 = 24 - 0.2P_1$, $Q_2 = 10 - 0.05P_2$, 又知总成本函数 (单位:万元) 为 $C = 35 + 40(Q_1 + Q_2)$. 试问: 该厂家应如何确定这两个市场上的产品售价, 才能使得其获得的总利润最大? 最大总利润是多少?

（B）

4. 求下列函数的极值:

(1) $z = x^3 - 4x^2 + 2xy - y^2$;　　(2) $z = xy + \dfrac{a}{xy}(x + y)$, 其中 $a > 0$;

(3) $z = x^3 - 3axy + y^3$, 其中 $a \neq 0$.

5. (1) 求函数 $z = x^2 + y^2$ 在约束条件 $\dfrac{x}{a} + \dfrac{y}{b} = 1$ 下的极值;

(2) 求函数 $z = \ln x + 3\ln y$ 在约束条件 $x^2 + y^2 = 25$ 下的极值.

6. 要制造一个容积为 V_0 的有盖长方体容器, 当长、宽、高分别为多少时, 可使得用料最省?

7. 设某种产品的产量 Q (单位:kg) 与所使用的两种原料甲、乙的投入量 x, y (单位:kg) 有如下关系: $Q = 0.005 x^2 y$. 如果这两种原料的价格分别为 10 元/kg 和 20 元/kg, 现用 1.5 万元购买原料进行生产, 试问: 购进甲、乙两种原料各多少时, 可使得该种产品的产量最大?

第五节　二重积分的概念与性质

本节将一元函数定积分的概念及基本性质推广到二元函数上, 得到二重积分的概念及基本性质.

一、二重积分的概念

1. 曲顶柱体的体积

设有一立体, 它的底是 Oxy 面上的闭区域 D, 侧面是以 D 的边界曲线为准线而母线平行

于 z 轴的柱面①,顶是曲面 $z = f(x,y)$ ($f(x,y) \geqslant 0$,且 $f(x,y)$ 在 D 上连续). 这种立体称为**曲顶柱体**,如图 7-5-1 所示.

现在我们依照计算曲边梯形面积的方法来计算该曲顶柱体的体积 V.

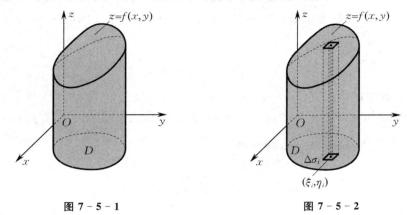

图 7-5-1　　　　　图 7-5-2

1) 分割

将闭区域 D 任意分成 n 个小闭区域

$$\Delta\sigma_1, \quad \Delta\sigma_2, \quad \cdots, \quad \Delta\sigma_n,$$

其中 $\Delta\sigma_i (i=1,2,\cdots,n)$ 也表示第 i 个小闭区域的面积,这样相应地就把该曲顶柱体分成 n 个小曲顶柱体. 以 $\Delta V_i (i=1,2,\cdots,n)$ 表示以 $\Delta\sigma_i$ 为底的第 i 个小曲顶柱体的体积,则有

$$V = \sum_{i=1}^{n} \Delta V_i.$$

2) 近似

在每个小闭区域 $\Delta\sigma_i (i=1,2,\cdots,n)$ 内任取一点 (ξ_i,η_i),把以 $f(\xi_i,\eta_i)$ 为高、以 $\Delta\sigma_i$ 为底的平顶柱体的体积 $f(\xi_i,\eta_i)\Delta\sigma_i$ 作为 ΔV_i 的近似值,如图 7-5-2 所示,即

$$\Delta V_i \approx f(\xi_i,\eta_i)\Delta\sigma_i \quad (i=1,2,\cdots,n).$$

3) 求和

把上述所求得的 n 个小平顶柱体的体积加起来,就得到所求曲顶柱体体积 V 的近似值 V_n,即

$$V \approx V_n = \sum_{i=1}^{n} f(\xi_i,\eta_i)\Delta\sigma_i.$$

4) 逼近

当分割越来越细,小闭区域 $\Delta\sigma_i (i=1,2,\cdots,n)$ 越来越小而逐渐收缩于一点时,V_n 就越来越接近于所求的曲顶柱体体积 V. 我们用 $\lambda_i (i=1,2,\cdots,n)$ 表示小闭区域 $\Delta\sigma_i$ 内任意两点间距离的最大值,称为该区域的直径. 设 $\lambda = \max\{\lambda_1,\lambda_2,\cdots,\lambda_n\}$. 如果当 $\lambda \to 0$ 时(这时 $n \to \infty$),V_n 的极限存在,则这个极限值就是所求的曲顶柱体体积 V,即

$$V = \lim_{\lambda \to 0} \sum_{i=1}^{n} f(\xi_i,\eta_i)\Delta\sigma_i.$$

下面我们将一般地研究上述和式的极限,从而引入二重积分的定义.

---

① 直线 L 沿定曲线 C 平行移动形成的轨迹叫作**柱面**,其中定曲线 C 叫作该柱面的**准线**,动直线 L 叫作该柱面的**母线**.

2. 二重积分的定义

定义 7.7 设 $f(x,y)$ 是定义在有界闭区域 D 上的二元函数. 将 D 任意分成 n 个小闭区域
$$\Delta\sigma_1, \quad \Delta\sigma_2, \quad \cdots, \quad \Delta\sigma_n,$$
其中 $\Delta\sigma_i(i=1,2,\cdots,n)$ 表示第 i 个小闭区域及其面积. 在每个小闭区域 $\Delta\sigma_i(i=1,2,\cdots,n)$ 内任取一点 (ξ_i,η_i),并做和式
$$\sum_{i=1}^n f(\xi_i,\eta_i)\Delta\sigma_i.$$
当 n 个小闭区域中的最大直径 $\lambda=\max\{\lambda_1,\lambda_2,\cdots,\lambda_n\}$ 趋近于 0 时, 如果上述和式的极限存在, 且与小闭区域的分割方式及点 (ξ_i,η_i) 的选取无关, 则称此极限值为函数 $f(x,y)$ 在有界闭区域 D 上的**二重积分**, 记作 $\iint\limits_D f(x,y)\mathrm{d}\sigma$, 即
$$\iint\limits_D f(x,y)\mathrm{d}\sigma = \lim_{\lambda\to 0}\sum_{i=1}^n f(\xi_i,\eta_i)\Delta\sigma_i,$$
其中 D 称为**积分区域**, $f(x,y)$ 称为**被积函数**, $\mathrm{d}\sigma$ 称为**面积元素**, $\sum\limits_{i=1}^n f(\xi_i,\eta_i)\Delta\sigma_i$ 称为**积分和**. 这时也称函数 $f(x,y)$ 在有界闭区域 D 上**可积**.

关于二重积分的定义, 需要说明以下几点:

(1) 可以证明, 当函数 $f(x,y)$ 在有界闭区域 D 上连续时, 积分和的极限必存在, 即二重积分必存在.

(2) 二重积分仅与被积函数 $f(x,y)$ 和积分区域 D 有关, 而与积分变量符号无关, 即
$$\iint\limits_D f(x,y)\mathrm{d}\sigma = \iint\limits_D f(u,v)\mathrm{d}\sigma.$$

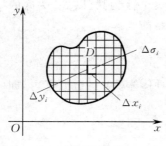

图 7-5-3

(3) 由二重积分的定义可知, 如果函数 $f(x,y)$ 在有界闭区域 D 上可积, 则积分和的极限存在, 且与 D 的分法无关. 因此, 在直角坐标系 Oxy 中常用平行于 x 轴和 y 轴的两组直线分割 D, 如图 7-5-3 所示. 于是, 除靠近边界的小闭区域外, 其他小闭区域 $\Delta\sigma_i$ 的面积都可表示为
$$\Delta\sigma_i = \Delta x_i \Delta y_i,$$
从而分割很细时, 面积元素为
$$\mathrm{d}\sigma = \mathrm{d}x\mathrm{d}y.$$
所以, 在直角坐标系 Oxy 中, 二重积分可记为
$$\iint\limits_D f(x,y)\mathrm{d}\sigma = \iint\limits_D f(x,y)\mathrm{d}x\mathrm{d}y.$$

3. 二重积分的几何意义

(1) 当被积函数 $f(x,y)$ 连续, 且 $f(x,y)\geqslant 0$ 时, 二重积分 $\iint\limits_D f(x,y)\mathrm{d}\sigma$ 表示以区域 D 为底、以曲面 $z=f(x,y)$ 为顶的曲顶柱体的体积;

(2) 当被积函数 $f(x,y)$ 连续, 且 $f(x,y)\leqslant 0$ 时, 二重积分 $\iint\limits_D f(x,y)\mathrm{d}\sigma$ 表示以区域 D 为底、以曲面 $z=f(x,y)$ 为顶的曲顶柱体体积的相反数;

(3) 当被积函数 $f(x,y)$ 连续,且 $f(x,y)$ 在积分区域 D 的部分区域上是正的,而在其余部分区域上是负的时,二重积分 $\iint\limits_D f(x,y)\mathrm{d}\sigma$ 表示以 D 的各部分区域为底、以曲面 $z=f(x,y)$ 为顶的曲顶柱体体积的代数和,其中在 Oxy 面上方的曲顶柱体体积取正值,在 Oxy 面下方的曲顶柱体体积取负值.

二、二重积分的性质

二重积分与定积分具有相似的性质.下面不加证明地给出这些性质,其中假定所涉及的二重积分存在.

性质 1　两个二元函数的代数和的二重积分等于两个二元函数的二重积分的代数和,即
$$\iint\limits_D (f(x,y)\pm g(x,y))\mathrm{d}\sigma = \iint\limits_D f(x,y)\mathrm{d}\sigma \pm \iint\limits_D g(x,y)\mathrm{d}\sigma.$$

性质 2　常数因子可提到二重积分符号的外面,即
$$\iint\limits_D kf(x,y)\mathrm{d}\sigma = k\iint\limits_D f(x,y)\mathrm{d}\sigma \quad (k\text{ 为常数}).$$

性质 3(区域可加性)　如果有界闭区域 D 被一条曲线分成 D_1,D_2 两个闭区域,如图 7-5-4 所示,则
$$\iint\limits_D f(x,y)\mathrm{d}\sigma = \iint\limits_{D_1} f(x,y)\mathrm{d}\sigma + \iint\limits_{D_2} f(x,y)\mathrm{d}\sigma.$$

性质 4　如果在有界闭区域 D 上总有 $f(x,y)\leqslant g(x,y)$,则
$$\iint\limits_D f(x,y)\mathrm{d}\sigma \leqslant \iint\limits_D g(x,y)\mathrm{d}\sigma.$$

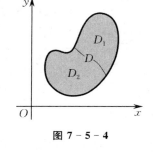

图 7-5-4

特别地,有
$$\left|\iint\limits_D f(x,y)\mathrm{d}\sigma\right| \leqslant \iint\limits_D |f(x,y)|\mathrm{d}\sigma.$$

在性质 4 中,如果在 D 上除有限多个点外都有 $f(x,y) < g(x,y)$,则
$$\iint\limits_D f(x,y)\mathrm{d}\sigma < \iint\limits_D g(x,y)\mathrm{d}\sigma.$$

性质 5　如果在有界闭区域 D 上有 $f(x,y)\equiv 1$,σ 是 D 的面积,则
$$\iint\limits_D f(x,y)\mathrm{d}\sigma = \iint\limits_D \mathrm{d}\sigma = \sigma.$$

性质 6(估值定理)　设 M 与 m 分别是函数 $f(x,y)$ 在有界闭区域 D 上的最大值与最小值,σ 是 D 的面积,则
$$m\sigma \leqslant \iint\limits_D f(x,y)\mathrm{d}\sigma \leqslant M\sigma.$$

性质 7(二重积分的中值定理)　如果函数 $f(x,y)$ 在有界闭区域 D 上连续,σ 是 D 的面积,则在 D 上至少存在一点 (ξ,η),使得
$$\iint\limits_D f(x,y)\mathrm{d}\sigma = f(\xi,\eta)\sigma.$$

二重积分的中值定理的几何意义是:在闭区域 D 上以曲面 $z=f(x,y)$ 为顶的曲顶柱体的体积,等于 D 上以某一点 (ξ,η) 的函数值 $f(\xi,\eta)$ 为高的平顶柱体的体积.

例 1 利用二重积分的性质,估计二重积分 $I = \iint\limits_{D} e^{x^2+y^2} d\sigma$ 的值,其中 D 是椭圆形闭区域:$\dfrac{x^2}{a^2} + \dfrac{y^2}{b^2} \leqslant 1 \, (0 < b < a)$.

解 D 的面积为 $\sigma = ab\pi$. 在 D 上,由于 $0 \leqslant x^2 + y^2 \leqslant a^2$,因此
$$1 = e^0 \leqslant e^{x^2+y^2} \leqslant e^{a^2}.$$
于是,由性质 6 可知
$$\sigma \leqslant \iint\limits_{D} e^{x^2+y^2} d\sigma \leqslant \sigma e^{a^2},$$
即
$$ab\pi \leqslant \iint\limits_{D} e^{x^2+y^2} d\sigma \leqslant ab\pi e^{a^2}.$$

例 2 利用二重积分的性质,比较二重积分 $\iint\limits_{D} \ln(x+y) d\sigma$ 与 $\iint\limits_{D} \ln^2(x+y) d\sigma$ 的大小,其中 D 是以 $(1,0), (1,1), (2,0)$ 三点为顶点的三角形闭区域.

解 因在 D 上有 $1 \leqslant x+y \leqslant 2 < e$,故 $0 \leqslant \ln(x+y) < 1$. 于是 $\ln(x+y) > \ln^2(x+y)$ $(x+y \neq 1)$,从而
$$\iint\limits_{D} \ln(x+y) d\sigma > \iint\limits_{D} \ln^2(x+y) d\sigma.$$

习 题 7-5

(A)

1. 设有一块平面薄片覆盖 Oxy 面上的有界闭区域 D,它在点 (x,y) 处的面密度为 $\rho(x,y) > 0$,且 $\rho(x,y)$ 在 D 上连续,试用二重积分表达该薄片的质量 M.

2. 设 $I_1 = \iint\limits_{D_1} (x^2+y^2)^3 d\sigma$,其中 D_1 是矩形闭区域:$-1 \leqslant x \leqslant 1, -2 \leqslant y \leqslant 2$;又设 $I_2 = \iint\limits_{D_2} (x^2+y^2)^3 d\sigma$,其中 D_2 是矩形闭区域:$0 \leqslant x \leqslant 1, 0 \leqslant y \leqslant 2$. 试利用二重积分的几何意义说明 I_1 与 I_2 之间的关系.

3. 利用二重积分的定义证明:

(1) $\iint\limits_{D} d\sigma = \sigma$,其中 σ 为 D 的面积;

(2) $\iint\limits_{D} f(x,y) d\sigma = \iint\limits_{D_1} f(x,y) d\sigma + \iint\limits_{D_2} f(x,y) d\sigma$,其中 $D = D_1 \cup D_2$,D_1, D_2 为两个除边界外无公共点的闭区域.

(B)

4. 利用二重积分的性质,比较下列二重积分的大小:

(1) $\iint\limits_{D} (x+y)^2 d\sigma$ 与 $\iint\limits_{D} (x+y)^3 d\sigma$,其中 D 是由 x 轴、y 轴与直线 $x+y=1$ 所围成的闭区域;

(2) $\iint\limits_{D} \ln(x+y) d\sigma$ 与 $\iint\limits_{D} \ln^2(x+y) d\sigma$,其中 D 是矩形闭区域:$3 \leqslant x \leqslant 5, 0 \leqslant y \leqslant 1$.

5. 利用二重积分的性质,估计二重积分 $I = \iint\limits_{D} (x^2+4y^2+9) d\sigma$ 的值,其中 D 是圆形闭区域:$x^2+y^2 \leqslant 4$.

第六节　直角坐标系下二重积分的计算方法

利用二重积分的定义来计算二重积分显然是不可取的,我们需要寻找计算二重积分的其他方法.

下面我们用几何学的观点来讨论二重积分 $\iint\limits_{D} f(x,y)\mathrm{d}\sigma$ 的计算问题.

先考虑积分区域 D 是如下特殊区域的情形: D 是由直线 $x=a, x=b(a<b)$ 与曲线 $y=\varphi_1(x), y=\varphi_2(x)(\varphi_1(x)<\varphi_2(x))$ 所围成的闭区域,如图 7-6-1 所示,即
$$D=\{(x,y)\,|\,a\leqslant x\leqslant b,\varphi_1(x)\leqslant y\leqslant \varphi_2(x)\}$$
(这样的区域称为 **X 型区域**). 设函数 $f(x,y)$ 在区域 D 上连续,且 $f(x,y)\geqslant 0$,则二重积分 $\iint\limits_{D}f(x,y)\mathrm{d}\sigma$ 表示 D 上以曲面 $z=f(x,y)$ 为顶的曲顶柱体的体积.

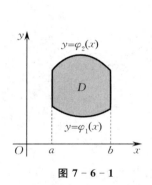
图 7-6-1

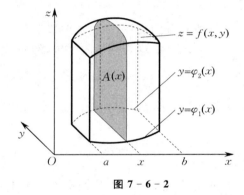
图 7-6-2

为了确定这个曲顶柱体的体积,用过区间 $[a,b]$ 内一点 x 且平行于 Oyz 面的平面去截该曲顶柱体.设所得截面的面积为 $A(x)$,则该曲顶柱体为平行截面面积为 $A(x)$ 的立体,从而由第五章第五节的知识可知它的体积为
$$\int_a^b A(x)\mathrm{d}x.$$
于是,有
$$\iint\limits_{D}f(x,y)\mathrm{d}\sigma=\int_a^b A(x)\mathrm{d}x.$$

如图 7-6-2 所示,$A(x)$ 是一个曲边梯形的面积.对于固定的 x,此曲边梯形的曲边是由方程 $z=f(x,y)$ 确定的关于 y 的一元函数表示的曲线,而底边是沿着 y 轴方向从 $\varphi_1(x)$ 到 $\varphi_2(x)$ 的直线段.因此,由曲边梯形的面积公式得
$$A(x)=\int_{\varphi_1(x)}^{\varphi_2(x)}f(x,y)\mathrm{d}y.$$
故有
$$\iint\limits_{D}f(x,y)\mathrm{d}\sigma=\int_a^b\left(\int_{\varphi_1(x)}^{\varphi_2(x)}f(x,y)\mathrm{d}y\right)\mathrm{d}x.$$

通常写成

$$\iint\limits_{D} f(x,y)\mathrm{d}x\mathrm{d}y = \int_{a}^{b}\mathrm{d}x\int_{\varphi_{1}(x)}^{\varphi_{2}(x)} f(x,y)\mathrm{d}y.$$

上式右端的积分称为**先对 y、后对 x 的累次积分**.

于是,二重积分的计算就化为两次定积分的计算:第一次计算定积分 $A(x) = \int_{\varphi_{1}(x)}^{\varphi_{2}(x)} f(x,y)\mathrm{d}y$,这时 y 是积分变量,而 x 应看成常量;第二次计算定积分 $\int_{a}^{b} A(x)\mathrm{d}x$,这时 x 是积分变量.

如果积分区域 D 可表示为
$$D = \{(x,y) \mid c \leqslant y \leqslant d, \psi_{1}(y) \leqslant x \leqslant \psi_{2}(y)\}$$
(这样的区域称为 **Y 型区域**),类似地可推得计算二重积分的公式
$$\iint\limits_{D} f(x,y)\mathrm{d}x\mathrm{d}y = \int_{c}^{d}\mathrm{d}y\int_{\psi_{1}(y)}^{\psi_{2}(y)} f(x,y)\mathrm{d}x.$$

上式右端的积分称为**先对 x、后对 y 的累次积分**:先计算定积分 $A(y) = \int_{\psi_{1}(y)}^{\psi_{2}(y)} f(x,y)\mathrm{d}x$,再计算定积分 $\int_{c}^{d} A(y)\mathrm{d}y$.

关于二重积分的计算,需要说明以下几点:

(1) 若积分区域 D 是矩形闭区域,例如 $D = \{(x,y) \mid a \leqslant x \leqslant b, c \leqslant y \leqslant d\}$,则
$$\iint\limits_{D} f(x,y)\mathrm{d}x\mathrm{d}y = \int_{a}^{b}\mathrm{d}x\int_{c}^{d} f(x,y)\mathrm{d}y = \int_{c}^{d}\mathrm{d}y\int_{a}^{b} f(x,y)\mathrm{d}x.$$

(2) 若被积函数 $f(x,y) = f_{1}(x)f_{2}(y)$,且积分区域 $D = \{(x,y) \mid a \leqslant x \leqslant b, c \leqslant y \leqslant d\}$,则
$$\iint\limits_{D} f(x,y)\mathrm{d}x\mathrm{d}y = \left(\int_{a}^{b} f_{1}(x)\mathrm{d}x\right)\left(\int_{c}^{d} f_{2}(y)\mathrm{d}y\right).$$

(3) 如果积分区域 D 既不是 X 型区域,也不是 Y 型区域,如图 7-6-3(a) 所示,则可将 D 分成几个小闭区域,使得每个小闭区域都是 X 型或 Y 型区域,如图 7-6-3(b) 所示,然后利用二重积分的区域可加性进行计算.

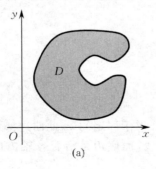
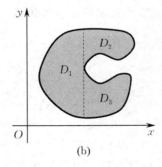

图 7-6-3

综上所述,计算二重积分 $\iint\limits_{D} f(x,y)\mathrm{d}x\mathrm{d}y$ 的具体步骤如下:

(1) 画出积分区域 D 的图形.
(2) 用不等式表示积分区域 D.
(3) 把二重积分表示为累次积分:如果 D 是 X 型区域: $a \leqslant x \leqslant b, \varphi_{1}(x) \leqslant y \leqslant \varphi_{2}(x)$,则

$$\iint_D f(x,y)\mathrm{d}x\mathrm{d}y = \int_a^b \mathrm{d}x \int_{\varphi_1(x)}^{\varphi_2(x)} f(x,y)\mathrm{d}y;$$

如果 D 是 Y 型区域: $c \leqslant y \leqslant d, \psi_1(y) \leqslant x \leqslant \psi_2(y)$,则

$$\iint_D f(x,y)\mathrm{d}x\mathrm{d}y = \int_c^d \mathrm{d}y \int_{\psi_1(y)}^{\psi_2(y)} f(x,y)\mathrm{d}x.$$

(4) 计算(3)中得到的累次积分.

例 1 计算二重积分 $\iint_D \mathrm{e}^{x+y}\mathrm{d}x\mathrm{d}y$,其中 D 是由直线 $x=0, x=1$,$y=0, y=1$ 所围成的矩形闭区域,如图 7-6-4 所示.

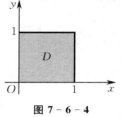

图 7-6-4

解 因为 D 是矩形闭区域,且 $\mathrm{e}^{x+y} = \mathrm{e}^x \cdot \mathrm{e}^y$,所以

$$\iint_D \mathrm{e}^{x+y}\mathrm{d}x\mathrm{d}y = \left(\int_0^1 \mathrm{e}^x\mathrm{d}x\right)\left(\int_0^1 \mathrm{e}^y\mathrm{d}y\right) = (\mathrm{e}-1)^2.$$

例 2 计算二重积分 $\iint_D xy\mathrm{d}\sigma$,其中 D 是由直线 $y=1, x=2, y=x$ 所围成的闭区域.

解 采取先对 y、后对 x 的累次积分进行计算. 因为积分区域为

$$D = \{(x,y) \mid 1 \leqslant x \leqslant 2, 1 \leqslant y \leqslant x\},$$

所以

$$\iint_D xy\mathrm{d}\sigma = \int_1^2 \mathrm{d}x \int_1^x xy\mathrm{d}y = \int_1^2 x\mathrm{d}x \int_1^x y\mathrm{d}y = \int_1^2 x\left(\frac{y^2}{2}\right)\Big|_1^x \mathrm{d}x$$

$$= \frac{1}{2}\int_1^2 (x^3 - x)\mathrm{d}x = \frac{1}{2}\left(\frac{x^4}{4} - \frac{x^2}{2}\right)\Big|_1^2 = \frac{9}{8}.$$

例 3 计算二重积分 $\iint_D (2x-y)\mathrm{d}x\mathrm{d}y$,其中 D 是由直线 $y=1, 2x-y+3=0$,$x+y-3=0$ 所围成的闭区域,如图 7-6-5 所示.

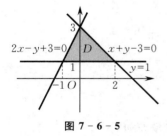

图 7-6-5

解 如果先对 y 积分,后对 x 积分,则当 $-1 \leqslant x \leqslant 0$ 时,积分下限是 $y=1$,积分上限是 $y=2x+3$;当 $0 \leqslant x \leqslant 2$ 时,积分下限仍是 $y=1$,积分上限是 $y=3-x$. 此时,闭区域 D 被 y 轴分为两部分,需要分别求二重积分,然后相加,这样计算比较麻烦.

如果将积分顺序改变一下,先对 x 积分,后对 y 积分,则积分区域 D 就不必分开了. 此时,积分区域可表示为

$$D = \left\{(x,y) \,\Big|\, 1 \leqslant y \leqslant 3, \frac{1}{2}(y-3) \leqslant x \leqslant 3-y\right\},$$

因此

$$\iint_D (2x-y)\mathrm{d}x\mathrm{d}y = \int_1^3 \mathrm{d}y \int_{\frac{1}{2}(y-3)}^{3-y} (2x-y)\mathrm{d}x$$

$$= \int_1^3 \left(x^2 - xy\right)\Big|_{\frac{1}{2}(y-3)}^{3-y} \mathrm{d}y$$

$$= \frac{9}{4}\int_1^3 (y^2 - 4y + 3)\mathrm{d}y$$

$$= \frac{9}{4}\left(\frac{1}{3}y^3 - 2y^2 + 3y\right)\Big|_1^3 = -3.$$

例 4 利用二重积分，求由曲线 $y=x^2, y=4x-x^2$ 所围成的闭区域的面积 A.

解 由二重积分的性质 5 可知，二重积分 $\iint_D dxdy$ 的值就是积分区域 D 的面积. 由图 7-6-6 知所围成的闭区域为
$$D = \{(x,y) \mid 0 \leqslant x \leqslant 2, x^2 \leqslant y \leqslant 4x-x^2\},$$
所以
$$A = \iint_D dxdy = \int_0^2 dx \int_{x^2}^{4x-x^2} dy = \int_0^2 (4x-2x^2) dx = \left(2x^2 - \frac{2}{3}x^3\right)\bigg|_0^2 = \frac{8}{3}.$$

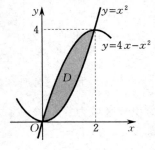

图 7-6-6

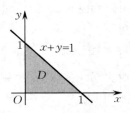

图 7-6-7

例 5 利用二重积分，求由平面 $z=x+y, z=0, x+y=1, x=0, y=0$ 所围成的立体的体积.

解 由二重积分的几何意义可知，二重积分 $\iint_D (x+y) dxdy$ 的值就是所求的立体体积 V，其中
$$D = \{(x,y) \mid 0 \leqslant x \leqslant 1, 0 \leqslant y \leqslant 1-x\},$$
如图 7-6-7 所示，所以
$$V = \int_0^1 dx \int_0^{1-x} (x+y) dy = \int_0^1 \left(-\frac{x^2}{2} + \frac{1}{2}\right) dx = \left(-\frac{x^3}{6} + \frac{x}{2}\right)\bigg|_0^1 = \frac{1}{3}.$$

习 题 7-6

（A）

1. 化二重积分 $\iint_D f(x,y) dxdy$ 为累次积分（写出两种积分次序），其中积分区域 D 如下：

(1) $D = \{(x,y) \mid |x| \leqslant 1, |y| \leqslant 1\}$；

(2) D 是由 y 轴与直线 $y=1, y=x$ 所围成的闭区域；

(3) D 是由曲线 $y=\ln x, x$ 轴及直线 $x=e$ 所围成的闭区域；

(4) $D = \{(x,y) \mid y \geqslant 0, x^2+y^2-2x \leqslant 0, x+y \leqslant 2\}$；

(5) D 是由 x 轴、抛物线 $y=4-x^2$ 在第二象限的曲线弧及圆 $x^2+y^2-4y=0$ 在第一象限的圆弧所围成的闭区域.

2. 交换下列累次积分的积分次序：

(1) $\int_1^2 dx \int_x^{x^2} f(x,y) dy + \int_2^4 dx \int_x^8 f(x,y) dy$； (2) $\int_0^1 dy \int_0^y f(x,y) dx + \int_1^2 dy \int_0^{2-y} f(x,y) dx$.

3. 计算下列二重积分：

(1) $\iint\limits_{D} x e^{xy} d\sigma$,其中 $D = \{(x,y) \mid 0 \leqslant x \leqslant 1, 0 \leqslant y \leqslant 1\}$;

(2) $\iint\limits_{D} \dfrac{y}{(1+x^2+y^2)^{\frac{3}{2}}} d\sigma$,其中 $D = \{(x,y) \mid 0 \leqslant x \leqslant 1, 0 \leqslant y \leqslant 1\}$;

(3) $\iint\limits_{D} xy^2 d\sigma$,其中 D 是由抛物线 $y^2 = 2px$ 与直线 $x = \dfrac{p}{2}(p>0)$ 所围成的闭区域;

(4) $\iint\limits_{D} (x+6y) d\sigma$,其中 D 是由直线 $y = x, y = 5x, x = 1$ 所围成的闭区域;

(5) $\iint\limits_{D} (x^2+y^2) d\sigma$,其中 D 是由直线 $y = x, y = x+a, y = a, y = 3a(a>0)$ 所围成的闭区域;

(6) $\iint\limits_{D} e^{-(x^2+y^2)} d\sigma$,其中 D 是圆形闭区域:$x^2 + y^2 \leqslant R^2$;

(7) $\iint\limits_{D} (4-x-y) d\sigma$,其中 D 是圆形闭区域:$x^2 + y^2 \leqslant 2y$;

(8) $\iint\limits_{D} \dfrac{\sin x}{x} dxdy$,其中 D 是由直线 $y = x$ 与抛物线 $y = x^2$ 所围成的闭区域.

(B)

4. 计算由下列曲线或直线所围成的闭区域的面积:
(1) $y = x^2, y = x+2$; (2) $y = \sin x, y = \cos x, x = 0$ $(0 \leqslant x \leqslant \pi)$.

5. 计算由下列曲面或平面所围成的立体的体积:
(1) $z = 1+x+y, x+y = 1, z = 0, x = 0, y = 0$; (2) $z = x^2+y^2, y = 1, z = 0, y = x^2$.

*第七节 数学实验——多元函数微分学

一、学习 Mathematica 命令

在 Mathematica 中,用于求偏导数、全微分和全导数的命令如表 7-7-1 所示.

表 7-7-1

命　　令	功　　能
D[f[$x_1, x_2, \cdots, x_n$], x_i] 或 $\partial_{x_i} f$	求函数 f 对 x_i 的偏导数
D[f[$x_1, x_2, \cdots, x_n$], x_i, x_k] 或 $\partial_{x_i, x_k} f$	求函数 f 对 x_i, x_k 的混合偏导数
D[f[$x_1, x_2, \cdots, x_n$], {x_i, k}]	求函数 f 对 x_i 的 k 阶偏导数
Dt[f]	求函数 f 的全微分
Dt[f, x]	求函数 f 的全导数
Solve[f[x] == 0, x]	解方程 $f(x) = 0$
Solve[{f[x,y] == 0, g[x,y] == 0}, {x,y}]	解方程组 $\begin{cases} f(x,y) = 0, \\ g(x,y) = 0 \end{cases}$

表 7-7-1 中还给出了解方程(组)的命令,主要是因为求隐函数的导数或偏导数时需解方程或方程组.

二、实验内容

例 1 求由方程 $e^y + xy + e = 0$ 确定的隐函数的导数 $\dfrac{dy}{dx}$.

解 输入命令如图 7-7-1 所示.

输出结果：$\dfrac{\mathrm{d}y}{\mathrm{d}x} = -\dfrac{y}{\mathrm{e}^y + x}$.

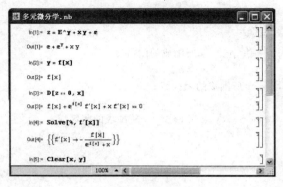

图 7-7-1

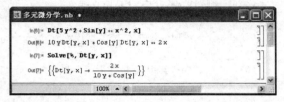

图 7-7-2

例 2 求由方程 $5y^2 + \sin y = x^2$ 确定的隐函数的导数 $\dfrac{\mathrm{d}y}{\mathrm{d}x}$.

解 输入命令如图 7-7-2 所示.

输出结果：$\dfrac{\mathrm{d}y}{\mathrm{d}x} = \dfrac{2x}{10y + \cos y}$.

例 3 设函数 $z = x^2 \sin 2y$，求 $\dfrac{\partial z}{\partial x}, \dfrac{\partial z}{\partial y}, \dfrac{\partial^2 z}{\partial x^2}, \dfrac{\partial^2 z}{\partial y^2}, \dfrac{\partial^2 z}{\partial x \partial y}$.

解 输入命令如图 7-7-3 所示.

输出结果：

$$\dfrac{\partial z}{\partial x} = 2x\sin 2y, \quad \dfrac{\partial z}{\partial y} = 2x^2 \cos 2y, \quad \dfrac{\partial^2 z}{\partial x^2} = 2\sin 2y,$$

$$\dfrac{\partial^2 z}{\partial y^2} = -4x^2 \sin 2y, \quad \dfrac{\partial^2 z}{\partial x \partial y} = 4x\cos 2y.$$

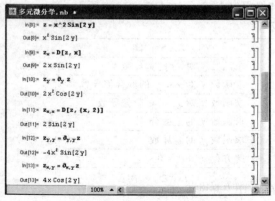

图 7-7-3

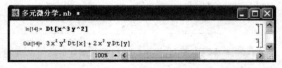

图 7-7-4

例 4 计算全微分 $\mathrm{d}(x^3 y^2)$.

解 输入命令如图 7-7-4 所示.

输出结果：$\mathrm{d}(x^3 y^2) = 3x^2 y^2 \mathrm{d}x + 2x^3 y \mathrm{d}y$.

在图 7-7-4 中，$\mathrm{Dt}[x], \mathrm{Dt}[y]$ 分别为 $\mathrm{d}x, \mathrm{d}y$.

例 5 计算全微分 $\mathrm{d}(3x^2 y - x^2 y^2 + xy^3)$.

解 输入命令如图 7-7-5 所示.

输出结果：$d(3x^2y - x^2y^2 + xy^3) = (6xy - 2xy^2 + y^3)dx + (3x^2 - 2x^2y + 3xy^2)dy$.

在图 7-7-5 中，命令 Collect 可将 dz 表示成 $f'_x dx + f'_y dy$ 的标准形式.

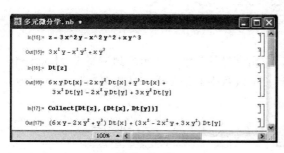

图 7-7-5

图 7-7-6

例 6 设函数 $z = uv + \sin t, u = e^t, v = \cos t$，求全导数 $\dfrac{dz}{dt}$.

解 输入命令如图 7-7-6 所示.

输出结果：$\dfrac{dz}{dt} = \cos t + e^t(\cos t - \sin t)$.

习 题 7-7

1. 求由下列方程确定的隐函数的导数 $\dfrac{dy}{dx}$：

(1) $xy = e^{x+y}$； (2) $y = 1 - xe^y$.

2. 求由下列方程确定的隐函数的二阶导数 $\dfrac{d^2y}{dx^2}$：

(1) $y = \tan(x + y)$； (2) $y = 1 + x^2 e^y$.

3. 设 $e^z - xyz = 0$，求 $\dfrac{\partial^2 z}{\partial x^2}$.

4. 设 $z^3 - 3xyz = a^3$，求 $\dfrac{\partial^2 z}{\partial x \partial y}$.

第八章　无穷级数

无穷级数是研究函数和进行数值计算的工具,它是高等数学的一个重要组成部分.本章先介绍无穷级数的概念与性质,然后讨论数项级数及函数项级数中的幂级数和傅里叶(Fourier)级数.

第一节　数项级数的基本概念与性质

一、数项级数的基本概念

定义 8.1　设有一个数列 $u_1, u_2, u_3, \cdots, u_n, \cdots$,则称表达式
$$u_1 + u_2 + u_3 + \cdots + u_n + \cdots$$
为**无穷级数**,简称**级数**,记为 $\sum\limits_{n=1}^{\infty} u_n$,即
$$\sum_{n=1}^{\infty} u_n = u_1 + u_2 + u_3 + \cdots + u_n + \cdots, \tag{8-1-1}$$
其中 u_n 叫作该级数的**一般项**或**通项**.因为级数(8-1-1)的每一项都是常数,所以也称它为**常数项级数**,简称**数项级数**.

一般地,有限个数相加,总有确定的结果.但级数 $\sum\limits_{n=1}^{\infty} u_n$ 是无限多个数相加的表达式,故不能把它理解为通常意义下的和式,它只是形式上的和式.对于一个级数,我们首先关心的问题是它的和是否存在.

定义 8.2　级数 $\sum\limits_{n=1}^{\infty} u_n$ 前 n 项的和
$$S_n = u_1 + u_2 + u_3 + \cdots + u_n$$
称为该级数的**部分和**.当 n 依次取 $1, 2, \cdots$ 时,得到 $S_1, S_2, \cdots$,它们构成一个新数列 $\{S_n\}$,即
$$S_1 = u_1, \quad S_2 = u_1 + u_2, \quad \cdots, \quad S_n = u_1 + u_2 + u_3 + \cdots + u_n, \quad \cdots.$$
数列 $\{S_n\}$ 称为级数 $\sum\limits_{n=1}^{\infty} u_n$ 的**部分和数列**.

定义 8.3　若当 $n \to \infty$ 时,级数 $\sum\limits_{n=1}^{\infty} u_n$ 的部分和数列 $\{S_n\}$ 有极限 S,即 $\lim\limits_{n \to \infty} S_n = S$,则称级数 $\sum\limits_{n=1}^{\infty} u_n$ 是**收敛**的,其中极限 S 叫作级数 $\sum\limits_{n=1}^{\infty} u_n$ 的**和**,即 $\sum\limits_{n=1}^{\infty} u_n = S$.若当 $n \to \infty$ 时,$\{S_n\}$ 没有极限,则称级数 $\sum\limits_{n=1}^{\infty} u_n$ 是**发散**的.这时级数 $\sum\limits_{n=1}^{\infty} u_n$ 就没有和.

例 1　讨论级数 $a + aq + aq^2 + aq^3 + \cdots + aq^{n-1} + \cdots$(称为**等比级数**,其中 q 称为**公比**)的敛散性,其中 $a, q \neq 0$.

解 当 $q \neq 1$ 时,该级数的部分和为

$$S_n = a + aq + aq^2 + aq^3 + \cdots + aq^{n-1} = \frac{a(1-q^n)}{1-q}.$$

当 $|q| < 1$ 时,因 $\lim\limits_{n \to \infty} q^n = 0$,故 $\lim\limits_{n \to \infty} S_n = \frac{a}{1-q}$. 这时该级数收敛,且

$$\sum_{n=1}^{\infty} aq^{n-1} = \frac{a}{1-q}. \tag{8-1-1}$$

当 $|q| > 1$ 时,因 $\lim\limits_{n \to \infty} q^n = \infty$,故 $\lim\limits_{n \to \infty} S_n = \infty$. 这时该级数发散.

当 $|q| = 1$ 时,若 $q = 1$,则 $S_n = na \to \infty (n \to \infty)$. 故这时该级数发散. 若 $q = -1$,则该级数为 $a - a + a - a + \cdots$. 于是

$$S_n = \begin{cases} a, & n \text{ 为奇数}, \\ 0, & n \text{ 为偶数}, \end{cases}$$

从而当 $n \to \infty$ 时, S_n 的极限不存在. 故这时该级数发散.

综上所述,等比级数 $\sum\limits_{n=1}^{\infty} aq^{n-1}$ 当 $|q| < 1$ 时收敛,当 $|q| \geqslant 1$ 时发散.

例 2 证明:级数 $a + (a+d) + (a+2d) + (a+3d) + \cdots + [a+(n-1)d] + \cdots$(称为**等差级数**)是发散级数,其中 $a, d \neq 0$.

证 该级数的部分和为

$$S_n = na + \frac{n(n-1)d}{2}.$$

显然 $\lim\limits_{n \to \infty} S_n = \infty$,因此该级数是发散的.

例 3 求级数 $\sum\limits_{n=1}^{\infty} \frac{1}{n(n+1)}$ 的和.

解 该级数的部分和为

$$\begin{aligned} S_n &= \frac{1}{1 \times 2} + \frac{1}{2 \times 3} + \frac{1}{3 \times 4} + \cdots + \frac{1}{n \times (n+1)} \\ &= \left(1 - \frac{1}{2}\right) + \left(\frac{1}{2} - \frac{1}{3}\right) + \left(\frac{1}{3} - \frac{1}{4}\right) + \cdots + \left(\frac{1}{n} - \frac{1}{n+1}\right) \quad \text{(拆项求和)} \\ &= 1 - \frac{1}{n+1}. \end{aligned}$$

因为

$$\lim_{n \to \infty} S_n = \lim_{n \to \infty} \left(1 - \frac{1}{n+1}\right) = 1,$$

所以该级数收敛,且 $\sum\limits_{n=1}^{\infty} \frac{1}{n(n+1)} = 1$.

例 4 判别级数 $\sum\limits_{n=1}^{\infty} \ln \frac{n+1}{n}$ 的敛散性.

解 所给级数的部分和为

$$S_n = \ln \frac{2}{1} + \ln \frac{3}{2} + \ln \frac{4}{3} + \cdots + \ln \frac{n+1}{n} = \ln \left(\frac{2}{1} \times \frac{3}{2} \times \frac{4}{3} \times \cdots \times \frac{n+1}{n}\right) = \ln(n+1).$$

由于

$$\lim_{n\to\infty}S_n = \lim_{n\to\infty}\ln(n+1) = +\infty,$$

因此所给的级数是发散的.

例 5 判别级数 $\sum_{n=1}^{\infty}\dfrac{1}{n} = 1 + \dfrac{1}{2} + \dfrac{1}{3} + \cdots + \dfrac{1}{n} + \cdots$（称为**调和级数**）的敛散性.

解 作曲线 $y = \dfrac{1}{x}$，在 x 轴上取点 $x=1, x=2, x=3, \cdots$，并分别在区间 $[n, n+1]$ $(n=1,2,\cdots)$ 上作宽为 1（区间长度为宽），高为 $\dfrac{1}{n}$（各区间的左端点所对应的 y 值为高）的矩形（见图 8-1-1）. 将前 n 个小矩形的面积之和 S_n 与由曲线 $y = \dfrac{1}{x}$，直线 $x=1, x=n+1$ 及 x 轴所围成的曲边梯形面积做比较，有

$$S_n = 1 + \dfrac{1}{2} + \dfrac{1}{3} + \cdots + \dfrac{1}{n} > \int_1^{n+1}\dfrac{1}{x}dx = \ln(n+1).$$

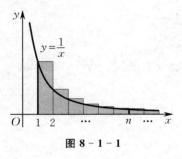

图 8-1-1

因为当 $n\to\infty$ 时，$\ln(n+1)\to +\infty$，所以 $S_n\to +\infty$，即 $\lim\limits_{n\to\infty}S_n$ 不存在. 故调和级数 $\sum_{n=1}^{\infty}\dfrac{1}{n}$ 是发散的.

二、级数的性质

性质 1（级数收敛的必要条件） 若级数 $\sum_{n=1}^{\infty}u_n$ 收敛，则它的一般项的极限为 0，即

$$\lim_{n\to\infty}u_n = 0.$$

证 已知级数 $\sum_{n=1}^{\infty}u_n$ 收敛，可设其和为 S，则有 $\lim\limits_{n\to\infty}S_n = S$，其中 S_n 为该级数的部分和. 所以

$$\lim_{n\to\infty}u_n = \lim_{n\to\infty}(S_n - S_{n-1}) = S - S = 0.$$

由性质 1 可知，若级数 $\sum_{n=1}^{\infty}u_n$ 的一般项的极限不为 0，即 $\lim\limits_{n\to\infty}u_n \neq 0$，则该级数一定发散. 例如，对于级数

$$\sum_{n=1}^{\infty}\dfrac{n+1}{n} = 2 + \dfrac{3}{2} + \dfrac{4}{3} + \cdots,$$

因为

$$\lim_{n\to\infty}u_n = \lim_{n\to\infty}\dfrac{n+1}{n} = 1 \neq 0,$$

所以该级数发散.

性质 2 若级数 $\sum_{n=1}^{\infty}u_n$ 收敛，其和为 S，则级数 $\sum_{n=1}^{\infty}ku_n$（k 为常数）仍收敛，且其和为 kS.

证 设级数 $\sum_{n=1}^{\infty}u_n$ 与级数 $\sum_{n=1}^{\infty}ku_n$ 的部分和分别为 S_n 与 Σ_n，则有

$$\lim_{n\to\infty}S_n = \sum_{n=1}^{\infty}u_n = S,$$

$$\lim_{n\to\infty} \Sigma_n = \sum_{n=1}^{\infty} ku_n = k\sum_{n=1}^{\infty} u_n = k\lim_{n\to\infty} S_n = kS.$$

推论 1 级数的每一项同乘一个不为 0 的常数,其敛散性不改变.

下面不加证明地给出级数的另外两个性质.

性质 3 设级数 $\sum_{n=1}^{\infty} u_n$ 与 $\sum_{n=1}^{\infty} v_n$ 均收敛,其和分别为 S 与 Σ,则级数 $\sum_{n=1}^{\infty} (u_n \pm v_n)$ 仍收敛,且其和为 $S \pm \Sigma$.

性质 4 在级数中增加、减少或改变有限项,不影响级数的敛散性,但级数收敛时,其和一般会改变.

【思考题】

1. 举例说明怎样的级数称为收敛级数、发散级数.

2. 如果 $\lim_{n\to\infty} u_n = 0$,则级数 $\sum_{n=1}^{\infty} u_n$ 是否一定收敛? 请举例说明.

习 题 8－1

（A）

1. 已知级数 $\sum_{n=1}^{\infty} \left(\frac{9}{10}\right)^n$.

(1) 写出该级数的前四项 u_1, u_2, u_3, u_4;

(2) 计算该级数的部分和 S_1, S_2, S_3, S_4, S_n;

(3) 验证该级数是收敛的,并求其和 S.

2. 写出下列级数的前五项:

(1) $\sum_{n=1}^{\infty} \frac{1+n}{1+n^2}$;　　　　　　　　(2) $\sum_{n=1}^{\infty} (-1)^{n-1} \frac{1}{5^n}$.

（B）

3. 已知级数 $\sum_{n=1}^{\infty} \frac{1}{n(n+1)}$,计算其部分和 S_n,并用级数的和的定义求该级数的和 S.

4. 求级数 $\sum_{n=1}^{\infty} \frac{1}{(2n-1)(2n+1)}$ 的和.

5. 设某级数的部分和为 $S_n = \frac{2n}{n+1}(n=1,2,\cdots)$,试写出此级数.

6. 判别下列级数的敛散性:

(1) $\sum_{n=1}^{\infty} 0.001$;　　　　　　　　(2) $\sum_{n=1}^{\infty} (-1)^{n-1} \frac{n+1}{n}$;

(3) $\sum_{n=1}^{\infty} \left(\frac{4}{5}\right)^n$;　　　　　　　　(4) $\sum_{n=1}^{\infty} \frac{5}{2n-2}$;

(5) $\sum_{n=1}^{\infty} \left(\frac{1}{2^n} + \frac{1}{3^n}\right)$;　　　　　　　(6) $\sum_{n=1}^{\infty} \sqrt{\frac{n+1}{n}}$.

第二节　正项级数及其敛散性的判别法

若级数 $\sum_{n=1}^{\infty} u_n$ 的每一项都是非负的,即 $u_n \geqslant 0 (n=1,2,\cdots)$,则称此级数为**正项级数**. 显

然,正项级数的部分和数列$\{S_n\}$是单调增加的,若其部分和数列$\{S_n\}$有界,则$\{S_n\}$必有极限,即级数$\sum_{n=1}^{\infty} u_n$收敛. 而具有极限的数列一定是有界的,因此正项级数$\sum_{n=1}^{\infty} u_n$收敛的充要条件是其部分和数列$\{S_n\}$有界.

根据上述讨论,可建立正项级数敛散性的基本判别法.

定理 8.1(比较判别法) 设$\sum_{n=1}^{\infty} u_n$与$\sum_{n=1}^{\infty} v_n$均为正项级数,且$u_n \leqslant v_n$ $(n=1,2,\cdots)$.

(1) 若$\sum_{n=1}^{\infty} v_n$收敛,则$\sum_{n=1}^{\infty} u_n$也收敛;

(2) 若$\sum_{n=1}^{\infty} u_n$发散,则$\sum_{n=1}^{\infty} v_n$也发散.

证 设$S_n = u_1 + u_2 + \cdots + u_n, \Sigma_n = v_1 + v_2 + \cdots + v_n$,则有$S_n \leqslant \Sigma_n (n=1,2,\cdots)$.

(1) 若$\sum_{n=1}^{\infty} v_n$收敛,则$\{\Sigma_n\}$有界,从而$\{S_n\}$也有界. 故$\sum_{n=1}^{\infty} u_n$收敛.

(2) 若$\sum_{n=1}^{\infty} u_n$发散,则$\{S_n\}$无界,从而$\{\Sigma_n\}$也无界. 所以$\sum_{n=1}^{\infty} v_n$发散.

注意 因为改变级数的有限项不影响级数的敛散性,所以定理 8.1 中的条件"$u_n \leqslant v_n$ $(n=1,2,\cdots)$"改为"$u_n \leqslant v_n (n=N, N+1, \cdots), N$为某个正整数"时结论也是成立的.

例 1 证明:$\sum_{n=1}^{\infty} \frac{1}{\sqrt{n(n+1)}}$是发散级数.

证 因为$n(n+1) < (n+1)^2$,所以$\frac{1}{\sqrt{n(n+1)}} > \frac{1}{n+1}$. 而调和级数$\sum_{n=1}^{\infty} \frac{1}{n}$是发散的,从而级数$\sum_{n=1}^{\infty} \frac{1}{n+1}$是发散的,故根据比较判别法可知,$\sum_{n=1}^{\infty} \frac{1}{\sqrt{n(n+1)}}$是发散级数.

例 2 讨论级数$1 + \frac{1}{2^p} + \frac{1}{3^p} + \frac{1}{4^p} + \cdots + \frac{1}{n^p} + \cdots$(称为 p-级数)的敛散性,其中常数 $p > 0$.

解 设$0 < p \leqslant 1$,则该级数的各项均不小于调和级数$\sum_{n=1}^{\infty} \frac{1}{n}$的对应项,即$\frac{1}{n^p} \geqslant \frac{1}{n} (n=1,2,\cdots)$. 而调和级数$\sum_{n=1}^{\infty} \frac{1}{n}$发散,故由比较判别法可知,当$0 < p \leqslant 1$时,$p$-级数发散.

设$p > 1$,则当$k-1 \leqslant x \leqslant k (k=2,3,\cdots)$时,有$\frac{1}{k^p} \leqslant \frac{1}{x^p}$. 所以
$$\frac{1}{k^p} = \int_{k-1}^{k} \frac{1}{k^p} \mathrm{d}x \leqslant \int_{k-1}^{k} \frac{1}{x^p} \mathrm{d}x \quad (k=2,3,\cdots),$$
从而该级数的部分和为
$$S_n = 1 + \sum_{k=2}^{n} \frac{1}{k^p} \leqslant 1 + \sum_{k=2}^{n} \int_{k-1}^{k} \frac{1}{x^p} \mathrm{d}x = 1 + \int_{1}^{n} \frac{1}{x^p} \mathrm{d}x$$
$$= 1 + \frac{1}{p-1}\left(1 - \frac{1}{n^{p-1}}\right) < 1 + \frac{1}{p-1} \quad (n=2,3,\cdots).$$

这说明部分和数列$\{S_n\}$是有界的,因此 p-级数收敛.

综上所述，当 $0 < p \leqslant 1$ 时，p-级数发散；当 $p > 1$ 时，p-级数收敛.

定理 8.2（比较判别法的极限形式） 设 $\sum\limits_{n=1}^{\infty} u_n$ 和 $\sum\limits_{n=1}^{\infty} v_n$ 均为正项级数. 若 $\lim\limits_{n\to\infty} \dfrac{u_n}{v_n} = l$，则

(1) 当 $0 < l < +\infty$ 时，$\sum\limits_{n=1}^{\infty} u_n$ 和 $\sum\limits_{n=1}^{\infty} v_n$ 具有相同的敛散性；

(2) 当 $l = 0$ 时，如果 $\sum\limits_{n=1}^{\infty} v_n$ 收敛，那么 $\sum\limits_{n=1}^{\infty} u_n$ 也收敛；

(3) 当 $l = +\infty$ 时，如果 $\sum\limits_{n=1}^{\infty} v_n$ 发散，那么 $\sum\limits_{n=1}^{\infty} u_n$ 也发散.

例 3 判断下列正项级数的敛散性：

(1) $\sum\limits_{n=1}^{\infty} \sin \dfrac{1}{n}$； (2) $\sum\limits_{n=1}^{\infty} \dfrac{n}{4n^3 - 2}$.

解 （1）因为 $\lim\limits_{n\to\infty} \dfrac{\sin \dfrac{1}{n}}{\dfrac{1}{n}} = 1$，而调和级数 $\sum\limits_{n=1}^{\infty} \dfrac{1}{n}$ 是发散的，所以根据比较判别法的极限形式可知，级数 $\sum\limits_{n=1}^{\infty} \sin \dfrac{1}{n}$ 是发散的.

（2）因为 $\lim\limits_{n\to\infty} \dfrac{\dfrac{n}{4n^3 - 2}}{\dfrac{1}{n^2}} = \dfrac{1}{4}$，而级数 $\sum\limits_{n=1}^{\infty} \dfrac{1}{n^2}$ 是收敛的，所以根据比较判别法的极限形式可知，级数 $\sum\limits_{n=1}^{\infty} \dfrac{n}{4n^3 - 2}$ 是收敛的.

定理 8.3〔比值判别法（达朗贝尔法）〕 设 $\sum\limits_{n=1}^{\infty} u_n$ 为正项级数，且 $\lim\limits_{n\to\infty} \dfrac{u_{n+1}}{u_n} = \rho$，则

(1) 当 $\rho < 1$ 时，$\sum\limits_{n=1}^{\infty} u_n$ 收敛；

(2) 当 $\rho > 1$ 时，$\sum\limits_{n=1}^{\infty} u_n$ 发散；

(3) 当 $\rho = 1$ 时，$\sum\limits_{n=1}^{\infty} u_n$ 可能收敛，也可能发散.

例 4 判断下列正项级数的敛散性：

(1) $\sum\limits_{n=1}^{\infty} \dfrac{n^4}{n!}$； (2) $\sum\limits_{n=1}^{\infty} \dfrac{2^n}{n^2}$； (3) $\sum\limits_{n=1}^{\infty} \dfrac{1}{2n(2n-1)}$.

解 （1）我们有

$$\rho = \lim_{n\to\infty} \dfrac{u_{n+1}}{u_n} = \lim_{n\to\infty} \dfrac{(n+1)^4}{(n+1)!} \cdot \dfrac{n!}{n^4} = \lim_{n\to\infty} \dfrac{1}{n+1} \left(1 + \dfrac{1}{n}\right)^4 = 0 < 1.$$

根据比值判别法，该级数收敛.

（2）我们有

$$\rho = \lim_{n\to\infty} \dfrac{u_{n+1}}{u_n} = \lim_{n\to\infty} \dfrac{2^{n+1}}{(n+1)^2} \cdot \dfrac{n^2}{2^n} = \lim_{n\to\infty} 2\left(\dfrac{n}{n+1}\right)^2 = 2 > 1.$$

根据比值判别法,该级数发散.

(3) 我们有

$$\rho = \lim_{n\to\infty} \frac{u_{n+1}}{u_n} = \lim_{n\to\infty} \frac{1}{2(n+1)(2n+1)} \cdot 2n(2n-1) = 1.$$

因为 $\rho = 1$,所以该级数用比值判别法失效.下面用比较判别法来判断.因为 $n < 2n-1 < 2n$ ($n = 2, 3, \cdots$),所以

$$\frac{1}{2n(2n-1)} < \frac{1}{n^2}.$$

而级数 $\sum_{n=1}^{\infty} \frac{1}{n^2}$ 收敛,故级数 $\sum_{n=1}^{\infty} \frac{1}{2n(2n-1)}$ 收敛.

【思考题】
1. 正项级数的部分和数列 $\{S_n\}$ 是单调_____数列.
2. 什么是比较判断法？什么是比值判别法？

习 题 8 - 2

(A)

1. 利用比较判别法,判断下列正项级数的敛散性：

(1) $\sum_{n=1}^{\infty} \frac{2}{5n+3}$;

(2) $\sum_{n=1}^{\infty} \frac{1}{(n+1)(n+4)}$;

(3) $\sum_{n=1}^{\infty} \frac{1}{(2n-1)2^{n-1}}$;

(4) $\sum_{n=1}^{\infty} \frac{1}{\sqrt{n^2+4n}}$;

(5) $\sum_{n=1}^{\infty} \frac{1}{\ln(1+n)}$;

(6) $\sum_{n=1}^{\infty} \sin\frac{\pi}{2^n}$.

2. 利用比值判别法,判断下列正项级数的敛散性：

(1) $\sum_{n=1}^{\infty} \frac{n^2}{3^n}$;

(2) $\sum_{n=1}^{\infty} \frac{2^n n!}{n^n}$;

(3) $\sum_{n=1}^{\infty} n\tan\frac{\pi}{2^{n+1}}$;

(4) $\sum_{n=1}^{\infty} n^2 \sin\frac{\pi}{2^n}$;

(5) $\sum_{n=1}^{\infty} \frac{(n+1)!}{2^n}$;

(6) $\sum_{n=1}^{\infty} \frac{3^n}{n \cdot 2^n}$.

(B)

3. 判断下列正项级数的敛散性：

(1) $\sum_{n=1}^{\infty} \frac{100}{(n+2)\sqrt{n+1}}$;

(2) $\sum_{n=1}^{\infty} \frac{n^4}{n!}$;

(3) $\sum_{n=1}^{\infty} \frac{n^n}{(n!)^2}$;

(4) $\sum_{n=1}^{\infty} \frac{n+1}{n(n+2)}$;

(5) $\sum_{n=1}^{\infty} \frac{2 \cdot 4 \cdot 6 \cdots (2n)}{(a+1)(a+2)\cdots(a+n)}$ $(a \neq 1, 2, \cdots, n)$.

4. r 取何值时,级数 $\sum_{n=1}^{\infty} \left(\frac{1}{r^n} + \frac{1}{n^r}\right)$ 收敛？

第三节　任意项级数及其收敛性的判别法

设级数 $\sum_{n=1}^{\infty} u_n$ 中的一般项 u_n 为任意实数，则称此级数为**任意项级数**. 任意项级数中有一类常见的级数是交错级数. 我们先讨论交错级数，再讨论任意项级数.

一、交错级数及其收敛性的判别法

设 $u_n > 0 (n=1,2,\cdots)$，则称级数 $\sum_{n=1}^{\infty}(-1)^n u_n$ 或 $\sum_{n=1}^{\infty}(-1)^{n-1} u_n$ 为**交错级数**. 交错级数中各项正、负交错.

定理 8.4（莱布尼茨收敛判别法）　设交错级数 $\sum_{n=1}^{\infty}(-1)^{n-1} u_n$ 满足：

(1) $u_n \geqslant u_{n+1} \ (n=1,2,\cdots)$；

(2) $\lim\limits_{n\to\infty} u_n = 0$，

则交错级数 $\sum_{n=1}^{\infty}(-1)^{n-1} u_n$ 收敛，且其和 $S \leqslant u_1$.

例 1　判别级数 $\sum_{n=1}^{\infty}(-1)^{n-1} \dfrac{1}{n}$ 的敛散性.

解　所给的级数是交错级数，其中 $u_n = \dfrac{1}{n}$ 满足

$$\lim_{n\to\infty} u_n = \lim_{n\to\infty} \frac{1}{n} = 0,$$

又 $\dfrac{1}{n} > \dfrac{1}{n+1}$，即 $u_n \geqslant u_{n+1} (n=1,2,\cdots)$，所以该级数收敛.

二、任意项级数收敛性的判别法

定义 8.4　若任意项级数 $\sum_{n=1}^{\infty} u_n$ 各项的绝对值组成的正项级数 $\sum_{n=1}^{\infty} |u_n|$ 收敛，则称级数 $\sum_{n=1}^{\infty} u_n$ **绝对收敛**. 若级数 $\sum_{n=1}^{\infty} u_n$ 收敛，而级数 $\sum_{n=1}^{\infty} |u_n|$ 发散，则称级数 $\sum_{n=1}^{\infty} u_n$ **条件收敛**.

定理 8.5（绝对收敛判别法）　若级数 $\sum_{n=1}^{\infty} |u_n|$ 收敛，则级数 $\sum_{n=1}^{\infty} u_n$ 一定收敛.

显然，绝对收敛判别法将任意项级数 $\sum_{n=1}^{\infty} u_n$ 收敛性的判别问题转化为正项级数 $\sum_{n=1}^{\infty} |u_n|$ 收敛性的判别问题. 当级数 $\sum_{n=1}^{\infty} |u_n|$ 收敛时，级数 $\sum_{n=1}^{\infty} u_n$ 绝对收敛. 但要注意，当级数 $\sum_{n=1}^{\infty} |u_n|$ 发散时，级数 $\sum_{n=1}^{\infty} u_n$ 可能收敛，也可能发散，需用其他方法判断 $\sum_{n=1}^{\infty} u_n$ 的敛散性.

例 2　判别级数 $\sum_{n=1}^{\infty} \dfrac{\sin na}{2^n}$ 的敛散性.

解 因为 $\left|\dfrac{\sin na}{2^n}\right| \leqslant \dfrac{1}{2^n}$,而等比级数 $\sum\limits_{n=1}^{\infty}\dfrac{1}{2^n}$ 是收敛的,所以由比较判别法可知,级数 $\sum\limits_{n=1}^{\infty}\left|\dfrac{\sin na}{2^n}\right|$ 是收敛的.故级数 $\sum\limits_{n=1}^{\infty}\dfrac{\sin na}{2^n}$ 绝对收敛.

例 3 证明:级数 $\sum\limits_{n=1}^{\infty}(-1)^{n-1}\dfrac{2n-1}{n^2}$ 是条件收敛的.

证 先考察正项级数

$$\sum_{n=1}^{\infty}\left|(-1)^{n-1}\dfrac{2n-1}{n^2}\right|=\sum_{n=1}^{\infty}\dfrac{2n-1}{n^2}.$$

因为

$$\dfrac{2n-1}{n^2}>\dfrac{n}{n^2}=\dfrac{1}{n}\quad(n=2,3,\cdots),$$

而调和级数 $\sum\limits_{n=1}^{\infty}\dfrac{1}{n}$ 是发散的,所以由比较判别法可知,级数 $\sum\limits_{n=1}^{\infty}\left|(-1)^{n-1}\dfrac{2n-1}{n^2}\right|$ 是发散的.

由于 $\sum\limits_{n=1}^{\infty}(-1)^{n-1}\dfrac{2n-1}{n^2}$ 是交错级数,且满足莱布尼茨收敛判别法的条件,因此级数 $\sum\limits_{n=1}^{\infty}(-1)^{n-1}\dfrac{2n-1}{n^2}$ 收敛,且是条件收敛的.

【思考题】

1. 什么是交错级数?
2. 什么是绝对收敛?如何判断级数绝对收敛?

习 题 8-3

先判别下列级数是否为交错级数,再判别它是绝对收敛或条件收敛还是发散的:

(1) $\sum\limits_{n=1}^{\infty}(-1)^n\dfrac{1}{\sqrt{n}}$;

(2) $\sum\limits_{n=1}^{\infty}(-1)^{n-1}\dfrac{1}{3\cdot 2^n}$;

(3) $\sum\limits_{n=1}^{\infty}(-1)^n\dfrac{1}{\ln(1+n)}$;

(4) $\sum\limits_{n=1}^{\infty}(-1)^{n-1}n\left(\dfrac{4}{3}\right)^n$;

(5) $\sum\limits_{n=1}^{\infty}(-1)^{n-1}\ln\dfrac{n+1}{n}$;

(6) $\sum\limits_{n=1}^{\infty}(-1)^n\dfrac{n^3}{2^n}$;

(7) $\sum\limits_{n=2}^{\infty}\dfrac{\cos\dfrac{n\pi}{4}}{n(\ln n)^3}$;

(8) $\sum\limits_{n=1}^{\infty}\dfrac{n!2^n\sin\dfrac{n\pi}{5}}{n^n}$.

第四节 幂 级 数

一、函数项级数

定义 8.5 设 $u_n(x)(n=1,2,\cdots)$ 是定义在区间 I 上的一列函数,则称

$$u_1(x)+u_2(x)+u_3(x)+\cdots+u_n(x)+\cdots=\sum_{n=1}^{\infty}u_n(x) \qquad (8-4-1)$$

为区间 I 上的**函数项级数**,简称**级数**.

对于函数项级数 $\sum_{n=1}^{\infty} u_n(x)$,当 x 取定区间 I 中的某个值 x_0 时,得到一个数项级数

$$\sum_{n=1}^{\infty} u_n(x_0) = u_1(x_0) + u_2(x_0) + u_3(x_0) + \cdots + u_n(x_0) + \cdots.$$

如果此数项级数收敛,则称点 x_0 为该函数项级数的**收敛点**;如果此数项级数发散,则称点 x_0 为该函数项级数的**发散点**. 收敛点的全体称为**收敛域**,发散点的全体称为**发散域**.

对于收敛域内的每一点 x,函数项级数(8-4-1)都收敛于某个和,故函数项级数(8-4-1)的和是 x 的函数,称之为函数项级数(8-4-1)的**和函数**,记作 $S(x)$,即

$$S(x) = \sum_{n=1}^{\infty} u_n(x).$$

如果把函数项级数 $\sum_{n=1}^{\infty} u_n(x)$ 的前 n 项的和(称为**部分和**)记作 $S_n(x)$,则在其收敛域上有

$$\lim_{n \to \infty} S_n(x) = S(x).$$

二、幂级数及其收敛半径

定义 8.6 形如

$$\sum_{n=0}^{\infty} a_n (x-x_0)^n = a_0 + a_1(x-x_0) + a_2(x-x_0)^2 + a_3(x-x_0)^3 + \cdots + a_n(x-x_0)^n + \cdots \tag{8-4-2}$$

的函数项级数,称为 $x - x_0$ 的**幂级数**,其中常数 $a_n (n = 0, 1, 2, \cdots)$ 称为该幂级数的**系数**.

如果 $x_0 = 0$,则幂级数(8-4-2)成为如下形式的 x 的幂级数:

$$\sum_{n=0}^{\infty} a_n x^n = a_0 + a_1 x + a_2 x^2 + \cdots + a_n x^n + \cdots. \tag{8-4-3}$$

而对于幂级数(8-4-2),只要令 $r = x - x_0$,它就化为幂级数 $\sum_{n=0}^{\infty} a_n r^n$,所以我们只需讨论幂级数(8-4-3)的敛散性即可.

在求幂级数的收敛域之前,我们来了解一下其收敛域的结构. 先看一个幂级数的例子:

$$\sum_{n=0}^{\infty} (-1)^n x^n = 1 - x + x^2 - x^3 + \cdots + (-1)^n x^n + \cdots.$$

这是公比为 $q = -x$ 的等比级数. 当 $|q| = |-x| < 1$,即 $|x| < 1$ 时,该级数收敛,其收敛域为 $-1 < x < 1$. 同时,由收敛等比级数的求和公式(8-1-1)可知,级数 $\sum_{n=0}^{\infty} (-1)^n x^n$ 在区间 $(-1, 1)$ 内的和为 $\dfrac{1}{1+x}$,即

$$\sum_{n=0}^{\infty} (-1)^n x^n = \frac{1}{1+x} \quad (-1 < x < 1),$$

即 $S(x) = \dfrac{1}{1+x}$ 为幂级数 $\sum_{n=0}^{\infty} (-1)^n x^n$ 的和函数.

这个幂级数的收敛域是一个以原点为中心的对称区间. 事实上,这一结论对于一般的幂级数也成立. 也就是说,幂级数的收敛域一般是以原点为中心的对称区间,且幂级数在该区间内有和函数 $S(x)$.

当幂级数 $\sum_{n=0}^{\infty} a_n x^n$ 中的 x 为某一确定的值时，它为一个数项级数，可用比值判别法来判断它的敛散性. 事实上，我们有

$$\lim_{n\to\infty}\left|\frac{a_{n+1}x^{n+1}}{a_n x^n}\right| = \lim_{n\to\infty}\left|\frac{a_{n+1}}{a_n}\right||x| = \rho|x| \quad \left(\rho = \lim_{n\to\infty}\left|\frac{a_{n+1}}{a_n}\right|\right).$$

如果极限 $\rho = \lim_{n\to\infty}\left|\frac{a_{n+1}}{a_n}\right|$ 存在，且 $\rho \neq 0$，则根据比值判别法，当 $\rho|x| < 1$，即 $|x| < \frac{1}{\rho} \triangleq R$ 时，级数 $\sum_{n=0}^{\infty}|a_n x^n|$ 收敛，因而幂级数 $\sum_{n=0}^{\infty} a_n x^n$ 绝对收敛；当 $\rho|x| > 1$，即 $|x| > \frac{1}{\rho} \triangleq R$ 时，$\lim_{n\to\infty}|a_n x^n| \neq 0$，从而 $\lim_{n\to\infty} a_n x^n \neq 0$，于是幂级数 $\sum_{n=0}^{\infty} a_n x^n$ 发散. 也就是说，当 $|x| < R$ 时，幂级数 $\sum_{n=0}^{\infty} a_n x^n$ 是收敛的；当 $|x| > R$ 时，幂级数 $\sum_{n=0}^{\infty} a_n x^n$ 是发散的；当 $|x| = R$ 时，级数 $\sum_{n=0}^{\infty} a_n x^n$ 的敛散性需单独判断. 我们把这样的正数 R 称为幂级数 $\sum_{n=0}^{\infty} a_n x^n$ 的**收敛半径**，并把开区间 $(-R, R)$ 称为幂级数 $\sum_{n=0}^{\infty} a_n x^n$ 的**收敛区间**. 我们还可以证明，幂级数 $\sum_{n=0}^{\infty} a_n x^n$ 的敛散性只有如下三种情形：

(1) 只在点 $x = 0$ 处收敛，此时规定该幂级数的收敛半径为 $R = 0$；

(2) 存在正数 R，使得该幂级数在 $(-R, R)$ 内收敛，在 $[-R, R]$ 以外发散，在点 $x = \pm R$ 处可能收敛，也可能发散，此时该幂级数的收敛半径为 R；

(3) 在 $(-\infty, +\infty)$ 内均收敛，此时规定该幂级数的收敛半径为 $R = +\infty$.

于是，我们可以得到如下定理：

定理 8.6 幂级数 $\sum_{n=0}^{\infty} a_n x^n$ 的收敛半径为

$$R = \lim_{n\to\infty}\left|\frac{a_n}{a_{n+1}}\right|,$$

且

(1) 当 $R = +\infty$ 时，该幂级数的收敛域为 $(-\infty, +\infty)$；

(2) 当 $R \neq 0, +\infty$ 时，该幂级数的收敛域为 $(-R, R)$，$[-R, R]$，$(-R, R]$，$[-R, R)$ 这四个区间之一；

(3) 当 $R = 0$ 时，该幂级数的收敛域为 $\{0\}$，其和为 a_0.

例1 求幂级数

$$\sum_{n=1}^{\infty}(-1)^n\frac{x^n}{n} = -x + \frac{x^2}{2} - \frac{x^3}{3} + \frac{x^4}{4} - \cdots + (-1)^n\frac{x^n}{n} + \cdots$$

的收敛半径和收敛域.

解 $R = \lim_{n\to\infty}\left|\frac{a_n}{a_{n+1}}\right| = \lim_{n\to\infty}\frac{\frac{1}{n}}{\frac{1}{n+1}} = 1.$

当 $x = 1$ 时，$\sum_{n=1}^{\infty}(-1)^n\frac{x^n}{n} = \sum_{n=1}^{\infty}(-1)^n\frac{1}{n}$ 为交错级数. 由莱布尼茨收敛判别法可知，该级

数收敛.

当 $x=-1$ 时, $\sum_{n=1}^{\infty}(-1)^n \frac{x^n}{n} = \sum_{n=1}^{\infty} \frac{1}{n}$ 是调和级数,它是发散的.

所以,幂级数 $\sum_{n=1}^{\infty}(-1)^n \frac{x^n}{n}$ 的收敛域为 $(-1, 1]$.

例 2 求幂级数 $\sum_{n=1}^{\infty} \frac{2n+1}{2^{n+1}} x^{2n}$ 的收敛域.

解 该幂级数没有奇次幂项,不能直接应用定理 8.6. 下面用正项级数的比值判别法来求解.

因为

$$\lim_{n\to\infty}\left|\frac{u_{n+1}}{u_n}\right| = \lim_{n\to\infty}\left|\frac{\frac{2n+3}{2^{n+2}}x^{2n+2}}{\frac{2n+1}{2^{n+1}}x^{2n}}\right| = \lim_{n\to\infty}\left|\frac{2n+3}{2(2n+1)}\right|\cdot|x^2| = \frac{x^2}{2},$$

所以由比值判别法可知,当 $\frac{x^2}{2}<1$,即 $|x|<\sqrt{2}$ 时,该幂级数收敛;当 $\frac{x^2}{2}>1$,即 $|x|>\sqrt{2}$ 时,该幂级数发散. 又当 $|x|=\sqrt{2}$ 时, $\lim_{n\to\infty} u_n = \lim_{n\to\infty}\left(n+\frac{1}{2}\right) \neq 0$, 故该幂级数发散.

因此,幂级数 $\sum_{n=1}^{\infty} \frac{2n+1}{2^{n+1}} x^{2n}$ 的收敛域为 $(-\sqrt{2}, \sqrt{2})$.

例 3 求幂级数 $\sum_{n=0}^{\infty} \frac{1}{2^n}\left(\frac{x-2}{3}\right)^n$ 的收敛域.

解 令 $t = \frac{x-2}{3}$, 则幂级数 $\sum_{n=0}^{\infty} \frac{1}{2^n}\left(\frac{x-2}{3}\right)^n$ 变成 $\sum_{n=0}^{\infty} \frac{1}{2^n} t^n$, 后者的收敛半径为

$$R = \lim_{n\to\infty}\left|\frac{a_n}{a_{n+1}}\right| = \lim_{n\to\infty} \frac{\frac{1}{2^n}}{\frac{1}{2^{n+1}}} = 2.$$

又当 $t=\pm 2$ 时,幂级数 $\sum_{n=0}^{\infty} \frac{1}{2^n} t^n$ 的一般项的极限为 $\lim_{n\to\infty} u_n \neq 0$ $\left(\text{因} \lim_{n\to\infty}|u_n| = \lim_{n\to\infty}\frac{2^n}{2^n} = 1 \neq 0\right)$, 根据级数收敛的必要条件,它是发散的. 故幂级数 $\sum_{n=0}^{\infty} \frac{1}{2^n} t^n$ 的收敛域是 $(-2, 2)$. 由此可得原幂级数的收敛域为 $(-4, 8)$.

三、幂级数的运算性质

设幂级数 $\sum_{n=0}^{\infty} a_n x^n$, $\sum_{n=0}^{\infty} b_n x^n$ 的收敛半径分别为 R_1, R_2 和函数分别为 $S_1(x), S_2(x)$. 可以证明,幂级数具有如下运算性质:

(1) 幂级数的加、减法:

$$\sum_{n=0}^{\infty} a_n x^n \pm \sum_{n=0}^{\infty} b_n x^n = \sum_{n=0}^{\infty}(a_n \pm b_n) x^n = S_1(x) \pm S_2(x),$$

其收敛半径为 $R = \min\{R_1, R_2\}$.

(2) 幂级数的乘法:

$$\left(\sum_{n=0}^{\infty} a_n x^n\right)\left(\sum_{n=0}^{\infty} b_n x^n\right) = S_1(x)S_2(x),$$

其收敛半径为 $R = \min\{R_1, R_2\}$.

（3）幂级数的和函数在其收敛区间内可导，并且有逐项求导公式

$$S'(x) = \left(\sum_{n=0}^{\infty} a_n x^n\right)' = \sum_{n=0}^{\infty} (a_n x^n)' = \sum_{n=1}^{\infty} n a_n x^{n-1}.$$

求导数后，新幂级数与原幂级数有相同的收敛半径，但在收敛区间端点处的敛散性可能不同.

（4）幂级数的和函数在其收敛域上可积，并且有逐项积分公式

$$\int_0^x S(x)\,\mathrm{d}x = \int_0^x \left(\sum_{n=0}^{\infty} a_n x^n\right)\mathrm{d}x = \sum_{n=0}^{\infty} \int_0^x a_n x^n \,\mathrm{d}x = \sum_{n=0}^{\infty} \frac{a_n}{n+1} x^{n+1}.$$

积分后，新幂级数与原幂级数有相同的收敛半径，但在收敛区间端点处的敛散性可能不同.

此外，幂级数的和函数在其收敛域上是一个连续函数，利用幂级数具有逐项求导和逐项积分的性质，可以容易求得某些幂级数的和函数.

例 4 求幂级数 $\sum_{n=0}^{\infty} \dfrac{x^{2n+1}}{n!}$ 的和函数，并求级数 $\sum_{n=0}^{\infty} \dfrac{2n+1}{n!}$ 的和.

解 所给幂级数没有偶次幂项，下面用比值判别法求其收敛域. 因为

$$\lim_{n\to\infty} \left|\frac{u_{n+1}}{u_n}\right| = \lim_{n\to\infty} \left|\frac{\frac{x^{2n+3}}{(n+1)!}}{\frac{x^{2n+1}}{n!}}\right| = \lim_{n\to\infty} \frac{1}{n+1}\cdot x^2 = 0\cdot x^2 = 0,$$

所以该幂级数在 $(-\infty, +\infty)$ 内绝对收敛.

设该幂级数的和函数为 $S(x)$. 因为

$$\sum_{n=0}^{\infty} \frac{x^{2n}}{n!} = \mathrm{e}^{x^2},$$

所以

$$S(x) = \sum_{n=0}^{\infty} \frac{x^{2n+1}}{n!} = x\sum_{n=0}^{\infty} \frac{x^{2n}}{n!} = x\mathrm{e}^{x^2} \quad (-\infty < x < +\infty).$$

现在求级数 $\sum_{n=0}^{\infty} \dfrac{2n+1}{n!}$ 的和. 因为 $S(x) = \sum_{n=0}^{\infty} \dfrac{x^{2n+1}}{n!} = x\mathrm{e}^{x^2}$，所以有

$$S'(x) = \left(\sum_{n=0}^{\infty} \frac{x^{2n+1}}{n!}\right)' = \sum_{n=0}^{\infty} \left(\frac{x^{2n+1}}{n!}\right)' = \sum_{n=0}^{\infty} \frac{(2n+1)x^{2n}}{n!},$$

以及

$$S'(x) = (x\mathrm{e}^{x^2})' = (1+2x^2)\mathrm{e}^{x^2}.$$

于是，由上述两式得到

$$\sum_{n=0}^{\infty} \frac{(2n+1)x^{2n}}{n!} = (1+2x^2)\mathrm{e}^{x^2},$$

从而当 $x=1$ 时，有

$$\sum_{n=0}^{\infty} \frac{2n+1}{n!} = 3\mathrm{e}.$$

例 5 求幂级数 $\sum_{n=0}^{\infty}(n+1)x^n$ 的和函数，并求级数 $\sum_{n=0}^{\infty} \dfrac{n+1}{2^n}$ 的和.

解 所给幂级数的收敛半径为
$$R = \lim_{n\to\infty}\left|\frac{a_n}{a_{n+1}}\right| = \lim_{n\to\infty}\frac{n+1}{n+2} = 1.$$

这里 $u_n = (n+1)x^n$,显然当 $x = \pm 1$ 时,$\lim\limits_{n\to\infty} u_n \neq 0$,从而此时该幂级数发散,所以该幂级数的收敛域为 $(-1,1)$.

设该幂级数的和函数为 $S(x)$,即 $S(x) = \sum\limits_{n=0}^{\infty}(n+1)x^n$. 因为
$$\int_0^x S(x)\mathrm{d}x = \sum_{n=0}^{\infty}\int_0^x (n+1)x^n \mathrm{d}x = \sum_{n=0}^{\infty} x^{n+1} = \frac{x}{1-x} \quad (-1 < x < 1),$$

所以
$$S(x) = \left(\int_0^x S(x)\mathrm{d}x\right)' = \left(\frac{x}{1-x}\right)' = \frac{1}{(1-x)^2} \quad (-1 < x < 1).$$

用 $x = \frac{1}{2}$ 代入幂级数 $\sum\limits_{n=0}^{\infty}(n+1)x^n$,即得级数 $\sum\limits_{n=0}^{\infty}\frac{n+1}{2^n}$,而 $x = \frac{1}{2}$ 在收敛域中,所以
$$\sum_{n=0}^{\infty}\frac{n+1}{2^n} = \frac{1}{(1-x)^2}\bigg|_{x=\frac{1}{2}} = 4.$$

例 6 求幂级数 $\sum\limits_{n=1}^{\infty} nx^n$ 的和函数.

解 所给幂级数的收敛半径为
$$R = \lim_{n\to\infty}\left|\frac{a_n}{a_{n+1}}\right| = \lim_{n\to\infty}\frac{n}{n+1} = 1.$$

这里 $u_n = nx^n$,显然当 $x = \pm 1$ 时,$\lim\limits_{n\to\infty} u_n \neq 0$,从而此时该幂级数发散,所以该幂级数的收敛域为 $(-1,1)$.

设所给幂级数的和函数为 $S(x)$,即
$$S(x) = \sum_{n=1}^{\infty} nx^n = x\sum_{n=1}^{\infty} nx^{n-1}.$$

又设幂级数 $\sum\limits_{n=1}^{\infty} nx^{n-1}$ 的和函数为 $f(x)$,即 $f(x) = \sum\limits_{n=1}^{\infty} nx^{n-1}$,则有
$$\int_0^x f(x)\mathrm{d}x = \sum_{n=1}^{\infty}\int_0^x nx^{n-1}\mathrm{d}x = \sum_{n=1}^{\infty} x^n = \frac{x}{1-x},$$
$$f(x) = \left(\int_0^x f(x)\mathrm{d}x\right)' = \left(\frac{x}{1-x}\right)' = \frac{1}{(1-x)^2}$$
$(-1 < x < 1)$.

于是
$$S(x) = xf(x) = \frac{x}{(1-x)^2} \quad (-1 < x < 1).$$

【思考题】

举例说明什么是幂级数、幂级数的收敛域及收敛半径.

习 题 8-4

（A）

1. 求下列幂级数的收敛域:

(1) $\sum_{n=1}^{\infty} a^n x^n$;

(2) $\sum_{n=1}^{\infty} \frac{1}{n^n} x^n$;

(3) $\sum_{n=1}^{\infty} \frac{x^n}{n \cdot 3^n}$;

(4) $\sum_{n=1}^{\infty} (-1)^n \frac{x^{2n+1}}{2n+1}$;

(5) $\sum_{n=1}^{\infty} \frac{2^n}{n^2+1} x^n$;

(6) $\sum_{n=1}^{\infty} \frac{x^n}{(2n)!!}$;

(7) $\sum_{n=1}^{\infty} \frac{n}{2^n} x^{2n}$.

2. 求下列幂级数的和函数：

(1) $\sum_{n=1}^{\infty} \frac{x^n}{n}$;

(2) $\sum_{n=1}^{\infty} \frac{x^{2n+1}}{2n+1}$ (提示：利用 $\sum_{n=1}^{\infty} x^{2n}$ 的积分);

(3) $\sum_{n=1}^{\infty} 2n x^{2n-1}$, 并求级数 $\sum_{n=1}^{\infty} 2n \left(\frac{1}{3}\right)^{2n-1}$ 的和 (提示：利用 $\sum_{n=1}^{\infty} x^{2n}$ 的导数).

(B)

3. 求下列幂级数的收敛域：

(1) $\sum_{n=1}^{\infty} \frac{(x-3)^n}{n \cdot 2^n}$;

(2) $\sum_{n=1}^{\infty} [3^n + (-2)^n] \frac{(x+1)^n}{n}$.

4. 求下列幂级数的和函数：

(1) $\sum_{n=1}^{\infty} (n+1) x^n$, 并求级数 $\sum_{n=1}^{\infty} \frac{n+1}{2^n}$ 的和；

(2) $\sum_{n=1}^{\infty} n(n+1) x^n$.

第五节　函数展开成幂级数

上一节讨论了求幂级数和函数的问题，但在实际应用中经常遇到的却是与此相反的问题，即已知一个函数 $f(x)$，求一个幂级数 $\sum_{n=0}^{\infty} a_n x^n$，使得该幂级数在其收敛域上的和函数等于 $f(x)$. 这就是把已知函数 $f(x)$ 展开成幂级数的问题. 下面我们讨论如何把函数 $f(x)$ 展开成幂级数.

设函数 $f(x)$ 在区间 $(-R, R)$ 内有任意阶导数，并假设 $f(x)$ 能展开成 x 的幂级数，即
$$f(x) = a_0 + a_1 x + a_2 x^2 + \cdots + a_n x^n + \cdots \quad (-R < x < R).$$
也就是说，上式右端的幂级数在区间 $(-R, R)$ 内收敛，且它的和在 $(-R, R)$ 内等于 $f(x)$. 问题是：如何确定该幂级数的系数 $a_i (i = 0, 1, 2, \cdots, n, \cdots)$？

因为幂级数在它的收敛区间内可以逐项求导数，所以有
$$f'(x) = a_1 + 2a_2 x + \cdots + n a_n x^{n-1} + \cdots,$$
$$f''(x) = 2 \cdot 1 a_2 + 3 \cdot 2 a_3 x + \cdots + n(n-1) a_n x^{n-2} + \cdots,$$
……
$$f^{(n)}(x) = n(n-1)(n-2) \cdots \cdot 3 \cdot 2 \cdot 1 a_n + \cdots,$$
……

用 $x = 0$ 代入 $f(x)$ 及以上各式，得

$$f(0) = a_0,$$
$$f'(0) = a_1 = 1!a_1,$$
$$f''(0) = 2 \cdot 1 a_2 = 2!a_2,$$
$$\cdots\cdots$$
$$f^{(n)}(0) = n(n-1)(n-2)\cdots 3 \cdot 2 \cdot 1 a_n = n!a_n,$$
$$\cdots\cdots$$

故可确定上述幂级数的系数为

$$a_0 = f(0), \quad a_1 = f'(0), \quad a_2 = \frac{f''(0)}{2!}, \quad \cdots, \quad a_n = \frac{f^{(n)}(0)}{n!}, \quad \cdots.$$

于是,函数 $f(x)$ 的幂级数展开式为

$$f(x) = f(0) + f'(0)x + \frac{f''(0)}{2!}x^2 + \cdots + \frac{f^{(n)}(0)}{n!}x^n + \cdots \quad (-R < x < R). \tag{8-5-1}$$

一、泰勒级数

先不加证明地给出一个结论.

若函数 $f(x)$ 在点 $x = x_0$ 的某个邻域 $U(x_0)$ 有直到 $n+1$ 阶的导数,则在该邻域内有

$$f(x) = f(x_0) + f'(x_0)(x - x_0) + \frac{f''(x_0)}{2!}(x - x_0)^2 + \cdots + \frac{f^{(n)}(x_0)}{n!}(x - x_0)^n + R_n(x), \tag{8-5-2}$$

其中

$$R_n(x) = \frac{f^{(n+1)}(\xi)}{(n+1)!}(x - x_0)^{n+1} \quad (\xi \text{ 在 } x \text{ 和 } x_0 \text{ 之间}).$$

我们称式(8-5-2)为**泰勒(Taylor)公式**,并称 $R_n(x)$ 为**拉格朗日余项**. 也就是说,当 x 在邻域 $U(x_0)$ 内时,函数 $f(x)$ 可以用 n 次多项式

$$P_n(x) = f(x_0) + f'(x_0)(x - x_0) + \frac{f''(x_0)}{2!}(x - x_0)^2 + \cdots + \frac{f^{(n)}(x_0)}{n!}(x - x_0)^n \tag{8-5-3}$$

来近似,误差为余项的绝对值 $|R_n(x)|$. 通常称式(8-5-3)为函数 $f(x)$ 的 n **阶泰勒多项式**.

根据上述结论,如果当 $n \to \infty$ 时,$R_n(x) \to 0$,则函数 $f(x)$ 在邻域 $U(x_0)$ 内能展开成 $x - x_0$ 的幂级数,即

$$f(x) = f(x_0) + f'(x_0)(x - x_0) + \frac{f''(x_0)}{2!}(x - x_0)^2 + \cdots + \frac{f^{(n)}(x_0)}{n!}(x - x_0)^n + \cdots. \tag{8-5-4}$$

称式(8-5-4)为 $f(x)$ 的 n **阶泰勒展开式**,并称其右边的级数为**泰勒级数**.

特别地,当 $x_0 = 0$ 时,式(8-5-4)就是式(8-5-1).式(8-5-1) 叫作 $f(x)$ 的 n **阶麦克劳林(Maclaurin)展开式**,其右边的级数叫作**麦克劳林级数**,所以麦克劳林级数是泰勒级数的特例. 相应地,当 $x_0 = 0$ 时,称式(8-5-3)为 $f(x)$ 的 n **阶麦克劳林多项式**.

二、函数展开成幂级数

根据泰勒公式,函数 $f(x)$ 能否展开成 $x - x_0$ 的幂级数,取决于它在点 $x = x_0$ 附近的各阶导数是否存在,以及当 $n \to \infty$ 时,余项 $R_n(x)$ 是否趋近于 0.

下面介绍将函数展开成幂级数的两种方法——直接展开法和间接展开法.

1. 直接展开法

直接展开法,是指利用泰勒公式,直接将函数展开成幂级数的方法.

利用直接展开法把函数 $f(x)$ 展开成 $x-x_0$ 的幂级数的步骤如下:

(1) 求出函数 $f(x)$ 在点 $x=x_0$ 处的各阶导数值.

(2) 按照泰勒公式写出幂级数,求出收敛半径.

(3) 求泰勒公式中余项 $R_n(x)$ 的极限,若该极限为 0,则幂级数的和函数 $S(x)$ 在收敛区间内等于 $f(x)$;若该极限不为 0,则幂级数虽然收敛,但其和函数 $S(x)$ 不等于 $f(x)$.

例 1 将函数 $f(x)=\mathrm{e}^x$ 展开成 x 的幂级数.

解 由 $f^{(n)}(x)=\mathrm{e}^x(n=1,2,\cdots)$ 得
$$f(0)=1,\quad f^{(n)}(0)=1\quad (n=1,2,\cdots),$$
于是有
$$a_0=1,\quad a_n=\frac{1}{n!}\quad (n=1,2,\cdots),$$
从而得到幂级数
$$1+x+\frac{1}{2!}x^2+\cdots+\frac{1}{n!}x^n+\cdots.$$
用比值判别法可知,它的收敛半径为 $R=+\infty$. 又可以证明,当 $n\to\infty$ 时,相应泰勒公式中余项的极限为 0. 因此,所求的幂级数展开式为
$$\mathrm{e}^x=1+x+\frac{1}{2!}x^2+\cdots+\frac{1}{n!}x^n+\cdots\quad(-\infty<x<+\infty).$$
特别地,用 $x=1$ 代入上式,得
$$\mathrm{e}=1+1+\frac{1}{2!}+\cdots+\frac{1}{n!}+\cdots=\sum_{n=0}^{\infty}\frac{1}{n!}.$$

例 2 将函数 $f(x)=\sin x$ 展开成 x 的幂级数.

解 因为该函数的各阶导数为 $f^{(n)}(x)=\sin\left(x+n\frac{\pi}{2}\right)(n=1,2,\cdots)$,所以 $f^{(n)}(0)(n=0,1,2,\cdots)$ 依次循环地取 $0,1,0,-1$. 于是,得到幂级数
$$x-\frac{x^3}{3!}+\frac{x^5}{5!}-\cdots+(-1)^n\frac{x^{2n+1}}{(2n+1)!}+\cdots.$$
易知它的收敛半径为 $R=+\infty$,且相应泰勒公式中的余项满足
$$|R_n(x)|=\left|\frac{\sin\left(\xi+\frac{(n+1)\pi}{2}\right)}{(n+1)!}x^{n+1}\right|\leqslant\frac{|x|^{n+1}}{(n+1)!}\to 0\quad(n\to\infty).$$
因此,所求的幂级数展开式为
$$\sin x=x-\frac{x^3}{3!}+\frac{x^5}{5!}-\cdots+(-1)^n\frac{x^{2n+1}}{(2n+1)!}+\cdots\quad(-\infty<x<+\infty).$$

2. 间接展开法

间接展开法,是指利用已知函数的幂级数展开式、幂级数的运算性质和变量代换等,将函数展开成幂级数的方法.

例 3 将函数 $f(x) = \cos x$ 展开成 x 的幂级数.

解 因为 $(\sin x)' = \cos x$,而由例 2 可知

$$\sin x = x - \frac{x^3}{3!} + \frac{x^5}{5!} - \cdots + (-1)^n \frac{x^{2n+1}}{(2n+1)!} + \cdots \quad (-\infty < x < +\infty),$$

所以将上式两边求导数,即得所求的幂级数展开式

$$\cos x = 1 - \frac{x^2}{2!} + \frac{x^4}{4!} - \cdots + (-1)^n \frac{x^{2n}}{(2n)!} + \cdots \quad (-\infty < x < +\infty).$$

例 4 将函数 $f(x) = \dfrac{1}{1+x^2}$ 展开成 x 的幂级数.

解 已知

$$\frac{1}{1-x} = 1 + x + x^2 + \cdots + x^n + \cdots \quad (-1 < x < 1),$$

把上式中的 x 换成 $-x^2$,即得所求的幂级数展开式

$$\frac{1}{1+x^2} = 1 - x^2 + x^4 - \cdots + (-1)^n x^{2n} + \cdots \quad (-1 < x < 1).$$

使用间接展开法时需要注意:如果函数 $f(x)$ 的幂级数展开式为

$$f(x) = \sum_{n=0}^{\infty} a_n x^n \quad (-R < x < R),$$

且其右端的幂级数在区间 $(-R,R)$ 的端点处仍收敛,而函数 $f(x)$ 在点 $x = R$(或 $x = -R$)处有定义且连续,则根据幂级数的和函数的连续性,上述幂级数展开式对点 $x = R$(或 $x = -R$)也成立.

例 5 将函数 $f(x) = \ln(1+x)$ 展开成 x 的幂级数.

解 已知 $f'(x) = \dfrac{1}{1+x}(-1 < x < 1)$ 是幂级数 $\sum\limits_{n=0}^{\infty}(-1)^n x^n$ 的和函数,即

$$\frac{1}{1+x} = 1 - x + x^2 - x^3 + \cdots + (-1)^n x^n + \cdots \quad (-1 < x < 1).$$

将上式两边从 0 到 x 积分,得

$$\ln(1+x) = x - \frac{x^2}{2} + \frac{x^3}{3} - \cdots + (-1)^n \frac{x^{n+1}}{n+1} + \cdots \quad (-1 < x < 1).$$

注意到上式右端的幂级数在点 $x = 1$ 处收敛,而 $\ln(1+x)$ 在点 $x = 1$ 处有定义且连续,所以所求的幂级数展开式为

$$\ln(1+x) = x - \frac{x^2}{2} + \frac{x^3}{3} - \cdots + (-1)^n \frac{x^{n+1}}{n+1} + \cdots \quad (-1 < x \leqslant 1).$$

例 6 将函数 $f(x) = \arctan x$ 展开成 x 的幂级数.

解 已知 $(\arctan x)' = \dfrac{1}{1+x^2}(-1 < x < 1)$ 是幂级数 $\sum\limits_{n=0}^{\infty}(-1)^n x^{2n}$ 的和函数,即

$$\frac{1}{1+x^2} = 1 - x^2 + x^4 - \cdots + (-1)^n x^{2n} + \cdots \quad (-1 < x < 1).$$

将上式两边从 0 到 x 积分,得

$$\arctan x = x - \frac{x^3}{3} + \frac{x^5}{5} - \cdots + (-1)^n \frac{x^{2n+1}}{2n+1} + \cdots \quad (-1 < x < 1).$$

由于上式右端的幂级数在 $x=\pm 1$ 时均是收敛的交错级数,而函数 $\arctan x$ 在点 $x=\pm 1$ 处有定义且连续,因此所求的幂级数展开式为

$$\arctan x = x - \frac{x^3}{3} + \frac{x^5}{5} - \cdots + (-1)^n \frac{x^{2n+1}}{2n+1} + \cdots \quad (-1 \leqslant x \leqslant 1).$$

例 7 将 $\dfrac{\mathrm{d}}{\mathrm{d}x}\left(\dfrac{\mathrm{e}^x - 1}{x}\right)$ 展开成 x 的幂级数,并求级数 $\displaystyle\sum_{n=1}^{\infty} \dfrac{n}{(n+1)!}$ 的和.

解 因为

$$\mathrm{e}^x = 1 + x + \frac{x^2}{2!} + \frac{x^3}{3!} + \cdots + \frac{x^n}{n!} + \cdots \quad (-\infty < x < +\infty),$$

所以

$$\frac{\mathrm{e}^x - 1}{x} = 1 + \frac{x}{2!} + \frac{x^2}{3!} + \cdots + \frac{x^{n-1}}{n!} + \cdots = \sum_{n=0}^{\infty} \frac{1}{(n+1)!} x^n \quad (x \neq 0).$$

对上式两边求导数,即得所求的幂级数展开式

$$\frac{(x-1)\mathrm{e}^x + 1}{x^2} = \frac{1}{2!} + \frac{2x}{3!} + \frac{3x^2}{4!} \cdots + \frac{(n-1)x^{n-2}}{n!} + \frac{nx^{n-1}}{(n+1)!} + \cdots$$

$$= \sum_{n=1}^{\infty} \frac{n}{(n+1)!} x^{n-1} \quad (x \neq 0).$$

在上式中,令 $x=1$,则得

$$\sum_{n=1}^{\infty} \frac{n}{(n+1)!} = 1.$$

例 8 将函数 $f(x) = \dfrac{1}{2-x}$ 展开成 x 的幂级数.

解 $f(x) = \dfrac{1}{2-x} = \dfrac{1}{2} \cdot \dfrac{1}{1-\dfrac{x}{2}}$. 设 $r = \dfrac{x}{2}$,则 $\dfrac{1}{2-x} = \dfrac{1}{2} \cdot \dfrac{1}{1-r}$. 因为

$$\frac{1}{1-r} = 1 + r + r^2 + \cdots + r^n + \cdots = \sum_{n=0}^{\infty} r^n \quad (-1 < r < 1),$$

所以利用变量代换法,将上式中的 r 用 $\dfrac{x}{2}$ 代入,即得

$$\frac{1}{2-x} = \frac{1}{2}\left[1 + \frac{x}{2} + \left(\frac{x}{2}\right)^2 + \cdots + \left(\frac{x}{2}\right)^n + \cdots\right] = \sum_{n=0}^{\infty} \frac{x^n}{2^{n+1}} \quad (-2 < x < 2).$$

【思考题】

试写出将函数 $f(x)$ 展开成泰勒级数时的系数公式.

习　题　8-5

(A)

1. 用直接展开法将下列函数展开成 x 的幂级数:

(1) $f(x) = \cos x$;　　　　　　　　　(2) $f(x) = a^x$;

(3) $f(x) = \dfrac{1}{1+x}$.

2. 用间接展开法将下列函数展开成 x 的幂级数:

(1) $f(x) = \cos x^2$;　　　　　　　　　(2) $f(x) = \mathrm{e}^{x^2}$.

(B)

3. 用逐项积分或逐项求导的方法将下列函数展开成 x 的幂级数:

(1) $f(x) = \arcsin x$; (2) $f(x) = \ln(x + \sqrt{1+x^2})$.

4. 利用幂级数的运算性质将下列函数展开成 x 的幂级数:

(1) $f(x) = \dfrac{x}{\sqrt{1-x^2}}$; (2) $f(x) = x\arctan x$;

(3) $f(x) = \ln(1 + x + x^2 + x^3)$.

*第六节　傅里叶级数

本节重点讨论如何把一个周期函数展开成傅里叶级数.

一、三角级数

由三角函数构成的函数项级数称为**三角级数**.

三角级数的一般形式为

$$\frac{a_0}{2} + \sum_{n=1}^{\infty}(a_n\cos nx + b_n\sin nx), \qquad (8-6-1)$$

其中系数 $a_0, a_n, b_n (n = 1, 2, \cdots)$ 都是常数. 式 (8-6-1) 中的每一项都是周期函数, 如果该级数收敛, 则它的和函数也应该是一个周期函数.

在讨论把一个已知函数 $f(x)$ 展开成三角级数时, 要用到三角函数系的正交性. 为此, 先介绍三角函数系的正交性.

二、三角函数系的正交性

三角函数系的元素包括

$$1, \sin x, \cos x, \sin 2x, \cos 2x, \cdots, \sin nx, \cos nx, \cdots.$$

三角函数系的正交性, 是指三角函数系中任何两个不同函数的乘积在区间 $[-\pi, \pi]$ 上的定积分均为 0, 即

$$\int_{-\pi}^{\pi} \sin nx \, dx = 0 \quad (n = 1, 2, \cdots),$$

$$\int_{-\pi}^{\pi} \cos nx \, dx = 0 \quad (n = 1, 2, \cdots),$$

$$\int_{-\pi}^{\pi} \sin kx \cos nx \, dx = 0 \quad (k, n = 1, 2, \cdots),$$

$$\int_{-\pi}^{\pi} \sin kx \sin nx \, dx = 0 \quad (k, n = 1, 2, \cdots; k \neq n),$$

$$\int_{-\pi}^{\pi} \cos kx \cos nx \, dx = 0 \quad (k, n = 1, 2, \cdots; k \neq n).$$

这些等式可以用定积分予以验证.

此外, 三角函数系中两个相同函数的乘积在区间 $[-\pi, \pi]$ 上的定积分不等于 0, 且

$$\int_{-\pi}^{\pi} 1^2 \, dx = 2\pi,$$

$$\int_{-\pi}^{\pi} \sin^2 nx \, dx = \pi \quad (n = 1, 2, \cdots),$$

$$\int_{-\pi}^{\pi} \cos^2 nx \, dx = \pi \quad (n=1,2,\cdots).$$

三、将函数展开成傅里叶级数

设函数 $f(x)$ 是周期为 2π 的周期函数,并且 $f(x)$ 能展开成三角级数:

$$f(x) = \frac{a_0}{2} + \sum_{n=1}^{\infty}(a_n \cos nx + b_n \sin nx). \qquad (8-6-2)$$

为了能确定系数 $a_0, a_n, b_n (n=1,2,\cdots)$,进一步假设级数(8-6-2)可以逐项积分.

为了求 a_0,将式(8-6-2)两边从 $-\pi$ 到 π 积分,得

$$\int_{-\pi}^{\pi} f(x) dx = \int_{-\pi}^{\pi} \frac{a_0}{2} dx + \sum_{n=1}^{\infty}\left(a_n \int_{-\pi}^{\pi} \cos nx \, dx + b_n \int_{-\pi}^{\pi} \sin nx \, dx\right).$$

根据三角函数系的正交性,上式右端除第一项外,其余各项都为 0,所以有

$$\int_{-\pi}^{\pi} f(x) dx = \int_{-\pi}^{\pi} \frac{a_0}{2} dx = a_0 \pi.$$

于是

$$a_0 = \frac{1}{\pi} \int_{-\pi}^{\pi} f(x) dx. \qquad (8-6-3)$$

下面求 $a_n (n=1,2,\cdots)$. 式(8-6-2)两端乘以 $\cos mx$,并从 $-\pi$ 到 π 积分,得

$$\int_{-\pi}^{\pi} f(x) \cos mx \, dx = \frac{a_0}{2} \int_{-\pi}^{\pi} \cos mx \, dx + \sum_{n=1}^{\infty}\left(a_n \int_{-\pi}^{\pi} \cos nx \cos mx \, dx + b_n \int_{-\pi}^{\pi} \sin nx \cos mx \, dx\right).$$

根据三角函数系的正交性,上式右端只有 $n=m$ 这一项不为 0,其余各项都为 0,所以

$$\int_{-\pi}^{\pi} f(x) \cos mx \, dx = a_m \int_{-\pi}^{\pi} \cos^2 mx \, dx = a_m \pi, \quad 即 \quad a_m = \frac{1}{\pi} \int_{-\pi}^{\pi} f(x) \cos mx \, dx.$$

于是

$$a_n = \frac{1}{\pi} \int_{-\pi}^{\pi} f(x) \cos nx \, dx \quad (n=1,2,\cdots). \qquad (8-6-4)$$

当 $n=0$ 时,a_n 的表达式恰好就是 a_0 的表达式,所以式(8-6-3)和式(8-6-4)可以合并写为

$$a_n = \frac{1}{\pi} \int_{-\pi}^{\pi} f(x) \cos nx \, dx \quad (n=0,1,2,\cdots). \qquad (8-6-5)$$

用类似于求 a_n 的方法求 $b_n (n=1,2,\cdots)$. 式(8-6-2)的两端乘以 $\sin mx$,并从 $-\pi$ 到 π 积分,可整理得到

$$b_n = \frac{1}{\pi} \int_{-\pi}^{\pi} f(x) \sin nx \, dx \quad (n=1,2,\cdots). \qquad (8-6-6)$$

如果函数 $f(x)$ 是 $[-\pi,\pi]$ 上的分段连续函数,则称由式(8-6-5)和式(8-6-6)给出的常数 $a_n(n=0,1,2,\cdots), b_n(n=1,2,\cdots)$ 为 $f(x)$ 的**傅里叶系数**,而称与此对应的三角级数

$$\frac{a_0}{2} + \sum_{n=1}^{\infty}(a_n \cos nx + b_n \sin nx)$$

为 $f(x)$ 的**傅里叶级数**.

对于一个周期为 2π 的周期函数 $f(x)$,如果它在一个周期内可积,则一定可以做出 $f(x)$ 的傅里叶级数.但是,函数 $f(x)$ 的傅里叶级数是否一定收敛?如果收敛,又是否一定收敛于函数 $f(x)$?对于这两个问题,有下面的结论:

定理 8.7 [收敛定理,狄利克雷(Dirichlet)充分条件] 设 $f(x)$ 是周期为 2π 的周期函数. 如果 $f(x)$ 在一个周期内满足:

(1) 连续或只有有限个第一类间断点;

(2) 至多只有有限个极值点,

则 $f(x)$ 的傅里叶级数收敛,且当 x 是 $f(x)$ 的连续点时,傅里叶级数收敛于 $f(x)$;当 x 是 $f(x)$ 的间断点时,傅里叶级数收敛于 $\dfrac{1}{2}(f(x^-)+f(x^+))$.

例 1 设 $f(x)$ 是周期为 2π 的周期函数,它在 $[-\pi,\pi)$ 上的表达式为
$$f(x)=\begin{cases}-1, & -\pi\leqslant x<0,\\ 1, & 0\leqslant x<\pi.\end{cases}$$

将 $f(x)$ 展开成傅里叶级数.

解 函数 $f(x)$ 满足收敛定理的条件,且它在点 $x=k\pi(k=0,\pm1,\pm2,\cdots)$ 处不连续,在其他点处连续,故由收敛定理可知,$f(x)$ 的傅里叶级数收敛,且当 $x=k\pi(k=0,\pm1,\pm2,\cdots)$ 时,傅里叶级数收敛于
$$\frac{-1+1}{2}=\frac{1+(-1)}{2}=0;$$

当 $x\neq k\pi(k=0,\pm1,\pm2,\cdots)$ 时,傅里叶级数收敛于 $f(x)$. 于是,傅里叶级数的和函数的图形如图 8-6-1 所示.

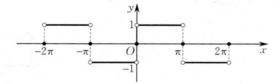

图 8-6-1

计算 $f(x)$ 的傅里叶系数:
$$a_n=\frac{1}{\pi}\int_{-\pi}^{\pi}f(x)\cos nx\,\mathrm{d}x=\frac{1}{\pi}\left[\int_{-\pi}^{0}(-1)\cos nx\,\mathrm{d}x+\int_{0}^{\pi}1\cdot\cos nx\,\mathrm{d}x\right]$$
$$=0\quad(n=0,1,2,\cdots);$$
$$b_n=\frac{1}{\pi}\int_{-\pi}^{\pi}f(x)\sin nx\,\mathrm{d}x=\frac{1}{\pi}\left[\int_{-\pi}^{0}(-1)\sin nx\,\mathrm{d}x+\int_{0}^{\pi}1\cdot\sin nx\,\mathrm{d}x\right]$$
$$=\frac{1}{\pi}\left(\frac{\cos nx}{n}\Big|_{-\pi}^{0}+\frac{-\cos nx}{n}\Big|_{0}^{\pi}\right)=\frac{1}{n\pi}(1-\cos n\pi-\cos n\pi+1)$$
$$=\frac{2}{n\pi}[1-(-1)^n]=\begin{cases}\dfrac{4}{n\pi}, & n=1,3,5,\cdots,\\ 0, & n=2,4,6,\cdots.\end{cases}$$

所以,函数 $f(x)$ 的傅里叶级数展开式为
$$f(x)=\frac{4}{\pi}\left(\sin x+\frac{\sin 3x}{3}+\cdots+\frac{\sin(2n-1)x}{2n-1}+\cdots\right)$$
$$(-\infty<x<+\infty;x\neq k\pi,k=0,\pm1,\pm2,\cdots).$$

例 2 设函数 $f(x)$ 是周期为 2π 的周期函数,它在 $[-\pi,\pi)$ 上的表达式为

$$f(x) = \begin{cases} 1-x, & -\pi \leqslant x < 0, \\ 1+x, & 0 \leqslant x < \pi. \end{cases}$$

将 $f(x)$ 展开成傅里叶级数.

解 函数 $f(x)$ 满足收敛定理的条件,且它没有间断点,所以 $f(x)$ 的傅里叶级数在区间 $(-\infty, +\infty)$ 上收敛于 $f(x)$. 于是,$f(x)$ 的傅里叶级数的和函数就是 $f(x)$,它的图形如图 8-6-2 所示.

计算 $f(x)$ 的傅里叶系数:因为 $f(-x) = f(x)$,所以

$$b_n = 0 \quad (n = 1, 2, \cdots);$$

$$a_0 = \frac{1}{\pi}\int_{-\pi}^{\pi} f(x)\mathrm{d}x = \frac{2}{\pi}\int_0^{\pi}(1+x)\mathrm{d}x = \frac{1}{\pi}(1+x)^2\Big|_0^{\pi} = \pi + 2;$$

$$a_n = \frac{1}{\pi}\int_{-\pi}^{\pi} f(x)\cos nx\,\mathrm{d}x = \frac{2}{\pi}\int_0^{\pi}(1+x)\cos nx\,\mathrm{d}x$$

$$= \frac{2}{n\pi}\left(x\sin nx + \frac{1}{n}\cos nx + \sin nx\right)\Big|_0^{\pi} = \frac{2}{n^2\pi}[(-1)^n - 1]$$

$$= \begin{cases} -\dfrac{4}{n^2\pi}, & n = 1, 3, 5, \cdots, \\ 0, & n = 2, 4, 6, \cdots. \end{cases}$$

因此,函数 $f(x)$ 的傅里叶级数展开式为

$$f(x) = \frac{\pi}{2} + 1 - \frac{4}{\pi}\left(\cos x + \frac{\cos 3x}{3^2} + \frac{\cos 5x}{5^2} + \cdots\right) \quad (-\infty < x < +\infty).$$

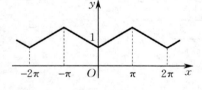

图 8-6-2

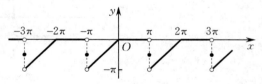

图 8-6-3

例 3 设 $f(x)$ 是周期为 2π 的周期函数,它在 $[-\pi, \pi)$ 上的表达式为

$$f(x) = \begin{cases} x, & -\pi \leqslant x < 0, \\ 0, & 0 \leqslant x < \pi. \end{cases}$$

将 $f(x)$ 展开成傅里叶级数.

解 函数 $f(x)$ 满足收敛定理的条件,且它仅在点 $x = (2k+1)\pi\,(k = 0, \pm 1, \pm 2, \cdots)$ 处不连续,故 $f(x)$ 的傅里叶级数在这些点处收敛于 $\dfrac{0 + (-\pi)}{2} = -\dfrac{\pi}{2}$,在连续点处收敛于 $f(x)$. 于是,傅里叶级数的和函数的图形如图 8-6-3 所示.

计算 $f(x)$ 的傅里叶系数:

$$a_0 = \frac{1}{\pi}\int_{-\pi}^{\pi} f(x)\mathrm{d}x = \frac{1}{\pi}\int_{-\pi}^0 x\,\mathrm{d}x = \frac{1}{\pi}\cdot\frac{x^2}{2}\Big|_{-\pi}^0 = -\frac{\pi}{2};$$

$$a_n = \frac{1}{\pi}\int_{-\pi}^{\pi} f(x)\cos nx\,\mathrm{d}x = \frac{1}{\pi}\int_{-\pi}^0 x\cos nx\,\mathrm{d}x = \frac{1}{\pi}\left(\frac{x\sin nx}{n} + \frac{\cos nx}{n^2}\right)\Big|_{-\pi}^0$$

$$= \frac{1}{n^2\pi}[1-(-1)^n] = \begin{cases} \dfrac{2}{n^2\pi}, & n = 1, 3, 5, \cdots, \\ 0, & n = 2, 4, 6, \cdots; \end{cases}$$

$$b_n = \frac{1}{\pi}\int_{-\pi}^{\pi} f(x)\sin nx\,dx = \frac{1}{\pi}\int_{-\pi}^{0} x\sin nx\,dx = \frac{1}{\pi}\left(-\frac{x\cos nx}{n} + \frac{\sin nx}{n^2}\right)\Big|_{-\pi}^{0}$$

$$= -\frac{\cos n\pi}{n} = \frac{(-1)^{n+1}}{n} \quad (n=1,2,\cdots).$$

因此,函数 $f(x)$ 的傅里叶级数展开式为

$$f(x) = -\frac{\pi}{4} + \left(\frac{2}{\pi}\cos x + \sin x\right) - \frac{1}{2}\sin 2x + \left(\frac{2}{3^2\pi}\cos 3x + \frac{1}{3}\sin 3x\right)$$

$$-\frac{1}{4}\sin 4x + \left(\frac{2}{5^2\pi}\cos 5x + \frac{1}{5}\sin 5x\right) - \cdots$$

$$(-\infty < x < +\infty, x \neq \pm\pi, \pm 3\pi, \cdots).$$

由上述三个例题可知,在将函数 $f(x)$ 展开成傅里叶级数时,若函数 $f(x)$ 是奇的周期函数,则它的傅里叶级数展开式只含有正弦项;若函数 $f(x)$ 是偶的周期函数,则它的傅里叶级数展开式除常数项外只含有余弦项;若函数 $f(x)$ 是非奇、非偶的周期函数,则它的傅里叶级数展开式中既有正弦项,又有余弦项. 一般地,将只含有正弦项的傅里叶级数称为**正弦级数**,而将除常数项外只含有余弦项的傅里叶级数称为**余弦级数**. 根据傅里叶级数的这一特点,可以把某些仅定义在区间 $[-\pi,\pi]$ 或 $[0,\pi]$ 上的函数 $f(x)$ 按照需要展开成正弦级数或余弦级数.

四、将函数展开成正弦级数和余弦级数

设 $f(x)$ 在区间 $[-\pi,\pi]$ 上有定义,且满足收敛定理中的条件(1),(2),但它在 $[-\pi,\pi]$ 之外没有定义. 根据收敛定理,若要在 $[-\pi,\pi]$ 上将函数 $f(x)$ 展开成傅里叶级数,则必须将 $f(x)$ 的定义域予以扩充或修改,使扩充或修改后得到的函数 $F(x)$ 成为周期为 2π 的周期函数. 这种对函数 $f(x)$ 的定义域的扩充或修改过程叫作**周期延拓**.

在周期延拓得到的函数 $F(x)$ 展开成傅里叶级数后,将结果限制在 $(-\pi,\pi)$ 内,此时 $F(x) = f(x)$,这样就可得到函数 $f(x)$ 的傅里叶级数展开式. 根据收敛定理,在区间端点 $x = \pm\pi$ 处,傅里叶级数收敛于

$$\frac{f(\pi^-) + f(-\pi^+)}{2}.$$

如果函数 $f(x)$ 只在区间 $[0,\pi]$ 上有定义,并且满足收敛定理的条件,那么根据需要,可在区间 $(-\pi,0)$ 内扩充 $f(x)$ 的定义,使它在 $(-\pi,\pi)$ 内成为奇函数(或偶函数)$F(x)$. 以这种方式扩充定义域的过程称为**奇延拓**(或**偶延拓**). 将奇延拓(或偶延拓)得到的函数 $F(x)$ 展开成傅里叶级数,所得傅里叶级数一定为正弦级数(或余弦级数);再将结果限制在 $(0,\pi]$ 上,此时 $F(x) = f(x)$,这样就可得到函数 $f(x)$ 在 $(0,\pi]$ 上的正弦级数(或余弦级数)展开式.

例 4 将函数 $f(x) = \dfrac{\pi-x}{2}$ $(0 < x \leqslant \pi)$ 分别展开成正弦级数和余弦级数.

解 先展开成正弦级数. 对 $f(x)$ 进行奇延拓(见图 8-6-4),有

$$b_n = \frac{2}{\pi}\int_0^{\pi} f(x)\sin nx\,dx = \frac{2}{\pi}\int_0^{\pi} \frac{\pi-x}{2}\sin nx\,dx$$

$$= \frac{1}{\pi}\left[-\left(\frac{\pi-x}{n} + \frac{\sin nx}{n^2}\right)\right]\Big|_0^{\pi} = \frac{1}{n} \quad (n=1,2,\cdots).$$

于是,函数 $f(x)$ 的正弦级数展开式为

$$f(x) = \sin x + \frac{\sin 2x}{2} + \frac{\sin 3x}{3} + \cdots + \frac{\sin nx}{n} + \cdots \quad (0 < x \leqslant \pi).$$

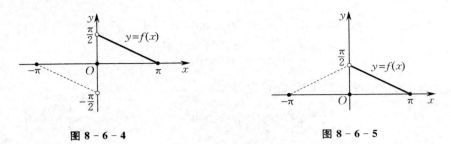

图 8-6-4　　　　　　　　　　图 8-6-5

再展开成余弦级数. 对 $f(x)$ 进行偶延拓（见图 8-6-5），有

$$a_0 = \frac{1}{\pi}\int_{-\pi}^{\pi}f(x)\mathrm{d}x = \frac{2}{\pi}\int_0^{\pi}\frac{\pi-x}{2}\mathrm{d}x = \frac{1}{\pi}\left(\pi x - \frac{x^2}{2}\right)\Big|_0^{\pi} = \frac{\pi}{2},$$

$$a_n = \frac{1}{\pi}\int_{-\pi}^{\pi}f(x)\cos nx\,\mathrm{d}x = \frac{2}{\pi}\int_0^{\pi}\frac{\pi-x}{2}\cos nx\,\mathrm{d}x$$

$$= \frac{1}{\pi}\left(\frac{\pi-x}{n}\sin nx - \frac{\cos nx}{n^2}\right)\Big|_0^{\pi} = \frac{1}{n^2\pi}(1-\cos n\pi)$$

$$= \frac{1}{n^2\pi}[1-(-1)^n] = \begin{cases}\dfrac{2}{n^2\pi}, & n=1,3,5,\cdots,\\ 0, & n=2,4,6,\cdots.\end{cases}$$

于是，函数 $f(x)$ 的余弦级数展开式为

$$f(x) = \frac{\pi}{4} + \frac{2}{\pi}\left(\cos x + \frac{1}{3^2}\cos 3x + \frac{1}{5^2}\cos 5x + \cdots\right) \quad (0 < x \leqslant \pi).$$

五、将周期为 $2l$ 的函数展开成傅里叶级数

对周期为 $2l$ 的周期函数 $f(x)$，做变量代换 $x = \dfrac{l}{\pi}t$，则当变量 x 在区间 $[-l, l]$ 上取值时，变量 t 在区间 $[-\pi, \pi]$ 上取值. 记函数 $f(x) = f\left(\dfrac{l}{\pi}t\right) = \varphi(t)$，则对于任意的 t，有

$$\varphi(t+2\pi) = f\left(\frac{l}{\pi}(t+2\pi)\right) = f\left(\frac{l}{\pi}t+2l\right) = f\left(\frac{l}{\pi}t\right) = \varphi(t).$$

由上式可知，$\varphi(t)$ 是周期为 2π 的周期函数. 由前面的讨论可知，$\varphi(t)$ 的傅里叶级数展开式为

$$\varphi(t) = \frac{a_0}{2} + \sum_{n=1}^{\infty}(a_n\cos nt + b_n\sin nt),$$

其中

$$a_n = \frac{1}{\pi}\int_{-\pi}^{\pi}\varphi(t)\cos nt\,\mathrm{d}t \quad (n=0,1,2,\cdots),$$

$$b_n = \frac{1}{\pi}\int_{-\pi}^{\pi}\varphi(t)\sin nt\,\mathrm{d}t \quad (n=1,2,\cdots).$$

对 $\varphi(t)$ 的傅里叶级数进行变量回代 $t = \dfrac{\pi}{l}x$，即可得到周期为 $2l$ 的周期函数 $f(x)$ 的傅里叶级数展开式

$$f(x) = \frac{a_0}{2} + \sum_{n=1}^{\infty}\left(a_n\cos\frac{n\pi x}{l} + b_n\sin\frac{n\pi x}{l}\right), \tag{8-6-7}$$

其中系数 a_n, b_n 为

$$a_n = \frac{1}{l}\int_{-l}^{l} f(x)\cos\frac{n\pi x}{l}\mathrm{d}x \quad (n=0,1,2,\cdots),$$
$$b_n = \frac{1}{l}\int_{-l}^{l} f(x)\sin\frac{n\pi x}{l}\mathrm{d}x \quad (n=1,2,\cdots).$$
(8-6-8)

例 5 设 $f(x)$ 是周期为 4 的周期函数，它在区间 $[-2,2)$ 上的表达式为
$$f(x) = \begin{cases} 0, & -2 \leqslant x < 0, \\ k, & 0 \leqslant x < 2, \end{cases}$$
其中常数 $k \neq 0$. 将函数 $f(x)$ 展开成傅里叶级数.

解 这里 $2l=4$，即 $l=2$. 按照式 (8-6-8) 计算，得
$$a_0 = \frac{1}{2}\int_{-2}^{2} f(x)\mathrm{d}x = \frac{1}{2}\int_{0}^{2} k\mathrm{d}x = \frac{1}{2}kx\Big|_0^2 = k;$$
$$a_n = \frac{1}{2}\int_{-2}^{2} f(x)\cos\frac{n\pi x}{2}\mathrm{d}x = \frac{1}{2}\int_{0}^{2} k\cos\frac{n\pi x}{2}\mathrm{d}x$$
$$= \frac{k}{n\pi}\sin\frac{n\pi x}{2}\Big|_0^2 = 0 \quad (n=1,2,\cdots);$$
$$b_n = \frac{1}{2}\int_{-2}^{2} f(x)\sin\frac{n\pi x}{2}\mathrm{d}x = \frac{1}{2}\int_{0}^{2} k\sin\frac{n\pi x}{2}\mathrm{d}x$$
$$= -\frac{k}{n\pi}\cos\frac{n\pi x}{2}\Big|_0^2 = \frac{k}{n\pi}(1-\cos n\pi)$$
$$= \frac{k}{n\pi}[1-(-1)^n] = \begin{cases} \frac{2k}{n\pi}, & n=1,3,5,\cdots, \\ 0, & n=2,4,6,\cdots. \end{cases}$$

于是，函数 $f(x)$ 的傅里叶级数展开式为
$$f(x) = \frac{k}{2} + \frac{2k}{\pi}\left(\sin\frac{\pi x}{2} + \frac{1}{3}\sin\frac{3\pi x}{2} + \frac{1}{5}\sin\frac{5\pi x}{2} + \cdots\right)$$
$$(-\infty < x < +\infty, x \neq 0, \pm 2, \pm 4, \cdots).$$

【思考题】

1. 在周期为 2π 的奇函数 $f(x)$ 展开成的傅里叶级数中，傅里叶系数_____$=0$.

2. 若函数 $f(x)$ 只在区间 $[0,\pi]$ 上有定义，并且满足收敛定理的条件，则对 $f(x)$ 进行_____延拓后，可将它展开成余弦级数.

习 题 8-6

将下列函数 $f(x)$ 在所给区间上展开成傅里叶级数：

(1) $f(x) = x, x \in (-\pi, \pi)$; 　　(2) $f(x) = 3x^2 + 1, x \in [-\pi, \pi]$;

(3) $f(x) = \frac{\pi}{4} - \frac{x}{2}, x \in (-\pi, \pi)$; 　(4) $f(x) = \cos\frac{x}{2}, x \in [-\pi, \pi]$;

(5) $f(x) = \mathrm{e}^x, x \in (0, \pi)$，展开成余弦级数；　(6) $f(x) = x(\pi - x), x \in (0, \pi)$，展开成正弦级数；

(7) $f(x) = \frac{\pi}{4} - \frac{x}{2}, x \in (0, \pi)$，展开成正弦级数；

(8) $f(x) = |\sin x|, x \in (-\pi, \pi)$（该函数的图形为交流电压经全波整流得到的波形图）；

(9) $f(x) = \begin{cases} E_0\sin x, & 0 \leqslant x \leqslant \pi, \\ 0, & -\pi \leqslant x < 0, \end{cases}$ 其中 E_0 为常数（该函数的图形是交流电压经半波整流得到的波形图）；

(10) $f(x)=|x|, x\in(-l,l)$.

*第七节　数学实验——无穷级数

一、学习 Mathematica 命令

在 Mathematica 中,用于求级数的和或和的近似值,函数的泰勒展开式、泰勒多项式的命令如表 8-7-1 所示.

表 8-7-1

命　　令	功　　能
Sum[f[n],{n,n₀,n₁}]	求和式 $\sum_{n=n_0}^{n_1}f(n)$ 的值,当 $n_1=\infty$ 时,即求级数 $\sum_{n=n_0}^{\infty}f(n)$ 的和
NSum[f[n],{n,n₀,n₁}]	求和式 $\sum_{n=n_0}^{n_1}f(n)$ 的近似值,当 $n_1=\infty$ 时,即求级数 $\sum_{n=n_0}^{\infty}f(n)$ 的和的近似值
Series[f[x],{x,x₀,n}]	求函数 $f(x)$ 在点 $x=x_0$ 处的 n 阶泰勒展开式
Normal[Series[f[x],{x,x₀,n}]]	求函数 $f(x)$ 在点 $x=x_0$ 处的 n 阶泰勒多项式

二、实验内容

例 1　(1) 求和式 $\sum_{k=1}^{n}k^2$ 的值;

(2) 求级数 $\sum_{n=1}^{\infty}\dfrac{1}{n^2}$ 的和.

解　(1) 输入命令如图 8-7-1 所示.

输出结果：$\sum_{k=1}^{n}k^2=\dfrac{1}{6}n(1+n)(1+2n)$.

(2) 输入命令如图 8-7-1 所示.

输出结果：$\sum_{n=1}^{\infty}\dfrac{1}{n^2}=\dfrac{\pi^2}{6}\approx 1.64493$.

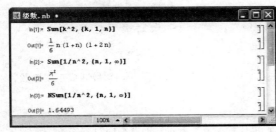

图 8-7-1

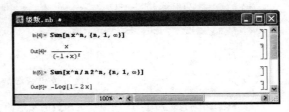

图 8-7-2

例 2　求下列幂级数的和函数：

(1) $\sum_{n=1}^{\infty} nx^n$; (2) $\sum_{n=1}^{\infty} \frac{x^n}{n \cdot 2^n}$.

解 (1) 输入命令如图 8-7-2 所示.

输出结果：$\sum_{n=1}^{\infty} nx^n = \frac{x}{(-1+x)^2}$.

(2) 输入命令如图 8-7-2 所示.

输出结果：$\sum_{n=1}^{\infty} \frac{x^n}{n \cdot 2^n} = -\ln(1-2x)$.

例 3 求函数 e^x 的五阶麦克劳林展开式.

解 输入命令如图 8-7-3 所示.

输出结果：$e^x = 1 + x + \frac{x^2}{2} + \frac{x^3}{6} + \frac{x^4}{24} + \frac{x^5}{120} + o(x^6)$，其中 $o(x^6)$ 是麦克劳林展开式中的余项.

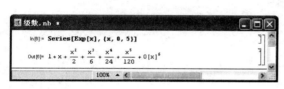

图 8-7-3

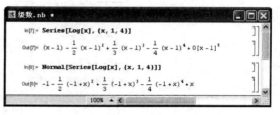

图 8-7-4

例 4 求函数 $\ln x$ 在点 $x = 1$ 处的四阶泰勒展开式以及关于 $x-1$ 的四次近似多项式.

解 输入命令如图 8-7-4 所示.

输出结果：$\ln x$ 在点 $x = 1$ 处的四阶泰勒展开式为

$$\ln x = (x-1) - \frac{1}{2}(x-1)^2 + \frac{1}{3}(x-1)^3 - \frac{1}{4}(x-1)^4 + o((x-1)^5),$$

关于 $x-1$ 的四次近似多项式为

$$(x-1) - \frac{1}{2}(x-1)^2 + \frac{1}{3}(x-1)^3 - \frac{1}{4}(x-1)^4.$$

例 5 求函数 $\sin x$ 关于 x 的一次、三次、五次近似多项式，并在同一直角坐标系中观察这些近似多项式对该函数的逼近效果.

解 输入命令如图 8-7-5 所示.

输出结果：$\sin x$ 关于 x 的一次近似多项式为 x，三次近似多项式为 $x - \frac{x^3}{6}$，五次近似多项式为 $x - \frac{x^3}{6} + \frac{x^5}{120}$.

再输入命令如图 8-7-6 所示.

输出结果：如图 8-7-7 所示.

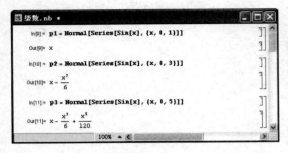
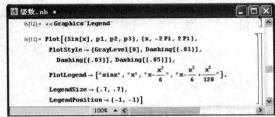

图 8-7-5　　　　　　　　　　　　　　图 8-7-6

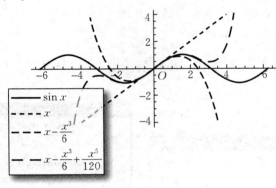

图 8-7-7

这里,命令 << Graphics'Legend' 表示载入标牌图形包;选项命令 Dashing 表示画虚线,默认值为[0,1];选项命令 GrayLevel 表示线条的灰度,默认值为[0,1];选项命令 PlotLegend 表示标牌所示的内容;选项命令 LegendSize 表示标牌的尺寸大小;选项命令 LegendPosition 表示标牌所处的位置.

习　题　8-7

1. 求下列幂级数的和函数:

(1) $\sum_{n=1}^{\infty} n x^{n-1}$;　　　　　(2) $\sum_{n=1}^{\infty} \frac{x^{4n+1}}{4n+1}$;　　　　　(3) $x + \frac{x^3}{3} + \frac{x^5}{5} + \cdots + \frac{x^{2n-1}}{2n-1} + \cdots$.

2. 求函数 $f(x) = (1+x)\ln(1+x)$ 的六阶麦克劳林多项式.

3. 求函数 $f(x) = \arccos x$ 的八阶麦克劳林多项式.

4. 求函数 $f(x) = \frac{x}{x^2+1}$ 的五阶、十阶麦克劳林多项式,并把这两个近似多项式和 $f(x)$ 的图形画在同一直角坐标系中.

第九章 线性代数

许多复杂的实际问题都可以归结为线性问题. 线性代数就是研究线性问题的基本数学工具. 本章将介绍线性代数的基本知识, 包括矩阵的运算、行列式的计算和求解线性方程组.

第一节 矩阵的概念与运算

一、矩阵的概念

在自然科学、工程技术和经济管理科学中经常会出现一些数表. 例如, 在物资调运中, 若某物资有两个产地(分别用 A, B 表示)、三个销售地(分别用 1, 2, 3 表示), 则其调运方案就可用数表来表示, 如表 9-1-1 所示.

表 9-1-1

产地	销售地		
	1	2	3
A	12	20	15
B	21	32	18

表 9-1-1 所示的物资调运方案可简写成一个 2 行、3 列的数表, 即

$$\begin{bmatrix} 12 & 20 & 15 \\ 21 & 32 & 18 \end{bmatrix},$$

其中位于第 $i(i=1,2)$ 行、第 $j(j=1,2,3)$ 列的数就表示该物资从第 i 个产地运往第 j 个销售地的数量.

在实际的研究中, 常用这种简写的数表来描述某种状态或数量关系. 由此, 引入矩阵的概念.

定义 9.1 由 $m \times n$ 个数 $a_{ij}(i=1,2,\cdots,m;j=1,2,\cdots,n)$ 排成的 m 行、n 列的数表

$$\begin{bmatrix} a_{11} & a_{12} & \cdots & a_{1n} \\ a_{21} & a_{22} & \cdots & a_{2n} \\ \vdots & \vdots & & \vdots \\ a_{m1} & a_{m2} & \cdots & a_{mn} \end{bmatrix},$$

称为 m **行** n **列矩阵**或 $m \times n$ **矩阵**, 简称**矩阵**, 其中 $a_{ij}(i=1,2,\cdots,m;j=1,2,\cdots,n)$ 称为该矩阵的第 i 行第 j 列元素, i 称为元素 a_{ij} 的**行标**, j 称为元素 a_{ij} 的**列标**.

通常用大写、黑斜体的字母 $\boldsymbol{A}, \boldsymbol{B}, \boldsymbol{C}, \cdots$ 或 $(a_{ij}), (b_{ij}), (c_{ij}), \cdots$ 来表示矩阵. 有时为了标明矩阵 $\boldsymbol{A}$ 或 (a_{ij}) 的行数 m 和列数 n, 也将其记为 $\boldsymbol{A}_{m \times n}$ 或 $(a_{ij})_{m \times n}$.

例如，$A = \begin{bmatrix} 2 & 1 & 3 \\ 3 & 5 & 4 \end{bmatrix}$ 是一个 2 行 3 列矩阵.

当矩阵 $A_{m \times n}$ 的行数与列数相等，即 $m = n$ 时，称其为 n **阶方阵**（简称**方阵**），记作 $A_{n \times n}$ 或 A_n. 例如，

$$A_3 = \begin{bmatrix} a_{11} & a_{12} & a_{13} \\ a_{21} & a_{22} & a_{23} \\ a_{31} & a_{32} & a_{33} \end{bmatrix}$$

是三阶方阵.

只有一行的矩阵

$$(a_1 \quad a_2 \quad \cdots \quad a_n),$$

称为**行矩阵**. 为了避免元素间的混淆，此行矩阵也记为 $(a_1, a_2, \cdots, a_n)$.

只有一列的矩阵

$$\begin{bmatrix} a_1 \\ a_2 \\ \vdots \\ a_n \end{bmatrix},$$

称为**列矩阵**.

所有元素都是 0 的矩阵叫作**零矩阵**，记为 $O_{m \times n}$ 或 O. 例如，

$$O_{2 \times 3} = \begin{bmatrix} 0 & 0 & 0 \\ 0 & 0 & 0 \end{bmatrix}.$$

下面介绍几种特殊的矩阵.

1. 对角矩阵

如果方阵 $A = (a_{ij})_{n \times n}$ 除主对角线（从方阵左上角到右下角的连线）上的元素（称为**对角线元素**）外，其他元素都为 0，则称 A 为 n **阶对角矩阵**（简称**对角矩阵**）. 为了方便，这时我们采用如下记号（其中空白处的元素均是 0）：

$$A = \begin{bmatrix} a_{11} & & & \\ & a_{22} & & \\ & & \ddots & \\ & & & a_{nn} \end{bmatrix}.$$

2. 数量矩阵

如果 n 阶对角矩阵 A 中的元素满足 $a_{11} = a_{22} = \cdots = a_{nn} = a$，即

$$A = \begin{bmatrix} a & & & \\ & a & & \\ & & \ddots & \\ & & & a \end{bmatrix},$$

则称 A 为 n 阶数量矩阵（简称数量矩阵）.

3. 单位矩阵

对角线元素都是 1，其他元素都是 0 的 n 阶方阵称为 n **阶单位矩阵**（简称**单位矩阵**），记为

E_n 或 E,即

$$E = \begin{pmatrix} 1 & & & \\ & 1 & & \\ & & \ddots & \\ & & & 1 \end{pmatrix}.$$

4. 三角形矩阵

主对角线下方的元素都是 0 的 n 阶方阵

$$\begin{pmatrix} a_{11} & a_{12} & \cdots & a_{1n} \\ & a_{22} & \cdots & a_{2n} \\ & & \ddots & \vdots \\ & & & a_{nn} \end{pmatrix},$$

称为 n 阶上三角形矩阵(简称**上三角形矩阵**).

主对角线上方的元素都是 0 的 n 阶方阵

$$\begin{pmatrix} a_{11} & & & \\ a_{21} & a_{22} & & \\ \vdots & \vdots & \ddots & \\ a_{n1} & a_{n2} & \cdots & a_{nn} \end{pmatrix},$$

称为 n 阶下三角形矩阵(简称**下三角形矩阵**).

上三角形矩阵和下三角形矩阵统称为**三角形矩阵**.

二、矩阵的运算

1. 矩阵相等

定义 9.2 如果 $A = (a_{ij})$ 与 $B = (b_{ij})$ 都是 $m \times n$ 矩阵,并且它们对应的元素相等,即
$$a_{ij} = b_{ij} \quad (i = 1, 2, \cdots, m; j = 1, 2, \cdots, n),$$
则称矩阵 A 与 B **相等**,记作 $A = B$.

例如,对于矩阵 $A = \begin{pmatrix} 1 & 2 \\ 3 & 4 \end{pmatrix}, B = \begin{pmatrix} x & 2 \\ 3 & y \end{pmatrix}$,如果 $A = B$,则有 $x = 1, y = 4$.

2. 矩阵的加法

定义 9.3 两个 $m \times n$ 矩阵 $A = (a_{ij})_{m \times n}, B = (b_{ij})_{m \times n}$ 的对应元素相加得到的 $m \times n$ 矩阵

$$C = \begin{pmatrix} a_{11} + b_{11} & a_{12} + b_{12} & \cdots & a_{1n} + b_{1n} \\ a_{21} + b_{21} & a_{22} + b_{22} & \cdots & a_{2n} + b_{2n} \\ \vdots & \vdots & & \vdots \\ a_{m1} + b_{m1} & a_{m2} + b_{m2} & \cdots & a_{mn} + b_{mn} \end{pmatrix},$$

称为矩阵 A 与 B 的**和**,记作 $C = A + B$.

这里要注意的是:两个矩阵只有行数和列数都相同时才能相加.例如,

$$\begin{pmatrix} 3 & 6 \\ 7 & 1 \\ 2 & 0 \end{pmatrix} + \begin{pmatrix} 2 & 4 \\ 7 & 1 \\ 1 & 1 \end{pmatrix} = \begin{pmatrix} 5 & 10 \\ 14 & 2 \\ 3 & 1 \end{pmatrix}.$$

设矩阵 $A = (a_{ij})_{m \times n}$,则称矩阵 $(-a_{ij})_{m \times n}$ 为 A 的**负矩阵**,记为 $-A$,即

$$-\boldsymbol{A} = \begin{bmatrix} -a_{11} & -a_{12} & \cdots & -a_{1n} \\ -a_{21} & -a_{22} & \cdots & -a_{2n} \\ \vdots & \vdots & & \vdots \\ -a_{m1} & -a_{m2} & \cdots & -a_{mn} \end{bmatrix}.$$

有了负矩阵的概念，就可定义矩阵的减法：两个 $m \times n$ 矩阵 $\boldsymbol{A}$ 与 $\boldsymbol{B}$ 的差为

$$\boldsymbol{A} - \boldsymbol{B} = \boldsymbol{A} + (-\boldsymbol{B}).$$

例如，

$$\begin{bmatrix} 3 & 6 \\ 7 & 1 \\ 2 & 0 \end{bmatrix} - \begin{bmatrix} 2 & 4 \\ 7 & 1 \\ 1 & 1 \end{bmatrix} = \begin{bmatrix} 1 & 2 \\ 0 & 0 \\ 1 & -1 \end{bmatrix}.$$

矩阵的加法满足如下运算规律（设 $\boldsymbol{A}, \boldsymbol{B}, \boldsymbol{C}$ 都是 $m \times n$ 矩阵）：

(1) $\boldsymbol{A} + \boldsymbol{B} = \boldsymbol{B} + \boldsymbol{A}$；
(2) $(\boldsymbol{A} + \boldsymbol{B}) + \boldsymbol{C} = \boldsymbol{A} + (\boldsymbol{B} + \boldsymbol{C})$；
(3) $\boldsymbol{A} + \boldsymbol{O}_{m \times n} = \boldsymbol{A}$；
(4) $\boldsymbol{A} + (-\boldsymbol{A}) = \boldsymbol{O}_{m \times n}$.

3. 矩阵的数乘

定义 9.4 数 k 乘以矩阵 $\boldsymbol{A} = (a_{ij})_{m \times n}$ 的每个元素得到的矩阵

$$\boldsymbol{C} = \begin{bmatrix} ka_{11} & ka_{12} & \cdots & ka_{1n} \\ ka_{21} & ka_{22} & \cdots & ka_{2n} \\ \vdots & \vdots & & \vdots \\ ka_{m1} & ka_{m2} & \cdots & ka_{mn} \end{bmatrix},$$

称为**数 k 与矩阵 $\boldsymbol{A}$ 的乘积**，记作 $\boldsymbol{C} = k\boldsymbol{A}$. 这种运算称为**矩阵的数量乘法**，简称**矩阵的数乘**.

由定义 9.4，数 k 乘以矩阵 $\boldsymbol{A}$，就是用数 k 乘以矩阵 $\boldsymbol{A}$ 的每个元素. 例如，设矩阵 $\boldsymbol{A} = \begin{bmatrix} 2 & 3 \\ 4 & 1 \end{bmatrix}$，则 $5\boldsymbol{A} = \begin{bmatrix} 10 & 15 \\ 20 & 5 \end{bmatrix}$.

矩阵的数乘满足以下运算规律（设 $\boldsymbol{A}, \boldsymbol{B}$ 都是 $m \times n$ 矩阵，k, l 均为常数）：

(1) $(kl)\boldsymbol{A} = k(l\boldsymbol{A}) = l(k\boldsymbol{A})$；
(2) $(k+l)\boldsymbol{A} = k\boldsymbol{A} + l\boldsymbol{A}$；
(3) $k(\boldsymbol{A} + \boldsymbol{B}) = k\boldsymbol{A} + k\boldsymbol{B}$；
(4) $1\boldsymbol{A} = \boldsymbol{A}$.

矩阵的加法与数乘运算统称为**矩阵的线性运算**.

4. 矩阵的乘法

定义 9.5 设矩阵 $\boldsymbol{A} = (a_{ij})_{m \times p}$，$\boldsymbol{B} = (b_{ij})_{p \times n}$，$\boldsymbol{A}$ 与 $\boldsymbol{B}$ 的乘积是一个 $m \times n$ 矩阵 $\boldsymbol{C} = (c_{ij})_{m \times n}$，记作 $\boldsymbol{C} = \boldsymbol{AB}$，其中

$$c_{ij} = a_{i1}b_{1j} + a_{i2}b_{2j} + \cdots + a_{ip}b_{pj} \quad (i = 1, 2, \cdots, m; j = 1, 2, \cdots, n).$$

例如，设矩阵 $\boldsymbol{A} = \begin{bmatrix} a_{11} & a_{12} \\ a_{21} & a_{22} \end{bmatrix}$，$\boldsymbol{B} = \begin{bmatrix} b_{11} & b_{12} \\ b_{21} & b_{22} \end{bmatrix}$，则

$$AB = \begin{pmatrix} a_{11} & a_{12} \\ a_{21} & a_{22} \end{pmatrix} \begin{pmatrix} b_{11} & b_{12} \\ b_{21} & b_{22} \end{pmatrix} = \begin{pmatrix} a_{11}b_{11} + a_{12}b_{21} & a_{11}b_{12} + a_{12}b_{22} \\ a_{21}b_{11} + a_{22}b_{21} & a_{21}b_{12} + a_{22}b_{22} \end{pmatrix}.$$

注意 （1）对于 AB，仅当左边矩阵 A 的列数与右边矩阵 B 的行数相等时才有意义．

（2）AB 的行数等于 A 的行数，AB 的列数等于 B 的列数．

（3）AB 的第 i 行第 j 列元素等于 A 的第 i 行各元素与 B 的第 j 列对应元素的乘积之和．

例 1 设矩阵 $A = \begin{pmatrix} 1 & 6 \\ 2 & 7 \\ 3 & 8 \end{pmatrix}$，$B = \begin{pmatrix} 4 & 3 \\ 1 & 4 \end{pmatrix}$，求 AB．

解 因为 A 是 3×2 矩阵，B 是 2×2 矩阵，即 A 的列数等于 B 的行数，所以 A 与 B 可以相乘，其乘积 AB 是 3×2 矩阵．按照定义 9.5，有

$$AB = \begin{pmatrix} 1 & 6 \\ 2 & 7 \\ 3 & 8 \end{pmatrix} \begin{pmatrix} 4 & 3 \\ 1 & 4 \end{pmatrix} = \begin{pmatrix} 1 \times 4 + 6 \times 1 & 1 \times 3 + 6 \times 4 \\ 2 \times 4 + 7 \times 1 & 2 \times 3 + 7 \times 4 \\ 3 \times 4 + 8 \times 1 & 3 \times 3 + 8 \times 4 \end{pmatrix} = \begin{pmatrix} 10 & 27 \\ 15 & 34 \\ 20 & 41 \end{pmatrix}.$$

例 2 设矩阵 $A = (3, 5, 7)$，$B = \begin{pmatrix} 1 \\ 2 \\ -1 \end{pmatrix}$，求 AB 和 BA．

解 $AB = (3, 5, 7) \begin{pmatrix} 1 \\ 2 \\ -1 \end{pmatrix} = (3 \times 1 + 5 \times 2 + 7 \times (-1)) = (6),$

$$BA = \begin{pmatrix} 1 \\ 2 \\ -1 \end{pmatrix} (3, 5, 7) = \begin{pmatrix} 1 \times 3 & 1 \times 5 & 1 \times 7 \\ 2 \times 3 & 2 \times 5 & 2 \times 7 \\ -1 \times 3 & -1 \times 5 & -1 \times 7 \end{pmatrix} = \begin{pmatrix} 3 & 5 & 7 \\ 6 & 10 & 14 \\ -3 & -5 & -7 \end{pmatrix}.$$

为了方便，有时将 1×1 矩阵 $(a)_{1 \times 1}$ 简记为 a．

矩阵的乘法满足以下运算规律（假设所涉及的运算均有意义）：

（1）$(AB)C = A(BC)$；

（2）$k(AB) = (kA)B = A(kB)$（k 为常数）；

（3）$(A + B)C = AC + BC$，$C(A + B) = CA + CB$．

例 3 设矩阵 $A = \begin{pmatrix} 1 & 1 \\ -1 & -1 \end{pmatrix}$，$B = \begin{pmatrix} 1 & -1 \\ -1 & 1 \end{pmatrix}$，求 AB 和 BA．

解 $AB = \begin{pmatrix} 1 & 1 \\ -1 & -1 \end{pmatrix} \begin{pmatrix} 1 & -1 \\ -1 & 1 \end{pmatrix} = \begin{pmatrix} 0 & 0 \\ 0 & 0 \end{pmatrix},$

$BA = \begin{pmatrix} 1 & -1 \\ -1 & 1 \end{pmatrix} \begin{pmatrix} 1 & 1 \\ -1 & -1 \end{pmatrix} = \begin{pmatrix} 2 & 2 \\ -2 & -2 \end{pmatrix}.$

显然 $AB \neq BA$．

由例 3 可以看出，矩阵的乘法不满足交换律，即 AB 不一定等于 BA．同时，还可以看到 A，B 都是非零矩阵，但 $AB = O$，即两个非零矩阵的乘积可能是零矩阵．

三、矩阵的转置

定义 9.6 把 $m \times n$ 矩阵 A 的行与列互换，得到的 $n \times m$ 矩阵称为矩阵 A 的**转置矩阵**，

记作 A^T，即若

$$A = \begin{pmatrix} a_{11} & a_{12} & \cdots & a_{1n} \\ a_{21} & a_{22} & \cdots & a_{2n} \\ \vdots & \vdots & & \vdots \\ a_{m1} & a_{m2} & \cdots & a_{mn} \end{pmatrix},$$

则

$$A^T = \begin{pmatrix} a_{11} & a_{21} & \cdots & a_{m1} \\ a_{12} & a_{22} & \cdots & a_{m2} \\ \vdots & \vdots & & \vdots \\ a_{1n} & a_{2n} & \cdots & a_{mn} \end{pmatrix}.$$

例如，设矩阵 $A = \begin{pmatrix} 1 & 2 \\ 3 & 5 \\ 7 & 8 \end{pmatrix}$，则 $A^T = \begin{pmatrix} 1 & 3 & 7 \\ 2 & 5 & 8 \end{pmatrix}$。

矩阵的转置满足下列运算规律（假设所涉及的运算均有意义）：

(1) $(A^T)^T = A$；
(2) $(A+B)^T = A^T + B^T$；
(3) $(kA)^T = kA^T$（k 为常数）；
(4) $(AB)^T = B^T A^T$。

例 4 设矩阵 $A = \begin{pmatrix} 2 & 0 & -1 \\ 1 & 3 & 2 \end{pmatrix}$，$B = \begin{pmatrix} 1 & 7 & -1 \\ 4 & 2 & 3 \\ 2 & 0 & 1 \end{pmatrix}$，验证：$(AB)^T = B^T A^T$。

证 因为

$$AB = \begin{pmatrix} 2 & 0 & -1 \\ 1 & 3 & 2 \end{pmatrix} \begin{pmatrix} 1 & 7 & -1 \\ 4 & 2 & 3 \\ 2 & 0 & 1 \end{pmatrix} = \begin{pmatrix} 0 & 14 & -3 \\ 17 & 13 & 10 \end{pmatrix},$$

所以

$$(AB)^T = \begin{pmatrix} 0 & 17 \\ 14 & 13 \\ -3 & 10 \end{pmatrix}.$$

而

$$B^T A^T = \begin{pmatrix} 1 & 4 & 2 \\ 7 & 2 & 0 \\ -1 & 3 & 1 \end{pmatrix} \begin{pmatrix} 2 & 1 \\ 0 & 3 \\ -1 & 2 \end{pmatrix} = \begin{pmatrix} 0 & 17 \\ 14 & 13 \\ -3 & 10 \end{pmatrix},$$

故

$$(AB)^T = B^T A^T.$$

【思考题】

1. 两个矩阵 A 与 B 相加，要求矩阵 A 的行数 m 与矩阵 B 的行数 n 满足_____，以及矩阵 A 的列数 l 与矩阵 B 的列数 k 满足_____。

2. 两个矩阵 $A_{m \times l}$ 与 $B_{n \times k}$ 相乘，要求 l _____ n。

3. 若 $AB = AC$,是否一定有 $B = C$ 成立？

4. $m \times l$ 矩阵 A 的转置矩阵 A^T 的行数为_____,列数为_____.

习 题 9-1

1. 已知矩阵 $A = \begin{pmatrix} 3 & 6 & 2 \\ 2 & 4 & 7 \\ -1 & 2 & 5 \end{pmatrix}$,求 $A + A^T$ 及 $A - A^T$.

2. 已知矩阵 $A = \begin{pmatrix} 3 & 2 & 5 \\ 1 & 6 & 1 \\ 4 & 5 & 7 \end{pmatrix}$, $B = \begin{pmatrix} 4 & 3 & 7.5 \\ 1.5 & 8.5 & 1.5 \\ 6 & 7.5 & 10 \end{pmatrix}$,求 $3A + 2B$, $3A - 2B$.

3. 设矩阵 $A = \begin{pmatrix} 1 & 2 \\ 4 & -1 \end{pmatrix}$, $B = \begin{pmatrix} -1 & 2 \\ 3 & 1 \end{pmatrix}$, $C = \begin{pmatrix} 3 & 1 \\ 0 & 3 \end{pmatrix}$,试验证下列等式:

(1) $(AB)C = A(BC)$;
(2) $A(B+C) = AB + AC$.

4. 计算:

(1) $(1,2,3) \begin{pmatrix} 1 \\ 2 \\ 3 \end{pmatrix}$;

(2) $\begin{pmatrix} 2 \\ 1 \\ 3 \end{pmatrix} (-1, 2)$;

(3) $\begin{pmatrix} 1 & 0 \\ 0 & 1 \end{pmatrix} \begin{pmatrix} 3 & 2 \\ 5 & 6 \end{pmatrix}$;

(4) $(x, y) \begin{pmatrix} 9 & -12 \\ -12 & 16 \end{pmatrix} \begin{pmatrix} x \\ y \end{pmatrix}$;

(5) $\begin{pmatrix} 1 & -3 & 2 \\ -1 & 2 & -4 \\ 0 & 0 & 1 \end{pmatrix} \begin{pmatrix} 1 & -1 & 2 & 0 \\ 0 & 1 & 3 & 1 \\ -1 & 2 & 1 & -1 \end{pmatrix}$.

第二节 行 列 式

在工程技术和科学研究中,有很多问题需要用到"行列式".本节将从用消元法求解二元、三元线性方程组入手引出行列式的概念.

一、二元线性方程组与二阶行列式

1. 求解二元线性方程组

二元线性方程组的一般形式为

$$\begin{cases} a_{11}x_1 + a_{12}x_2 = b_1, \\ a_{21}x_1 + a_{22}x_2 = b_2. \end{cases} \tag{9-2-1}$$

用消元法消去未知量 x_2(第一个方程乘以 a_{22},第二个方程乘以 a_{12},然后前者减后者),得

$$(a_{11}a_{22} - a_{12}a_{21})x_1 = b_1 a_{22} - b_2 a_{12}.$$

同样,用消元法消去未知量 x_1,得

$$(a_{11}a_{22} - a_{12}a_{21})x_2 = b_2 a_{11} - b_1 a_{21}.$$

于是,当 $a_{11}a_{22} - a_{12}a_{21} \neq 0$ 时,有

$$\begin{cases} x_1 = \dfrac{b_1 a_{22} - b_2 a_{12}}{a_{11} a_{22} - a_{12} a_{21}}, \\ x_2 = \dfrac{b_2 a_{11} - b_1 a_{21}}{a_{11} a_{22} - a_{12} a_{21}}. \end{cases}$$

2. 二阶行列式的定义

定义 9.7 用记号 $\begin{vmatrix} a_{11} & a_{12} \\ a_{21} & a_{22} \end{vmatrix}$ 表示 $a_{11}a_{22} - a_{12}a_{21}$，即

$$\begin{vmatrix} a_{11} & a_{12} \\ a_{21} & a_{22} \end{vmatrix} = a_{11}a_{22} - a_{12}a_{21},$$

并称 $\begin{vmatrix} a_{11} & a_{12} \\ a_{21} & a_{22} \end{vmatrix}$ 为**二阶行列式**.

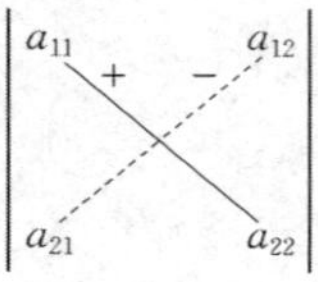

图 9-2-1

由定义 9.7 可知，二阶行列式是两项的代数和，可用如图 9-2-1 所示的**对角线法则**来计算，即实线连接的两个元素的乘积前面取正号，虚线连接的两个元素的乘积前面取负号.

矩阵 $\boldsymbol{A} = \begin{pmatrix} a_{11} & a_{12} \\ a_{21} & a_{22} \end{pmatrix}$ 称为二元线性方程组(9-2-1)的**系数矩阵**，行列式 $\begin{vmatrix} a_{11} & a_{12} \\ a_{21} & a_{22} \end{vmatrix}$ 称为二元线性方程组(9-2-1)的**系数行列式**，也称为**矩阵 $\boldsymbol{A}$ 的行列式**，记为 $|\boldsymbol{A}|$ 或 $\det(\boldsymbol{A})$.

有了二阶行列式的定义，二元线性方程组(9-2-1)的解可以用二阶行列式表示为

$$x_1 = \dfrac{\begin{vmatrix} b_1 & a_{12} \\ b_2 & a_{22} \end{vmatrix}}{\begin{vmatrix} a_{11} & a_{12} \\ a_{21} & a_{22} \end{vmatrix}}, \quad x_2 = \dfrac{\begin{vmatrix} a_{11} & b_1 \\ a_{21} & b_2 \end{vmatrix}}{\begin{vmatrix} a_{11} & a_{12} \\ a_{21} & a_{22} \end{vmatrix}}.$$

例 1 计算二阶行列式 $\begin{vmatrix} 3 & 5 \\ -2 & 4 \end{vmatrix}$.

解 $\begin{vmatrix} 3 & 5 \\ -2 & 4 \end{vmatrix} = 3 \times 4 - 5 \times (-2) = 22.$

例 2 设矩阵 $\boldsymbol{A} = \begin{pmatrix} \lambda^2 & \lambda \\ 2 & 1 \end{pmatrix}$，试问：$\lambda$ 取何值时，以下式子成立？

(1) $|\boldsymbol{A}| = 0$；　　　　　　　　　　(2) $|\boldsymbol{A}| \neq 0$.

解 已知 $|\boldsymbol{A}| = \begin{vmatrix} \lambda^2 & \lambda \\ 2 & 1 \end{vmatrix} = \lambda^2 - 2\lambda$，求解方程 $\lambda^2 - 2\lambda = 0$，得

$$\lambda_1 = 0, \quad \lambda_2 = 2.$$

因此有：

(1) 当 $\lambda = 0$ 或 $\lambda = 2$ 时，$|\boldsymbol{A}| = 0$；

(2) 当 $\lambda \neq 0$ 且 $\lambda \neq 2$ 时，$|\boldsymbol{A}| \neq 0$.

二、三元线性方程组与三阶行列式

1. 求解三元线性方程组

三元线性方程组的一般形式为

$$\begin{cases} a_{11}x_1 + a_{12}x_2 + a_{13}x_3 = b_1, \\ a_{21}x_1 + a_{22}x_2 + a_{23}x_3 = b_2, \\ a_{31}x_1 + a_{32}x_2 + a_{33}x_3 = b_3. \end{cases} \quad (9-2-2)$$

先用消元法先消去一个未知量,然后利用二元线性方程组的结果解出另外两个未知量,并将其代入原方程组中的任意一个方程,即可求出被消去的未知量的值. 例如,若先消去未知量 x_1, 则最后可求得

$$x_1 = \frac{b_1 a_{22} a_{33} + a_{12} a_{23} b_3 + a_{13} b_2 a_{32} - b_1 a_{23} a_{32} - a_{12} b_2 a_{33} - a_{13} a_{22} b_3}{a_{11} a_{22} a_{33} + a_{12} a_{23} a_{31} + a_{13} a_{21} a_{32} - a_{11} a_{23} a_{32} - a_{12} a_{21} a_{33} - a_{13} a_{22} a_{31}}.$$

下面先引入三阶行列式的定义,再来讨论三元线性方程组(9-2-2)的解.

2. 三阶行列式的定义

定义9.8 用记号 $\begin{vmatrix} a_{11} & a_{12} & a_{13} \\ a_{21} & a_{22} & a_{23} \\ a_{31} & a_{32} & a_{33} \end{vmatrix}$ 表示 $a_{11}a_{22}a_{33} + a_{12}a_{23}a_{31} + a_{13}a_{21}a_{32} - a_{11}a_{23}a_{32} - a_{12}a_{21}a_{33} - a_{13}a_{22}a_{31}$, 即

$$\begin{vmatrix} a_{11} & a_{12} & a_{13} \\ a_{21} & a_{22} & a_{23} \\ a_{31} & a_{32} & a_{33} \end{vmatrix} = a_{11}a_{22}a_{33} + a_{12}a_{23}a_{31} + a_{13}a_{21}a_{32} - a_{11}a_{23}a_{32} - a_{12}a_{21}a_{33} - a_{13}a_{22}a_{31},$$

并称 $\begin{vmatrix} a_{11} & a_{12} & a_{13} \\ a_{21} & a_{22} & a_{23} \\ a_{31} & a_{32} & a_{33} \end{vmatrix}$ 为**三阶行列式**.

由定义 9.8 可知,三阶行列式的值是六项的代数和,其计算方法是如图 9-2-2 所示的**对角线法则**,即各实线连接的三个元素的乘积前面取正号,各虚线连接的三个元素的乘积前面取负号.

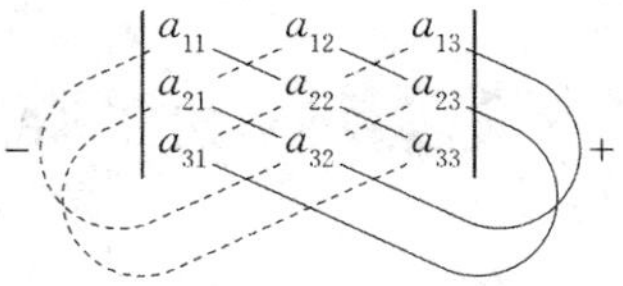

有了三阶行列式的定义,三元线性方程组(9-2-2)的解可以用三阶行列式表示为

图 9-2-2

$$x_1 = \frac{|\boldsymbol{A}_1|}{|\boldsymbol{A}|}, \quad x_2 = \frac{|\boldsymbol{A}_2|}{|\boldsymbol{A}|}, \quad x_3 = \frac{|\boldsymbol{A}_3|}{|\boldsymbol{A}|},$$

其中 $\boldsymbol{A}$ 和 $|\boldsymbol{A}|$ 分别是三元线性方程组(9-2-2)的系数矩阵和系数行列式, $|\boldsymbol{A}_i|$ $(i=1,2,3)$ 是用三元线性方程组(9-2-2)中的常数项构成的列代替 $|\boldsymbol{A}|$ 的第 i 列得到的行列式,例如

$$|\boldsymbol{A}_2| = \begin{vmatrix} a_{11} & b_1 & a_{13} \\ a_{21} & b_2 & a_{23} \\ a_{31} & b_3 & a_{33} \end{vmatrix}.$$

例 3 计算三阶行列式 $|\boldsymbol{A}| = \begin{vmatrix} 2 & 1 & 1 \\ 1 & 2 & 1 \\ 1 & 1 & 2 \end{vmatrix}$.

解 $|\boldsymbol{A}| = 2\times2\times2 + 1\times1\times1 + 1\times1\times1 - 2\times1\times1 - 1\times1\times2 - 1\times2\times1 = 4.$

三、n 阶行列式的概念与性质

1. n 阶行列式的概念

定义 9.9 设 $\boldsymbol{A} = (a_{ij})$ 为一个 n 阶方阵，$\boldsymbol{A}$ 的行列式记为

$$|\boldsymbol{A}|, \quad \det(\boldsymbol{A}) \quad \text{或} \quad \begin{vmatrix} a_{11} & a_{12} & \cdots & a_{1n} \\ a_{21} & a_{22} & \cdots & a_{2n} \\ \vdots & \vdots & & \vdots \\ a_{n1} & a_{n2} & \cdots & a_{nn} \end{vmatrix},$$

称之为 n **阶行列式**，它表示一个由以下运算关系所确定的数：

(1) 当 $n = 1$ 时，$|\boldsymbol{A}| = a_{11}$；

(2) 当 $n \geqslant 2$ 时，$|\boldsymbol{A}| = a_{i1}A_{i1} + a_{i2}A_{i2} + \cdots + a_{ij}A_{ij} + \cdots + a_{in}A_{in} (i = 1, 2, \cdots, n)$，其中
$$A_{ij} = (-1)^{i+j} M_{ij},$$

这里 M_{ij} 为划去 $\boldsymbol{A}$ 的第 i 行与第 j 列元素后剩余元素按照原先的次序排列构成的 $n-1$ 阶矩阵的行列式，称为元素 a_{ij} 的**余子式**，A_{ij} 称为元素 a_{ij} 的**代数余子式**.

通常将定义 9.9 称为**行列式的归纳定义**，并将按照定义 9.9 计算行列式的方法称为**按行列式第 i 行展开**. 显然，行列式的归纳定义是将 n 阶行列式用比它低一阶的行列式来定义.

由行列式的定义，可以推出三角形矩阵的行列式的值，即

$$\begin{vmatrix} a_{11} & a_{12} & \cdots & a_{1n} \\ & a_{22} & \cdots & a_{2n} \\ & & \ddots & \vdots \\ & & & a_{nn} \end{vmatrix} = a_{11}a_{22}\cdots a_{nn}, \quad \begin{vmatrix} a_{11} & & & \\ a_{21} & a_{22} & & \\ \vdots & \vdots & \ddots & \\ a_{n1} & a_{n2} & \cdots & a_{nn} \end{vmatrix} = a_{11}a_{22}\cdots a_{nn}.$$

从表达形式上看，矩阵的记号与行列式的记号很相似，但矩阵与行列式是两个完全不同的概念，矩阵是数表，而行列式是数值.

例 4 用行列式的归纳定义计算三阶行列式 $|\boldsymbol{A}| = \begin{vmatrix} 1 & 0 & 1 \\ 2 & 3 & -1 \\ -1 & 2 & 2 \end{vmatrix}.$

解 $|\boldsymbol{A}| = a_{11}A_{11} + a_{12}A_{12} + a_{13}A_{13}$

$= 1\times(-1)^{1+1}\begin{vmatrix} 3 & -1 \\ 2 & 2 \end{vmatrix} + 0 + 1\times(-1)^{1+3}\begin{vmatrix} 2 & 3 \\ -1 & 2 \end{vmatrix}$

$= 6 + 2 + 4 + 3 = 15.$

2. n 阶行列式的性质

为了简化行列式的计算，下面讨论 n 阶行列式的性质.

性质 1 n 阶方阵 $\boldsymbol{A}$ 的行列式与 $\boldsymbol{A}$ 的转置矩阵 $\boldsymbol{A}^{\mathrm{T}}$ 的行列式的值相等，即

$$\begin{vmatrix} a_{11} & a_{12} & \cdots & a_{1n} \\ a_{21} & a_{22} & \cdots & a_{2n} \\ \vdots & \vdots & & \vdots \\ a_{n1} & a_{n2} & \cdots & a_{nn} \end{vmatrix} = \begin{vmatrix} a_{11} & a_{21} & \cdots & a_{n1} \\ a_{12} & a_{22} & \cdots & a_{n2} \\ \vdots & \vdots & & \vdots \\ a_{1n} & a_{2n} & \cdots & a_{nn} \end{vmatrix} \quad \text{或} \quad |\boldsymbol{A}| = |\boldsymbol{A}^{\mathrm{T}}|.$$

由此性质可知，凡是对行列式的行成立的性质，对其列也一定成立；反之亦然.

性质 2　行列式的任意两行(列)互换,行列式的值仅改变符号.

一般地,用记号 $r_i \leftrightarrow r_j(c_i \leftrightarrow c_j)$ 表示第 i 行(列)与第 j 行(列)互换. 例如,

$$\begin{vmatrix} a_{11} & a_{12} & a_{13} \\ a_{21} & a_{22} & a_{23} \\ a_{31} & a_{32} & a_{33} \end{vmatrix} \xlongequal{r_2 \leftrightarrow r_3} - \begin{vmatrix} a_{11} & a_{12} & a_{13} \\ a_{31} & a_{32} & a_{33} \\ a_{21} & a_{22} & a_{23} \end{vmatrix}.$$

性质 3　若一个行列式中有两行(列)其对应元素相同,则此行列式的值为 0.

例如,$\begin{vmatrix} 3 & 2 & 1 \\ 3 & 2 & 1 \\ 1 & 3 & 2 \end{vmatrix} = 0.$

性质 4　常数 k 乘以行列式某一行(列)各元素,等于数 k 乘以行列式.

例如,$\begin{vmatrix} ka_{11} & ka_{12} & \cdots & ka_{1n} \\ a_{21} & a_{22} & \cdots & a_{2n} \\ \vdots & \vdots & & \vdots \\ a_{n1} & a_{n2} & \cdots & a_{nn} \end{vmatrix} = k \begin{vmatrix} a_{11} & a_{12} & \cdots & a_{1n} \\ a_{21} & a_{22} & \cdots & a_{2n} \\ \vdots & \vdots & & \vdots \\ a_{n1} & a_{n2} & \cdots & a_{nn} \end{vmatrix}.$

一般地,用记号 $kr_i(kc_i)$ 表示常数 k 乘以第 i 行(列)各元素.

推论 1　如果一个行列式中有一行(列)元素都为 0,则此行列式的值为 0.

例如,$\begin{vmatrix} 2 & 1 & 2 \\ 0 & 0 & 0 \\ 1 & 3 & 5 \end{vmatrix} = 0.$

推论 2　若一个行列式中有两行(列)其对应元素成比例,则此行列式的值为 0.

例如,$\begin{vmatrix} 1 & 2 & 3 \\ 2 & 4 & 0 \\ 3 & 6 & 5 \end{vmatrix} = 0.$

性质 5　把行列式中某一行(列)各元素乘以常数 k 后分别加到另一行(列)对应的元素上,行列式的值不变.

一般地,用记号 $r_i + kr_j(c_i + kc_j)$ 表示第 j 行(列)各元素乘以常数 k 后分别加到第 i 行(列)对应的元素上. 例如,

$$\begin{vmatrix} a_{11} & a_{12} & \cdots & a_{1n} \\ a_{21} & a_{22} & \cdots & a_{2n} \\ \vdots & \vdots & & \vdots \\ a_{n1} & a_{n2} & \cdots & a_{nn} \end{vmatrix} \xlongequal{r_1 + kr_2} \begin{vmatrix} a_{11}+ka_{21} & a_{12}+ka_{22} & \cdots & a_{1n}+ka_{2n} \\ a_{21} & a_{22} & \cdots & a_{2n} \\ \vdots & \vdots & & \vdots \\ a_{n1} & a_{n2} & \cdots & a_{nn} \end{vmatrix}.$$

3. 行列式的计算

例 5　计算行列式

$$|\boldsymbol{A}| = \begin{vmatrix} 1 & 2 & 0 & 1 \\ 0 & 1 & 5 & -1 \\ 0 & 1 & 5 & 6 \\ 0 & 1 & 3 & 3 \end{vmatrix}.$$

解　所给行列式第一列除 a_{11} 外其余元素均为 0,所以按第一列展开比较简单,即

$$|A| = a_{11}A_{11} = 1 \times (-1)^{1+1} \times \begin{vmatrix} 1 & 5 & -1 \\ 1 & 5 & 6 \\ 1 & 3 & 3 \end{vmatrix} = \begin{vmatrix} 1 & 5 & -1 \\ 1 & 5 & 6 \\ 1 & 3 & 3 \end{vmatrix}.$$

再将上式右端行列式第一行各元素的 -1 倍分别加到第二行和第三行对应的元素上,得

$$|A| = \begin{vmatrix} 1 & 5 & -1 \\ 1 & 5 & 6 \\ 1 & 3 & 3 \end{vmatrix} \xrightarrow{\substack{r_2+(-1)r_1 \\ r_3+(-1)r_1}} \begin{vmatrix} 1 & 5 & -1 \\ 0 & 0 & 7 \\ 0 & -2 & 4 \end{vmatrix} = 1 \times (-1)^{1+1} \begin{vmatrix} 0 & 7 \\ -2 & 4 \end{vmatrix} = 0 + 14 = 14.$$

例 6 计算行列式

$$|A| = \begin{vmatrix} 3 & 1 & 1 & 1 \\ 1 & 3 & 1 & 1 \\ 1 & 1 & 3 & 1 \\ 1 & 1 & 1 & 3 \end{vmatrix}.$$

解 这个行列式的特点是:各行四个元素之和都是 6. 因此,可把第二、三、四行各元素的 1 倍加到第一行对应的元素上,再提出第一行元素的公因子 6,即得

$$|A| = \begin{vmatrix} 3 & 1 & 1 & 1 \\ 1 & 3 & 1 & 1 \\ 1 & 1 & 3 & 1 \\ 1 & 1 & 1 & 3 \end{vmatrix} = \begin{vmatrix} 6 & 6 & 6 & 6 \\ 1 & 3 & 1 & 1 \\ 1 & 1 & 3 & 1 \\ 1 & 1 & 1 & 3 \end{vmatrix} = 6\begin{vmatrix} 1 & 1 & 1 & 1 \\ 1 & 3 & 1 & 1 \\ 1 & 1 & 3 & 1 \\ 1 & 1 & 1 & 3 \end{vmatrix}$$

$$\xrightarrow{\substack{r_i+(-1)r_1 \\ (i=2,3,4)}} 6\begin{vmatrix} 1 & 1 & 1 & 1 \\ 0 & 2 & 0 & 0 \\ 0 & 0 & 2 & 0 \\ 0 & 0 & 0 & 2 \end{vmatrix} = 48.$$

四、克拉默法则

定理 9.1[克拉默(Cramer)法则] 如果 n 元线性方程组

$$\begin{cases} a_{11}x_1 + a_{12}x_2 + \cdots + a_{1n}x_n = b_1, \\ a_{21}x_1 + a_{22}x_2 + \cdots + a_{2n}x_n = b_2, \\ \cdots\cdots \\ a_{n1}x_1 + a_{n2}x_2 + \cdots + a_{nn}x_n = b_n \end{cases}$$

的系数行列式

$$|A| = \begin{vmatrix} a_{11} & a_{12} & \cdots & a_{1n} \\ a_{21} & a_{22} & \cdots & a_{2n} \\ \vdots & \vdots & & \vdots \\ a_{n1} & a_{n2} & \cdots & a_{nn} \end{vmatrix} \neq 0,$$

则该线性方程组有唯一解

$$x_1 = \frac{|A_1|}{|A|}, \quad x_2 = \frac{|A_2|}{|A|}, \quad \cdots, \quad x_n = \frac{|A_n|}{|A|},$$

其中 $|A_i|(i=1,2,\cdots,n)$ 是用常数项构成的列代替 $|A|$ 中第 i 列元素后得到的行列式.

例 7 用克拉默法则解线性方程组

$$\begin{cases} x_1 - x_2 + 2x_4 = -5, \\ 3x_1 + 2x_2 - x_3 - 2x_4 = 6, \\ 4x_1 + 3x_2 - x_3 - x_4 = 0, \\ 2x_1 - x_3 = 0. \end{cases}$$

解 该线性方程组的系数行列式为

$$|A| = \begin{vmatrix} 1 & -1 & 0 & 2 \\ 3 & 2 & -1 & -2 \\ 4 & 3 & -1 & -1 \\ 2 & 0 & -1 & 0 \end{vmatrix} \xrightarrow{c_1+2c_3} \begin{vmatrix} 1 & -1 & 0 & 2 \\ 1 & 2 & -1 & -2 \\ 2 & 3 & -1 & -1 \\ 0 & 0 & -1 & 0 \end{vmatrix}$$

$$= (-1) \times (-1)^{4+3} \begin{vmatrix} 1 & -1 & 2 \\ 1 & 2 & -2 \\ 2 & 3 & -1 \end{vmatrix} \xrightarrow[r_3+(-2)r_1]{r_2+(-1)r_1} \begin{vmatrix} 1 & -1 & 2 \\ 0 & 3 & -4 \\ 0 & 5 & -5 \end{vmatrix}$$

$$= \begin{vmatrix} 3 & -4 \\ 5 & -5 \end{vmatrix} = 5 \neq 0.$$

用类似的方法求出 $|A_i|$ $(i=1,2,3,4)$:

$$|A_1| = 10, \quad |A_2| = -15, \quad |A_3| = 20, \quad |A_4| = -25.$$

根据克拉默法则,该线性方程组的解为

$$x_1 = \frac{|A_1|}{|A|} = \frac{10}{5} = 2, \quad x_2 = \frac{|A_2|}{|A|} = \frac{-15}{5} = -3,$$

$$x_3 = \frac{|A_3|}{|A|} = \frac{20}{5} = 4, \quad x_4 = \frac{|A_4|}{|A|} = \frac{-25}{5} = -5.$$

【思考题】

1. 若三阶行列式 $|A|$ 的第二行元素分别为 $4,7,-3$,它们所对应的代数余子式分别为 $4,6,5$,则 $|A| = $ _____.

2. 由三个三元线性方程构成的方程组,它的系数行列式应满足什么条件,才能使得这个方程组有唯一确定的解? 此时如何求这个解?

习 题 9-2

1. 计算下列行列式:

(1) $\begin{vmatrix} 3 & 6 \\ 5 & 4 \end{vmatrix}$;

(2) $\begin{vmatrix} \cos^2 x & \sin^2 x \\ \sin^2 x & \cos^2 x \end{vmatrix}$;

(3) $\begin{vmatrix} 4 & 2 & 3 \\ 7 & 3 & 0 \\ 3 & 0 & 0 \end{vmatrix}$;

(4) $\begin{vmatrix} 0 & x & y \\ -x & 0 & z \\ -y & -z & 0 \end{vmatrix}$.

2. 计算下列行列式:

(1) $\begin{vmatrix} 2 & -1 & 5 & 7 \\ 0 & 1 & -3 & 8 \\ 4 & -2 & 12 & 17 \\ 0 & 0 & -1 & 0 \end{vmatrix}$;

(2) $\begin{vmatrix} -1 & 2 & -3 & 1 \\ 2 & 0 & 0 & -1 \\ 2 & 3 & 0 & 2 \\ 3 & 1 & 5 & 1 \end{vmatrix}$.

3. 用克拉默法则解下列线性方程组:

(1) $\begin{cases} x_1 + x_2 + 2x_3 + 3x_4 = 1, \\ 3x_1 + x_2 - x_3 - 2x_4 = -4, \\ 2x_1 - 3x_2 - x_3 - x_4 = -6, \\ x_1 + 2x_2 + 3x_3 - x_4 = -4; \end{cases}$

(2) $\begin{cases} x_1 + x_2 + x_3 + x_4 = 5, \\ x_1 + 2x_2 - x_3 + x_4 = -2, \\ 2x_1 + 3x_2 - x_3 - 5x_4 = -2, \\ 3x_1 + x_2 + 2x_3 + 3x_4 = 4. \end{cases}$

第三节 矩阵的初等变换与矩阵的秩

一、矩阵初等变换的概念

先看一个解线性方程组

$$\begin{cases} -2x_1 - 3x_2 + 4x_3 = 2, & \text{①} \\ x_1 + 2x_2 - x_3 = -1, & \text{②} \\ 2x_1 + 2x_2 - 8x_3 = -2 & \text{③} \end{cases}$$

的例子. 利用消元法, 有

$\begin{cases} -2x_1 - 3x_2 + 4x_3 = 2, & \text{①} \\ x_1 + 2x_2 - x_3 = -1, & \text{②} \\ 2x_1 + 2x_2 - 8x_3 = -2 & \text{③} \end{cases} \xrightarrow[\frac{1}{2}\times\text{③}]{\text{①}\leftrightarrow\text{②}} \begin{cases} x_1 + 2x_2 - x_3 = -1, & \text{①} \\ -2x_1 - 3x_2 + 4x_3 = 2, & \text{②} \\ x_1 + x_2 - 4x_3 = -1 & \text{③} \end{cases}$

$\xrightarrow[\text{③}+(-1)\times\text{①}]{\text{②}+2\times\text{①}} \begin{cases} x_1 + 2x_2 - x_3 = -1, & \text{①} \\ x_2 + 2x_3 = 0, & \text{②} \\ -x_2 - 3x_3 = 0 & \text{③} \end{cases} \xrightarrow[\text{③}+\text{②}]{\text{①}+(-2)\times\text{②}} \begin{cases} x_1 - 5x_3 = -1, \\ x_2 + 2x_3 = 0, \\ -x_3 = 0, \end{cases}$

其中 ①↔② 表示方程 ① 与 ② 交换位置, 于是该方程组的解为

$$\begin{cases} x_1 = -1, \\ x_2 = 0, \\ x_3 = 0. \end{cases}$$

在上述解线性方程组的过程中, 我们对线性方程组实施了下列三种变换:

(1) 交换两个方程的位置;

(2) 用常数 $k(k \neq 0)$ 乘以某个方程;

(3) 把一个方程乘以常数 k 后加到另一个方程上.

对一个线性方程组施行这三种变换, 不改变该线性方程组的解. 这三种变换称为线性方程组的**初等变换**.

对于一般的线性方程组

$$\begin{cases} a_{11}x_1 + a_{12}x_2 + \cdots + a_{1n}x_n = b_1, \\ a_{21}x_1 + a_{22}x_2 + \cdots + a_{2n}x_n = b_2, \\ \cdots\cdots \\ a_{m1}x_1 + a_{m2}x_2 + \cdots + a_{mn}x_n = b_m, \end{cases}$$

我们称由该方程组未知量前面的系数构成的矩阵

$$A = \begin{pmatrix} a_{11} & a_{12} & \cdots & a_{1n} \\ a_{21} & a_{22} & \cdots & a_{2n} \\ \vdots & \vdots & & \vdots \\ a_{m1} & a_{m2} & \cdots & a_{mn} \end{pmatrix}$$

为该方程组的**系数矩阵**,而分别称

$$x = \begin{pmatrix} x_1 \\ x_2 \\ \vdots \\ x_n \end{pmatrix} \quad \text{和} \quad b = \begin{pmatrix} b_1 \\ b_2 \\ \vdots \\ b_m \end{pmatrix}$$

为该方程组的**未知量矩阵**和**常数项矩阵**,同时称由系数矩阵右侧添加一列常数项得到的矩阵

$$\begin{pmatrix} a_{11} & a_{12} & \cdots & a_{1n} & b_1 \\ a_{21} & a_{22} & \cdots & a_{2n} & b_2 \\ \vdots & \vdots & & \vdots & \vdots \\ a_{m1} & a_{m2} & \cdots & a_{mn} & b_m \end{pmatrix}$$

为该方程组的**增广矩阵**,记为(A, b).

显然,一个线性方程组可以用它的增广矩阵来表示,它们是一一对应的.所以,对一个线性方程组施行初等变换,相当于对它的增广矩阵施行相应的变换.例如,前面解线性方程组过程中所做的初等变换相当于对其增广矩阵做如下相应的变换:

$$(A, b) = \begin{pmatrix} -2 & -3 & 4 & 2 \\ 1 & 2 & -1 & -1 \\ 2 & -2 & -8 & -2 \end{pmatrix} \xrightarrow[\frac{1}{2}r_3]{r_1 \leftrightarrow r_2} \begin{pmatrix} 1 & 2 & -1 & -1 \\ -2 & -3 & 4 & 2 \\ 1 & 1 & -4 & -1 \end{pmatrix}$$

$$\xrightarrow[r_3+(-1)r_1]{r_2+2r_1} \begin{pmatrix} 1 & 2 & -1 & -1 \\ 0 & 1 & 2 & 0 \\ 0 & -1 & -3 & 0 \end{pmatrix} \xrightarrow[r_3+r_2]{r_1+(-2)r_2} \begin{pmatrix} 1 & 0 & -5 & -1 \\ 0 & 1 & 2 & 0 \\ 0 & 0 & -1 & 0 \end{pmatrix},$$

其中$r_1 \leftrightarrow r_2$表示交换矩阵的第一行与第二行,r_2+2r_1表示把第一行各元素乘以2后分别加到第二行对应的元素上,其他类似理解.相应于线性方程组的初等变换,我们引入如下矩阵的初等行变换:

定义 9.10 下列三种变换称为矩阵的**初等行变换**:

(1) 交换矩阵任意两行的位置(交换第i行与第j行的位置,记为$r_i \leftrightarrow r_j$);

(2) 用常数$k(k \neq 0)$乘以某一行所有元素(用常数k乘以第i行所有元素,记为kr_i);

(3) 把某一行各元素乘以常数k后分别加到另一行对应的元素上(把第j行各元素乘以常数k后分别加到第i行对应的元素上,记为$r_i + kr_j$).

在定义 9.10 中将"行"换成"列",即得矩阵的**初等列变换**的定义(记号由字母r换成c).

矩阵的初等行变换与初等列变换统称为矩阵的**初等变换**.

若矩阵A经有限次初等变换后变成矩阵B,则称矩阵A与B**等价**,记作$A \sim B$.

二、矩阵的秩

1. 矩阵的秩的概念

定义 9.11 从矩阵A中取出k行、k列,位于这些行、列交叉处的元素按照原先的次序构

成的 k 阶行列式,称为矩阵 A 的 k **阶子式**.

例如,在矩阵 $A = \begin{pmatrix} 1 & -1 & 3 & 2 \\ 4 & 1 & -5 & 1 \\ 2 & 3 & -11 & -3 \end{pmatrix}$ 中,取第一、三行与第二、四列,它们交叉处的元素构成的二阶行列式 $\begin{vmatrix} -1 & 2 \\ 3 & -3 \end{vmatrix}$ 为 A 的一个二阶子式;取第一、二、三行与第二、三、四列,它们交叉处的元素构成的三阶行列式 $\begin{vmatrix} -1 & 3 & 2 \\ 1 & -5 & 1 \\ 3 & -11 & -3 \end{vmatrix}$ 为 A 的一个三阶子式.

定义 9.12 矩阵 A 中不等于 0 的子式的最高阶数 r,称为矩阵 A 的**秩**,记作 $R(A)$,即
$$R(A) = r.$$

例 1 求矩阵 $A = \begin{pmatrix} 1 & 2 & 2 & 11 \\ 1 & -3 & -3 & -14 \\ 3 & 1 & 1 & 8 \end{pmatrix}$ 的秩.

解 计算 A 的二阶子式. 因为 $\begin{vmatrix} 1 & 2 \\ 1 & -3 \end{vmatrix} = -5 \neq 0$,所以要继续计算 A 的三阶子式. 而 A 的四个三阶子式都为 0,即

$$\begin{vmatrix} 1 & 2 & 2 \\ 1 & -3 & -3 \\ 3 & 1 & 1 \end{vmatrix} = 0, \quad \begin{vmatrix} 1 & 2 & 11 \\ 1 & -3 & -14 \\ 3 & 1 & 8 \end{vmatrix} = 0,$$

$$\begin{vmatrix} 1 & 2 & 11 \\ 1 & -3 & -14 \\ 3 & 1 & 8 \end{vmatrix} = 0, \quad \begin{vmatrix} 2 & 2 & 11 \\ -3 & -3 & -14 \\ 1 & 1 & 8 \end{vmatrix} = 0,$$

因此矩阵 A 的秩为 $R(A) = 2$.

2. 用初等变换求矩阵的秩

对于矩阵的秩,我们可以证明如下定理:

定理 9.2 矩阵经初等变换后,其秩不变.

定理 9.2 给出了一种求矩阵的秩的思路:先用初等变换将矩阵化为容易求出秩的特殊矩阵,再求出特殊矩阵的秩,便得到原矩阵的秩. 阶梯形矩阵就是这样的一类特殊矩阵.

定义 9.13 如果矩阵 A 满足:

(1) 某一行元素不全为 0 时,该行第一个非零元素之前 0 的个数少于其下一行(若还有的话)第一个非零元素之前 0 的个数;

(2) 所有元素均为 0 的行都在元素不全为 0 的行的下方,

则称矩阵 A 为**阶梯形矩阵**.

例如,矩阵

$$\begin{pmatrix} 1 & 2 & 4 \\ 0 & 1 & 3 \\ 0 & 0 & 2 \end{pmatrix}, \quad \begin{pmatrix} 2 & 1 & 1 & 3 \\ 0 & 0 & 2 & 1 \\ 0 & 0 & 0 & 1 \end{pmatrix}, \quad \begin{pmatrix} 3 & 1 & 2 & 1 \\ 0 & 1 & 0 & 0 \\ 0 & 0 & 0 & 0 \end{pmatrix}$$

均为阶梯形矩阵.

根据矩阵的秩的定义,容易看出,阶梯形矩阵的秩就是其不全为 0 的行数. 所以,在求矩阵的秩时,可以先用初等变换把矩阵化为阶梯形矩阵,则阶梯形矩阵中不全为 0 的行数就是原矩阵的秩.

例 2 利用初等变换,求矩阵 $A = \begin{pmatrix} 1 & 2 & 2 & 11 \\ 1 & 2 & -3 & -14 \\ 3 & 1 & 1 & 3 \\ 2 & 5 & 5 & 28 \end{pmatrix}$ 的秩.

解 对 A 做初等行变换,将它化为阶梯形矩阵:

$$A = \begin{pmatrix} 1 & 2 & 2 & 11 \\ 1 & 2 & -3 & -14 \\ 3 & 1 & 1 & 3 \\ 2 & 5 & 5 & 28 \end{pmatrix} \xrightarrow[r_4+(-2)r_1]{\substack{r_2+(-1)r_1 \\ r_3+(-3)r_1}} \begin{pmatrix} 1 & 2 & 2 & 11 \\ 0 & 0 & -5 & -25 \\ 0 & -5 & -5 & -30 \\ 0 & 1 & 1 & 6 \end{pmatrix}$$

$$\xrightarrow{r_4 \leftrightarrow r_2} \begin{pmatrix} 1 & 2 & 2 & 11 \\ 0 & 1 & 1 & 6 \\ 0 & -5 & -5 & -30 \\ 0 & 0 & -5 & -25 \end{pmatrix} \xrightarrow{r_3+5r_2} \begin{pmatrix} 1 & 2 & 2 & 11 \\ 0 & 1 & 1 & 6 \\ 0 & 0 & 0 & 0 \\ 0 & 0 & -5 & -25 \end{pmatrix}$$

$$\xrightarrow{r_4 \leftrightarrow r_3} \begin{pmatrix} 1 & 2 & 2 & 11 \\ 0 & 1 & 1 & 6 \\ 0 & 0 & -5 & -25 \\ 0 & 0 & 0 & 0 \end{pmatrix} \triangleq B.$$

因为 $R(B) = 3$,所以 $R(A) = 3$.

习 题 9-3

1. 利用定义,求下列矩阵的秩:

(1) $A = \begin{pmatrix} 1 & 2 & -3 \\ -1 & -3 & 4 \\ 1 & 1 & -2 \end{pmatrix}$; (2) $A = \begin{pmatrix} 1 & 2 & 2 & 11 \\ 1 & -3 & -3 & -14 \\ 3 & 1 & 1 & 8 \end{pmatrix}$.

2. 利用初等变换,求下列矩阵的秩:

(1) $A = \begin{pmatrix} 2 & 0 & 2 & 2 \\ 0 & 1 & 0 & 0 \\ 2 & 1 & 0 & 1 \\ 0 & 1 & 0 & 0 \end{pmatrix}$; (2) $A = \begin{pmatrix} 1 & 0 & 1 & 0 & 0 \\ 1 & 1 & 0 & 0 & 0 \\ 0 & 1 & 1 & 0 & 0 \\ 0 & 0 & 1 & 1 & 0 \\ 0 & 1 & 0 & 1 & 1 \end{pmatrix}$.

3. 已知矩阵 $A = \begin{pmatrix} 1 & 1 & -6 & 10 \\ 2 & 5 & k & -1 \\ 1 & 2 & -1 & k \end{pmatrix}$ 的秩为 2,求常数 k 的值.

第四节 逆矩阵

对于一元一次方程 $ax = b(a \neq 0)$,我们可以采用在方程两边同时乘以 a 的倒数 a^{-1} 的方法得到它的解 $x = a^{-1}b$. 那么,对于矩阵 A, B,能否求出矩阵 X,使得 $AX = B$ 成立?要解决这个问题,需要讨论矩阵 A 是否可逆. 本节主要介绍矩阵可逆的概念与性质以及求逆矩阵的方法.

一、逆矩阵的概念与性质

一个数 $a(a \neq 0)$ 的倒数 a^{-1} 可以用 $aa^{-1} = a^{-1}a = 1$ 来定义. 从矩阵的角度看,单位矩阵 E 与数 1 的作用类似. 于是,可类似于倒数的定义引入逆矩阵的概念.

定义 9.14 对于 n 阶方阵 A,如果存在一个 n 阶方阵 B,使得 $AB = BA = E$,则称方阵 A 是**可逆的**,并称 B 是 A 的**逆矩阵**,记作 A^{-1},即 $AA^{-1} = A^{-1}A = E$.

例如,对于方阵 $A = \begin{pmatrix} 4 & 0 \\ 0 & 4 \end{pmatrix}$,若取方阵 $B = \begin{pmatrix} \frac{1}{4} & 0 \\ 0 & \frac{1}{4} \end{pmatrix}$,则

$$AB = \begin{pmatrix} 4 & 0 \\ 0 & 4 \end{pmatrix} \begin{pmatrix} \frac{1}{4} & 0 \\ 0 & \frac{1}{4} \end{pmatrix} = \begin{pmatrix} 1 & 0 \\ 0 & 1 \end{pmatrix}, \quad BA = \begin{pmatrix} \frac{1}{4} & 0 \\ 0 & \frac{1}{4} \end{pmatrix} \begin{pmatrix} 4 & 0 \\ 0 & 4 \end{pmatrix} = \begin{pmatrix} 1 & 0 \\ 0 & 1 \end{pmatrix},$$

所以 B 是 A 的逆矩阵,即 $A^{-1} = B$.

对于本节开始时提出的问题,如果 A 可逆,即 A^{-1} 存在,则有 $A^{-1}AX = A^{-1}B$,即 $X = A^{-1}B$.

定理 9.3 设方阵 A 是可逆的,则 A 的逆矩阵是唯一的.

证 设 A 有两个逆矩阵 B 和 C,那么 $AB = BA = E, AC = CA = E$. 于是有

$$C = CE = C(AB) = (CA)B = EB = B,$$

即 $C = B$.

显然,用定义来判断矩阵是否可逆是不可取的,我们需要寻求其他方法. 下面的定理给出了一个方阵可逆的必要条件,它是判断矩阵不可逆的常用方法.

定理 9.4 若方阵 A 可逆,则 $|A| \neq 0$.

定理 9.4 的证明从略. 实际上,$|A| \neq 0$ 也是方阵 A 可逆的充分条件,见定理 9.5.

设 A, B 都为 n 阶可逆方阵,常数 $\lambda \neq 0$. 我们可以证明下列性质成立:

(1) A^{-1} 可逆,且 $(A^{-1})^{-1} = A$;

(2) λA 可逆,且 $(\lambda A)^{-1} = \frac{1}{\lambda}A^{-1}$;

(3) AB 可逆,且 $(AB)^{-1} = B^{-1}A^{-1}$;

(4) A^T 可逆,且 $(A^T)^{-1} = (A^{-1})^T$.

二、利用伴随矩阵求逆矩阵

一个可逆方阵,它的逆矩阵可以用它的伴随矩阵来求. 下面先给出伴随矩阵的概念.

定义 9.15 由 n 阶方阵

$$A = \begin{pmatrix} a_{11} & a_{12} & \cdots & a_{1n} \\ a_{21} & a_{22} & \cdots & a_{2n} \\ \vdots & \vdots & & \vdots \\ a_{n1} & a_{n2} & \cdots & a_{nn} \end{pmatrix}$$

中所有元素的代数余子式按照对应元素所在位置排列构成的 n 阶方阵的转置矩阵

$$\begin{pmatrix} A_{11} & A_{21} & \cdots & A_{n1} \\ A_{12} & A_{22} & \cdots & A_{n2} \\ \vdots & \vdots & & \vdots \\ A_{1n} & A_{2n} & \cdots & A_{nn} \end{pmatrix},$$

称为 A 的**伴随矩阵**,记作 A^*.

下面不加证明地给出一个求逆矩阵的定理.

定理 9.5 若 $|A| \neq 0$,则方阵 A 可逆,且 $A^{-1} = \dfrac{1}{|A|} A^*$.

例 1 求矩阵 $A = \begin{pmatrix} 1 & 2 \\ 2 & 6 \end{pmatrix}$ 的逆矩阵.

解 因为 $|A| = \begin{vmatrix} 1 & 2 \\ 2 & 6 \end{vmatrix} = 2 \neq 0$,所以 A^{-1} 存在.而

$$A_{11} = (-1)^{1+1} \times 6 = 6, \quad A_{12} = (-1)^{1+2} \times 2 = -2,$$
$$A_{21} = (-1)^{2+1} \times 2 = -2, \quad A_{22} = (-1)^{2+2} \times 1 = 1,$$

所以

$$A^{-1} = \frac{1}{|A|} A^* = \frac{1}{2} \begin{pmatrix} 6 & -2 \\ -2 & 1 \end{pmatrix} = \begin{pmatrix} 3 & -1 \\ -1 & \dfrac{1}{2} \end{pmatrix}.$$

例 2 求矩阵 $A = \begin{pmatrix} 2 & 2 & 3 \\ 1 & -1 & 0 \\ -1 & 2 & 1 \end{pmatrix}$ 的逆矩阵.

解 因为

$$|A| = \begin{vmatrix} 2 & 2 & 3 \\ 1 & -1 & 0 \\ -1 & 2 & 1 \end{vmatrix} = -1 \neq 0,$$

所以 A^{-1} 存在.而

$$A_{11} = (-1)^{1+1} \begin{vmatrix} -1 & 0 \\ 2 & 1 \end{vmatrix} = -1, \quad A_{12} = (-1)^{1+2} \begin{vmatrix} 1 & 0 \\ -1 & 1 \end{vmatrix} = -1,$$

$$A_{13} = (-1)^{1+3} \begin{vmatrix} 1 & -1 \\ -1 & 2 \end{vmatrix} = 1, \quad A_{21} = (-1)^{2+1} \begin{vmatrix} 2 & 3 \\ 2 & 1 \end{vmatrix} = 4,$$

$$A_{22} = (-1)^{2+2} \begin{vmatrix} 2 & 3 \\ -1 & 1 \end{vmatrix} = 5, \quad A_{23} = (-1)^{2+3} \begin{vmatrix} 2 & 2 \\ -1 & 2 \end{vmatrix} = -6,$$

$$A_{31} = (-1)^{3+1}\begin{vmatrix} 2 & 3 \\ -1 & 0 \end{vmatrix} = 3, \qquad A_{32} = (-1)^{3+2}\begin{vmatrix} 2 & 3 \\ 1 & 0 \end{vmatrix} = 3,$$

$$A_{33} = (-1)^{3+3}\begin{vmatrix} 2 & 2 \\ 1 & -1 \end{vmatrix} = -4,$$

于是

$$\boldsymbol{A}^* = \begin{pmatrix} -1 & 4 & 3 \\ -1 & 5 & 3 \\ 1 & -6 & -4 \end{pmatrix},$$

从而

$$\boldsymbol{A}^{-1} = \frac{1}{|\boldsymbol{A}|}\boldsymbol{A}^* = \begin{pmatrix} 1 & -4 & -3 \\ 1 & -5 & -3 \\ -1 & 6 & 4 \end{pmatrix}.$$

【思考题】

1. 若 n 阶方阵 $\boldsymbol{A}$ 可逆,则 $|\boldsymbol{A}| \neq$ _____,$R(\boldsymbol{A}) =$ _____.利用伴随矩阵求方阵 $\boldsymbol{A}$ 的逆矩阵的计算公式为_____.

2. 若 n 阶方阵 $\boldsymbol{A}, \boldsymbol{B}$ 均可逆,则 $(\boldsymbol{AB})^{-1} =$ _____.

3. 可逆矩阵 $\boldsymbol{A}_{4\times 4}$ 的秩为_____.

习 题 9-4

1. 求下列矩阵的逆矩阵:

(1) $\begin{pmatrix} 2 & 0 \\ 0 & 2 \end{pmatrix}$;

(2) $\begin{pmatrix} 1 & 2 & 1 \\ 2 & 0 & 1 \\ 1 & -1 & 0 \end{pmatrix}$;

(3) $\begin{pmatrix} 1 & 2 & 3 \\ 0 & 1 & 2 \\ 0 & 0 & 1 \end{pmatrix}$;

(4) $\begin{pmatrix} 1 & 2 & -1 \\ 3 & -2 & 1 \\ 1 & -1 & -1 \end{pmatrix}$.

2. 设 $\boldsymbol{A}$ 是方阵,且 $|\boldsymbol{A}| \neq 0$,试证:

(1) 若 $\boldsymbol{AX} = \boldsymbol{B}$,则 $\boldsymbol{X} = \boldsymbol{A}^{-1}\boldsymbol{B}$;

(2) 若 $\boldsymbol{XA} = \boldsymbol{B}$,则 $\boldsymbol{X} = \boldsymbol{BA}^{-1}$.

3. 求下列式子中的未知矩阵 $\boldsymbol{X}$:

(1) $\begin{pmatrix} 2 & 5 \\ 1 & 3 \end{pmatrix} \boldsymbol{X} = \begin{pmatrix} 4 & -6 \\ 2 & 1 \end{pmatrix}$;

(2) $\begin{pmatrix} 2 & 1 \\ 3 & 2 \end{pmatrix} \boldsymbol{X} \begin{pmatrix} -3 & 2 \\ 5 & -3 \end{pmatrix} = \begin{pmatrix} 2 & 4 \\ 3 & -1 \end{pmatrix}$.

第五节 解线性方程组

可用克拉默法则求解的线性方程组必须满足的条件是:线性方程组中方程的个数和未知量的个数相等,同时它的系数行列式不等于 0. 但大多数线性方程组都不完全满足这一条件. 本节将讨论一般线性方程组的求解问题.

设在线性方程组

$$\begin{cases} a_{11}x_1 + a_{12}x_2 + \cdots + a_{1n}x_n = b_1, \\ a_{21}x_1 + a_{22}x_2 + \cdots + a_{2n}x_n = b_2, \\ \cdots\cdots \\ a_{m1}x_1 + a_{m2}x_2 + \cdots + a_{mn}x_n = b_m \end{cases} \qquad (9-5-1)$$

中,如果常数项 $b_i(i=1,2,\cdots,m)$ 中至少有一个不为 0,则称方程组(9-5-1)为**非齐次线性方程组**;否则,称方程组(9-5-1)为**齐次线性方程组**. 满足方程组(9-5-1)的一组数 $x_1 = c_1, x_2 = c_2, \cdots, x_n = c_n$ 称为该方程组的一个**解**.

记

$$\boldsymbol{A} = \begin{pmatrix} a_{11} & a_{12} & \cdots & a_{1n} \\ a_{21} & a_{22} & \cdots & a_{2n} \\ \vdots & \vdots & & \vdots \\ a_{m1} & a_{m2} & \cdots & a_{mn} \end{pmatrix}, \quad \boldsymbol{x} = \begin{pmatrix} x_1 \\ x_2 \\ \vdots \\ x_n \end{pmatrix}, \quad \boldsymbol{b} = \begin{pmatrix} b_1 \\ b_2 \\ \vdots \\ b_m \end{pmatrix},$$

则方程组(9-5-1)可简记为

$$\boldsymbol{Ax} = \boldsymbol{b},$$

其中 $\boldsymbol{A}, \boldsymbol{b}$ 分别为方程组(9-5-1)的系数矩阵和常数项矩阵.

我们讨论一个线性方程组时,需要回答下列三个问题:

(1) 该方程组在什么条件下有解?

(2) 如果该方程组有解,那么有多少个解?

(3) 如何求出该方程组的全部解?

一、非齐次线性方程组有解的判别定理

在引入矩阵的初等行变换时我们知道,可以用矩阵的初等行变换来求解线性方程组. 下面介绍如何利用矩阵的初等行变换来求解具体的线性方程组,进而给出非齐次线性方程组有解的判定定理.

例 1 解非齐次线性方程组

$$\begin{cases} 2x_1 + x_2 - 3x_3 = -9, \\ x_1 - 2x_2 + x_3 = 8, \\ -3x_1 + 3x_2 - 2x_3 = -15, \\ 2x_1 - x_2 + 4x_3 = 16. \end{cases}$$

解 利用初等行变换,将原方程组的增广矩阵化为阶梯形矩阵:

$$(\boldsymbol{A}, \boldsymbol{b}) = \begin{pmatrix} 2 & 1 & -3 & -9 \\ 1 & -2 & 1 & 8 \\ -3 & 3 & -2 & -15 \\ 2 & -1 & 4 & 16 \end{pmatrix} \xrightarrow{r_1 \leftrightarrow r_2} \begin{pmatrix} 1 & -2 & 1 & 8 \\ 2 & 1 & -3 & -9 \\ -3 & 3 & -2 & -15 \\ 2 & -1 & 4 & 16 \end{pmatrix}$$

$$\xrightarrow[\substack{r_2 + (-2)r_1 \\ r_3 + 3r_1 \\ r_4 + (-2)r_1}]{} \begin{pmatrix} 1 & -2 & 1 & 8 \\ 0 & 5 & -5 & -25 \\ 0 & -3 & 1 & 9 \\ 0 & 3 & 2 & 0 \end{pmatrix} \xrightarrow[\substack{\frac{1}{5}r_2 \\ r_3 + 3r_2 \\ r_4 + (-3)r_2}]{} \begin{pmatrix} 1 & -2 & 1 & 8 \\ 0 & 1 & -1 & -5 \\ 0 & 0 & -2 & -6 \\ 0 & 0 & 5 & 15 \end{pmatrix}$$

$$\xrightarrow[\substack{r_3 \leftrightarrow r_4 \\ r_4 + 2r_3}]{\frac{1}{5}r_4} \begin{pmatrix} 1 & -2 & 1 & 8 \\ 0 & 1 & -1 & -5 \\ 0 & 0 & 1 & 3 \\ 0 & 0 & 0 & 0 \end{pmatrix} \triangleq C,$$

由阶梯形矩阵 C 得 $R(A) = R(A,b) = 3$.

对矩阵 C 继续进行初等行变换，直到使其每一行第一个非零元素为 1，且它所在列的其余元素全为 0 为止：

$$C \xrightarrow[\substack{r_1 + 2r_2 \\ r_1 + r_3 \\ r_2 + r_3}]{} \begin{pmatrix} 1 & 0 & 0 & 1 \\ 0 & 1 & 0 & -2 \\ 0 & 0 & 1 & 3 \\ 0 & 0 & 0 & 0 \end{pmatrix} \triangleq D.$$

经初等行变换后得到的最终阶梯形矩阵 D 所对应的线性方程组为

$$\begin{cases} x_1 = 1, \\ x_2 = -2, \\ x_3 = 3. \end{cases}$$

此线性方程组和原方程组同解，故原方程组的解为 $x_1 = 1, x_2 = -2, x_3 = 3$.

在例 1 中，$R(A) = R(A,b) = 3$（3 是所给的方程组中未知量的个数），由此推出所给的方程组有唯一解。一般地，可以证明，当 $R(A) = R(A,b) = n$ 时，非齐次线性方程组（9-5-1）有唯一解．

例 2 解非齐次线性方程组

$$\begin{cases} x_1 - 2x_2 + x_3 - x_4 = 1, \\ -3x_1 + 6x_2 + x_4 = -2, \\ 3x_1 - 6x_2 + 9x_3 - 7x_4 = 5, \\ 2x_1 - 4x_2 + 5x_3 - 4x_4 = 3. \end{cases}$$

解 利用初等行变换，将原方程组的增广矩阵化为阶梯形矩阵：

$$(A, b) = \begin{pmatrix} 1 & -2 & 1 & -1 & 1 \\ -3 & 6 & 0 & 1 & -2 \\ 3 & -6 & 9 & -7 & 5 \\ 2 & -4 & 5 & -4 & 3 \end{pmatrix} \xrightarrow[\substack{r_2 + 3r_1 \\ r_3 + (-3)r_1 \\ r_4 + (-2)r_1}]{} \begin{pmatrix} 1 & -2 & 1 & -1 & 1 \\ 0 & 0 & 3 & -2 & 1 \\ 0 & 0 & 6 & -4 & 2 \\ 0 & 0 & 3 & -2 & 1 \end{pmatrix}$$

$$\xrightarrow[\substack{r_3 + (-2)r_2 \\ r_4 + (-1)r_2}]{} \begin{pmatrix} 1 & -2 & 1 & -1 & 1 \\ 0 & 0 & 3 & -2 & 1 \\ 0 & 0 & 0 & 0 & 0 \\ 0 & 0 & 0 & 0 & 0 \end{pmatrix} \triangleq C,$$

由阶梯形矩阵 C 得 $R(A) = R(A,b) = 2 \neq 4$.

对矩阵 C 继续进行初等行变换，直到使其每一行第一个非零元素为 1，且它所在列的其余元素全为 0 为止：

$$\begin{pmatrix} 1 & -2 & 1 & -1 & 1 \\ 0 & 0 & 3 & -2 & 1 \\ 0 & 0 & 0 & 0 & 0 \\ 0 & 0 & 0 & 0 & 0 \end{pmatrix} \xrightarrow[r_1+(-1)r_2]{\frac{1}{3}r_2} \begin{pmatrix} 1 & -2 & 0 & -\frac{1}{3} & \frac{2}{3} \\ 0 & 0 & 1 & -\frac{2}{3} & \frac{1}{3} \\ 0 & 0 & 0 & 0 & 0 \\ 0 & 0 & 0 & 0 & 0 \end{pmatrix} \triangleq \boldsymbol{D}.$$

矩阵 $\boldsymbol{D}$ 所对应的线性方程组为

$$\begin{cases} x_1 - 2x_2 \quad\quad -\frac{1}{3}x_4 = \frac{2}{3}, \\ \quad\quad\quad x_3 - \frac{2}{3}x_4 = \frac{1}{3}, \end{cases} \tag{9-5-2}$$

它与原方程组同解. 由方程组(9-5-2)解得

$$\begin{cases} x_1 = 2x_2 + \frac{1}{3}x_4 + \frac{2}{3}, \\ x_3 = \frac{2}{3}x_4 + \frac{1}{3}. \end{cases} \tag{9-5-3}$$

可见,当 x_2, x_4 任意取定一组值时,通过式(9-5-3)可求得 x_1, x_3 的值,从而得到原方程组的一个解,所以原方程组有无穷多个解. 这时,我们称式(9-5-3)为原方程组的**一般解**,并称 x_2, x_4 为**自由未知量**.

在例 2 中,$R(\boldsymbol{A}) = R(\boldsymbol{A}, \boldsymbol{b}) \neq 4$(4 是所给的方程组中未知量的个数),由此推出所给的方程组有无穷多个解. 一般地,可以证明,当 $R(\boldsymbol{A}) = R(\boldsymbol{A}, \boldsymbol{b}) \neq n$ 时,非齐次线性方程组(9-5-1)有无穷多个解.

例 3 解非齐次线性方程组

$$\begin{cases} x_1 - x_2 + 2x_3 + 3x_4 = 1, \\ 2x_1 - x_2 + 4x_3 + 7x_4 = 3, \\ 3x_1 - 2x_2 + 6x_3 + 10x_4 = 5. \end{cases}$$

解 利用初等行变换,将原方程组的增广矩阵化为阶梯形矩阵:

$$(\boldsymbol{A}, \boldsymbol{b}) = \begin{pmatrix} 1 & -1 & 2 & 3 & 1 \\ 2 & -1 & 4 & 7 & 3 \\ 3 & -2 & 6 & 10 & 5 \end{pmatrix} \xrightarrow[r_3+(-3)r_1]{r_2+(-2)r_1} \begin{pmatrix} 1 & -1 & 2 & 3 & 1 \\ 0 & 1 & 0 & 1 & 1 \\ 0 & 1 & 0 & 1 & 2 \end{pmatrix}$$

$$\xrightarrow{r_3+(-1)r_2} \begin{pmatrix} 1 & -1 & 2 & 3 & 1 \\ 0 & 1 & 0 & 1 & 1 \\ 0 & 0 & 0 & 0 & 1 \end{pmatrix} \triangleq \boldsymbol{C},$$

由阶梯形矩阵 $\boldsymbol{C}$ 得 $R(\boldsymbol{A}) = 2, R(\boldsymbol{A}, \boldsymbol{b}) = 3$,即 $R(\boldsymbol{A}) \neq R(\boldsymbol{A}, \boldsymbol{b})$.

由于矩阵 $\boldsymbol{C}$ 所对应的方程组中第三个方程 $0 = 1$ 为矛盾方程,而矩阵 $\boldsymbol{C}$ 所对应的线性方程组和原方程组同解,所以原方程组无解.

由例 3 可见,当 $R(\boldsymbol{A}) \neq R(\boldsymbol{A}, \boldsymbol{b})$ 时,非齐次线性方程组(9-5-1)无解.

综合上述三个例题的分析,可得到以下关于非齐次线性方程组(9-5-1)有解的判定定理.

定理 9.6 线性方程组(9-5-1)有解的充要条件是 $R(\boldsymbol{A}) = R(\boldsymbol{A}, \boldsymbol{b})$,并且

(1) 当 $R(\boldsymbol{A}) = R(\boldsymbol{A},\boldsymbol{b}) = n$ 时,有唯一解;

(2) 当 $R(\boldsymbol{A}) = R(\boldsymbol{A},\boldsymbol{b}) \neq n$ 时,有无穷多个解.

二、齐次线性方程组有解的判别定理

对于齐次线性方程组

$$\begin{cases} a_{11}x_1 + a_{12}x_2 + \cdots + a_{1n}x_n = 0, \\ a_{21}x_1 + a_{22}x_2 + \cdots + a_{2n}x_n = 0, \\ \cdots\cdots \\ a_{m1}x_1 + a_{m2}x_2 + \cdots + a_{mn}x_n = 0, \end{cases} \qquad (9-5-4)$$

因为恒有 $R(\boldsymbol{A}) = R(\boldsymbol{A},\boldsymbol{b})$,所以它一定有解,$x_i = 0(i=1,2,\cdots,n)$ 就是它的一个解,这个解称为**零解**. 因此,如果齐次线性方程组(9-5-4)还有非零解的话,就一定有无穷多个非零解. 由于 $R(\boldsymbol{A}) \leqslant n$,所以得到如下关于齐次线性方程组(9-5-4)有非零解的判定定理:

定理 9.7 齐次线性方程组(9-5-4)有非零解的充要条件是 $R(\boldsymbol{A}) < n$.

推论 1 如果齐次线性方程组(9-5-4)中方程的个数 m 少于未知量的个数 n,则该方程组一定有非零解.

事实上,因为 $R(\boldsymbol{A}) \leqslant m$,而 $m < n$,所以 $R(\boldsymbol{A}) < n$,即齐次线性方程组(9-5-4)一定有非零解.

例 4 试问:齐次线性方程组

$$\begin{cases} x_1 \quad\quad - x_3 - 2x_4 = 0, \\ 2x_1 + x_2 + x_3 + x_4 = 0, \\ x_1 - x_2 - 4x_3 - 7x_4 = 0 \end{cases}$$

是否有非零解?如果有非零解,求其一般解.

解 该齐次线性方程组中方程的个数 3 小于未知量的个数 4,所以它一定有非零解. 下面求其一般解. 对原方程组的系数矩阵进行初等行变换:

$$\boldsymbol{A} = \begin{pmatrix} 1 & 0 & -1 & -2 \\ 2 & 1 & 1 & 1 \\ 1 & -1 & -4 & -7 \end{pmatrix} \xrightarrow[r_3+(-1)r_1]{r_2+(-2)r_1} \begin{pmatrix} 1 & 0 & -1 & -2 \\ 0 & 1 & 3 & 5 \\ 0 & -1 & -3 & -5 \end{pmatrix}$$

$$\xrightarrow{r_3+r_2} \begin{pmatrix} 1 & 0 & -1 & -2 \\ 0 & 1 & 3 & 5 \\ 0 & 0 & 0 & 0 \end{pmatrix} \triangleq \boldsymbol{B}.$$

矩阵 $\boldsymbol{B}$ 所对应的线性方程组

$$\begin{cases} x_1 \quad\quad - x_3 - 2x_4 = 0, \\ x_2 + 3x_3 + 5x_4 = 0 \end{cases}$$

与原方程组同解,故原方程组的一般解为

$$\begin{cases} x_1 = x_3 + 2x_4, \\ x_2 = -3x_3 - 5x_4, \end{cases}$$

其中 x_3, x_4 为自由未知量.

【思考题】

若 n 元非齐次线性方程组的系数矩阵为 $\boldsymbol{A}$,增广矩阵为 $\widetilde{\boldsymbol{A}}$,则该方程组有解的充要条件是_____,有唯一解的充要条件是_____,有无穷多个解的充要条件是_____,无解的充要条件是_____.

习 题 9-5

1. 解下列非齐次线性方程组:

(1) $\begin{cases} 2x_1 - x_2 + 3x_3 = 9, \\ x_1 + 3x_2 - x_3 = -4, \\ 3x_1 - 2x_2 + x_3 = 7; \end{cases}$

(2) $\begin{cases} x_1 + 3x_2 - x_3 = 3, \\ 3x_1 - x_2 + 4x_3 = 2, \\ x_1 + x_2 + 2x_3 = 0; \end{cases}$

(3) $\begin{cases} x_1 - x_2 + 2x_3 = 3, \\ x_1 \quad\quad - x_3 = 5, \\ x_1 + x_2 - 4x_3 = 7; \end{cases}$

(4) $\begin{cases} x_1 + x_2 + 2x_3 - 8x_4 = 7, \\ 2x_1 + x_2 + 4x_3 - 13x_4 = 12, \\ x_1 + 2x_2 + 2x_3 - 11x_4 = 9, \\ x_1 + x_2 + 4x_3 - 11x_4 = 11; \end{cases}$

(5) $\begin{cases} x_1 + x_2 + 2x_3 + 3x_4 = 7, \\ x_1 + 2x_2 \quad\quad + 5x_4 = 5, \\ x_1 + x_2 + 4x_3 + 3x_4 = 10, \\ x_1 \quad\quad + 4x_3 + x_4 = 10. \end{cases}$

2. 解下列齐次线性方程组:

(1) $\begin{cases} x_1 + 2x_2 + 6x_3 + 6x_4 = 0, \\ 2x_1 + 2x_2 + 7x_3 + 7x_4 = 0, \\ x_1 + 4x_2 + 9x_3 + 7x_4 = 0, \\ x_1 \quad\quad + 4x_3 + 7x_4 = 0; \end{cases}$

(2) $\begin{cases} x_1 + x_2 + 3x_3 + 5x_4 = 0, \\ 2x_1 + x_2 + 2x_3 + 2x_4 = 0, \\ \quad\quad x_2 + 3x_3 + 3x_4 = 0, \\ 3x_1 + 2x_2 + 5x_3 + 8x_4 = 0. \end{cases}$

*第六节 数学实验——线性代数

限于篇幅,本书线性代数部分仅简单介绍线性代数的基本知识,主要包括矩阵的运算、行列式的计算和求解线性方程组等.在本节数学实验中,我们将列举更多与线性代数知识相关的命令与实验内容,读者可参考使用.

一、学习 Mathematica 命令

1. 向量及其运算

表 9-6-1 给出了 Mathematica 中关于向量及其运算的一些命令.

表 9-6-1

命　　令	功　　能
Dot[a,b] 或 a.b	计算向量 a,b 的内积
Cross[a,b]	计算向量 a,b 的向量积
Sqrt[a.a]	计算向量 a 的模
VectorQ[表达式]	判断表达式是否为向量.若是,则为 True;否则,为 False
Dimensions[表达式]	求向量的维数,该命令也可求矩阵的行数与列数

2. 矩阵及其运算

表 9-6-2 给出了 Mathematica 中关于矩阵及其运算的一些命令.

表 9 - 6 - 2

命　　令	功　　能
Table[表达式,表]	一层表表示向量,二层表表示矩阵(子表长度要求一致)
MatrixForm[A]	将矩阵 A 屏幕输入
DiagonalMatrix[表]	以表的元素为对角线元素构造对角矩阵
IdentityMatrix[n]	构造 n 阶单位矩阵
MatrixQ[表达式]	判别表达式是否为矩阵
Transpose[A]	求矩阵 A 的转置矩阵
A + B(或 A − B)	计算矩阵 A 与 B 的和(或差)
cA(或 A + c)	计算常数 c 与矩阵 A 中的每个元素相乘(或加)
A.B	计算矩阵 A 与 B 的乘积 AB
Det[A]	计算方阵 A 的行列式
Inverse[A]	计算矩阵 A 的逆矩阵

在 Mathematica 中,矩阵是一个二层表,每行是一个子表,因此可以按表的形式直接输入矩阵,也可用命令 MatrixForm 将表的形式显示为矩阵原本的形式.

3. 线性方程组

表 9 - 6 - 3 给出了 Mathematica 中关于线性方程组的一些命令.

表 9 - 6 - 3

命　　令	功　　能
RowReduce[A]	用初等行变换把矩阵 A 化成阶梯形矩阵,进而可得到矩阵的秩
NullSpace[A]	求齐次线性方程组 $Ax = 0$ 的一个基础解系
LinearSolve[A,B]	求非齐次线性方程组 $Ax = B$ 的一个特解
Eigenvalues[A]	计算矩阵 A 的特征值
Eigenvectors[A]	计算矩阵 A 的特征向量
Eigensystem[A]	计算矩阵 A 的特征值和特征向量

二、实验内容

例 1 设向量 $a = 3i - j - 2k, b = i + 2j - k$,判断 $a \cdot b, a \times b$ 是否为向量,并求向量 $2a + b$ 的维数及该向量的模.

解 输入命令如图 9 - 6 - 1 所示.

输出结果: $a \cdot b$ 不是向量, $a \times b$ 是向量, $2a + b$ 的维数为 3,模为 $\sqrt{74}$.

例 2 用命令 Table[表达式,表] 生成两个表,分别表示向量和矩阵,并将矩阵屏幕输入;构造以 $\{1,2,3,4\}$ 为对角线元素的对角矩阵及四阶单位矩阵.

解 输入命令如图 9 - 6 - 2 所示.

输出结果: 见图 9 - 6 - 2, 其中 Out[9] 为命令 Table 生成的向量, Out[11] 为命令 Table 生成的矩阵, Out[13] 为矩阵屏幕输入, Out[14] 为以 $\{1,2,3,4\}$ 为对角线元素的对角矩阵, Out[15] 为四阶单位矩阵.

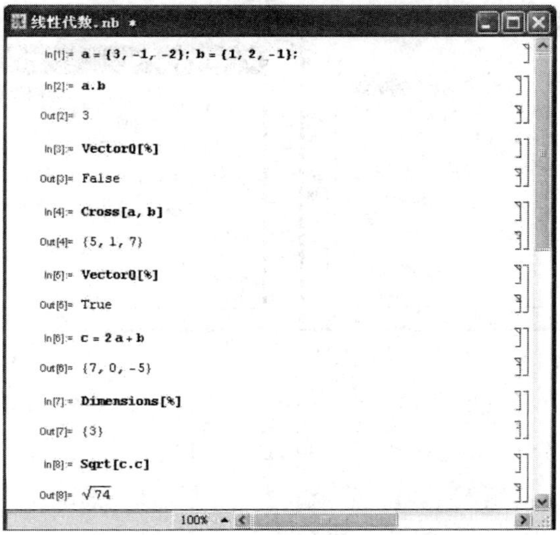

第九章 线性代数

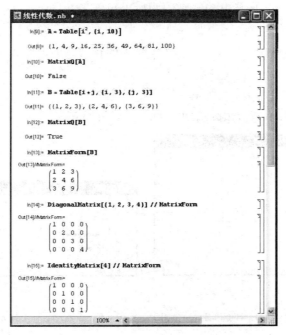

图 9 - 6 - 1

图 9 - 6 - 2

例 3 设矩阵 $A = \begin{pmatrix} 3 & -1 \\ 0 & 3 \\ 1 & 4 \end{pmatrix}, B = \begin{pmatrix} 1 & 3 & 1 & 2 \\ 0 & -2 & 1 & 0 \end{pmatrix}$，求 AB, A^{T}.

解 输入命令如图 9 - 6 - 3 所示.

输出结果：见图 9 - 6 - 3，其中 Out[18] 为矩阵乘积 AB，Out[19] 为转置矩阵 A^{T}.
这里，在输入后面加上命令 //MatrixForm 时也可将矩阵屏幕输入，见图 9 - 6 - 3.

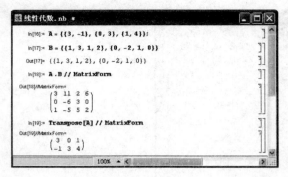

图 9-6-3

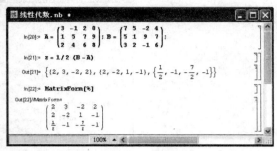

图 9-6-4

例 4 设矩阵 $A = \begin{pmatrix} 3 & -1 & 2 & 0 \\ 1 & 5 & 7 & 9 \\ 2 & 4 & 6 & 8 \end{pmatrix}, B = \begin{pmatrix} 7 & 5 & -2 & 4 \\ 5 & 1 & 9 & 7 \\ 3 & 2 & -1 & 6 \end{pmatrix}$，且 $A + 2Z = B$，求 Z。

解 输入命令如图 9-6-4 所示．

输出结果：见图 9-6-4，其中 Out[22] 为所求矩阵 Z．

例 5 设矩阵 $A = \begin{pmatrix} 1 & 2 & -1 \\ 3 & 4 & -2 \\ 5 & -4 & 1 \end{pmatrix}$，求 A 的行列式的值及 A^{-1}．

解 输入命令如图 9-6-5 所示．

输出结果：$|A| = 2$，A 的逆矩阵为图 9-6-5 中的 Out[25]．

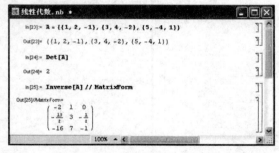

图 9-6-5

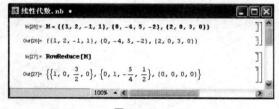

图 9-6-6

例 6 求向量组 $a_1 = (1,2,-1,1), a_2 = (0,-4,5,-2), a_3 = (2,0,3,0)$ 的秩．

解 输入命令如图 9-6-6 所示．

输出结果：用初等行变换把向量组化简为图 9-6-6 中的 Out[27]，显然其秩是 2．

例 7 求齐次线性方程组

$$\begin{cases} x_1 + x_2 + x_3 \quad\quad + x_5 = 0, \\ 3x_1 + 2x_2 + x_3 + x_4 - 3x_5 = 0, \\ \quad\quad x_2 + 2x_3 + 2x_4 + 6x_5 = 0, \\ 5x_1 + 4x_2 + 3x_3 + 3x_4 - x_5 = 0 \end{cases}$$

的通解．

解 输入命令如图 9-6-7 所示.

输出结果:该方程组的一个基础解系为
$$\{\boldsymbol{\xi}_1,\boldsymbol{\xi}_2\}=\{(5,-6,0,0,1),(1,-2,1,0,0)\},$$
故所求的通解为
$$\boldsymbol{\xi}=c_1\boldsymbol{\xi}_1+c_2\boldsymbol{\xi}_2, \quad 其中 c_1,c_2 为任意常数.$$

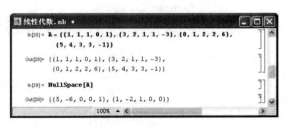
图 9-6-7

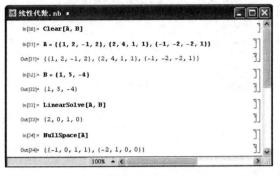
图 9-6-8

例 8 求线性方程组
$$\begin{cases} x_1+2x_2-x_3+2x_4=1, \\ 2x_1+4x_2+x_3+x_4=5, \\ -x_1-2x_2-2x_3+x_4=-4 \end{cases}$$
的通解.

解 **方法一** 输入命令如图 9-6-8 所示.

输出结果:该非齐次线性方程组的一个特解为
$$\boldsymbol{\eta}_0=(2,0,1,0),$$
对应的齐次线性方程组的一个基础解系为
$$\{\boldsymbol{\xi}_1,\boldsymbol{\xi}_2\}=\{(-1,0,1,1),(-2,1,0,0)\},$$
故所求的通解为
$$\boldsymbol{\eta}=\boldsymbol{\eta}_0+c_1\boldsymbol{\xi}_1+c_2\boldsymbol{\xi}_2, \quad 其中 c_1,c_2 为任意常数.$$

方法二 输入命令如图 9-6-9 所示.

输出结果:$x_1=2-2x_2-x_4, x_3=1+x_4$.

于是,该非齐次线性方程组的一个特解为
$$\boldsymbol{\eta}_0=(2,0,1,0),$$
对应的齐次线性方程组的一个基础解系为
$$\{\boldsymbol{\xi}_1,\boldsymbol{\xi}_2\}=\{(-1,0,1,1),(-2,1,0,0)\},$$
故所求的通解为
$$\boldsymbol{\eta}=\boldsymbol{\eta}_0+c_1\boldsymbol{\xi}_1+c_2\boldsymbol{\xi}_2, \quad 其中 c_1,c_2 为任意常数.$$

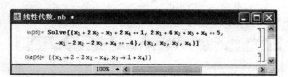
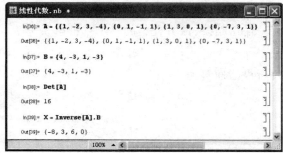

图 9-6-9　　　　　　　　　　　图 9-6-10

例 9　解线性方程组
$$\begin{cases} x_1 - 2x_2 + 3x_3 - 4x_4 = 4, \\ x_2 - x_3 + x_4 = -3, \\ x_1 + 3x_2 + x_4 = 1, \\ -7x_2 + 3x_3 + x_4 = -3. \end{cases}$$

解　**方法一**　因为该线性方程组的系数行列式 $|A| \neq 0$,所以该方程组有唯一解. 利用逆矩阵计算,即得 $x = A^{-1}B$.

输入命令如图 9-6-10 所示.

输出结果:该方程组的唯一解为 $x_1 = -8, x_2 = 3, x_3 = 6, x_4 = 0$.

方法二　输入命令如图 9-6-11 所示.

输出结果:该方程组的唯一解为 $x_1 = -8, x_2 = 3, x_3 = 6, x_4 = 0$.

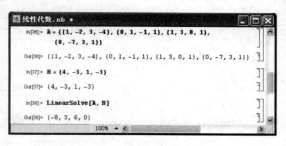

图 9-6-11　　　　　　　　　　　图 9-6-12

例 10　设矩阵 $B = \begin{pmatrix} -1 & 1 & 0 \\ -4 & 3 & 0 \\ 1 & 0 & 2 \end{pmatrix}$,求 B 的特征值与特征向量.

解　输入命令如图 9-6-12 所示.

输出结果:见图 9-6-12,其中 Out[44] = {2,1,1} 为 B 的特征值,Out[45] = {(0,0,1), (-1,-2,1),(0,0,0)} 为 B 的特征向量.

在图 9-6-12 中,命令 Eigensystem[B] 表示计算矩阵 B 的特征值和特征向量,所得结果 Out[46] 是前两者的综合.

习 题 9-6

1. 已知矩阵 $A = \begin{pmatrix} 0 & -2 & 5 \\ 3 & -4 & 3 \end{pmatrix}, B = \begin{pmatrix} -5 & 1 & 7 \\ 3 & 8 & 3 \end{pmatrix}, C = \begin{pmatrix} 1 & 1 \\ -3 & 2 \\ 3 & 0 \end{pmatrix}$，求：

(1) $3A + 2B$；
(2) $2A - 5B$；
(3) BC；
(4) $|BC|$．

2. 求矩阵 $A = \begin{pmatrix} 3 & -2 & 0 & -1 \\ 0 & 2 & 2 & 1 \\ 1 & -2 & -3 & -2 \\ 0 & 1 & 2 & 1 \end{pmatrix}$ 的逆矩阵．

3. 求矩阵 $D = \begin{pmatrix} 1 & 1 & 2 & 2 & 1 \\ 0 & 2 & 1 & 5 & -1 \\ 2 & 0 & 3 & -1 & 3 \\ 1 & 1 & 0 & 4 & -1 \end{pmatrix}$ 的秩．

4. 解线性方程组

$$\begin{cases} x_1 + x_2 + x_3 + x_4 = 5, \\ x_1 + 2x_2 - x_3 + 4x_4 = -2, \\ 2x_1 - 3x_2 - x_3 + 5x_4 = -2, \\ 3x_1 + x_2 + 2x_3 + 11x_4 = 0. \end{cases}$$

附录 积 分 表

(一) 含有 $ax+b(a\neq 0)$ 的积分

1. $\int \dfrac{\mathrm{d}x}{ax+b} = \dfrac{1}{a}\ln|ax+b|+C.$

2. $\int (ax+b)^\mu \mathrm{d}x = \dfrac{1}{a(\mu+1)}(ax+b)^{\mu+1}+C \quad (\mu\neq -1).$

3. $\int \dfrac{x}{ax+b}\mathrm{d}x = \dfrac{1}{a^2}(ax+b-b\ln|ax+b|)+C.$

4. $\int \dfrac{x^2}{ax+b}\mathrm{d}x = \dfrac{1}{a^3}\left[\dfrac{1}{2}(ax+b)^2 - 2b(ax+b) + b^2\ln|ax+b|\right]+C.$

5. $\int \dfrac{\mathrm{d}x}{x(ax+b)} = -\dfrac{1}{b}\ln\left|\dfrac{ax+b}{x}\right|+C.$

6. $\int \dfrac{\mathrm{d}x}{x^2(ax+b)} = -\dfrac{1}{bx} + \dfrac{a}{b^2}\ln\left|\dfrac{ax+b}{x}\right|+C.$

7. $\int \dfrac{x}{(ax+b)^2}\mathrm{d}x = \dfrac{1}{a^2}\left(\ln|ax+b| + \dfrac{b}{ax+b}\right)+C.$

8. $\int \dfrac{x^2}{(ax+b)^2}\mathrm{d}x = \dfrac{1}{a^3}\left(ax+b-2b\ln|ax+b| - \dfrac{b^2}{ax+b}\right)+C.$

9. $\int \dfrac{\mathrm{d}x}{x(ax+b)^2} = \dfrac{1}{b(ax+b)} - \dfrac{1}{b^2}\ln\left|\dfrac{ax+b}{x}\right|+C.$

(二) 含有 $\sqrt{ax+b}$ 的积分

10. $\int \sqrt{ax+b}\,\mathrm{d}x = \dfrac{2}{3a}\sqrt{(ax+b)^3}+C.$

11. $\int x\sqrt{ax+b}\,\mathrm{d}x = \dfrac{2}{15a^2}(3ax-2b)\sqrt{(ax+b)^3}+C.$

12. $\int x^2\sqrt{ax+b}\,\mathrm{d}x = \dfrac{2}{105a^3}(15a^2x^2 - 12abx + 8b^2)\sqrt{(ax+b)^3}+C.$

13. $\int \dfrac{x}{\sqrt{ax+b}}\mathrm{d}x = \dfrac{2}{3a^2}(ax-2b)\sqrt{ax+b}+C.$

14. $\int \dfrac{x^2}{\sqrt{ax+b}}\mathrm{d}x = \dfrac{2}{15a^3}(3a^2x^2 - 4abx + 8b^2)\sqrt{ax+b}+C.$

15. $\int \dfrac{\mathrm{d}x}{x\sqrt{ax+b}} = \begin{cases} \dfrac{1}{\sqrt{b}}\ln\left|\dfrac{\sqrt{ax+b}-\sqrt{b}}{\sqrt{ax+b}+\sqrt{b}}\right|+C & (b>0), \\ \dfrac{2}{\sqrt{-b}}\arctan\sqrt{\dfrac{ax+b}{-b}}+C & (b<0). \end{cases}$

16. $\int \dfrac{\mathrm{d}x}{x^2\sqrt{ax+b}} = -\dfrac{\sqrt{ax+b}}{bx} - \dfrac{a}{2b}\int \dfrac{\mathrm{d}x}{x\sqrt{ax+b}}.$

17. $\int \dfrac{\sqrt{ax+b}}{x}\mathrm{d}x = 2\sqrt{ax+b} + b\int \dfrac{\mathrm{d}x}{x\sqrt{ax+b}}.$

18. $\int \dfrac{\sqrt{ax+b}}{x^2}\mathrm{d}x = -\dfrac{\sqrt{ax+b}}{x} + \dfrac{a}{2}\int \dfrac{\mathrm{d}x}{x\sqrt{ax+b}}.$

(三) 含有 $x^2 \pm a^2$ 的积分

19. $\int \dfrac{\mathrm{d}x}{x^2 + a^2} = \dfrac{1}{a} \arctan \dfrac{x}{a} + C.$

20. $\int \dfrac{\mathrm{d}x}{(x^2 + a^2)^n} = \dfrac{x}{2(n-1)a^2 (x^2 + a^2)^{n-1}} + \dfrac{2n-3}{2(n-1)a^2} \int \dfrac{\mathrm{d}x}{(x^2 + a^2)^{n-1}}.$

21. $\int \dfrac{\mathrm{d}x}{x^2 - a^2} = \dfrac{1}{2a} \ln \left| \dfrac{x-a}{x+a} \right| + C.$

(四) 含有 $ax^2 + b\,(a > 0)$ 的积分

22. $\int \dfrac{\mathrm{d}x}{ax^2 + b} = \begin{cases} \dfrac{1}{\sqrt{ab}} \arctan \sqrt{\dfrac{a}{b}}\, x + C & (b > 0), \\ \dfrac{1}{2\sqrt{-ab}} \ln \left| \dfrac{\sqrt{a}\,x - \sqrt{-b}}{\sqrt{a}\,x + \sqrt{-b}} \right| + C & (b < 0). \end{cases}$

23. $\int \dfrac{x}{ax^2 + b}\, \mathrm{d}x = \dfrac{1}{2a} \ln | ax^2 + b | + C.$

24. $\int \dfrac{x^2}{ax^2 + b}\, \mathrm{d}x = \dfrac{x}{a} - \dfrac{b}{a} \int \dfrac{\mathrm{d}x}{ax^2 + b}.$

25. $\int \dfrac{\mathrm{d}x}{x(ax^2 + b)} = \dfrac{1}{2b} \ln \dfrac{x^2}{|ax^2 + b|} + C.$

26. $\int \dfrac{\mathrm{d}x}{x^2(ax^2 + b)} = -\dfrac{1}{bx} - \dfrac{a}{b} \int \dfrac{\mathrm{d}x}{ax^2 + b}.$

27. $\int \dfrac{\mathrm{d}x}{x^3(ax^2 + b)} = \dfrac{a}{2b^2} \ln \dfrac{|ax^2 + b|}{x^2} - \dfrac{1}{2bx^2} + C.$

28. $\int \dfrac{\mathrm{d}x}{(ax^2 + b)^2} = \dfrac{x}{2b(ax^2 + b)} + \dfrac{1}{2b} \int \dfrac{\mathrm{d}x}{ax^2 + b}.$

(五) 含有 $ax^2 + bx + c\,(a > 0)$ 的积分

29. $\int \dfrac{\mathrm{d}x}{ax^2 + bx + c} = \begin{cases} \dfrac{2}{\sqrt{4ac - b^2}} \arctan \dfrac{2ax + b}{\sqrt{4ac - b^2}} + C & (b^2 < 4ac), \\ \dfrac{1}{\sqrt{b^2 - 4ac}} \ln \left| \dfrac{2ax + b - \sqrt{b^2 - 4ac}}{2ax + b + \sqrt{b^2 - 4ac}} \right| + C & (b^2 > 4ac). \end{cases}$

30. $\int \dfrac{x}{ax^2 + bx + c}\, \mathrm{d}x = \dfrac{1}{2a} \ln | ax^2 + bx + c | - \dfrac{b}{2a} \int \dfrac{\mathrm{d}x}{ax^2 + bx + c}.$

(六) 含有 $\sqrt{x^2 + a^2}\,(a > 0)$ 的积分

31. $\int \dfrac{\mathrm{d}x}{\sqrt{x^2 + a^2}} = \operatorname{arsh} \dfrac{x}{a} + C_1 = \ln(x + \sqrt{x^2 + a^2}) + C.$

32. $\int \dfrac{\mathrm{d}x}{\sqrt{(x^2 + a^2)^3}} = \dfrac{x}{a^2 \sqrt{x^2 + a^2}} + C.$

33. $\int \dfrac{x}{\sqrt{x^2 + a^2}}\, \mathrm{d}x = \sqrt{x^2 + a^2} + C.$

34. $\int \dfrac{x}{\sqrt{(x^2 + a^2)^3}}\, \mathrm{d}x = -\dfrac{1}{\sqrt{x^2 + a^2}} + C.$

35. $\int \dfrac{x^2}{\sqrt{x^2 + a^2}}\, \mathrm{d}x = \dfrac{x}{2} \sqrt{x^2 + a^2} - \dfrac{a^2}{2} \ln(x + \sqrt{x^2 + a^2}) + C.$

36. $\int \dfrac{x^2}{\sqrt{(x^2 + a^2)^3}}\, \mathrm{d}x = -\dfrac{x}{\sqrt{x^2 + a^2}} + \ln(x + \sqrt{x^2 + a^2}) + C.$

37. $\int \dfrac{\mathrm{d}x}{x \sqrt{x^2 + a^2}} = \dfrac{1}{a} \ln \dfrac{\sqrt{x^2 + a^2} - a}{|x|} + C.$

38. $\int \dfrac{\mathrm{d}x}{x^2\sqrt{x^2+a^2}} = -\dfrac{\sqrt{x^2+a^2}}{a^2 x} + C.$

39. $\int \sqrt{x^2+a^2}\,\mathrm{d}x = \dfrac{x}{2}\sqrt{x^2+a^2} + \dfrac{a^2}{2}\ln(x+\sqrt{x^2+a^2}) + C.$

40. $\int \sqrt{(x^2+a^2)^3}\,\mathrm{d}x = \dfrac{x}{8}(2x^2+5a^2)\sqrt{x^2+a^2} + \dfrac{3}{8}a^4\ln(x+\sqrt{x^2+a^2}) + C.$

41. $\int x\sqrt{x^2+a^2}\,\mathrm{d}x = \dfrac{1}{3}\sqrt{(x^2+a^2)^3} + C.$

42. $\int x^2\sqrt{x^2+a^2}\,\mathrm{d}x = \dfrac{x}{8}(2x^2+a^2)\sqrt{x^2+a^2} - \dfrac{a^4}{8}\ln(x+\sqrt{x^2+a^2}) + C.$

43. $\int \dfrac{\sqrt{x^2+a^2}}{x}\,\mathrm{d}x = \sqrt{x^2+a^2} + a\ln\dfrac{\sqrt{x^2+a^2}-a}{|x|} + C.$

44. $\int \dfrac{\sqrt{x^2+a^2}}{x^2}\,\mathrm{d}x = -\dfrac{\sqrt{x^2+a^2}}{x} + \ln(x+\sqrt{x^2+a^2}) + C.$

（七）含有 $\sqrt{x^2-a^2}\,(a>0)$ 的积分

45. $\int \dfrac{\mathrm{d}x}{\sqrt{x^2-a^2}} = \dfrac{x}{|x|}\mathrm{arch}\dfrac{|x|}{a} + C_1 = \ln|x+\sqrt{x^2-a^2}| + C.$

46. $\int \dfrac{\mathrm{d}x}{\sqrt{(x^2-a^2)^3}} = -\dfrac{x}{a^2\sqrt{x^2-a^2}} + C.$

47. $\int \dfrac{x}{\sqrt{x^2-a^2}}\,\mathrm{d}x = \sqrt{x^2-a^2} + C.$

48. $\int \dfrac{x}{\sqrt{(x^2-a^2)^3}}\,\mathrm{d}x = -\dfrac{1}{\sqrt{x^2-a^2}} + C.$

49. $\int \dfrac{x^2}{\sqrt{x^2-a^2}}\,\mathrm{d}x = \dfrac{x}{2}\sqrt{x^2-a^2} + \dfrac{a^2}{2}\ln|x+\sqrt{x^2-a^2}| + C.$

50. $\int \dfrac{x^2}{\sqrt{(x^2-a^2)^3}}\,\mathrm{d}x = -\dfrac{x}{\sqrt{x^2-a^2}} + \ln|x+\sqrt{x^2-a^2}| + C.$

51. $\int \dfrac{\mathrm{d}x}{x\sqrt{x^2-a^2}} = \dfrac{1}{a}\arccos\dfrac{a}{|x|} + C.$

52. $\int \dfrac{\mathrm{d}x}{x^2\sqrt{x^2-a^2}} = \dfrac{\sqrt{x^2-a^2}}{a^2 x} + C.$

53. $\int \sqrt{x^2-a^2}\,\mathrm{d}x = \dfrac{x}{2}\sqrt{x^2-a^2} - \dfrac{a^2}{2}\ln|x+\sqrt{x^2-a^2}| + C.$

54. $\int \sqrt{(x^2-a^2)^3}\,\mathrm{d}x = \dfrac{x}{8}(2x^2-5a^2)\sqrt{x^2-a^2} + \dfrac{3}{8}a^4\ln|x+\sqrt{x^2-a^2}| + C.$

55. $\int x\sqrt{x^2-a^2}\,\mathrm{d}x = \dfrac{1}{3}\sqrt{(x^2-a^2)^3} + C.$

56. $\int x^2\sqrt{x^2-a^2}\,\mathrm{d}x = \dfrac{x}{8}(2x^2-a^2)\sqrt{x^2-a^2} - \dfrac{a^4}{8}\ln|x+\sqrt{x^2-a^2}| + C.$

57. $\int \dfrac{\sqrt{x^2-a^2}}{x}\,\mathrm{d}x = \sqrt{x^2-a^2} - a\arccos\dfrac{a}{|x|} + C.$

58. $\int \dfrac{\sqrt{x^2-a^2}}{x^2}\,\mathrm{d}x = -\dfrac{\sqrt{x^2-a^2}}{x} + \ln|x+\sqrt{x^2-a^2}| + C.$

（八）含有 $\sqrt{a^2-x^2}\,(a>0)$ 的积分

59. $\int \dfrac{\mathrm{d}x}{\sqrt{a^2-x^2}} = \arcsin\dfrac{x}{a} + C.$

60. $\int \dfrac{dx}{\sqrt{(a^2-x^2)^3}} = \dfrac{x}{a^2\sqrt{a^2-x^2}} + C.$

61. $\int \dfrac{x}{\sqrt{a^2-x^2}}dx = -\sqrt{a^2-x^2} + C.$

62. $\int \dfrac{x}{\sqrt{(a^2-x^2)^3}}dx = \dfrac{1}{\sqrt{a^2-x^2}} + C.$

63. $\int \dfrac{x^2}{\sqrt{a^2-x^2}}dx = -\dfrac{x}{2}\sqrt{a^2-x^2} + \dfrac{a^2}{2}\arcsin\dfrac{x}{a} + C.$

64. $\int \dfrac{x^2}{\sqrt{(a^2-x^2)^3}}dx = \dfrac{x}{\sqrt{a^2-x^2}} - \arcsin\dfrac{x}{a} + C.$

65. $\int \dfrac{dx}{x\sqrt{a^2-x^2}} = \dfrac{1}{a}\ln\dfrac{a-\sqrt{a^2-x^2}}{|x|} + C.$

66. $\int \dfrac{dx}{x^2\sqrt{a^2-x^2}} = -\dfrac{\sqrt{a^2-x^2}}{a^2 x} + C.$

67. $\int \sqrt{a^2-x^2}\,dx = \dfrac{x}{2}\sqrt{a^2-x^2} + \dfrac{a^2}{2}\arcsin\dfrac{x}{a} + C.$

68. $\int \sqrt{(a^2-x^2)^3}\,dx = \dfrac{x}{8}(5a^2-2x^2)\sqrt{a^2-x^2} + \dfrac{3}{8}a^4\arcsin\dfrac{x}{a} + C.$

69. $\int x\sqrt{a^2-x^2}\,dx = -\dfrac{1}{3}\sqrt{(a^2-x^2)^3} + C.$

70. $\int x^2\sqrt{a^2-x^2}\,dx = \dfrac{x}{8}(2x^2-a^2)\sqrt{a^2-x^2} + \dfrac{a^4}{8}\arcsin\dfrac{x}{a} + C.$

71. $\int \dfrac{\sqrt{a^2-x^2}}{x}dx = \sqrt{a^2-x^2} + a\ln\dfrac{a-\sqrt{a^2-x^2}}{|x|} + C.$

72. $\int \dfrac{\sqrt{a^2-x^2}}{x^2}dx = -\dfrac{\sqrt{a^2-x^2}}{x} - \arcsin\dfrac{x}{a} + C.$

(九) 含有 $\sqrt{\pm ax^2+bx+c}\,(a>0)$ 的积分

73. $\int \dfrac{dx}{\sqrt{ax^2+bx+c}} = \dfrac{1}{\sqrt{a}}\ln|2ax+b+2\sqrt{a}\sqrt{ax^2+bx+c}| + C.$

74. $\int \sqrt{ax^2+bx+c}\,dx = \dfrac{2ax+b}{4a}\sqrt{ax^2+bx+c} + \dfrac{4ac-b^2}{8\sqrt{a^3}}\ln|2ax+b+2\sqrt{a}\sqrt{ax^2+bx+c}| + C.$

75. $\int \dfrac{x}{\sqrt{ax^2+bx+c}}dx = \dfrac{1}{a}\sqrt{ax^2+bx+c} - \dfrac{b}{2\sqrt{a^3}}\ln|2ax+b+2\sqrt{a}\sqrt{ax^2+bx+c}| + C.$

76. $\int \dfrac{dx}{\sqrt{c+bx-ax^2}} = \dfrac{1}{\sqrt{a}}\arcsin\dfrac{2ax-b}{\sqrt{b^2+4ac}} + C.$

77. $\int \sqrt{c+bx-ax^2}\,dx = \dfrac{2ax-b}{4a}\sqrt{c+bx-ax^2} + \dfrac{b^2+4ac}{8\sqrt{a^3}}\arcsin\dfrac{2ax-b}{\sqrt{b^2+4ac}} + C.$

78. $\int \dfrac{x}{\sqrt{c+bx-ax^2}}dx = -\dfrac{1}{a}\sqrt{c+bx-ax^2} + \dfrac{b}{2\sqrt{a^3}}\arcsin\dfrac{2ax-b}{\sqrt{b^2+4ac}} + C.$

(十) 含有 $\sqrt{\pm\dfrac{x-a}{x-b}}$ 或 $\sqrt{(x-a)(b-x)}$ 的积分

79. $\int \sqrt{\dfrac{x-a}{x-b}}\,dx = (x-b)\sqrt{\dfrac{x-a}{x-b}} + (b-a)\ln(\sqrt{|x-a|} + \sqrt{|x-b|}) + C.$

80. $\int \sqrt{\dfrac{x-a}{b-x}}\,dx = (x-b)\sqrt{\dfrac{x-a}{b-x}} + (b-a)\arcsin\sqrt{\dfrac{x-a}{b-a}} + C.$

81. $\int \dfrac{\mathrm{d}x}{\sqrt{(x-a)(b-x)}} = 2\arcsin\sqrt{\dfrac{x-a}{b-x}} + C \quad (a<b).$

82. $\int \sqrt{(x-a)(b-x)}\,\mathrm{d}x = \dfrac{2x-a-b}{4}\sqrt{(x-a)(b-x)} + \dfrac{(b-a)^2}{4}\arcsin\sqrt{\dfrac{x-a}{b-a}} + C \quad (a<b).$

（十一）含有三角函数的积分

83. $\int \sin x\,\mathrm{d}x = -\cos x + C.$

84. $\int \cos x\,\mathrm{d}x = \sin x + C.$

85. $\int \tan x\,\mathrm{d}x = -\ln|\cos x| + C.$

86. $\int \cot x\,\mathrm{d}x = \ln|\sin x| + C.$

87. $\int \sec x\,\mathrm{d}x = \ln\left|\tan\left(\dfrac{\pi}{4} + \dfrac{x}{2}\right)\right| + C = \ln|\sec x + \tan x| + C.$

88. $\int \csc x\,\mathrm{d}x = \ln\left|\tan\dfrac{x}{2}\right| + C = \ln|\csc x - \cot x| + C.$

89. $\int \sec^2 x\,\mathrm{d}x = \tan x + C.$

90. $\int \csc^2 x\,\mathrm{d}x = -\cot x + C.$

91. $\int \sec x\tan x\,\mathrm{d}x = \sec x + C.$

92. $\int \csc x\cot x\,\mathrm{d}x = -\csc x + C.$

93. $\int \sin^2 x\,\mathrm{d}x = \dfrac{x}{2} - \dfrac{1}{4}\sin 2x + C.$

94. $\int \cos^2 x\,\mathrm{d}x = \dfrac{x}{2} + \dfrac{1}{4}\sin 2x + C.$

95. $\int \sin^n x\,\mathrm{d}x = -\dfrac{1}{n}\sin^{n-1}x\cos x + \dfrac{n-1}{n}\int \sin^{n-2}x\,\mathrm{d}x.$

96. $\int \cos^n x\,\mathrm{d}x = \dfrac{1}{n}\cos^{n-1}x\sin x + \dfrac{n-1}{n}\int \cos^{n-2}x\,\mathrm{d}x.$

97. $\int \dfrac{\mathrm{d}x}{\sin^n x} = -\dfrac{1}{n-1}\cdot\dfrac{\cos x}{\sin^{n-1}x} + \dfrac{n-2}{n-1}\int \dfrac{\mathrm{d}x}{\sin^{n-2}x}.$

98. $\int \dfrac{\mathrm{d}x}{\cos^n x} = \dfrac{1}{n-1}\cdot\dfrac{\sin x}{\cos^{n-1}x} + \dfrac{n-2}{n-1}\int \dfrac{\mathrm{d}x}{\cos^{n-2}x}.$

99. $\int \cos^m x\sin^n x\,\mathrm{d}x = \dfrac{1}{m+n}\cos^{m-1}x\sin^{n+1}x + \dfrac{m-1}{m+n}\int \cos^{m-2}x\sin^n x\,\mathrm{d}x$
$\qquad\qquad\qquad\quad = -\dfrac{1}{m+n}\cos^{m+1}x\sin^{n-1}x + \dfrac{n-1}{m+n}\int \cos^m x\sin^{n-2}x\,\mathrm{d}x.$

100. $\int \sin ax\cos bx\,\mathrm{d}x = -\dfrac{1}{2(a+b)}\cos(a+b)x - \dfrac{1}{2(a-b)}\cos(a-b)x + C.$

101. $\int \sin ax\sin bx\,\mathrm{d}x = -\dfrac{1}{2(a+b)}\sin(a+b)x + \dfrac{1}{2(a-b)}\sin(a-b)x + C.$

102. $\int \cos ax\cos bx\,\mathrm{d}x = \dfrac{1}{2(a+b)}\sin(a+b)x + \dfrac{1}{2(a-b)}\sin(a-b)x + C.$

103. $\int \dfrac{\mathrm{d}x}{a+b\sin x} = \dfrac{2}{\sqrt{a^2-b^2}}\arctan\dfrac{a\tan\dfrac{x}{2}+b}{\sqrt{a^2-b^2}} + C \quad (a^2>b^2).$

104. $\int \dfrac{\mathrm{d}x}{a+b\sin x} = \dfrac{1}{\sqrt{b^2-a^2}} \ln\left|\dfrac{a\tan\dfrac{x}{2}+b-\sqrt{b^2-a^2}}{a\tan\dfrac{x}{2}+b+\sqrt{b^2-a^2}}\right|+C \quad (a^2<b^2).$

105. $\int \dfrac{\mathrm{d}x}{a+b\cos x} = \dfrac{2}{a+b}\sqrt{\dfrac{a+b}{a-b}}\arctan\left(\sqrt{\dfrac{a-b}{a+b}}\tan\dfrac{x}{2}\right)+C \quad (a^2>b^2).$

106. $\int \dfrac{\mathrm{d}x}{a+b\cos x} = \dfrac{1}{a+b}\sqrt{\dfrac{a+b}{b-a}}\ln\left|\dfrac{\tan\dfrac{x}{2}+\sqrt{\dfrac{a+b}{b-a}}}{\tan\dfrac{x}{2}-\sqrt{\dfrac{a+b}{b-a}}}\right|+C \quad (a^2<b^2).$

107. $\int \dfrac{\mathrm{d}x}{a^2\cos^2 x + b^2\sin^2 x} = \dfrac{1}{ab}\arctan\left(\dfrac{b}{a}\tan x\right)+C.$

108. $\int \dfrac{\mathrm{d}x}{a^2\cos^2 x - b^2\sin^2 x} = \dfrac{1}{2ab}\ln\left|\dfrac{b\tan x + a}{b\tan x - a}\right|+C.$

109. $\int x\sin ax\,\mathrm{d}x = \dfrac{1}{a^2}\sin ax - \dfrac{1}{a}x\cos ax + C.$

110. $\int x^2\sin ax\,\mathrm{d}x = -\dfrac{1}{a}x^2\cos ax + \dfrac{2}{a^2}x\sin ax + \dfrac{2}{a^3}\cos ax + C.$

111. $\int x\cos ax\,\mathrm{d}x = \dfrac{1}{a^2}\cos ax + \dfrac{1}{a}x\sin ax + C.$

112. $\int x^2\cos ax\,\mathrm{d}x = \dfrac{1}{a}x^2\sin ax + \dfrac{2}{a^2}x\cos ax - \dfrac{2}{a^3}\sin ax + C.$

（十二）含有反三角函数的积分（其中 $a>0$）

113. $\int \arcsin\dfrac{x}{a}\,\mathrm{d}x = x\arcsin\dfrac{x}{a} + \sqrt{a^2-x^2} + C.$

114. $\int x\arcsin\dfrac{x}{a}\,\mathrm{d}x = \left(\dfrac{x^2}{2}-\dfrac{a^2}{4}\right)\arcsin\dfrac{x}{a} + \dfrac{x}{4}\sqrt{a^2-x^2} + C.$

115. $\int x^2\arcsin\dfrac{x}{a}\,\mathrm{d}x = \dfrac{x^3}{3}\arcsin\dfrac{x}{a} + \dfrac{1}{9}(x^2+2a^2)\sqrt{a^2-x^2} + C.$

116. $\int \arccos\dfrac{x}{a}\,\mathrm{d}x = x\arccos\dfrac{x}{a} - \sqrt{a^2-x^2} + C.$

117. $\int x\arccos\dfrac{x}{a}\,\mathrm{d}x = \left(\dfrac{x^2}{2}-\dfrac{a^2}{4}\right)\arccos\dfrac{x}{a} - \dfrac{x}{4}\sqrt{a^2-x^2} + C.$

118. $\int x^2\arccos\dfrac{x}{a}\,\mathrm{d}x = \dfrac{x^3}{3}\arccos\dfrac{x}{a} - \dfrac{1}{9}(x^2+2a^2)\sqrt{a^2-x^2} + C.$

119. $\int \arctan\dfrac{x}{a}\,\mathrm{d}x = x\arctan\dfrac{x}{a} - \dfrac{a}{2}\ln(a^2+x^2) + C.$

120. $\int x\arctan\dfrac{x}{a}\,\mathrm{d}x = \dfrac{1}{2}(a^2+x^2)\arctan\dfrac{x}{a} - \dfrac{a}{2}x + C.$

121. $\int x^2\arctan\dfrac{x}{a}\,\mathrm{d}x = \dfrac{x^3}{3}\arctan\dfrac{x}{a} - \dfrac{a}{6}x^2 + \dfrac{a^3}{6}\ln(a^2+x^2) + C.$

（十三）含有指数函数的积分

122. $\int a^x\,\mathrm{d}x = \dfrac{1}{\ln a}a^x + C \quad (a>0, a\neq 1).$

123. $\int \mathrm{e}^{ax}\,\mathrm{d}x = \dfrac{1}{a}\mathrm{e}^{ax} + C \quad (a\neq 0).$

124. $\int x\mathrm{e}^{ax}\,\mathrm{d}x = \dfrac{1}{a^2}(ax-1)\mathrm{e}^{ax} + C \quad (a\neq 0).$

125. $\int x^n\mathrm{e}^{ax}\,\mathrm{d}x = \dfrac{1}{a}x^n\mathrm{e}^{ax} - \dfrac{n}{a}\int x^{n-1}\mathrm{e}^{ax}\,\mathrm{d}x \quad (a\neq 0).$

126. $\int xa^x dx = \dfrac{x}{\ln a}a^x - \dfrac{1}{(\ln a)^2}a^x + C \ (a>0, a\neq 1)$.

127. $\int x^n a^x dx = \dfrac{1}{\ln a}x^n a^x - \dfrac{n}{\ln a}\int x^{n-1}a^x dx \ (a>0, a\neq 1)$.

128. $\int e^{ax}\sin bx\, dx = \dfrac{1}{a^2+b^2}e^{ax}(a\sin bx - b\cos bx) + C \ (a^2+b^2\neq 0)$.

129. $\int e^{ax}\cos bx\, dx = \dfrac{1}{a^2+b^2}e^{ax}(b\sin bx + a\cos bx) + C \ (a^2+b^2\neq 0)$.

130. $\int e^{ax}\sin^n bx\, dx = \dfrac{1}{a^2+b^2 n^2}e^{ax}\sin^{n-1}bx(a\sin bx - nb\cos bx) + \dfrac{n(n-1)b^2}{a^2+b^2 n^2}\int e^{ax}\sin^{n-2}bx\, dx \ (a^2+b^2\neq 0)$.

131. $\int e^{ax}\cos^n bx\, dx = \dfrac{1}{a^2+b^2 n^2}e^{ax}\cos^{n-1}bx(a\cos bx + nb\sin bx) + \dfrac{n(n-1)b^2}{a^2+b^2 n^2}\int e^{ax}\cos^{n-2}bx\, dx \ (a^2+b^2\neq 0)$.

(十四) 含有对数函数的积分

132. $\int \ln x\, dx = x\ln x - x + C$.

133. $\int \dfrac{dx}{x\ln x} = \ln|\ln x| + C$.

134. $\int x^n \ln x\, dx = \dfrac{1}{n+1}x^{n+1}\left(\ln x - \dfrac{1}{n+1}\right) + C$.

135. $\int (\ln x)^n dx = x(\ln x)^n - n\int (\ln x)^{n-1}dx$.

136. $\int x^m (\ln x)^n dx = \dfrac{1}{m+1}x^{m+1}(\ln x)^n - \dfrac{n}{m+1}\int x^m (\ln x)^{n-1}dx$.

(十五) 定积分

137. $\int_{-\pi}^{\pi}\cos nx\, dx = \int_{-\pi}^{\pi}\sin nx\, dx = 0$.

138. $\int_{-\pi}^{\pi}\cos mx\sin nx\, dx = 0$.

139. $\int_{-\pi}^{\pi}\cos mx\cos nx\, dx = \begin{cases} 0 & (m\neq n), \\ \pi & (m=n). \end{cases}$

140. $\int_{-\pi}^{\pi}\sin mx\sin nx\, dx = \begin{cases} 0 & (m\neq n), \\ \pi & (m=n). \end{cases}$

141. $\int_{0}^{\pi}\sin mx\sin nx\, dx = \int_{0}^{\pi}\cos mx\cos nx\, dx = \begin{cases} 0 & (m\neq n), \\ \dfrac{\pi}{2} & (m=n). \end{cases}$

142. $I_n = \int_0^{\frac{\pi}{2}}\sin^n x\, dx = \int_0^{\frac{\pi}{2}}\cos^n x\, dx$,

$I_n = \dfrac{n-1}{n}I_{n-2} = \begin{cases} \dfrac{n-1}{n}\cdot\dfrac{n-3}{n-2}\cdot\cdots\cdot\dfrac{4}{5}\cdot\dfrac{2}{3} & (n\text{ 为大于 }1\text{ 的奇数}), \\ \dfrac{n-1}{n}\cdot\dfrac{n-3}{n-2}\cdot\cdots\cdot\dfrac{3}{4}\cdot\dfrac{1}{2}\cdot\dfrac{\pi}{2} & (n\text{ 为偶数}), \end{cases}$

其中 $I_1 = 1, I_0 = \dfrac{\pi}{2}$.

习题参考答案

(数学实验小节习题答案均省略)

第 一 章

习题 1-1

(A)

1. (1) $[-1,0) \cup (0,1]$;　(2) $(-1,+\infty)$;　(3) $[2,3) \cup (3,5]$;　(4) $(-1,1)$;
   (5) $[3,+\infty)$;　(6) $[2,4]$.

2. $\dfrac{1+x}{1-x}, 1, -\dfrac{1}{3}, \dfrac{2}{1+x}$.

3. (1) 奇函数;　(2) 偶函数;　(3) 奇函数;　(4) 非奇非偶函数.

4. (1) π;　(2) π;　(3) 6π;　(4) $\dfrac{\pi}{2}$.

(B)

5. (1) 否,定义域不同;　(2) 是;
   (3) 否,对应法则不同;　(4) 是.

6. (1) $y = x^3 - 1$;　(2) $y = \dfrac{1}{2}(\log_3 x - 5)$;
   (3) $y = 1 + \sqrt{x+1}$;　(4) $y = \ln x - 1$.

7. $R = \sqrt[3]{\dfrac{3V}{4\pi}}$.　　8. 略.

习题 1-2

1. (1) $y = \ln\sqrt{x}$;　(2) $y = (1+x)^{\frac{2}{3}}$;
   (3) $y = (x+1)^{\frac{2}{3}}$;　(4) $y = \arcsin(\ln(1-x))$.

2. (1) $y = \sin u, u = \dfrac{3}{2}x$;　(2) $y = u^2, u = \cos v, v = 3x+1$;
   (3) $y = \ln u, u = \sqrt{v}, v = 1+x$;　(4) $y = \arccos u, u = 1-x^2$.

习题 1-3

(A)

1. $C(Q) = aQ + b(0 < Q \leqslant m), \overline{C}(Q) = \dfrac{C(Q)}{Q} = a + \dfrac{b}{Q}, L(Q) = (P-a)Q - b, Q_0 = \dfrac{b}{P-a}$.

2. $R(Q) = -\dfrac{1}{2}Q^2 + 4Q$.

(B)

3. $R(Q) = \begin{cases} 2\,400Q, & 0 < Q \leqslant 10, \\ 2\,280Q, & 10 < Q \leqslant 15, \\ 2\,160Q, & Q > 15. \end{cases}$　　4. $L(Q) = 240Q - 6Q^2 (40 \leqslant Q \leqslant 100)$.

5. $C(Q) = 5\,000 + 3.5Q, \overline{C}(Q) = 3.5 + \dfrac{5\,000}{Q}, L(Q) = 2.5Q - 5\,000, Q_0 = 2\,000$.

习题 1-4

(A)

1. (1) 0;　　(2) 1;　　(3) 1;　　(4) 不存在;
   (5) 1;　　(6) 0.

2. (1) 1;　　(2) $-\dfrac{1}{2}$;　　(3) -1;　　(4) 2.

3. (1) 5;　　(2) 5;　　(3) 1;　　(4) 1;
   (5) 不存在;　　(6) 3.

(B)

4. (1) $\dfrac{6}{7}$;　　(2) 不存在.

5. 无限多,有限.

6. (1) 不是;　　(2) 无限多项.

7. (1) 0;　　(2) 1;　　(3) $\dfrac{1}{2}$;　　(4) 0.

习题 1-5

(A)

1. (1) 0;　　(2) 0;　　(3) 不存在;　　(4) 0;
   (5) 2;　　(6) π;　　(7) 0;　　(8) 1;
   (9) 3;　　(10) 1.

2. (1) 1;　　(2) 2;　　(3) 无定义;　　(4) 3;
   (5) 2;　　(6) 2;　　(7) 1;　　(8) 不存在.

3. A.　　　　　　　　　　　4. A.

5. 不存在.

6. (1) 2;　　(2) 3;　　(3) 不存在.

7. 图略. 因为 $f(0^-) = 1, f(0^+) = 1$, 所以 $\lim\limits_{x \to 0} f(x) = 1$.

(B)

8. (1) 0;　　(2) 0;　　(3) 1;　　(4) 0;
   (5) $-\dfrac{\pi}{2}$;　　(6) $\dfrac{\pi}{2}$;　　(7) 不存在;　　(8) 不存在.

9. 因为 $f(0^-) = -1, f(0^+) = 1, f(0^-) \neq f(0^+)$, 所以 $\lim\limits_{x \to 0} f(x)$ 不存在.

10. 0.　　　　　　　　　　　11. 略.

习题 1-6

(A)

1. 数列 (1),(2),(4),(5) 是无穷小;数列 (3),(6) 是无穷大.

2. (1) 当 $x \to \infty$ 时,无穷小;当 $x \to 0$ 时,无穷大.
   (2) 当 $x \to \infty$ 时,无穷小;当 $x \to 1$ 时,无穷大.
   (3) 当 $x \to k\pi (k \in \mathbf{Z})$ 时,无穷小;当 $x \to \left(k + \dfrac{1}{2}\right)\pi (k \in \mathbf{Z})$ 时,无穷大.
   (4) 当 $x \to 1$ 时,无穷小;当 $x \to 0^+$ 或 $x \to +\infty$ 时,无穷大.

3. (1) ∞;　　(2) ∞;　　(3) 0;　　(4) 0;
   (5) 0;　　(6) 0.

4. $x^2 - x^3$.　　　　　　　5. 略.

习题参考答案

(B)

6. 0.

7. ∞.

8. 0.

9. (1) ∞;   (2) +∞;   (3) +∞;   (4) +∞;

(5) 0;   (6) 0.

10. 同阶且等价.

11. 同阶但不等价.

习题 1-7

(A)

1. (1) 2;   (2) 4;   (3) $-\dfrac{4}{3}$;   (4) 2;

(5) -4;   (6) 4;   (7) $\dfrac{2}{3}$;   (8) 0;

(9) $2\sqrt{2}$;   (10) $3x^2$;   (11) $\dfrac{1}{2}$;   (12) 0.

2. (1) 5;   (2) $\dfrac{3}{2}$;   (3) 3;   (4) 1;

(5) e^{-1};   (6) e^{-5}.

(B)

3. (1) 1;   (2) 2;   (3) $\dfrac{1}{2}$;   (4) $-\dfrac{1}{x^2}$;

(5) 0;   (6) 1.

4. (1) 9;   (2) 2;   (3) $\dfrac{1}{2a}$;   (4) e;

(5) e^5;   (6) e^3;   (7) 1;   (8) e^2.

习题 1-8

(A)

1. (1) $\Delta x = 1, \Delta y = 17$;   (2) $\Delta x = -1, \Delta y = -5$;

(3) $\Delta x = \Delta x, \Delta y = 10\Delta x + 6(\Delta x)^2 + (\Delta x)^3$;

(4) $\Delta x = x - x_0, \Delta y = (x - x_0)(x^2 + xx_0 + x_0^2 - 2)$.

2. $f(a)$.

3. 连续.

4. 不连续,图略.

5. 连续,图略.

6. (1) $\sqrt{5}$;   (2) -9;   (3) $-\dfrac{e^{-2}+1}{2}$;   (4) $-\dfrac{\sqrt{2}}{2}$;

(5) $-\dfrac{\sqrt{2}}{2}$;   (6) $\dfrac{1}{2}$;   (7) 1;   (8) $\dfrac{1}{20}$.

(B)

7. $\Delta y = \ln\left(1 + \dfrac{\Delta x}{x}\right)$.

8. (1) 不连续;   (2) 不连续;   (3) 连续;   (4) 不连续.

9. (1) $x = 1$,第一类间断点; $x = 2$,第二类间断点.

(2) $x = 1$,第一类间断点.

(3) $x = 0$,第二类间断点.

(4) $x = 0$,第一类间断点; $x = k\pi(k = \pm 1, \pm 2, \cdots)$,第二类间断点; $x = k\pi + \dfrac{\pi}{2}(k \in \mathbf{Z})$,第一类间断点.

10. $a=4, b=-2$.   11. $a=b=2$.
12. (1) 1;   (2) 0;   (3) $\dfrac{a+b}{2}$;   (4) $\dfrac{1}{2\sqrt{x}}$.

习题 1-9

(A)

1. 连续区间为 $(-\infty,-3)\cup(-3,2)\cup(2,+\infty)$, $\lim\limits_{x\to 0}f(x)=\dfrac{1}{2}$, $\lim\limits_{x\to 2}f(x)=\infty$, $\lim\limits_{x\to -3}f(x)=-\dfrac{8}{5}$.

2. (1) 3;   (2) 0;   (3) 2;   (4) $\dfrac{4}{3}$;

   (5) $\dfrac{3}{10}$;   (6) $\dfrac{1}{2}$;   (7) $-\dfrac{\sqrt{2}}{4}$;   (8) 1.

3. 略.

(B)

4. (1) $\dfrac{a}{2}$;   (2) $-\dfrac{1}{64}$;   (3) e^{-k};   (4) e^{-1};

   (5) 2;   (6) 0;   (7) 3;   (8) 1.

5. 略.

第 二 章

习题 2-1

(A)

1. 略.
2. (1) $5\Delta t+20$, 分别为 $25, 20.5, 20.05, 20.005$;   (2) 略;   (3) 20.
3. (1) 10;   (2) 15.
4. (1) a;   (2) $-\sin x$.
5. (1) $y-x+\dfrac{2\sqrt{3}}{9}=0$ 和 $y-x-\dfrac{2\sqrt{3}}{9}=0$.
6. 连续但不可导.   7. $a=2, b=-1$.

(B)

8. (1) $-f'(x_0)$;   (2) $2f'(x_0)$;   (3) $(a+b)f'(x_0)$.
9. 略.   10. 略.

习题 2-2

(A)

1. (1) $\dfrac{7}{2}x^{\frac{5}{2}}+\dfrac{1}{2\sqrt{x}}-1$;   (2) $2x$;

   (3) $-\dfrac{2x}{(1+x^2)^2}$;   (4) $6x^5+24x^3+22x$;

   (5) $3x^2-1$;   (6) $-\dfrac{1}{2\sqrt{x}}\left(\dfrac{1}{x}+1\right)$;

   (7) $3x^2-\dfrac{1}{x^2}+1$;   (8) $1-\dfrac{1}{2\sqrt{x}}$.

2. (1) $\cos x-\sin x$;   (2) $\sin x+x\cos x$;

   (3) $\dfrac{1}{1-\cos x}-\dfrac{x\sin x}{(1-\cos x)^2}$;   (4) $\dfrac{\sec^2 x}{x}-\dfrac{\tan x}{x^2}$;

   (5) $2\sec^2 x+\sec x\tan x$;   (6) $-2\csc^2 x$.

习题参考答案

(B)

3. (1) $\dfrac{\cos x}{x} + \sec x - \dfrac{\sin x}{x^2} + x\sec x\tan x$; (2) $1 + 2\cos x + \tan^2 x$;

   (3) $\dfrac{\sin x + x\cos x}{1+\tan x} - \dfrac{x\sec x\tan x}{(1+\tan x)^2}$; (4) $\dfrac{1}{1+\cos x}$.

4. (1) $2x + \mathrm{e}x^{-1+\mathrm{e}} + 2^x\ln 2 + \mathrm{e}^x$; (2) $\dfrac{3}{x\ln 2}$;

   (3) $\ln x$; (4) $\dfrac{\mathrm{e}^x}{x} + \mathrm{e}^x\ln x$;

   (5) $\mathrm{e}^x + a^x\ln a$; (6) $\mathrm{e}^x(\sin x + \cos x)$;

   (7) $\left(\dfrac{\mathrm{e}}{a}\right)^x(1-\ln a)$; (8) $\dfrac{2a^x\ln a}{(1+a^x)^2}$.

5. 切线方程为 $y = 2x$,法线方程为 $y = -\dfrac{1}{2}x$. 6. $a = \dfrac{1}{2\mathrm{e}}$.

习题 2-3

(A)

1. (1) $-\mathrm{e}^{-x}$; (2) $2x\cos x^2$; (3) $-\dfrac{1}{2\sqrt{3-x}}$; (4) $3\sin(4-3x)$;

   (5) $\dfrac{a}{ax+b}$; (6) $\sec^2(1+x) + 2x\sec x^2\tan x^2$; (7) $-10(10-x)^9$;

   (8) $\dfrac{1}{x} - 3\sin 3x$; (9) $\dfrac{1}{2}\left(\sec^2\dfrac{x}{2} + \csc^2\dfrac{x}{2}\right)$; (10) $-\dfrac{1}{\sqrt{x-x^2}}$.

2. (1) $(2x-1)\mathrm{e}^{-x+x^2}$; (2) $\dfrac{\sqrt{-x}\sec\sqrt{-x}\tan\sqrt{-x}}{2x}$; (3) $\dfrac{1}{x-1}$;

   (4) $\dfrac{1}{x}$; (5) $\dfrac{2}{(2-x)^3}$; (6) $\dfrac{1}{x(\ln x + \ln(\ln x))}\left(1+\dfrac{1}{\ln x}\right)$.

3. (1) $\cos x(1-\mathrm{e}^{-\sin x})$; (2) $\arcsin x + \dfrac{x}{\sqrt{1-x^2}} - \csc x + x\cot x\csc x$;

   (3) $2ax + 2xa^{1+ax^2}\ln a$; (4) $2\sec^2 2x + |\tan x|$;

   (5) $2x\sec^2(1+x^2) + 2x\sec(1-x^2)\tan(1-x^2)$; (6) $1 + \dfrac{x}{\sqrt{1+x^2}}$;

   (7) $2x\sin\dfrac{1}{x} - \cos\dfrac{1}{x}$; (8) $\dfrac{1}{(1-x^2)^{\frac{3}{2}}}$.

4. (1) $\dfrac{1}{2\sqrt{x-x^2}}$; (2) $\dfrac{2x}{|x|\sqrt{2-x^2}}$; (3) $\dfrac{3}{\sqrt{1-9x^2}}$; (4) $\dfrac{1}{2x\sqrt{6x-1}}$.

5. (1) $-\dfrac{\sin(x+y)}{1+\sin(x+y)}$; (2) $\dfrac{x^2-a^2y}{a^2x-y^2}$; (3) $\dfrac{\mathrm{e}^y\cos x - \mathrm{e}^x\sin y}{\mathrm{e}^x\cos y - \mathrm{e}^y\sin x}$; (4) $\dfrac{4x}{y}$.

6. (1) $\dfrac{y\mathrm{e}^x(1+x\ln x)}{x}$; (2) $\dfrac{(x\ln y - y)y}{x(y\ln x - x)}$; (3) $\dfrac{y(1-x-x\ln 2x)}{x}$;

   (4) $y(x\sec^2 x + \tan x)$; (5) $xy(1+2\ln x)$; (6) $\dfrac{y(x\cot x\ln x + \ln\sin x)}{x}$;

   (7) $\dfrac{y(x - x\ln(x+y) - y\ln(x+y))}{x(x^2 - y + xy)}$; (8) $y\left[\dfrac{3}{x+1} + \dfrac{1}{4(x-2)} - \dfrac{2}{5(x-3)}\right]$.

7. 略.

8. (1) $\dfrac{t^2-1}{2t}$; (2) $\dfrac{1}{2}t^2 + t$; (3) $-\dfrac{b\cot t}{a}$; (4) $-\dfrac{b\tan t}{a}$.

(B)

9. (1) $\dfrac{2\sec^2 x}{1+4\tan^2 x}$;　　(2) $\dfrac{1}{x\ln x \ln(\ln x)}$;　　(3) $-\dfrac{\sec^2\sqrt{1-x}\tan\sqrt{1-x}}{\sqrt{1-x}}$;

　(4) $\dfrac{e^{\sqrt{ax^2+bx+c}}}{2\sqrt{ax^2+bx+c}}(b+2ax)$;　　(5) e^{x+e^x};

　(6) $\dfrac{1}{2\sqrt{x+\sqrt{\sqrt{x}+x}}}\left(1+\dfrac{1}{2\sqrt{\sqrt{x}+x}}+\dfrac{1}{4\sqrt{x}\sqrt{\sqrt{x}+x}}\right)$;

　(7) $\dfrac{1}{x\sqrt{1+x^2}}$;　　(8) $\dfrac{1}{4\sqrt{\dfrac{x}{2}-\sin\dfrac{x}{2}}}\left(1-\cos\dfrac{x}{2}\right)$.

10. (1) $\dfrac{e^x}{1+e^{2x}}(e^x-1)$;　　(2) $-\dfrac{1}{\sqrt{x-4x^2}}$;　　(3) $\dfrac{1-x}{\sqrt{1-x^2}}$;　　(4) $\dfrac{1}{2x^{\frac{3}{2}}\sqrt{1-\dfrac{1}{x}}}\arccos\dfrac{1}{\sqrt{x}}$;

　(5) $-\dfrac{(e^{xy}+\sin xy)y}{1+xe^{xy}+x\sin xy}$;　　(6) $-\dfrac{y+e^{-x}}{x+e^y}$;

　(7) $\dfrac{(x+2+2x\cot x)e^x-2-2x\cot x}{4x(e^x-1)}y$;　　(8) $\dfrac{y(1-6x^2+x^4)}{3x(1-x^4)}$;

　(9) $\dfrac{2t-t^4}{1-2t^3}$;　　(10) $\dfrac{\sin t}{1-\cos t}$.

习题 2-4

(A)

1. (1) $y''=\dfrac{x}{(1-x^2)^{\frac{3}{2}}}$;　　(2) $y''=-2\cos 2x$;

　(3) $y''=2e^{-x^2}(2x^2-1)$;　　(4) $y''=6x\ln x+5x$;

　(5) $y''=-3x(1+x^2)^{-\frac{5}{2}}$;　　(6) $y''=-x(1+x^2)^{-\frac{3}{2}}$.

2. (1) $y''=\dfrac{(2-xe^y)e^{2y}}{(1-xe^y)^3}$;　　(2) $y''=-\dfrac{1}{y}\left[\left(\dfrac{x}{y}\right)^2+1\right]$.

3. (1) $y^{(n)}=(-1)^{n-1}\dfrac{(n-1)!}{(1+x)^n}$;　　(2) $y^{(n)}=2^{n-1}\sin\left[2x+\dfrac{\pi}{2}(n-1)\right]$.

4. (1) $y''=-\dfrac{\csc^3 t}{a}$;　　(2) $y''=\dfrac{\csc^4 t\sec t}{3a}$;

　(3) $y''=0$;　　(4) $y''=\dfrac{1}{a}$.

(B)

5. $y'=\dfrac{t\cos t+\sin t}{\cos t-t\sin t}$, $y''=\dfrac{t^2+2}{a(\cos t-t\sin t)^3}$.

6. (1) $y''=\dfrac{2\sec^2(x+y)\tan(x+y)}{[1-\sec^2(x+y)]^3}$;　　(2) $y''=m(m-1)(1+x)^{m-2}$;

　(3) $y''=-\dfrac{1}{a(1-\cos t)^2}$;　　(4) $y''=\dfrac{(1+t)^3}{2}$.

习题 2-5

(A)

1. (1) $3x_0^2\Delta x+3x_0(\Delta x)^2+(\Delta x)^3$;　　(2) $3x_0^2\Delta x$;　　(3) 略.

2. 略.

3. (1) $-2x$;　　(2) $\dfrac{1}{2}\tan(2x-3)$;　　(3) $\ln(x-2)$;

习题参考答案

(4) $\dfrac{1}{3}e^{3x+1}$; (5) $\cos\left(\dfrac{1}{2}x+\varphi\right)$; (6) $2\sqrt{x}$;

(7) $\dfrac{1}{2}\cot(1-2x)$; (8) $\dfrac{2}{3}x^3$; (9) $\dfrac{1}{2}\arcsin 2x$;

(10) $\dfrac{1}{2}\arctan 2x$.

4. (1) $\dfrac{x\,\mathrm{d}x}{\sqrt{1+x^2}}$; (2) $(\sin x+x\cos x)\mathrm{d}x$; (3) $\cos x e^{\sin x}\mathrm{d}x$;

(4) $\omega\cos(\omega x+\varphi_0)\mathrm{d}x$; (5) $\dfrac{1}{x}\mathrm{d}x$; (6) $(\ln x+1)\mathrm{d}x$;

(7) $-a\sin ax\,\mathrm{d}x$; (8) $-ae^{-ax}\mathrm{d}x$.

5. (1) 0.521 6; (2) $-0.515\,0$; (3) 10.000 3; (4) 7.610 7.

6. 略.

(B)

7. (1) $2^{\ln\tan x}\csc x\sec x\ln 2\,\mathrm{d}x$; (2) $-\dfrac{\mathrm{d}x}{2\sqrt{x-x^2}}$;

(3) $\left(2\ln a\ln x+\dfrac{1}{x}\right)a^{2x}\mathrm{d}x$; (4) $4x\sec^2(1+x^2)\tan(1+x^2)\mathrm{d}x$.

8. 5.02.   9. 略.
10. 1.995 3.

第 三 章

习题 3-1

(A)

1. $f(a)=f(b)$.   2. $f(a)=f(b)$.
3. 略.   4. 略.
5. 略.

(B)

6. 三个实根,分别位于区间(1,2),(2,3),(3,4)内.

7. $\left(\dfrac{2\sqrt{3}}{3},1+\dfrac{2\sqrt{3}}{9}\right),\left(-\dfrac{2\sqrt{3}}{3},1-\dfrac{2\sqrt{3}}{9}\right)$.   8. 略.

习题 3-2

(A)

1. 增加.   2. 小于 0.

3. (1) 在 $(-\infty,0]$ 上单调减少,在 $[0,+\infty)$ 上单调增加;

(2) 在 $(-\infty,-1],[1,+\infty)$ 上单调减少,在 $[-1,1]$ 上单调增加;

(3) 在 $\left(-\infty,-\dfrac{3}{2}\right],\left[-\dfrac{1}{2},+\infty\right)$ 上单调增加,在 $\left[-\dfrac{3}{2},-\dfrac{1}{2}\right]$ 上单调减少;

(4) 在 $(-\infty,+\infty)$ 上单调减少.

4. (1) 凸;   (2) 凹;   (3) $a>0$ 时凹,$a<0$ 时凸.

5. (1) 在 $(-\infty,+\infty)$ 上凹,无拐点;

(2) 在 $(-\infty,-1],[1,+\infty)$ 上凸,在 $[-1,1]$ 上凹,拐点为 $(-1,\ln 2),(1,\ln 2)$;

(3) 在 $\left(-\infty,-\dfrac{1}{5}\right]$ 上凸,在 $\left[-\dfrac{1}{5},0\right],[0,+\infty)$ 上凹,拐点为 $\left(-\dfrac{1}{5},-\dfrac{6}{5\sqrt[3]{5^2}}\right)$;

(4) 在 $(-\infty,2]$ 上凸,在 $[2,+\infty)$ 上凹,拐点为 $(2,2e^{-2})$.

6. $a=1, b=2$.

7. (1) 极大值为 $f(-1)=28$, 极小值为 $f(2)=1$;

   (2) 极小值为 $f(0)=0$, 无极大值;

   (3) 极大值为 $f(1)=\dfrac{1}{2}$, 极小值为 $f(-1)=-\dfrac{1}{2}$;

   (4) 极小值为 $f\left(-\dfrac{1}{2}\ln 2\right)=2\sqrt{2}$, 无极大值.

8. (1) 最大值为 $f\left(-\dfrac{\pi}{2}\right)=\dfrac{\pi}{2}$, 最小值为 $f\left(\dfrac{\pi}{2}\right)=-\dfrac{\pi}{2}$;

   (2) 最小值为 $f\left(\dfrac{a}{a+b}\right)=(a+b)^2$, 无最大值;

   (3) 最大值为 $f\left(\dfrac{3}{4}\right)=\dfrac{5}{4}$, 最小值为 $f(-5)=\sqrt{6}-5$.

9. 这两个正数相等时.

10. 圆形铁丝的长度为 $\dfrac{24\pi}{4+\pi}$ cm, 正方形铁丝的长度为 $\dfrac{96}{4+\pi}$ cm.

11. 略.   12. 相邻两边长分别为 $\sqrt{2}a, \sqrt{2}b$.

13. 5 h.

(B)

14. 略.

15. (1) $t=2, t=10$;   (2) 当 $t\in(0,2)$ 及 $t\in(10,+\infty)$ 时, 做前进运动;

    (3) 当 $t\in(2,10)$ 时, 做后退运动.

16. $a=-\dfrac{3}{2}, b=\dfrac{9}{2}$.

17. $a=-3$, 在 $(-\infty,1]$ 上凸, 在 $[1,+\infty)$ 上凹, 拐点为 $(1,-7)$.

18. 极大值为 $f\left(\dfrac{\pi}{4}\right)=\sqrt{2}$, 极小值为 $f\left(\dfrac{5\pi}{4}\right)=-\sqrt{2}$.

19. $a=-\dfrac{2}{3}, b=-\dfrac{1}{6}, f(1)$ 为极小值, $f(2)$ 为极大值.

20. 24 400 个.   21. 350 元/月.

习题 3-3

(A)

1. (1) $\dfrac{a}{b}$;   (2) $-\dfrac{3}{5}$;   (3) 2;   (4) $\cos a$;

   (5) $-\dfrac{1}{8}$;   (6) 1;   (7) $-\dfrac{1}{2}$;   (8) $+\infty$.

(B)

2. (1) $\dfrac{2}{3}$;   (2) 1.

3. (1) 3;   (2) $\dfrac{1}{2}$;   (3) $\dfrac{1}{2}$;   (4) $\dfrac{1}{e}$.

习题 3-4

(A)

1. (1) $x=-1, x=1, y=0$;   (2) $y=-1, x=2$;

   (3) $x=0$.

2. 略.

习题参考答案

3. (1) $\dfrac{1}{2\sqrt{2}}$; (2) 2; (3) 1.

4. 略.

(B)

5. 略.

6. $a=1, b=-6, c=9, d=2$, 图略.

7. $\left(-\dfrac{1}{2}\ln 2, \dfrac{\sqrt{2}}{2}\right)$.

习题 3-5

(A)

1. 3 000 件.

2. (1) $L(x)=40x-x^2-2x-100, L'(x)=38-2x$;
   (2) 月产量为 19 件时, 利润最大, 为 26.1 万元.

(B)

3. $R(P)=PQ=8\,000P-8P^2$, 故当 $P=500$ 元/台时, 收入最多, 此时 $Q=4\,000$ 台.

4. $\dfrac{EQ}{EP}=\dfrac{P}{4}, \dfrac{3}{4}, 1, \dfrac{5}{4}$.

5. $\dfrac{EQ}{EP}=\dfrac{3P}{2+3P}, \dfrac{9}{11}$.

第 四 章

习题 4-1

1. (1) 否; (2) 是; (3) 是; (4) 否;
   (5) 否.

2. (1) $x-x^3+C$;
   (2) $\dfrac{2^x}{\ln 2}+\dfrac{1}{3}x^3+C$;
   (3) $\dfrac{3}{4}x^{\frac{4}{3}}-2x^{\frac{1}{2}}+C$;
   (4) $\dfrac{1}{4}x^2-\ln|x|-\dfrac{3}{2}x^{-2}+\dfrac{4}{3}x^{-3}+C$.

3. $y=\ln|x|+1$.

4. $f(x)=\sin x-\sin x\cos^2 x, \int f(x)\,dx=-\cos x+\dfrac{1}{3}\cos^3 x+C$.

5. $Q(P)=1\,000\left(\dfrac{1}{3}\right)^P$.

习题 4-2

(A)

1. (1) $-\dfrac{1}{2}x^{-2}+C$; (2) $-4x^{-2}+4\ln|x|+\dfrac{1}{3}x^2+\dfrac{1}{108}x^4+C$;
   (3) $\dfrac{2}{3}x^{\frac{3}{2}}-2x+C$; (4) $\dfrac{4}{5}x^{\frac{5}{4}}-\dfrac{24}{17}x^{\frac{17}{12}}+\dfrac{4}{3}x^{\frac{3}{4}}+C$;
   (5) $\dfrac{2}{3}x^{\frac{3}{2}}+\dfrac{3}{4}x^{\frac{4}{3}}+4\sqrt{x}+\dfrac{3}{2}x^{\frac{2}{3}}-2x+C$; (6) $\dfrac{4}{7}x^{\frac{7}{4}}+4x^{-\frac{1}{4}}+C$;
   (7) $-\dfrac{2}{3}x^{-\frac{3}{2}}+C$; (8) $-\dfrac{1}{x}-2\ln|x|+x+C$; (9) $\dfrac{2}{5}x^{\frac{5}{2}}-2x^{\frac{3}{2}}+C$;
   (10) $-\cot x-x+C$; (12) $-\cot x-\tan x+C$; (11) $\arctan x-\dfrac{1}{x}+C$;
   (13) $\dfrac{1}{2}\tan x+C$; (14) $-\cot x-x+C$.

2. $y=-\dfrac{1}{2}x^2+2x+3$.

(B)

3. (1) $\arcsin x + C$; (2) $\dfrac{1}{3}x - \dfrac{1}{3}\arctan x + C$;

   (3) $\ln|x| + \arctan x + C$; (4) $\ln|x| + \dfrac{1}{x} + \arctan x + C$.

4. (1) 27 m; (2) $\sqrt[3]{360}$ s.

习题 4-3

(A)

1. (1) $\dfrac{1}{12}$; (2) -2; (3) $\dfrac{1}{2}$; (4) $\dfrac{1}{3}$.

2. $-F(e^{-x}) + C$.

3. (1) $-\dfrac{1}{\sqrt{2x-1}} + C$; (2) $\dfrac{1}{2}\arctan x^2 + C$;

   (3) $e^{e^x} + C$; (4) $-e^{-\sin x} + C$;

   (5) $-\dfrac{1}{2x} - \dfrac{1}{4}\sin\dfrac{2}{x} + C$; (6) $\dfrac{1}{2}x + \dfrac{1}{12}\sin 6x + C$;

   (7) $-\dfrac{1}{2}\cot(x^2+1) + C$; (8) $\ln|\tan x| + C$;

   (9) $2\arcsin\dfrac{x}{2} - \sqrt{4-x^2} + C$; (10) $6(\sqrt[6]{x} - \arctan\sqrt[6]{x}) + C$;

   (11) $\dfrac{1}{2}\arctan^2 x + C$; (12) $\ln|1+e^x| + C$;

   (13) $\dfrac{1}{2}\ln|3+2\ln x| + C$; (14) $-\dfrac{1}{2}e^{-x^2} + C$;

   (15) $x - \ln(1+e^x) + C$; (16) $-2\cos\sqrt{x} + C$;

   (17) $\dfrac{x}{2} - \dfrac{1}{4}\sin 2x + C$.

4. (1) $\sqrt{2x} - \ln(1+\sqrt{2x}) + C$; (2) $(x+1) - 4\sqrt{x+1} + 4\ln(\sqrt{x+1}+1) + C$;

   (3) $\dfrac{3}{5}(1+\sqrt[3]{x^2})^{\frac{5}{2}} - 2(1+\sqrt[3]{x^2})^{\frac{3}{2}} + 3(1+\sqrt[3]{x^2})^{\frac{1}{2}} + C$;

   (4) $2\arcsin\dfrac{x}{2} - \dfrac{x}{2}\sqrt{4-x^2} + \dfrac{x^3}{4}\sqrt{4-x^2} + C$;

   (5) $\ln\dfrac{e^x}{1+e^x} + C$; (6) $-\dfrac{\sqrt{a^2-x^2}}{x} - \arcsin\dfrac{x}{a} + C$;

   (7) $\ln|x+2+\sqrt{x^2+4x+6}| + C$.

(B)

5. (1) $\ln(\sin^2 x + 3) + C$; (2) $\dfrac{1}{2}\sin x + \dfrac{1}{20}\sin 5x + \dfrac{1}{28}\sin 7x + C$;

   (3) $2(\tan x - 1)^{\frac{1}{2}} + C$; (4) $2\ln(x^2+x+1) + C$.

6. (1) $\arcsin\dfrac{x+1}{2} - 2\sqrt{3-2x-x^2} + C$; (2) $\sqrt{x^2+2x} - \arccos\dfrac{1}{|x+1|} + C$;

   (3) $\dfrac{\sqrt{x^2-9}}{18x^2} + C$; (4) $\dfrac{1}{4}\ln|x| - \dfrac{1}{24}\ln(x^6+4) + C$.

习题 4-4

(A)

1. (1) $x\arctan x - \dfrac{1}{2}\ln(1+x^2) + C$; (2) $\left(x+\dfrac{1}{2}\right)e^{-2x} + C$.

2. (1) $-x\cos x + \sin x + C$; (2) $x(\ln x - 1) + C$;

(3) $-e^{-x}(x+1) + C$; (4) $x\ln(x + \sqrt{x^2-1}) - \sqrt{x^2-1} + C$;

(5) $-\dfrac{1}{x}\arctan x + \ln|x| - \dfrac{1}{2}\ln(1+x^2) + C$;

(6) $\dfrac{1}{8}x^4\left(2\ln^2 x - \ln x + \dfrac{1}{4}\right) + C$; (7) $\dfrac{1}{2}(\sec x\tan x + \ln|\sec x + \tan x|) + C$;

(8) $(\ln(\ln x) - 1)\ln x + C$; (9) $\dfrac{x^{n+1}}{n+1}\left(\ln x - \dfrac{1}{n+1}\right) + C$.

(B)

3. (1) $x(\arcsin x)^2 + 2\sqrt{1-x^2}\arcsin x - 2x + C$;

(2) $\dfrac{1}{10}e^x(5 - \cos 2x - 2\sin 2x) + C$;

(3) $-\dfrac{1}{2}\left(\dfrac{x}{\sin^2 x} + \cot x\right) + C$; (4) $2(x-2)\sqrt{1+e^x} - 2\ln\left|\dfrac{\sqrt{1+e^x}-1}{\sqrt{1+e^x}+1}\right| + C$;

(5) $\dfrac{1}{2}x^2 e^{x^2} + C$; (6) $xf'(x) - f(x) + C$.

习题 4-5

(A)

1. (1) $\ln|2x+1| - \ln|x+1| + C$; (2) $x + 3\ln\left|\dfrac{x-3}{x-2}\right| + C$;

(3) $x + 2\ln(x^2+2) + \sqrt{2}\arctan\dfrac{x}{\sqrt{2}} + C$; (4) $\ln\left|\dfrac{x-4}{x-3}\right| + C$;

(5) $\ln|(x+3)(x-1)| - \dfrac{1}{x-1} + C$;

(6) $\dfrac{1}{6}\ln(x^2 - x + 1) - \dfrac{1}{3}\ln|x+1| + \dfrac{1}{\sqrt{3}}\arctan\dfrac{2x-1}{\sqrt{3}} + C$;

(7) $-\dfrac{x}{(x-1)^2} + C$; (8) $2\ln\left|\dfrac{x}{x+1}\right| + \dfrac{4x+3}{2(x+1)^2} + C$;

(9) $\dfrac{1}{6}\ln\dfrac{(x+1)^2}{x^2-x+1} + \dfrac{\sqrt{3}}{3}\arctan\dfrac{2x-1}{\sqrt{3}} + C$; (10) $\dfrac{2x+1}{2(x^2+1)} + C$.

(B)

2. (1) $2(\sqrt{x-1} - \arctan\sqrt{x-1}) + C$; (2) $-2\sqrt{\dfrac{1+x}{x}} + 2\ln\left(\sqrt{\dfrac{1+x}{x}} + 1\right) + \ln|x| + C$;

(3) $\ln\dfrac{3+\cos x}{2} + \dfrac{3}{\sqrt{2}}\arctan\left(\dfrac{1}{\sqrt{2}}\tan\dfrac{x}{2}\right) + C$;

(4) $\dfrac{1}{3}\ln\left|\tan^3\dfrac{x}{2} + 3\tan\dfrac{x}{2}\right| + C$; (5) $\dfrac{1}{2}\ln|\csc 2x - \cot 2x| + \dfrac{1}{2}\tan x + C$.

第 五 章

习题 5-1

(A)

1. (1) 4; (2) 2π.

2. (1) $\displaystyle\int_{-2}^{2} f(x)dx$; (2) $\displaystyle\int_{x}^{x+\Delta x} f(x)dx$.

3. (1) 正; (2) 负.

4. (1) $\int_0^1 x^2 \mathrm{d}x > \int_0^1 x^3 \mathrm{d}x$;   (2) $\int_0^{\frac{\pi}{2}} x \mathrm{d}x > \int_0^{\frac{\pi}{2}} \sin x \mathrm{d}x$.

5. (1) $2 < \int_1^2 (x^2+1)\mathrm{d}x < 5$;   (2) $0 < \int_0^{\pi} \sin x \mathrm{d}x < \pi$.

(B)

6. $\dfrac{b^3-a^3}{3} + b - a$.   7. 略.

8. (1) $\int_0^1 \mathrm{e}^x \mathrm{d}x > \int_0^1 (1+x)\mathrm{d}x$;   (2) $\int_1^e \ln x \mathrm{d}x > \int_1^e \ln^2 x \mathrm{d}x$.

9. (1) $\dfrac{3}{2}\pi \leqslant \int_0^{\frac{3\pi}{2}} (1+\cos^2 x)\mathrm{d}x \leqslant 3\pi$;   (2) $3\mathrm{e}^{-4} \leqslant \int_{-1}^2 \mathrm{e}^{-x^2} \mathrm{d}x \leqslant 3$.

10. 12 m/s.

习题 5-2

(A)

1. (1) $\sin x^4$;   (2) $-\sqrt{1+x^2}$;   (3) $3x^2 \ln x^6$.

2. (1) $\dfrac{7}{3}$;   (2) $\mathrm{e}-1$;   (3) $\dfrac{79}{12} + \ln \dfrac{3}{2}$;   (4) 1;

   (5) 4;   (6) $45\dfrac{1}{6}$.

3. $\dfrac{8}{3}$.

(B)

4. (1) $\cos x^2 + 1$;   (2) $\dfrac{2x\sin(x^2+1)}{x^2+1}$;   (3) $3x^2 \mathrm{e}^{-x^3} - 2x\mathrm{e}^{-x^2}$.

5. (1) $\dfrac{\pi}{8}$;   (2) $\dfrac{5}{2}$;   (3) $4-2\sqrt{2}$;   (4) $\dfrac{\pi}{24} - \dfrac{2-\sqrt{3}}{8}$;

   (5) $\dfrac{3}{2}$;   (6) $1 + \dfrac{\pi}{4}$.

6. 不存在,理由略.   7. $\dfrac{3}{4} - \mathrm{e}^{-3} + \mathrm{e}^{-1}$.

习题 5-3

(A)

1. (1) $\dfrac{1}{2}$;   (2) $\ln \dfrac{5}{4}$;   (3) π;   (4) $2 - \dfrac{\pi}{2}$;

   (5) $\dfrac{1}{9}(1+2\mathrm{e}^3)$;   (6) 1.

(B)

2. (1) $\dfrac{1}{6}$;   (2) $\dfrac{1}{3}$;   (3) $\ln \dfrac{9}{8}$;   (4) π;

   (5) $-1 + \ln 4$;   (6) $\dfrac{4}{3}$;   (7) $\dfrac{\mathrm{e}^2(\sin 2 - \cos 2) + 1}{2}$;

   (8) $\dfrac{1}{5}(\mathrm{e}^{\pi} - 2)$.

习题 5-4

(A)

1. 略.   2. 略.

3. 略.

5. 约为 45.8 ℃.

习题 5-5

(A)

1. $\dfrac{1}{3}$.

2. $\dfrac{9}{2}$.

3. $4-\ln 3$.

4. $\dfrac{\pi}{15}(32\sqrt{2}-38)$.

5. $\dfrac{1}{3}\pi r^2 h$.

6. $1+\dfrac{1}{2}\ln\dfrac{3}{2}$.

(B)

7. (1) $\dfrac{\sqrt{3}}{3}+\dfrac{4\pi}{3}, \dfrac{8\pi}{3}-\dfrac{\sqrt{3}}{3}$;　(2) $\dfrac{3}{2}-\ln 2$;　(3) $e+\dfrac{1}{e}-2$.

8. (1) $\dfrac{\pi}{5},\dfrac{\pi}{2}$;　(2) $\dfrac{\pi^2}{2}$.

9. $\dfrac{\pi R^2 h}{2}$.

10. $\dfrac{2}{3}\left[\sqrt{(1+b)^3}-\sqrt{(1+a)^3}\right]$.

习题 5-6

(A)

1. 0.375 J.

2. 2.56×10^7 N.

3. $\dfrac{GmM}{a(l+a)}$.

(B)

4. $\dfrac{mgRh}{R+h}$.

5. $\rho g\pi R^3$.

6. $2G\dfrac{mM}{\pi r^2}$.

习题 5-7

(A)

1. $10e^{0.2Q}+80$(单位:元).

2. (1) 2 400 元;　(2) 100 元.

(B)

3. (1) 900 件;　(2) 总利润将减少 16 元.

4. 224.8 百元.

习题 5-8

(A)

1. (1) 1;　(2) $\dfrac{1}{2}$;　(3) $+\infty$;　(4) π.

2. (1) -1;　(2) $+\infty$;　(3) 2;　(4) $+\infty$.

(B)

3. (1) $\dfrac{1}{3}$;　(2) 发散;　(3) 发散;　(4) $\dfrac{1}{\alpha}$;

   (5) 2;　(6) 发散.

4. 略.

第 六 章

习题 6 - 1

(A)

1. (1) 一阶； (2) 二阶； (3) 一阶； (4) 三阶.
2. (1) 是； (2) 不是； (3) 是； (4) 是.
3. 略.
4. (1) $\left(\frac{1}{3}x^3 + C\right)y + 1 = 0$；   (2) $y = Ce^{\arcsin x}$；
   (3) $y = e^{Cx}$；   (4) $2e^{3x} - 3e^{-y^2} = C$；
   (5) $10^{-y} + 10^x = C$；   (6) $\tan \frac{y}{4} = Ce^{-2\sin \frac{x}{2}}$.
5. (1) $y = e^{1+x+\frac{x^2}{2}+\frac{x^3}{3}}$；   (2) $y^2 = \dfrac{1}{3 - 2\sqrt{1+x^2}}$；
   (3) $(1 + e^x)\sec y = 2\sqrt{2}$.
6. $y = \frac{1}{3}(x^3 - 1)$.   7. $y' = xy$.

(B)

8. $m = m_0 e^{-\lambda t}$.   9. $\dfrac{dp}{dT} = k\dfrac{p}{T^2}$ (k 为比例常数).

习题 6 - 2

(A)

1. (1) $y = e^{-x}(x + C)$；   (2) $y = \frac{1}{3}x^2 + \frac{3}{2}x + 2 + \frac{C}{x}$；
   (3) $y = C\cos x - 2\cos^2 x$；   (4) $y = \dfrac{4x^3 + 3C}{3(x^2 + 1)}$.
2. (1) $y = \dfrac{x}{\cos x}$；   (2) $y = \dfrac{\pi - 1 - \cos x}{x}$；
   (3) $y = \frac{2}{3}(4 - e^{-3x})$.

(B)

3. $y = 2(e^x - x - 1)$.

习题 6 - 3

(A)

1. (1) $y = (C_1 + C_2 x)e^x$；   (2) $y = C_1 e^{-3x} + C_2 e^{3x}$；
   (3) $y = C_1 + C_2 e^{4x}$；   (4) $y = e^{2x}(C_1\cos 3x + C_2\sin 3x)$.
2. (1) $y = C_1 e^{-x} + C_2 e^{\frac{x}{2}} + e^x$；   (2) $y = C_1\cos 2x + C_2\sin 2x + \frac{1}{5}e^x$；
   (3) $y = C_1 + C_2 e^{-\frac{5}{2}x} + \frac{1}{3}x^3 - \frac{3}{5}x^2 + \frac{7}{25}x$；   (4) $y = e^x(C_1\cos 2x + C_2\sin 2x) - \frac{x}{4}e^x\cos 2x$.
3. (1) $y^* = \frac{1}{3}x\cos x + \frac{2}{9}\sin x$；   (2) $y^* = (2x^2 - 4x)e^x$.
4. (1) $y = e^x - \frac{1}{2}e^{-2x} - x - \frac{1}{2}$；   (2) $y = \frac{1}{24}\cos 3x + \frac{1}{8}\cos x$.

(B)

5. (1) $y = \dfrac{C_1 \ln x}{x} + \dfrac{C_2}{x}$；   (2) $y = C_1 x^2 + C_2 x^3 + \frac{1}{2}x$.

习题 6-4

(A)

1. 40 min.
2. $p = 10^5 \times 2^{\frac{t}{10}}$.
3. $T = Ce^{-kt} + T_0$, 其中 T_0 为空气温度.

(B)

4. $p = 100e^{-0.0001157h}$.
5. $y(t) = \dfrac{1\,000 \times 3^{\frac{t}{3}}}{9 + 3^{\frac{t}{3}}}$.
6. $\sqrt{\dfrac{6}{g}}\ln(6+\sqrt{35})$ (单位:s).

第 七 章

习题 7-1

(1) $D = \{(x,y) \mid 0 < x^2+y^2 \leqslant 1\}$;
(2) $D = \{(x,y) \mid x+y > 0, x+y \neq 1\}$;
(3) $D = \{(x,y) \mid -1 \leqslant x \leqslant 1, -1 \leqslant y \leqslant 1\}$;
(4) $D = \{(x,y) \mid y \geqslant x^2, x^2+y^2 \leqslant 1\}$.

习题 7-2

(A)

1. (1) $z'_x = 2xy + \dfrac{1}{y}, z'_y = x^2 - \dfrac{x}{y^2}$;
   (2) $z'_x = 2x\ln(x^2+y^2) + \dfrac{2x^3}{x^2+y^2}, z'_y = \dfrac{2x^2 y}{x^2+y^2}$;
   (3) $z'_x = y\cos(xy)e^{\sin(xy)}, z'_y = x\cos(xy)e^{\sin(xy)}$;
   (4) $z'_x = \dfrac{1}{y}e^{\frac{x}{y}} - \dfrac{y}{x^2}e^{\frac{y}{x}}, z'_y = -\dfrac{x}{y^2}e^{\frac{x}{y}} + \dfrac{1}{x}e^{\frac{y}{x}}$.

2. (1) $dz = e^{xy}(ydx + xdy)$;
   (2) $dz = \dfrac{1}{1+x^2+y^2}(xdx+ydy)$;
   (3) $dz = \dfrac{1}{x^2+y^2}(-ydx+xdy)$;
   (4) $dz = \cos(x-y)(dx-dy)$.

3. (1) 0.05; (2) 0.2.

(B)

4. (1) $z'_x = y\ln(x+y) + \dfrac{xy}{x+y}, z'_y = x\ln(x+y) + \dfrac{xy}{x+y}$;
   (2) $z'_x = ye^{xy} + y\cos(xy), z'_y = xe^{xy} + x\cos(xy)$;
   (3) $z'_x = 2xe^{x^2-y^2} + 2xy, z'_y = -2ye^{x^2-y^2} + x^2$;
   (4) $z'_x = \dfrac{1}{1+x^2}, z'_y = \dfrac{1}{1+y^2}$.

5. (1) $dz = \dfrac{1}{x^2+y^2}(-ydx+xdy)$;
   (2) $dz = \dfrac{1}{2}\sqrt{\dfrac{y}{x}}\left(-\dfrac{1}{x}dx + \dfrac{1}{y}dy\right)$;
   (3) $dz = \dfrac{1}{2\sqrt{1-xy}}\left(\sqrt{\dfrac{y}{x}}dx + \sqrt{\dfrac{x}{y}}dy\right)$;
   (4) $dz = \left(1+\ln\dfrac{x}{y}\right)dx - \dfrac{x}{y}dy$.

习题 7-3

(A)

1. (1) $\dfrac{\partial z}{\partial x} = 1 + \ln xy, \dfrac{\partial z}{\partial y} = \dfrac{x}{y}$;
   (2) $\left.\dfrac{\partial^2 z}{\partial x^2}\right|_{\substack{x=1\\y=1}} = 6, \left.\dfrac{\partial^2 z}{\partial x \partial y}\right|_{\substack{x=1\\y=1}} = -4, \left.\dfrac{\partial^2 z}{\partial y^2}\right|_{\substack{x=1\\y=1}} = 2$.

2. (1) $\dfrac{\partial z}{\partial x} = \dfrac{2(x+1)}{2y+e^z}, \dfrac{\partial z}{\partial y} = \dfrac{2(y-z)}{2y+e^z}$;
   (2) $\dfrac{\partial z}{\partial x} = \dfrac{yz}{z^2-xy}, \dfrac{\partial z}{\partial y} = \dfrac{xz}{z^2-xy}$.

3. 略.

(B)

4. (1) $z''_{xx} = y^2 e^{xy}, z''_{xy} = e^{xy}(1+xy), z''_{yy} = x^2 e^{xy}$; (2) $\left.\dfrac{\partial^2 z}{\partial x \partial y}\right|_{\substack{x=1\\y=1}} = 2$.

5. (1) $\dfrac{\partial z}{\partial x} = (x+2y)^x \left(\ln(x+2y) + \dfrac{x}{x+2y}\right), \dfrac{\partial z}{\partial y} = 2x(x+2y)^{x-1}$;

   (2) $\dfrac{\partial z}{\partial x} = yf'_u + \dfrac{1}{y}f'_v, \dfrac{\partial z}{\partial y} = xf'_u - \dfrac{x}{y^2}f'_v$;

   (3) $\dfrac{\partial z}{\partial x} = 2xf'_u + ye^{xy}f'_v, \dfrac{\partial z}{\partial y} = -2yf'_u + xe^{xy}f'_v$.

6. (1) $\dfrac{\partial z}{\partial x} = \dfrac{yz}{e^z - xy}, \dfrac{\partial z}{\partial y} = \dfrac{xz}{e^z - xy}$; (2) $\dfrac{dy}{dx} = \dfrac{x+y}{x-y}$.

7. 略.

习题 7-4

(A)

1. (1) 极小值点为 $(-1,1)$,极小值为 0; (2) 极小值点为 $(-2,0)$,极小值为 $-\dfrac{2}{e}$.

2. (1) 在点 $\left(\dfrac{1}{2},\dfrac{1}{2}\right)$ 处有极小值 $\dfrac{1}{2}$; (2) 在点 $(1,1)$ 处有极大值 1.

3. 当 $P_1 = 80$ 万元/台, $P_2 = 120$ 万元/台时, 有最大总利润, 为 605 万元.

(B)

4. (1) 极大值点为 $(0,0)$, 极大值为 0. (2) 极小值点为 $(\sqrt[3]{a}, \sqrt[3]{a})$, 极小值为 $3a^{\frac{2}{3}}$.

   (3) 当 $a > 0$ 时, (a,a) 为极小值点, 极小值为 $-a^3$; 当 $a < 0$ 时, (a,a) 为极大值点, 极大值为 $-a^3$.

5. (1) 在 $\left(\dfrac{ab^2}{a^2+b^2}, \dfrac{a^2b}{a^2+b^2}\right)$ 处有极小值 $\dfrac{a^2b^2}{a^2+b^2}$;

   (2) 在 $\left(\dfrac{5}{2}, \dfrac{5\sqrt{3}}{2}\right)$ 处有极大值 $4\ln 5 - 4\ln 2 + \dfrac{3}{2}\ln 3$.

6. 长、宽、高均为 $\sqrt[3]{V_0}$.

7. $x = 1\,000$ kg, $y = 250$ kg.

习题 7-5

(A)

1. $M = \iint\limits_D \rho(x,y)\,d\sigma$. 2. $I_1 = 4I_2$.

3. 略.

(B)

4. (1) $\iint\limits_D (x+y)^2\,d\sigma \geq \iint\limits_D (x+y)^3\,d\sigma$; (2) $\iint\limits_D \ln(x+y)\,d\sigma < \iint\limits_D \ln^2(x+y)\,d\sigma$.

5. $36\pi \leq \iint\limits_D (x^2 + 4y^2 + 9)\,d\sigma \leq 100\pi$.

习题 7-6

(A)

1. (1) $\int_{-1}^{1} dx \int_{-1}^{1} f(x,y)\,dy, \int_{-1}^{1} dy \int_{-1}^{1} f(x,y)\,dx$;

   (2) $\int_0^1 dy \int_0^y f(x,y)\,dx, \int_0^1 dx \int_x^1 f(x,y)\,dy$;

   (3) $\int_1^e dx \int_0^{\ln x} f(x,y)\,dy, \int_0^1 dy \int_{e^y}^{e} f(x,y)\,dx$;

   (4) $\int_0^1 dx \int_0^{\sqrt{2x-x^2}} f(x,y)\,dy + \int_1^2 dx \int_0^{2-x} f(x,y)\,dy, \int_0^1 dy \int_{1-\sqrt{1-y^2}}^{2-y} f(x,y)\,dx$;

习题参考答案

(5) $\int_{-2}^{0} dx \int_{0}^{4-x^2} f(x,y) dy + \int_{0}^{2} dx \int_{2-\sqrt{4-x^2}}^{2+\sqrt{4-x^2}} f(x,y) dy, \int_{0}^{4} dy \int_{-\sqrt{4-y}}^{\sqrt{4y-y^2}} f(x,y) dx.$

2. (1) $\int_{1}^{4} dy \int_{\sqrt{y}}^{y} f(x,y) dx + \int_{4}^{8} dy \int_{2}^{y} f(x,y) dx;$ (2) $\int_{0}^{1} dx \int_{x}^{2-x} f(x,y) dy.$

3. (1) $e-2;$ (2) $\ln \dfrac{2+\sqrt{2}}{1+\sqrt{3}};$ (3) $\dfrac{p^5}{21};$ (4) $\dfrac{76}{3};$

(5) $14a^4;$ (6) $\pi(1-e^{-R^2});$ (7) $3\pi;$ (8) $1-\sin 1.$

(B)

4. (1) $\dfrac{9}{2};$ (2) $\sqrt{2}-1.$

5. (1) $\dfrac{5}{6};$ (2) $\dfrac{88}{105}.$

第 八 章

习题 8-1

(A)

1. 略.   2. 略.

(B)

3. $S_n = 1 - \dfrac{1}{n+1}, S = 1.$ 4. $S = \dfrac{1}{2}.$

5. $\sum_{n=1}^{\infty} \dfrac{2}{n(n+1)}.$

6. (1) 发散;   (2) 发散;   (3) 收敛;   (4) 发散;

(5) 收敛;   (6) 发散.

习题 8-2

(A)

1. (1) 发散;   (2) 收敛;   (3) 收敛;   (4) 发散;

(5) 发散;   (6) 收敛.

2. (1) 收敛;   (2) 收敛;   (3) 收敛;   (4) 收敛;

(5) 发散;   (6) 发散.

(B)

3. (1) 收敛;   (2) 收敛;   (3) 收敛;   (4) 发散;

(5) 发散.

4. $r > 1.$

习题 8-3

(1) 是,条件收敛;   (2) 是,绝对收敛;   (3) 是,条件收敛;   (4) 是,发散;

(5) 是,条件收敛;   (6) 是,绝对收敛;   (7) 不是,绝对收敛;   (8) 不是,绝对收敛.

习题 8-4

(A)

1. (1) $\left(-\dfrac{1}{a}, \dfrac{1}{a}\right);$ (2) $(-\infty, +\infty);$ (3) $[-3, 3);$ (4) $[-1, 1];$

(5) $\left[-\dfrac{1}{2}, \dfrac{1}{2}\right];$ (6) $(-\infty, +\infty);$ (7) $(-\sqrt{2}, \sqrt{2}).$

2. (1) $-\ln(1-x);$ (2) $-x + \dfrac{1}{2}\ln \dfrac{1+x}{1-x};$ (3) $\dfrac{2x}{(1-x^2)^2}, \dfrac{27}{32}.$

(B)

3. (1) $[1,5)$;　　　　　(2) $\left[-\dfrac{4}{3},-\dfrac{2}{3}\right)$.

4. (1) $\dfrac{2x-x^2}{(1-x)^2},3$;　　　　(2) $\dfrac{2x}{(1-x)^3}$.

习题 8-5

(A)

1. (1) $\sum\limits_{n=0}^{\infty}(-1)^n\dfrac{x^{2n}}{(2n)!}$;　　(2) $\sum\limits_{n=0}^{\infty}\dfrac{\ln^n a}{n!}x^n$;　　(3) $\sum\limits_{n=0}^{\infty}(-1)^n x^n$.

2. (1) $\sum\limits_{n=0}^{\infty}(-1)^n\dfrac{x^{4n}}{(2n)!}$;　　(2) $\sum\limits_{n=0}^{\infty}\dfrac{x^{2n}}{n!}$.

(B)

3. (1) $\sum\limits_{n=0}^{\infty}\dfrac{(2n+1)!!}{(2n)!!(2n+1)^2}x^{2n+1}$;　　(2) $\sum\limits_{n=1}^{\infty}(-1)^{n+1}\dfrac{(2n-1)!!}{(2n-2)!!(2n-1)^2}x^{2n-1}$.

4. (1) $\sum\limits_{n=1}^{\infty}\dfrac{(2n-1)!!}{(2n-2)!!(2n-1)}x^{2n-1}$;　　(2) $\sum\limits_{n=0}^{\infty}(-1)^n\dfrac{1}{2n+1}x^{2(n+1)}$;

 (3) $\sum\limits_{n=0}^{\infty}(-1)^n\dfrac{x^{n+1}}{n+1}(1+x^{n+1})$.

习题 8-6

(1) $f(x)=\sum\limits_{n=1}^{\infty}(-1)^{n-1}\dfrac{2}{n}\sin nx$;　　(2) $f(x)=\pi^2+1+\sum\limits_{n=1}^{\infty}(-1)^n\dfrac{12}{n^2}\cos nx$;

(3) $f(x)=\dfrac{\pi}{4}+\sum\limits_{n=1}^{\infty}\dfrac{(-1)^n}{n}\sin nx$;　　(4) $f(x)=\dfrac{2}{\pi}+\dfrac{4}{\pi}\sum\limits_{n=1}^{\infty}(-1)^{n-1}\dfrac{1}{4n^2-1}\cos nx$;

(5) $f(x)=\dfrac{e^{\pi}-1}{\pi}\left[1+2\sum\limits_{n=1}^{\infty}\dfrac{(-1)^n}{n^2+1}\cos nx\right]$;　　(6) $f(x)=\dfrac{8}{\pi}\sum\limits_{n=1}^{\infty}\dfrac{1}{(2n-1)^3}\sin(2n-1)x$;

(7) $f(x)=\sum\limits_{n=1}^{\infty}\dfrac{\sin 2nx}{2n}$;　　(8) $f(x)=\dfrac{2}{\pi}-\dfrac{4}{\pi}\sum\limits_{n=1}^{\infty}\dfrac{\cos 2nx}{4n^2-1}$;

(9) $f(x)=\dfrac{E_0}{\pi}-\dfrac{2E_0}{\pi}\sum\limits_{n=1}^{\infty}\dfrac{\cos 2nx}{4n^2-1}$;　　(10) $f(x)=\dfrac{l}{2}-\dfrac{4l}{\pi^2}\sum\limits_{n=1}^{\infty}\dfrac{\cos\dfrac{(2n-1)\pi x}{l}}{(2n-1)^2}$.

第 九 章

习题 9-1

1. $\begin{pmatrix}6 & 8 & 1\\ 8 & 8 & 9\\ 1 & 9 & 10\end{pmatrix}$, $\begin{pmatrix}0 & 4 & 3\\ -4 & 0 & 5\\ -3 & -5 & 0\end{pmatrix}$.　　2. $\begin{pmatrix}17 & 12 & 30\\ 6 & 35 & 6\\ 24 & 30 & 41\end{pmatrix}$, $\begin{pmatrix}1 & 0 & 0\\ 0 & 1 & 0\\ 0 & 0 & 1\end{pmatrix}$.

3. 略.

4. (1) 14;　　(2) $\begin{pmatrix}-2 & 4\\ -1 & 2\\ -3 & 6\end{pmatrix}$;　　(3) $\begin{pmatrix}3 & 2\\ 5 & 6\end{pmatrix}$;　　(4) $(3x-4y)^2$;

 (5) $\begin{pmatrix}-1 & 0 & -5 & -5\\ 3 & -5 & 0 & 6\\ -1 & 2 & 1 & -1\end{pmatrix}$.

习题 9-2

1. (1) -18;　　(2) $\cos 2x$;　　(3) -27;　　(4) 0.